变身程序猿
Android 应用开发

北京育知同创科技有限公司◎组编

陈川（Mars）　韩炳开　王向军　石倩倩◎著

电子工业出版社
Publishing House of Electronics Industry
北京·BEIJING

内 容 简 介

　　开发一款 Android 应用是时下最为流行的事情，如何能够开发属于自己的应用？如何才能让自己的应用更安全？诸如此类问题，都可以在本书中找到答案。本书共分 18 章，第 1～3 章介绍 Android 体系结构、环境搭建及第一个 Android 程序的运行、调试；第 4 章为常见 UI 控件的使用，包含文本类控件、按钮类控件、日期类控件、图片控件、对话框等；第 5 章和第 10～12 章分别讲解 Android 四大组件：Activity、ContentProvider、BroadcastReceiver 和 Service，学习这些组件将会对程序开发起到事半功倍的作用；第 6 章介绍适配器控件；第 7 章讲解 AsyncTask 异步任务；第 8、9 章介绍 Android 中的数据存储；第 13、14 章讲解 Android 中级控件；第 15～17 章讲解智能手机的硬件知识；第 18 章讲解 Android 中的动画，包括补间动画、帧动画和属性动画。

　　本书适合有一定 Java 基础的读者阅读，祝愿阅读此书的每一位读者都能成为 IT 业界的优秀开发人员！

图书在版编目（CIP）数据

变身程序猿：Android 应用开发/北京育知同创科技有限公司组编；陈川等著. —北京：电子工业出版社，2017.1

ISBN 978-7-121-30198-8

Ⅰ．①变… Ⅱ．①北… ②陈… Ⅲ．①移动终端－应用程序－程序设计 Ⅳ．①TN929.53

中国版本图书馆 CIP 数据核字（2016）第 258865 号

责任编辑：李　冰
特约编辑：田学清　赵海红等
印　　刷：涿州市京南印刷厂
装　　订：涿州市京南印刷厂
出版发行：电子工业出版社
　　　　　北京市海淀区万寿路 173 信箱　　　邮编：100036
开　　本：787×1092　1/16　　印张：31　　字数：794 千字
版　　次：2017 年 1 月第 1 版
印　　次：2017 年 1 月第 1 次印刷
印　　数：3000 册　　定价：79.00 元

凡所购买电子工业出版社图书有缺损问题，请向购买书店调换。若书店售缺，请与本社发行部联系，联系及邮购电话：(010) 88254888，88258888。

质量投诉请发邮件至 zlts@phei.com.cn，盗版侵权举报请发邮件至 dbqq@phei.com.cn。

本书咨询联系方式：libing@phei.com.cn。

前　言

Android 是 Google 公司于 2005 年 8 月注资推出的一款面向智能手机的操作系统。Android 从 2007 年起流行至今，随着华为、三星、小米、LG 及 SONY 等国际一线硬件厂商的推广和运作，在移动互联网硬件市场中已经占据了主导地位，成为最主要的移动开发平台之一。随着我国"大众创业，万众创新"及"互联网+"战略的推广，加之智能设备的崛起，目前 IT 市场对移动开发人员的需求量持续增长，引发了学习 Android 移动开发的大浪潮。

Android 系统从面世之初就立足于开源，面向程序员开放了所有的源代码，历经多个版本的迭代，技术内容逐年更新，包含 UI 控件、网络支持、数据存储、混合式开发及硬件控制等技术，使 Android 应用程序的功能日臻完善，程序的编写也变得更简单。本书内容包含基本的控件使用，同时也有最新的主流技术应用，非常适合刚接触 Android 的读者。

编写本书的笔者均是移动培训行业的优秀人员，具有多年移动开发经验。他们不但精通 Android 技术的方方面面，更善于进行总结和提炼，通过合理的编排和讲述，将多年的开发和指导学生学习的经验和盘托出，帮助 Android 开发爱好者扎实、快速地掌握 Android 应用程序的开发方法和技巧。由于篇幅所限，本书不讲解 Java 语言编程，在讲述 Android 内容时尽量减少使用的技术术语数量，如有需要，将根据上下文进行正确的定义。

主要内容

每一章的难度都是梯度上升，核心内容如下。

第 1 章介绍了 Android 的体系结构，使读者对 Android 有一个初步的了解。

第 2 章讲解如何搭建一个 Android 程序的开发环境。

第 3 章为 Android 应用程序的运行及调试，使读者能够在后续章节中顺利运行及调试 Android 程序。

第 4 章为常见 UI 控件的使用，包含文本类控件、按钮类控件、日期类控件、图片控件、对话框、弹出消息、通知。

第 5 章讲解 Android 四大组件中的 Activity，该组件是最重要的组件，主要用来呈现应用的界面。

第 6 章介绍的是适配器控件，包含 Spinner、AutoCompleteTextView、ListView、GridView，这些控件除了有自己的 UI 之外，还可以嵌套数据进行展示。

第 7 章主要讲解 AsyncTask 异步任务和 Android 中的数据解析，展示网络中的数据。

第 8、9 章讲解 Android 中的数据存储，将网络数据下载到 SD 卡中，持久化保存；通过 SQLite 数据库对数据进行增、删、改、查；使用 Loader 进行异步操作。

第 10 章介绍了 Android 四大组件中的 ContentProvider，该组件用来实现跨进程通信。

第 11 章介绍了 Android 四大组件中的 BroadcastReceiver，该组件可以让开发者实现广播机制。

第 12 章介绍 Android 四大组件中的 Service，该组件将某些工作放入后台执行，如在后台下载数据等。

第 13 章介绍 Android 的中级控件 Fragments，使用该控件可以将界面存储于 Activity 中，方便管理。

第 14 章介绍控件 ActionBar，该控件用来操作应用标题栏，如显示标题、内容分享等。

第 15 章讲解电话与短信，包括短信管理器、电话管理器、SIP 网络电话。

第 16 章介绍了音频、视频的播放，以及照相机功能的使用，比如开发的应用需要调用照相机进行拍照等。

第 17 章讲解传感器，当我们开发的一些应用需要使用摇一摇功能时，就可以使用传感器实现。

第 18 章讲解 Android 中的动画，包括补间动画、帧动画和属性动画。

扫描下方二维码，关注"育知同创"公众账号，回复"代码"二字，即可获得本书中涉及案例代码的下载链接。

祝愿阅读此书的每一位读者都能成为 IT 业界的优秀开发人员！

Mars

目 录

第 1 章

Android 的体系结构

Android 体系结构主要分为四层：Applications（应用层）、Application Framework（应用框架层）、Libraries & Android Runtime（库文件与 Android 运行时环境）、Linux Kernel（Linux 内核层），如图 1.1 所示。

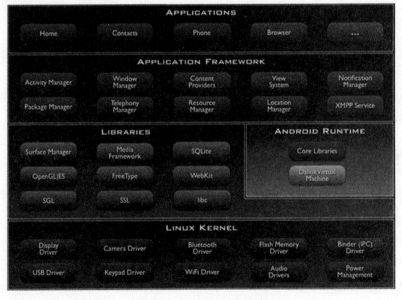

图 1.1　Android 体系结构

1.1　应用层

我们可以在手机中见到的应用位于该层，如微信客户端、新浪微博客户端和美图秀秀等应用，这些应用主要使用 Java 语言进行编写，Android 程序员所编写的 App 都位于此层。

1.2 应用框架层

应用框架层主要为应用层提供 API 框架，为应用层中的 App 所用的功能提供支持。

- Activity Manager：活动管理器，负责管理应用中 Activity 的生命周期，同时为 Activity 提供回退栈，使 Activity 具有导航功能。
- Window Manager：窗口管理器，负责管理所有的窗口程序。
- Content Providers：内容提供者，跨应用访问机制，即一个应用可以访问另一个应用的数据，实现数据共享功能。
- View System：视图系统，负责构建 App，如文本视图、按钮或列表等。
- Notification Manager：通知管理器，负责管理状态栏中弹出通知的提示信息。
- Package Manager：包管理器，负责管理应用程序包，通过它可以获取应用程序信息。
- Telephony Manager：电话管理器，负责管理手机内通讯录及通话记录等信息。
- Resource Manager：资源管理器，负责管理非代码资源，如本地字符串、布局文件或图片等。
- Location Manager：位置管理器，负责管理定位信息，记录用户所在位置，如 GPRS 定位。
- XMPP Service：基于 XMPP 的服务。

1.3 库文件与 Android 运行环境

1.3.1 库文件

在 Android 应用程序运行时需要加载类库，这些类库使用 C/C++语言编写。

- Surface Manager：图层管理器，当有多个应用程序同时执行时，负责管理这些应用程序间的显示与存取，并提供 2D 和 3D 图层的融合。
- Media Framework：多媒体框架，可回放和录制常见的音频、视频格式，如 MP3、AAC、MPEG4、PNG 和 JPEG 等。
- SQLite：一种轻量级数据库，常应用于手机和平板设备的系统。
- OpenGL|ES：支持 3D 效果。
- Free Type：位图及矢量图库。

❏ WebKit：Web 浏览器配件。

❏ SGL：2D 图形库。

❏ SSL：安全套接层，一种保证数据完整的安全协议。

❏ libc：Android 系统最底层的 C 语言标准库，由 Linux 系统调用。

1.3.2　运行环境

Android 运行时由核心库和虚拟机两部分组成。

❏ Core Libraries：核心库，由于 Android 的应用主要采用 Java 语言进行编写，核心库为这些程序的功能提供支持，如数据结构、I/O、数据库和网络等。

❏ Dalvik Virtual Machine：Dalvik 虚拟机与 Java 虚拟机不同，它主要应用在移动设备，其执行效率高且占用内存资源少。

1.4　Linux 内核层

❏ Display Driver：显示驱动，提供向屏幕显示输出功能，基于 Frame Buffer（帧缓冲）驱动。

❏ Camera Driver：相机驱动，基于 Linux 的 v412 驱动。

❏ Bluetooth Driver：蓝牙驱动，基于 IEEE802.15.1 的无线传输技术。

❏ Flash Memory Driver：闪存驱动，基于 MTD 的闪存驱动程序。

❏ Binder(IPC) Driver：跨进程通信驱动，Android 独有的驱动程序，提供进程间通信功能。

❏ USB Driver：USB 驱动。

❏ Keypad Driver：键盘驱动，提供键盘输入功能。

❏ Wi-Fi Driver：无线网络驱动，基于 IEEE802.11 标准的驱动程序。

❏ Audio Drivers：音频驱动，基于 ALSA 的高级 Linux 声音驱动。

❏ Power Management：电源管理，如电池电量等。

1.5　本章总结

本章内容主要介绍了 Android 体系结构的四个层，这部分内容偏向于 Android 底层开发，如果考虑以后的开发方向为 Android 应用方面的开发，本章内容仅供了解即可，关于如何开发 Android 应用，详见后续章节内容。

第 **2** 章

开发环境的安装与配置

首先要和大家一起分享一个好消息，开发 Android 应用程序所需的所有软件都是免费的，如开发工具、框架、模拟器，甚至是源代码，你只需要准备一台计算机即可。

本章重点为大家介绍搭建 Android 开发环境的步骤，主要包括以下几个方面的内容：

- ❑ 操作系统准备。
- ❑ Java SDK 的下载与安装。
- ❑ Android SDK 的下载与安装。
- ❑ Eclipse 与 ADT 的安装与配置。
- ❑ Adt-bundle 集成环境的安装。
- ❑ Android Studio 的安装。

2.1 操作系统准备

在目前主流的桌面操作系统上，都可以进行 Android 的开发工作。以下是 Android 支持的操作系统列表：

（1）Windows XP（32 位），Windows Vista（32 或 64 位），Windows 7（32 或 64 位），Windows 8（32 或 64 位）。

（2）Mac OS X 10.4.8（或更高）或者更高版本（x86 平台）。

（3）Linux（推荐 Ubuntu 发行版）。

考虑到目前 Windows 仍然占领着大多数开发者的计算机，本书中的例子大多基于 Windows 7（64 位）操作系统进行展示。当然，你也可以非常方便地将这些例子移植到其他的操作系统上面。

2.2 Java 开发环境的配置

Android 应用程序是由 Java 语言开发的,所以首先要配置好 Java 开发环境。Java 开发环境的配置包含 Java SDK 的下载安装和计算机环境变量的设置。Java SDK(Java Software Development Kit)即 Java 软件开发工具包,是使用 Java 编程语言进行软件开发必不可少的工具。

注意:Mac OS X 已经预先安装了 Java SDK,以下安装 Java SDK 的步骤可以省略。

(1)Java 平台与技术目前归属甲骨文(ORACLE)公司,在其官网上可找到 Java SDK 的下载链接。截至本书发稿时,用浏览器打开 http://www.oracle.com/technetwork/java/javase/downloads/index.html,就可以看到如图 2.1 所示的下载链接。

Java SE Downloads

Java Platform (JDK) 8u25　　　　　　　JDK 8u25 & NetBeans 8.0.1

图 2.1　Java 开发工具集

(2)点击左侧包含"Java"字样的图标之后,选择 Accept License Agreement 选项,再根据自己计算机操作系统的情况选择适合自己的 Java SDK 版本进行下载,如图 2.2 所示。

Java SE Development Kit 8u25		
You must accept the Oracle Binary Code License Agreement for Java SE to download this software.		
○ Accept License Agreement　　● Decline License Agreement		
Product / File Description	File Size	Download
Linux x86	135.24 MB	⬇ jdk-8u25-linux-i586.rpm
Linux x86	154.88 MB	⬇ jdk-8u25-linux-i586.tar.gz
Linux x64	135.6 MB	⬇ jdk-8u25-linux-x64.rpm
Linux x64	153.42 MB	⬇ jdk-8u25-linux-x64.tar.gz
Mac OS X x64	209.13 MB	⬇ jdk-8u25-macosx-x64.dmg
Solaris SPARC 64-bit (SVR4 package)	137.01 MB	⬇ jdk-8u25-solaris-sparcv9.tar.Z
Solaris SPARC 64-bit	97.14 MB	⬇ jdk-8u25-solaris-sparcv9.tar.gz
Solaris x64 (SVR4 package)	137.11 MB	⬇ jdk-8u25-solaris-x64.tar.Z
Solaris x64	94.24 MB	⬇ jdk-8u25-solaris-x64.tar.gz
Windows x86	157.26 MB	⬇ jdk-8u25-windows-i586.exe
Windows x64	169.62 MB	⬇ jdk-8u25-windows-x64.exe

图 2.2　不同操作系统下的 JDK 下载版本列表

(3)本书选择了图 2.2 中的最后一项。下载完成后,运行可执行文件进行安装。建议直接使用默认的安装选项。

（4）Java SDK 安装完毕以后，还需要配置环境变量，然后才能正常使用。但是在不同的平台中配置环境变量的方法略有不同。

- Windows 平台环境变量配置方法：右击"我的电脑"，选择"高级系统设置"选项，打开"环境变量"配置页，找到 Path 环境变量，然后将 Java SDK 安装目录下的 bin 目录的路径加到 Path 环境变量的后面即可。
- Linux 平台环境变量配置方法：在开发"终端"窗口，进入当前账号的 Home 目录当中，用你最喜欢的文本编辑器打开".bashrc"文件。在文件的末尾，加入下面两行配置信息（将"Java SDK 安装目录"替换为真实安装目录）：

```
export JAVA_HOME=JavaSDK 安装目录
export PATH=$PATH:$JAVA_HOME/bin
```

2.3 Android 开发环境的配置

准备好 Java 开发环境后，要进行 Android 应用程序的开发，还需要 Android SDK、Eclipse、ADT plugin 工具。下面一一讲解这三个工具的下载、安装及配置。

2.3.1 Android SDK 的下载与安装

就像开发 Java 程序需要 Java SDK 一样，要开发 Android 应用程序需要 Android SDK（Android Software Development Kit，Android 软件开发工具包）。Android SDK 由 Google 提供，可以在 http://developer.android.com/sdk/index.html 进行下载。

（1）使用浏览器打开 http://developer.android.com/sdk/index.html，展开下方的 VIEW ALL DOWNLOADS AND SIZES，并选择适合自己操作系统的版本进行下载，如图 2.3 所示。

SDK Tools Only

Platform	Package	Size	MD5 Checksum
Windows 32 & 64-bit	android-sdk_r23.0.2-windows.zip	141435413 bytes	89f0576abf3f362a700767bdc2735c8a
	installer_r23.0.2-windows.exe (Recommended)	93015376 bytes	7be4b9c230341e1fb57c0f84a8df3994
Mac OS X 32 & 64-bit	android-sdk_r23.0.2-macosx.zip	90996733 bytes	322787b0e6c629d926c28690c79ac0d8
Linux 32 & 64-bit	android-sdk_r23.0.2-linux.tgz	140827643 bytes	94a8c62086a7398cc0e73e1c8e65f71e

图 2.3 不同操作系统下的 SDK 版本

从严格意义上来说，刚刚下载的并不是完整的 Android SDK，只是一个安装器。将下载好的 Android SDK 安装文件解压缩（或者安装）之后，打开解压缩目录，并运行 SDK Manager.exe 可执行文件，就可以看到各种版本的 SDK，勾选需要的版本进行下载，如图 2.4 和图 2.5 所示。

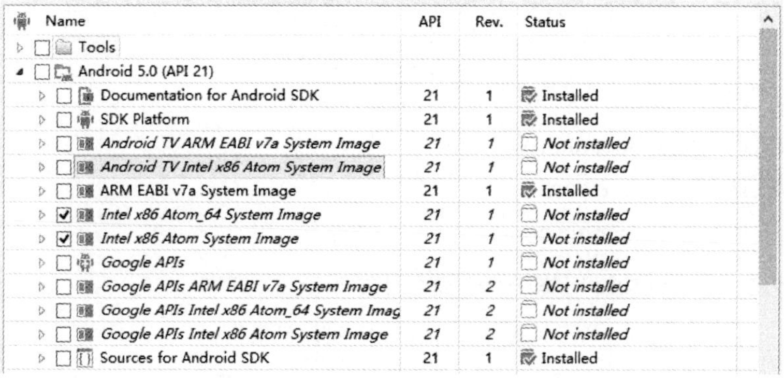

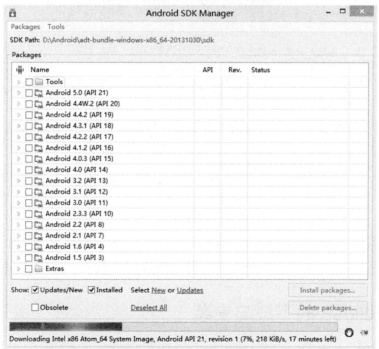

图 2.4　Android 开发版本下载选项

图 2.5　Android SDK 管理器

注意：可以看到这个列表当中包含了各种版本的 Android SDK、开发工具和文档等内容，按理说应该全部下载下来。因为我们的程序应该兼容使用不同版本 Android SDK 的手机，所以就必须要在这些版本上进行测试，但是要全部下载需要消耗不少时间，所以建议大家使用默认的 SDK 就可以了，其他的可以以后再下载。另外，由于 SDK 服务器在国外，不能直接进行访问，需要使用 VPN 或修改主机 Hosts 才可以。

修改方式如下：

（1）执行 SDK Manager→Tools→Options 操作，选中"Force https://… sources to be fetched using http://…"，强制使用 HTTP。

（2）如果还是不能使用，继续下面的操作。在地址栏输入：C:\WINDOWS\system32\drivers\etc，会看到 hosts 文件，右击，选择打开方式为记事本。在里面把下面文字输入进去：

203.208.46.146 www.google.com

74.125.113.121 developer.android.com

203.208.46.146 dl.google.com

203.208.46.146 dl-ssl.google.com

下载完毕之后，Android SDK 中包含的内容如表 2.1 所示。

表 2.1　Android SDK目录

目录或文件名	内　　容
add-ons/	包含了一些附加组件，这些组件并不包含在Android核心包中，如Google Maps等
docs/	包含了所有版本SDK的帮助文档，是开发应用程序时最重要的参考资料之一
platform-tools/	包含了各个版本的Android SDK的开发工具，包含adb和duxdump等，这些工具会随着Android SDK版本的升级而更新
platforms/	包含了各个版本的Android SDK，每个版本的SDK都存在一个单独的子文件夹当中
samples/	Google为每个版本的SDK都提供了相应的例子程序，这些程序也是学习Android开发的必备参考
tools/	这些工具是所有版本的Android SDK共用的，包含了"AVD and SDK Manager"、"DDMS"和"hierarchyviewer"等。这些工具与platform-tools文件夹当中的工具不同，因为它们与Android SDK的版本无关
SDK Readme.txt	Android SDK使用说明文件
SDK Manager.exe	用于启动Android SDK与AVD Manager管理工具

2.3.2　Eclipse 的下载与安装

Eclipse 是一款集成开发环境软件，可以使开发、调试、部署应用程序更方便快捷。当前它几乎成了 Java 开发者的"标准装备"，当然也是我们必备的开发工具之一。Eclipse 也为各种平台准备了不同的版本，所有的版本都可以到 www.eclipse.org 下载。

（1）使用浏览器打开 www.eclipse.org 网站，在右上角的位置上可以看到如图 2.6 所示的下载按钮。

图 2.6　Eclipse 下载按钮

（2）点击下载按钮后会显示包含多个 Eclipse 版本的列表，找到 Eclipse IDE for Java Developers 这一项，并根据自己的操作系统选择相应的版本进行下载，如图 2.7 所示。

图 2.7　Eclipse IDE 版本

（3）Eclipse 的安装非常简单，只需要解压缩到硬盘当中即可。

2.3.3　ADT plugin 的安装与配置

Eclipse 提供了一个应用程序开发的基础环境，可以在 Eclipse 中安装不同的插件来开发不同类型的应用程序。要使用 Eclipse 开发 Android 应用程序就需要先在 Eclipse 中安装针对 Android 应用程序开发的 ADT（Android Development Tools）插件。

（1）打开 Eclipse，选择一个目录作为工作区，然后打开菜单栏当中的"Help"菜单，并选择"Install New Software"选项，点击"Add"按钮，添加 ADT 软件的下载地址，界面如图 2.8 所示。

图 2.8　ADT 信息窗口

（2）在 Name 处填入"ADT"，在 Location 处填入 ADT 的下载地址"https://dl-ssl. google.com/android/eclipse/"。点击"OK"按钮，Eclipse 就会访问服务器，并取回软件列表，如图 2.9 所示。

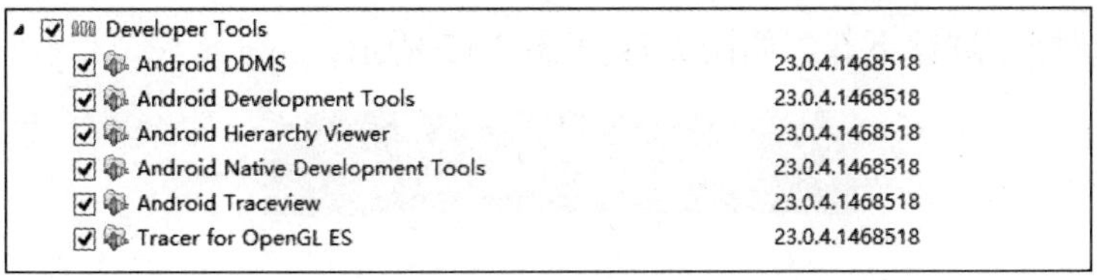

▲ ☑ ⚙⚙⚙ Developer Tools	
☑ ⚙ Android DDMS	23.0.4.1468518
☑ ⚙ Android Development Tools	23.0.4.1468518
☑ ⚙ Android Hierarchy Viewer	23.0.4.1468518
☑ ⚙ Android Native Development Tools	23.0.4.1468518
☑ ⚙ Android Traceview	23.0.4.1468518
☑ ⚙ Tracer for OpenGL ES	23.0.4.1468518

图 2.9　开发工具列表

（3）列表中的软件在今后的开发过程中都有非常重要的作用，所以需要全部下载（它们的作用，会在之后的章节中逐一进行介绍），点击"Next"按钮，就可以开始下载了。在下载的过程中，Eclipse 还可以正常使用，只是当 ADT 下载完毕之后，需要重新启动 Eclipse。

（4）ADT 安装完毕之后还需要进行配置，才能正常工作。首先打开菜单栏中的"Window"菜单，并选择"Preferences"选项，再选择"Android"选项，在"SDK Location"中选择 Android SDK 的安装目录，如图 2.10 所示。点击"Apply"按钮，配置完成。

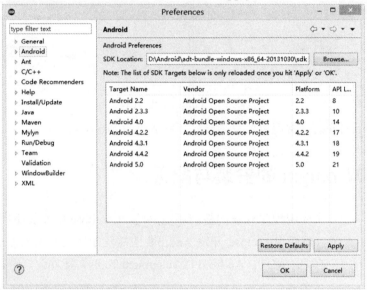

图 2.10　Eclipse 参数选项窗口

2.4　Adt–bundle 集成环境

上一小结中讲述的 Android 开发环境的搭建是早期开发 Android 应用程序时搭建环境的方式，需要用户登录 Eclipse 官网和 Android 官网分别下载 Eclipse、ADT plugin 和 Android SDK，然后进行手动配置，这种配置方法较复杂。

Adt-bundle 集成环境是 Android 在 SDKv20 版本后提出的新开发环境，它将 Eclipse + ADT plugin + Android SDK Tools 进行整合，集成为 Adt-Bundle，方便开发者安装配置开发环境。Adt-bundle 的下载路径为 http://developer.android.com/sdk/index.html，进入后点击下载，并接受协议即可进行下载，如图 2.11 和图 2.12 所示。

图 2.11　下载 Eclipse ADT 按钮

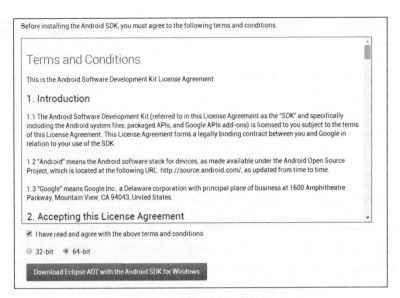

图 2.12　下载 ADT 信息选项

下载完成后直接解压，不用任何配置即可使用。

2.5　Android Studio 的下载和安装

上面的 Android 开发环境搭建的两种方式都是依赖 Eclipse 的（Adt-bundle 中包含的是 Google 改动过的 Eclipse）。2013 年，Google 发布了一款基于 IntelliJ IDEA 的集成开发环境——Android Studio。至本书发稿时止，Google 已经先后推出了多个 Android Studio 版本，在这一系列版本的发布过程中，Android Studio 逐渐趋于稳定，功能越来越强大，也被越来越多的开发者接受。而且作为 Google 官方推出的、专门针对 Android 应用程序开发的环境，必将成为主流的 Android 开发环境。Android 官方对 Android Studio 的介绍如下：

Android Studio 是一个全新的 Android 开发环境，基于 IntelliJ IDEA，类似于 Eclipse ADT。Android Studio 提供了集成的 Android 开发工具，用于开发和调试，在 IDEA 的基础上，Android Studio 提供以下功能。

- ❑ 基于 Gradle 的构建支持。
- ❑ Android 专属的重构和快速修复。
- ❑ 提示工具，以捕获性能、可用性、版本兼容性等问题。
- ❑ 支持 ProGuard 和应用签名。
- ❑ 基于模板的向导生成常用的 Android 应用设计和组件。
- ❑ 功能强大的布局编辑器，可以让你拖拉 UI 控件并进行效果预览。

相对于 Adt-bundle，Android Studio 有更多的功能，二者的对比如图 2.13 所示。

Feature	Android Studio	ADT
Build system	Gradle 🔗	Ant 🔗
Maven-based build dependencies	Yes	No
Build variants and multiple-APK generation (great for Android Wear)	Yes	No
Advanced Android code completion and refactoring	Yes	No
Graphical layout editor	Yes	Yes
APK signing and keystore management	Yes	Yes
NDK support	Coming soon	Yes

图 2.13　Android Studio 属性选项列表

下面是 Android Studio 的下载与安装过程。

（1）下载 Android Studio 需登录 Android 开发者官网 http://developer.android.com/index.html。在官网的右下角，可以看到 Android Studio 图标，如图 2.14 所示。点击该图标，进入 Android Studio 的下载界面，如图 2.15 所示，点击下载即可。

图 2.14　Android Studio 图标

图 2.15　Android Studio 下载按钮

（2）安装 Android Studio 非常方便，下载后双击运行安装即可。但是需要注意，必须提前配置好 Java 开发环境才可以运行起来。

安装好开发环境后，就万事俱备了，大家是否已经迫不及待了呢？在下一章中，开始编写我们的第一个 Android 应用程序。

第 **3** 章

第一个 Android 应用程序

通过前两章的学习，大家对 Android 系统及开发环境有了一个大概的认识。在本章中，我们将开发第一个 Android 应用程序，通过这个简单的应用程序，重点为大家介绍如下内容：

- ❏ Android 应用程序开发流程。
- ❏ 创建 Android 应用程序的步骤。
- ❏ Android 应用程序目录结构。
- ❏ 创建 Android 模拟器。
- ❏ 在 Android 模拟器中运行应用程序。
- ❏ 使用 DDMS 调试应用程序。

3.1 Android 应用程序开发的基本流程

虽然 Android 应用程序相对于一些大型的企业级项目来说，可能规模显得小一些。但是，从开发流程来讲却没有太大的区别，都要经历如下环节，如图 3.1 所示。

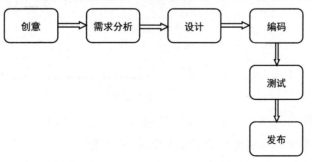

图 3.1 Android 应用开发的基本流程

要想开发出一个优秀的，甚至伟大的 Android 应用程序，上述环节都要做到精益求精。

（1）创意："创意是整个应用程序的灵魂"——永远都要记住这一点。机械的模仿，甚至山寨，是没有前途的。

（2）需求分析：创意虽然重要，但是还是过于抽象，需要使用需求分析的方法，将创意进行细化和量化，以便开发人员能够更好地理解创意。

（3）设计：设计流程主要包括以下几个方面。

❑ 概要设计：将整个应用按照功能分割成不同的子模块，并且定义这些模块之间进行数据交换的接口。

❑ 详细设计：将所有的功能落实到类和函数。

❑ 用户界面（UI）设计：针对应用程序的人机交互和界面美观进行设计，简而言之，就是让软件既好看又好用。

（4）编码与测试：这个环节对于开发者来讲无疑是最熟悉的，唯一需要提醒大家的是，针对手机应用来说，编码和测试需要考虑到移动开发的特殊性。因为移动设备与 PC 或者服务器是不一样的，如耗电量、性能和屏幕分辨率等。

（5）发布：将开发好的软件发布到各种应用市场中。

3.2　在 Eclipse 创建第一个项目

本书中的部分示例都是以 Eclipse 开发环境为基础进行讲解的，下面就请大家和笔者一起在 Eclipse 中创建我们的第一个 Android 应用程序。

第一次打开 Eclipse 时会弹出如图 3.2 所示的窗口，在此设置工作空间目录，以后创建的项目将保存在该目录下。

图 3.2　工作空间窗口

设置好工作空间目录以后点击"OK"按钮，首次运行 Eclipse 时通常还会显示一个欢迎界面，关闭欢迎界面，显示出来的就是 Eclipse 的主界面，如图 3.3 所示。主界面包含菜单栏、工具栏、工作区、状态栏四个主要区域，工作区中可以包含多个子窗口，可以根据需要打开或关闭。不同版本的 Eclipse 所展示的主界面可能会略有不同。

图 3.3　Eclipse 界面

选择菜单栏中的"File"→"New"→"Project"选项，弹出"New Project"对话框，如图 3.4 所示。

图 3.4　新建工程窗口

选择"Android Application Project"选项，点击"Next"按钮，进入新建项目界面，如图 3.5 所示。

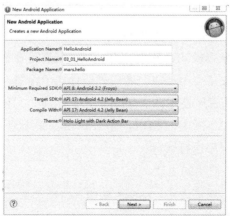

图 3.5　新建 Android 应用程序窗口

在这个界面中，主要是对新创建的应用程序的各种属性进行设置，下面就为大家介绍这些属性的含义。

❑ Application Name：应用程序名称。

❑ Project Name：新建项目的名称。

❑ Package Name：应用程序包名。包名的作用与 Java 语言中的包管理机制类似，用来为整个应用程序提供一个命名空间。对于安装在同一设备中的应用程序来说，每一个应用程序的包名必须保证是唯一的。

❑ Minimum Required SDK：支持应用程序运行所需的最低 Android SDK 版本号。Android 的发展速度非常快，到目前为止，一共发布了 11 个版本的 Android，每个版本都有与之对应的 API。这些 API 之间都存在着或多或少的不同。所有的 Android 平台版本号对应的 API 级别参见表 3.1。

表 3.1　Android API版本号

Android平台版本	API Level	Android平台版本	API Level
Android 5.0	21	Android 4.4W	20
Android 4.4	19	Android 4.3	18
Android 4.2	17	Android 4.1	16
Android 4.0.3, 4.0.4	15	Android 4.0, 4.0.1, 4.0.2	14
Android 3.2	13	Android 3.1	12
Android 3.0	11	Android 2.3.3	10
Android 2.3	9	Android 2.2	8
Android 2.1	7	Android 2.0.1	6
Android 2.0	5	Android 1.6	4
Android 1.5	3	Android 1.1	2
Android 1.0	1		

❑ Target SDK：这个属性会告诉系统，该应用已经在 API Level 为该设置值的系统上进行了充分测试。如果系统的 API Level 和当前应用的 Target SDK 设置值一样，系统将不会启用兼容模式运行该应用。这个属性是在程序运行时期起作用的，系统根据这个属性决定要不要以兼容模式运行这个程序。

❑ Compile With：项目所使用的 Android SDK 版本，只能选择一个版本。例如你选择了"Android 2.2"版本的 SDK，那么 Eclipse 就会使用 Android 2.2 平台所提供的开发包对应用程序进行编译。

❑ Theme：应用程序使用的主题。

完成上述内容的填写，然后点击"Next"按钮，后续会依次出现指定项目文件夹位置、添加应用程序启动图标、创建 Activity 及布局等几个界面，全部使用默认设置，直接点击

"Next"按钮，直到出现"Finish"按钮。点击"Finish"按钮后，一个 Android 项目就创建完成了。

3.3　创建 Android 模拟器（AVD）

与普通的 Java 应用程序不同，Android 应用程序需要在 Android 设备上运行。在学习的初级阶段，我们并不一定非要去买一部 Android 手机。因为 Google 提供了一个非常优秀的软件——AVD（Android Virtual Device），这个软件允许我们在 PC 机上虚拟出一台 Android 设备，并且可以将开发好的应用程序部署到这台虚拟的 Android 设备上观察运行结果，调试代码错误。

（1）选择 Eclipse 菜单栏中的"Window"→"Android Virtual Device Manager"选项，打开 Android Virtual Device Manager 对话框，如图 3.6 所示。

（2）点击"New…"按钮，打开新建 AVD 的界面，如图 3.7 所示。

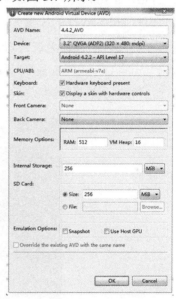

图 3.6　Android 模拟器管理器　　　　图 3.7　创建 Android 模拟器窗口

对要创建的 AVD 进行参数设置，下面是需要指定的各个参数的意义，未提到的参数可使用默认值。

- ❑ AVD Name：AVD 的名称。由于要在不同版本的 Android SDK 上进行测试，所以可能会创建多个 AVD，需要用不同的名字将这些 AVD 进行区分。
- ❑ Device：选择设备的屏幕尺寸及外观。现在市面上出售的 Android 设备的分辨率有很多种，对于使用者来说，拥有更多的选择当然是好事。但是对于我们这样的开发者来说，绝对是个"悲剧"。因为我们的应用程序必须能够适应各种各样的分辨率，从而增加了不少的工作量。表 3.2 中给出了一些常见的分辨率的名称，大家可以根据自己开发的应用程序的需要进行选择。

表 3.2　分辨率名称

英文缩写	全　　称	分　辨　率
HVGA	Half Video Graphics Array	480 * 320
QVGA	Quarter Video Graphics Array	320 * 240
WQVGA	Wide Quarter Video Graphics Array	480 * 240
WVGA	Wide Video Graphics Array	800 * 480

❏　Target：选择 AVD 使用的 Android SDK 版本。

❏　Memory Options：存储选项。RAM 用于指定 AVD 的运行内存，VM Heap 用于指定 Dalvik 虚拟机的堆内存大小。Device 参数选定后，这里会生成默认值，使用默认值即可。

❏　Internal Storage：指定机身内部存储空间的大小。

❏　SD Card：AVD 的模拟 SD 卡容量。

完成上述属性的选择之后，点击"OK"按钮就可以创建出一个新的虚拟机，并回到"Android Virtual Device Manager"界面。选中刚创建的 AVD 再点击"Start…"按钮启动 AVD。AVD 启动后的展示效果如图 3.8 所示。

图 3.8　Android 模拟器

注意：在学习 Android 开发的初期，AVD 基本可以满足测试各种实验程序的需求，但是有一些对于特殊硬件依赖程度较高的功能（如 Wi-Fi 和蓝牙等），就无法在 AVD 上测试了，需要使用真实的 Android 设备。

3.4　在 Android 模拟器中运行应用程序

　　在 Eclipse 的工作区中，鼠标右键点击刚才创建的名为"03_01_HelloWorld"项目，选择"Run AS"→"Android Application"选项，即可将项目代码在 AVD 上运行。运行结果如图 3.9 所示。

图 3.9　在 Android 模拟器上运行程序

3.5　Android 应用程序目录结构

　　一个 Android 应用程序不但包括必要的 Java 代码，还有一系列其他文件，如图片文件、音频文件和布局文件等，这些文件都必须按照一定的规则放置在指定的文件目录中。图 3.10 展示了一个典型的 Android 应用程序的目录结构。

```
+-03_01_HelloWorld
    +-src
        +-mars.hello
            +-MainActivity.java
    +- gen
        +- mars.hello
            +- R.java
    +- Android 2.2
        +- android.jar
    +- assets
    +- res
        +- drawable-hdpi
            +- icon.png
```

```
          +- drawable-ldpi
              +- icon.png
          +- drawable-mdpi
              +- icon.png
          +- layout
              +-main.xml
          +- values
              +- strings.xml
    AndroidManifest.xml
```

图 3.10　Android 程序目录

❏　src：用于存放 Java 源文件。

❏　gen/R.java：R.java 文件中包含了应用程序中所有资源的索引，典型的 R.java 文件的代码如下。

```
1
2  public final class R {
3     public static final class attr {
4     }
5     public static final class drawable {
6         public static final int icon=0x7f020000;
7     }
8     public static final class layout {
9         public static final int main=0x7f030000;
10    }
11    public static final class string {
12        public static final intapp_name=0x7f040001;
13        public static final int hello=0x7f040000;
14    }
15 }
```

简单来说，Android 应用程序的资源，包括图片、布局文件及控件等，在 R.java 文件中都会有相对应的常量。如果需要在程序中使用某个资源，只需调用与这个资源对应的常量即可。更妙的是，我们无须自己动手编辑 R.java 文件，文件中的所有代码都会由 Eclipse 自动生成。这个文件及文件当中变量的具体用法，会在随后的章节中详细介绍。

❏　Android 2.2/android.jar。

❏　res：包含应用程序所需的资源文件，有图片、布局文件及字符串等。所有的资源都会在 R.java 中生成一个唯一的索引。

❏　assets：也可以存放各种各样的资源文件，但是这个文件夹中的文件不会在 R.java 中生成索引。如果需要使用这些文件，就必须指定相应的文件路径。

❏　AndroidManifest.xml：Android 应用程序主配置文件。

3.6　使用 DDMS 调试应用程序

DDMS（Dalvik Debug Monitor Service）是专门用于调试 Android 应用程序的工具。通过 DDMS 透视图可以完整地看到正在运行的 Android 设备内部的情况，包括线程、文件系统及日志等内容，点击 Eclipse 左上角的 "DDMS" 按钮，即可打开 DDMS 透视图，如图 3.11 所示。

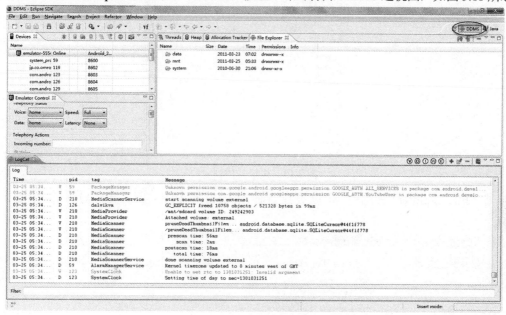

图 3.11　DDMS 窗口

Android 设备中正在运行的线程可以在 "Devices" 视图中看到，如图 3.12 所示。

Name		
▲ 📱 emulator-5554	Online	Android_2...
system_process	59	8600
jp.co.omronsoft.openv	119	8602
com.android.phone	123	8603
com.android.launcher	126	8604
com.android.settings	129	8605
android.process.acore	162	8606
com.android.alarmcloc	168	8607
com.android.music	181	8610
com.android.quicksea	190	8612
com.android.protips	202	8614
android.process.medi:	210	8616
com.android.mms	223	8618
com.android.email	238	8620

图 3.12　模拟器信息窗口

在 "Emulator Control" 视图中提供的工具用于模拟电话状态和 GPS 定位服务，如图 3.13 所示。

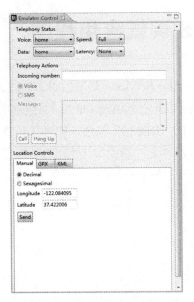

图 3.13　模拟器控制窗口

在"File Explorer"视图中，可以看到当前 Android 设备中的所有文件与目录，如图 3.14 所示。

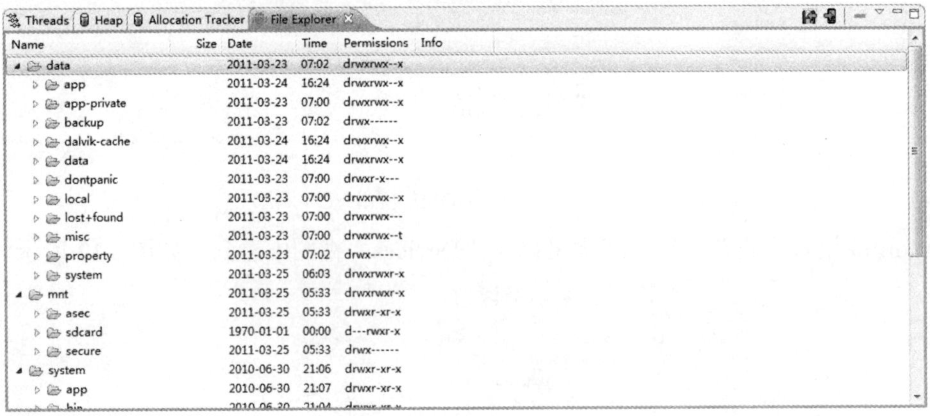

图 3.14　模拟器文件浏览器

"LogCat"视图中显示的内容是 Android 设备输出的日志信息，这些信息是调试应用程序时的重要参考，如图 3.15 所示。

图 3.15　日志信息窗口

3.7　本章总结

　　本章重点介绍了 Android 应用程序的开发流程、AVD 的创建及 DDMS 的用途。日后的开发工作，通常是在 Eclipse 的 Java 视图中进行的，然后在 AVD 上尝试运行，并在 DDMS 中查看运行结果。虽然只是创建了一个最简单的应用程序，但是我们毕竟迈出了重要的第一步，相信今后的学习之路也不会太过艰难。

第 **4** 章

Android 用户界面（UI）基础

无论使用何种应用程序，也无论使用何种开发技术，一个漂亮、简洁、实用的用户界面都是必不可少的。因此，用户界面作为应用程序的门面，是我们今后开发应用程序时需要关注的重点之一。试问谁不希望自己的软件有一个好"卖相"呢？好在 Android 平台提供了一系列完善的用户界面控件供开发者使用。我们几乎只需对这些组件进行组合和定制，就可以实现一个比较完整的用户界面。在本章中，将重点介绍与用户界面开发相关的基本概念及基础用户界面控件的使用方法，主要内容如下：

❏ Activity 基本概念。
❏ AndroidManifest.xml 文件的作用。
❏ 布局文件的作用。
❏ Android 的界面布局方法。
❏ 常见 UI 控件的使用。

4.1 Activity 基本概念

Activity 作为 Android 应用程序的一个组件，提供了一个用户与手持设备交互的接口。在学习初期，大家可以将 Activity 想象成一个 UI 控件的容器，一个 Activity 中可以包含一个或者多个 UI 控件，它的功能类似于 Web 应用程序开发中的表单，而 UI 控件的样式和位置，则可以通过布局文件进行控制。用户可以通过 Activity 中的 UI 控件向设备发出指令，如拨打电话、发送邮件和浏览网页，也可以在 Activity 中查看设备反馈的信息。一个 Android 应用程序至少应该包含一个 Activity，当然也可以有多个。当应用程序启动时，会运行某一个 Activity。具体运行哪一个，需要在应用程序的 AndroidManifest.xml 文件中进行设置。通常情况下，一个 Activity 会占用设备的整个屏幕空间，但是根据软件的功能需求，也可以将一个 Activity "漂浮" 在另一个 Activity 之上，或者 "嵌入" 到另一个 Activity 之中。

每一个 Activity 都是 Activity 的子类，所以在创建一个新的 Activity 时，都需要继承 Activity，并根据需要复写其中的方法。使用 Eclipse 创建一个新的 Android Project 时，会自动生成一个 Activity（原因也很容易理解，因为一个应用程序至少需要一个 Activity），并且在这个 Activity 中，已经复写了从 Activity 中继承的 onCreate()方法。

```
1    public class MainActivity extends Activity {
2        /** Called when the Activity is first created. */
3        @Override
4        public void onCreate(Bundle savedInstanceState) {
5            super.onCreate(savedInstanceState);
6            setContentView(R.layout.main);
7        }
8    }
```

代码第 4 行：当这个 Activity 开始运行时，会首先运行 onCreate()方法，执行对 Activity 的初始化工作，所以说 onCreate()方法是整个 Activity 运行的入口。这行代码是 onCreate() 方法的签名，该函数接收一个名为 savedInstanceState 的 Bundle 类型的参数，Bundle 是一种用于存储键值对的对象。这个参数用于在多个 Activity 之间传递数据。

代码第 5 行和第 6 行：第 5 行代码用于指定 Activity 所使用的布局文件，是 onCreate() 函数中最重要的代码。布局文件名为 main.xml，存放在应用程序的 res/layout 文件夹中。但是大家可能已经发现，在第 6 行代码中，我们为 setContentView()方法所传递的参数并不是布局文件的路径，而是一个整型的常量。因为所有的布局文件都会在 R.java 中拥有一个整型常量作为标识，只需要将这个标识传递给 setContentView()函数即可，聪明的 Android 会根据这个标识找到对应的布局文件。

4.2　AndroidManifest.xml 文件的作用

AndroidManifest.xml 文件是 Android 应用程序的主配置文件，在该文件中包含了应用程序的版本信息、包名、SDK 版本及各个应用程序组件的配置信息，如下例所示。

```
1.    <?xml version="1.0" encoding="utf-8"?>
2.    <manifest xmlns:android="http://schemas.android.com/apk/res/android"
3.        package="mars.manifest"
4.        android:versionCode="1"
5.        android:versionName="1.0">
```

```
6.        <uses-sdk android:minSdkVersion="10" />
7.        <application android:icon="@drawable/icon" android:label="应用程序名称">
8.           <Activity android:name=".MainActivity"
9.                android:label="默认启动的 Activity">
10.             <intent-filter>
11.             <action android:name="android.intent.action.MAIN" />
12.             <category android:name="android.intent.category.LAUNCHER" />
13.             </intent-filter>
14.           </Activity>
15.           <Activity android:name=".OtherActivity" android:label="另一个 Activity"/>
16.        </application>
17.     </manifest>
```

代码第 1 行：几乎所有的 xml 文件都以这行代码开始，以告知编辑器当前 xml 文件的版本和所使用的字符编码类型。

代码第 2 行至第 5 行：manifest 标签。

❑ package 用于指定应用程序的包名。

❑ android:versionCode 用于设置项目代码版本。

❑ android:versionName 用于指定项目版本名称。

代码第 6 行：uses-sdk 标签。该标签的 android:minSdkVersion 属性，用于指定项目支持的最低 Android SDK 版本号。

代码第 7 行：application 标签。

❑ android:icon 用于指定应用程序所使用的图标。

❑ android:label 用于指定应用程序的标签。

代码第 8 行和第 9 行：Activity 标签。

❑ android:name 用于指定 Activity 的名称。

❑ android:label 用于指定 Activity 的标签。

代码第 10 行至第 13 行：默认启动 Activity 的设置。当一个 Activity 中包含以上的子标签时，该 Activity 在应用程序启动之后会首先运行。

4.3 布局文件的作用

　　一个 Activity 中可以放置多个 UI 控件，如果说 Activity 的作用类似于表单，那么布局文件的作用就类似于级联样式表（CSS）。这些控件的声明及样式（包括大小、颜色和位置等）可以使用布局文件进行设置，也可以在代码中设置。这两种设置方法的特点不同，第一种方法使用起来相对比较简单，只需在 xml 文件进行设置即可，但是不够灵活。而第二种方法就要灵活得多，可以根据需要随时向 Activity 中添加控件，或者修改控件的样式。

双击打开 res/layout/main.xml 文件，Eclipse 会打开可视化的布局文件编辑器。在这个编辑器中，只需要将我们所需的控件拖曳到 Activity 中，即可完成控件的添加和布局，如图 4.1 所示。

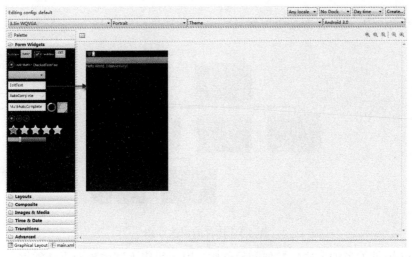

图 4.1　可视化布局文件编辑器

这种便捷的编辑方法固然可以提升开发效率，但是却不利于初学者对布局文件的理解。所以现阶段我们还是先暂时将这样的诱惑抛在一旁，深入学习布局文件的代码才是正道。

点击编辑器左下角的"main.xml"标签，打开布局文件的代码。通过观察可以发现，整个布局文件被分为三个部分，如图 4.2 所示。

```
main.xml
1<?xml version="1.0" encoding="utf-8"?>
2<LinearLayout xmlns:android="http://schemas.android.com/apk/res/android"
3    android:orientation="vertical"
4    android:layout_width="fill_parent"
5    android:layout_height="fill_parent"
6    >
7<TextView
8    android:layout_width="fill_parent"
9    android:layout_height="wrap_content"
10   android:text="@string/hello"
11   />
12</LinearLayout>
13
```

图 4.2　布局文件代码

1．控件布局类型声明

代码第 1 行至第 6 行：这部分代码用于指定控件的排列方式。在本例中使用的是 LinearLayout 标签，这种布局方法会将所有包含在该标签下的控件排列成一行或者一列。

2．控件声明

代码第 1 行至第 5 行：这部分代码用于声明控件的类型和样式，控件声明标签是布局标签的子标签，所有本例中的 TextView 标签（用户向用户展示文本数据）被放置在 LinearLayout 之内。

4.4　Android 的界面布局

4.4.1　控件的层次结构

在 Activity 中，UI 界面是由控件（View）和控件组（ViewGroup）组成的，如图 4.3 所示。

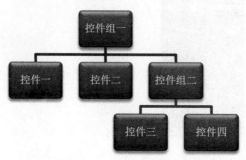

图 4.3　控件的层次结构

Android 提供了多种多样的控件和控件组，用于适应不同的界面设计需求，在随后的章节会做详细解释。本节中涉及的所有布局控件都是控件组，而 TextView 是控件。

4.4.2　常用界面布局种类

开发应用程序时，首先要考虑的是使用哪些控件，以及摆放这些控件的方式，Android 中提供了很多种布局控件，表 4.1 所示是最常用的四种布局方式。

表 4.1　最常用的界面布局方式

布局方式	作　　用
LinearLayout	将所有包含在该元素中的控件排列成一行或者一列
RelativeLayout	通过控制控件之间的相对位置，来实现控件的布局
TableLayout	以表格的方式将控件排列在控件
FrameLayout	在Activity中开辟一块单独的空间用于摆放控件

1. 线性布局（LinearLayout）

线性布局会将所有被包含在内的子标签排列成一行或者一列。控件的位置依照控件声明标签在布局文件中出现的位置而定。

运行【范例 4-1】线性布局 LinearLayout（代码文件详见链接资源中第 4 章范例 4-1）之后会看到如图 4.4 所示的效果。

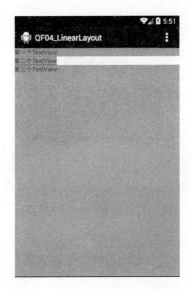

图 4.4　LinearLayout 运行效果图

详见链接资源/第 4 章/范例 4-1（线性布局 LinearLayout）/ YZTC04_LinearLayout/ res/layout/main.xml 的布局文件，代码如下：

```
1.    <?xml version="1.0" encoding="utf-8"?>
2.    <LinearLayout xmlns:android="http://schemas.android.com/apk/res/android"
3.        android:orientation="vertical"
4.        android:layout_width="fill_parent"
5.        android:layout_height="fill_parent"
6.    >
7.        <TextView
8.            android:layout_width="fill_parent"
9.            android:layout_height="wrap_content"
10.           android:background="#aa0000"
11.           android:text="第一个 TextView"
12.        />
13.       <TextView
14.           android:layout_width="wrap_content"
15.           android:layout_height="wrap_content"
16.           android:background="#00aa00"
17.           android:text="第二个 TextView"
18.        />
19.       <TextView
20.           android:layout_width="fill_parent"
21.           android:layout_height="fill_parent"
22.           android:background="#0000aa"
23.           android:text="第三个 TextView"
24.        />
25.    </LinearLayout>
```

从布局文件上观察，整个 Activity 分为三个层次，如图 4.5 所示。

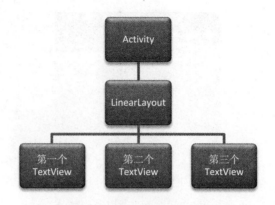

图 4.5　控件的层次结构

LinearLayout 中包含了三个 TextView，所以 LinearLayout 是所有 TextView 的父控件。之所以要强调这一点，是因为子控件的位置和样式会受到父控件的约束。下面就为大家详细介绍该布局文件中代码的作用。

```
<LinearLayout xmlns:android="http://schemas.android.com/apk/res/android"
    android:orientation="vertical"
    android:layout_width="fill_parent"
    android:layout_height="fill_parent"
>
……
</LinearLayout>
```

该标签中共包含下面四个属性。

❑ xmlns:android：定义 xml 文件使用的命名空间。

❑ android:orientation：用于指定 LinearLayout 中所包含控件的排列方式，在本例中该属性的值为 vertical，意思是采用垂直的方式摆放控件。如果把值改为 horizontal，将采用水平的方式摆放控件。

❑ android:layout_width：用于指定控件的基本宽度。通常情况下该属性的值有以下三种选择。

➢ 具体的宽度数字。

➢ wrap_content：宽度能够恰好容纳下控件的内容。

➢ fill_parent：宽度和包含该控件的父控件相同。

注意：fill_parent 属性在 Android 2.2 版本之后有了新的名字，叫作 match_parent。所以如果应用程序所支持的最低版本高于 Android 2.2，那么这两个属性的名字是可以互换的，没有任何区别。

❑ android:layout_height：用于指定控件的基本高度。属性值的设置方法与 android: layout_width 相同。

在本例中使用 fill_parent 作为 android:layout_width 和 android:layout_height 两个属性的值。由于本例中的 LinearLayout 是 Activity 所包含的顶级控件，所以 LinearLayout 的范围会充满整个 Activity。

```
<TextView
    android:layout_width="fill_parent"
    android:layout_height="wrap_content"
    android:background="#aa0000"
    android:text="第一个 TextView"
    />
```

TextView 元素中的 android:layout_width 和 android:layout_height 属性的作用除与 LinearLayout 中的相同之外，还有以下两个属性。

- ❑ android:background：用于设置 TextView 的背景色。本例背景色的设置使用了 RGB 模式。RGB 模式使用六位十六进制数表示颜色，前两位表示红色，中间两位表示绿色，后两位表示蓝色。每种 RGB 成分都可以使用 00（黑色）到 ff（白色）的值表示。例如，亮红色的 R 值为 255，G 值为 0，B 值为 0。
- ❑ android:text：用于设置 TextView 中显示的内容。

2．相对布局（RelativeLayout）

线性布局的使用方法虽然简单，但是未免有些单调，有时无法满足比较复杂的软件界面布局需求，而相对布局则要灵活得多。相对布局通过指定子控件与父控件或者同级别控件之间的距离和关系，实现界面的布局。

1）控件的"盒子"模型

一个控件所占用空间的大小由三个方面的因素决定，分别是外边距（Margin）、内边距（Padding）和内容（Content），如图 4.6 所示。

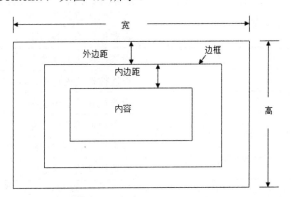

图 4.6　控件的"盒子"模型

外边距用于控制与周围其他控件或者父控件之间的距离，而内边距则用来控制内容和边框之间的距离。控件的这两个属性都可以在布局文件中进行设置。需要注意的是，边框只是在概念上存在，并不会占用任何空间。

2）多个控件之间的距离关系

当一个 Activity 中有两个控件相邻时，外边距和内边距的作用就显得更加明显了，如图 4.7 所示。

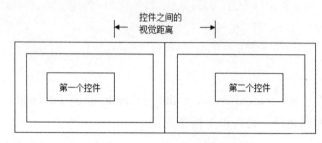

图 4.7　两个控件之间的视觉距离

虽然控件有内外边距，但是这些边距所占据的空间是透明的（如果设置了控件的背景色，那么背景色则会充满内容和内边距所占有的空间）。用户看到的控件之间内容的距离实际上是两个控件相邻部分的内边距加上外边距的距离。在图 4.7 中，两个控件内容之间的距离=第一个控件的右内边距+第一个控件的右外边距+第二个控件的左外边距 + 第二个控件的左内边距。

3）设置控件的内边距和外边距

在控件中有一系列属性用于设置控件的内边距和外边距。这些属性的名称和作用如表 4.2 所示。

表 4.2　设置控件内边距和外边距的属性

属性名称	属性作用
layout_marginBottom	设置控件的下外边距
layout_marginLeft	设置控件的左外边距
layout_marginRight	设置控件的右外边距
layout_marginTop	设置控件的上外边距
layout_padding	设置控件的内边距，四个方向的内边距相同
layout_paddingBottom	设置控件的下内边距
layout_paddingLeft	设置控件的左内边距
layout_paddingRight	设置控件的右内边距
layout_paddingTop	设置控件的上内边距

【范例 4-2】相对布局 RelativeLayout（代码文件详见链接资源中第 4 章范例 4-2）的运行效果如图 4.8 所示。

图 4.8　RelativeLayout 运行效果图

这并不是一个真实的应用程序的界面，只是为了给大家展示相对布局的使用方法。下面就让我们看看布局文件的内容。

```
1.    <?xml version="1.0" encoding="utf-8"?>
2.    <RelativeLayout xmlns:android="http://schemas.android.com/apk/res/android"
3.        android:layout_width="fill_parent"
4.        android:layout_height="fill_parent"
5.        android:padding="20px"
6.      >
7.        <TextView
8.            android:id="@+id/first"
9.            android:layout_width="wrap_content"
10.           android:layout_height="wrap_content"
11.           android:layout_marginRight="50px"
12.           android:text="第一个 TextView"
13.        />
14.       <TextView
15.           android:id="@+id/second"
16.           android:layout_toRightOf="@id/first"
17.           android:layout_width="wrap_content"
18.           android:layout_height="wrap_content"
19.           android:text="第二个 TextView"
20.       />
21.       <TextView
22.           android:id="@+id/third"
23.           android:layout_width="wrap_content"
24.           android:layout_height="wrap_content"
25.           android:layout_below="@id/second"
26.           android:text="第三个 TextView"
27.        />
28.       <TextView
```

```
29.          android:id="@+id/fourth"
30.          android:layout_width="wrap_content"
31.          android:layout_height="wrap_content"
32.          android:layout_below="@id/second"
33.          android:layout_alignParentRight="true"
34.          android:text="第四个 TextView"
35.      />
36.      <TextView
37.          android:id="@+id/sixth"
38.          android:layout_width="wrap_content"
39.          android:layout_height="wrap_content"
40.          android:layout_alignParentBottom="true"
41.          android:paddingTop="30px"
42.          android:layout_marginBottom="200px"
43.          android:text="第六个 TextView"
44.      />
45.      <TextView
46.          android:id="@+id/fifth"
47.          android:layout_width="wrap_content"
48.          android:layout_height="wrap_content"
49.          android:layout_above="@id/sixth"
50.          android:layout_centerHorizontal="true"
51.          android:padding="30px"
52.          android:text="第五个 TextView"
53.      />
54.  </RelativeLayout>
```

代码第 2 行至第 6 行：在 RelativeLayout 元素中，android:padding 属性用于设置控件的内边距。在本例中，该属性的值为 20px（px 代表像素）。

代码第 7 行至第 13 行：在 TextView 元素中，android:id 控件的 ID 用于对每个控件进行唯一的标识。属性的值为"@+id/×××"时，意味着新创建一个 ID 分配给该控件，并且会在 R.java 文件中生成一个整型常量代表该控件，可以在编写 Activity 代码时引用这个常量。

android:layout_marginRight 用于指定该控件的右外边距。

由于这个控件并没有指定与其他控件的位置关系，所以会默认显示在左上角。

代码第 16 行：android:layout_toRightOf 将控件的左边缘和给定 ID 的控件的右边缘对齐。需要注意的是，该属性的值是引用一个已经存在的 ID，格式为"@+id/×××"。

该控件的左边缘与 ID 为"first"的右边缘对齐，而且由于"first"控件设置了右外边距，所以这两个控件之间有 50 像素的距离。

代码第 25 行：android:layout_below 将控件的顶部置于给定 ID 的控件的底部。

该控件在垂直方向上被放置在"second"的下方，但是并没有指定其在水平方向上的位置，所以会默认对齐到父控件的左边缘。

代码第 33 行：当 android:layout_alignParentRight 属性的值为"true"时，则将控件右边缘对齐到父控件的右边缘。

代码第 42 行：对的，你没有看错，现在确实是在讲解第六个而不是第五个 TextView。因为第五个控件的位置需要依赖于第六个控件，必须引用第六个控件的 ID，所以说需要首先在布局文件中设置第六个控件的位置。当 android:layout_alignParentBottom 属性的值为"true"时，则将该控件的下边缘对齐到父控件的底边缘。

代码第 41 行：android:paddingTop 属性用于指定控件上部的内边距距离。

由于 RelativeLayout 设置了 20 像素的内边距，而且该控件设置了 200 像素的下部外边距，所以控件的下边缘距离父控件的下边缘的距离为 220 像素。

代码第 49 行：android:layout_above 将该控件的底部边缘置于给定 ID 的控件之上。

代码第 50 行：如果 android:layout_centerHorizontal 属性的值为"true"，则将该控件在水平方向上居中。

从上面的例子可以看出，在使用相对布局时，可以通过设置一系列和位置相关的属性来调整控件的位置。表 4.3 中列出了所有和位置相关的属性的作用。

表 4.3　与位置控件相关的控件属性列表

属性名称	值	作　用
layout_above	控件ID	将控件的底部边缘和给定ID的控件上边缘对齐
layout_below	控件ID	将控件的顶部边缘和给定ID的控件下边缘对齐
layout_toLeftOf	控件ID	将控件的右部边缘和给定ID的控件左部边缘对齐
layout_toRightOf	控件ID	将控件的左部边缘和给定ID的控件右部边缘对齐
layout_alignBaseline	控件ID	将控件的baseline和给定ID的控件baseline对齐
layout_alignBottom	控件ID	将控件的底部边缘和给定ID的控件底部边缘对齐
layout_alignTop	控件ID	将控件的顶部边缘和给定ID的控件顶部边缘对齐
layout_alignLeft	控件ID	将控件的左部边缘和给定ID的控件左部边缘对齐
layout_alignRight	控件ID	将控件的右部边缘和给定ID的控件右部边缘对齐
layout_alignParentBottom	true或false	如果值为true，将控件的底部边缘和父控件的底部边缘对齐
layout_alignParentLeft	true或false	如果值为true，将控件的左部边缘和父控件的左部边缘对齐
layout_alignParentRight	true或false	如果值为true，将控件的右部边缘和父控件的右部边缘对齐
layout_alignParentTop	true或false	如果值为true，将控件的顶部边缘和父控件的顶部边缘对齐
layout_centerHorizontal	true或false	如果值为true，将控件在父控件的水平方向上居中
layout_centerVertical	true或false	如果值为true，将控件在父控件的垂直方向上居中
layout_centerInParent	true或false	如果值为true，将控件在父控件的水平和垂直方向上居中

Eclipse 快捷键小贴士:

这么多的属性怎么可能都记住啊?!虽说文档上都有这些属性的使用说明,但是每次使用的时候都要查文档还不累到吐血。不用担心,Eclipse+ADT 可以帮助我们解决这个问题。如果你在编写布局文件时忘记控件属性的名字,按"Alt+/"快捷键,就会看到如图 4.9 所示代码提示。

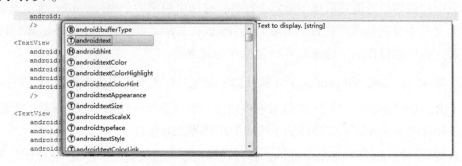

图 4.9　代码助手提示框

左边的提示框中是属性名称,点击其中一个属性时,就可以在右边的提示框中看到对该属性的解释。

3. 帧布局(FrameLayout)

帧布局是本章介绍的四种布局中最简单的一种,只是在 Activity 中开辟一块空间,并将放置在其中的控件"摞"在一起。注意我使用的动词——摞,在本节后面的内容中会频繁使用到这个词。它的具体含义是在一个帧布局中如果包含两个控件,那么一个控件会压在另外一个控件的上面。

运行【范例 4-3】帧布局 FrameLayout(代码文件详见链接资源中第 4 章范例 4-3)之后,会看到如图 4.10 所示的效果图。

图 4.10　FrameLayout 运行效果图

我特意把效果图的局部放大,不知道大家是否发现了里面的玄机。没错,在控件中的

"三" 貌似不太正常，中间的一横比较长。其实这个字是一个 "一" 字和一个 "二" 字摞在一起之后的效果。具体原因，看看下面的布局文件就明白了。

```
1.   <?xml version="1.0" encoding="utf-8"?>
2.   <FrameLayout xmlns:android="http://schemas.android.com/apk/res/android"
3.       android:layout_width="fill_parent"
4.       android:layout_height="fill_parent"
5.       >
6.   <TextView
7.       android:layout_width="fill_parent"
8.       android:layout_height="wrap_content"
9.       android:text="第一个 TextView"
10.  />
11.  <TextView
12.      android:layout_width="fill_parent"
13.      android:layout_height="wrap_content"
14.      android:text="第二个 TextView"
15.  />
16.  </FrameLayout>
```

FrameLayout 标签包含了两个 TextView，这两个 TextView 被摞在一起，"一" 和 "二" 这两个字重叠之后，就会出现图 4.10 中展示的情况，其他的字由于完全相同，就算是重叠在一起也是无法看出来的。

这种布局的妙处就在于可以将两个控件摞起来放在同一块空间中，将其中的一个控件设置为不可见，另一个设置为可见。然后当用户作出特定的操作之后，交换两个控件的可见性设置。但是鉴于我们现在掌握的知识有限，无法将这样的效果展示出来，在随后的章节中再为大家进行详细介绍。

4.5　常见 UI 控件的使用

在前面的章节中，我们只见到了一种最简单的 UI 控件——TextView，这种控件用于向用户展示文本信息。但仅仅这一种控件当然无法满足各式各样的应用程序需求，所以本节将为大家讲解 Android 提供的一些基础控件的使用方法。这些控件都是 View 的子类，一些基本的控件设置方法，如设置大小、背景色和边距等，对于所有的控件都是相同的。除此之外，每种控件还包含一些特有的方法，这些方法的使用在本节中都有详细介绍。

4.5.1　文本类控件

Android 中最常见的文本类控件有三种，分别是 TextView、EditText 和 AutoComplete

TextView，这些控件分别用于不同场景下的文本数据显示。本小节将一一讨论它们的使用方法。

1．TextView

TextView 的基本使用方法大家在前面的章节中已经基本了解了，无非就是可以单调地显示一些文本信息，而且还不能编辑，貌似没有多大用处。但是不要因此小看了这个控件，其实它还拥有一些比较实用的功能。比如，如果文本信息中包含了一个网站的链接，TextView 可以将其高亮显示出来，当用户点击这个链接时，就会启动留言器打开相应的网页。

下面就通过【范例 4-4】TextView（代码文件详见链接资源中第 4 章范例 4-4）来详细了解 TextView 的使用方法，该范例运行之后的效果如图 4.11 所示。

图 4.11　TextView 运行效果图

本例的布局文件详见链接资源/第 4 章/范例 4-4(TextView)/ YZTC04_TextView/res/layout/main.xml，在该文件中共声明了两个 TextView 控件。第一个控件的布局代码如下：

```
1.    <TextView
2.        android:id="@+id/firstTextView"
3.        android:layout_width="fill_parent"
4.        android:layout_height="wrap_content"
5.        android:text="@string/first_content"
6.    />
```

代码第 5 行：我们需要注意的是 android:text 属性。该属性用来指定 TextView 控件中显示的文本内容，在这里引用了 YZTC04_TextView /res/values/ strings.xml 中设置的值，如下面的代码所示：

```
1.    <?xml version="1.0" encoding="utf-8"?>
2.    <resources>
3.        <string name="app_name">04_06_TextView</string>
4.        <string name="first_content">第一个 TextView 当中的内容</string>
5.    </resources>
```

在 strings.xml 文件中可以定义字符串和字符串数组。本例该文件包含了两个<string>标签，即字符串，而且每一个字符串都拥有键和值，字符串的键就是 string 标签 name 属性指定的值，而字符串的值是 string 标签中所包含的内容。

代码第 4 行：字符串的键为"first_content"，值为第一个 TextView 当中的内容。在需要使用这些字符串时，如为 TextView 标签的 android:text 控件赋值时，就可以使用"@string/key"的方式进行引用。除了这种方法之外，还可以在代码中设置 TextView 所显示的文本内容，具体方法会在第二个 TextView 的使用方法中详细介绍。

布局文件中的第二个 TextView 的声明代码如下：

```
1.    <TextView
2.        android:id="@+id/secondTextView"
3.        android:layout_width="fill_parent"
4.        android:layout_height="wrap_content"
5.        android:autoLink="all"
6.    />
```

代码第 5 行：需要注意的是 android:autoLink 属性。将该属性的值设置为"all"之后，控件会识别文本中的网址、电话、邮件地址和地图地址，并将这些地址转换成可以点击的链接。例如，当点击了图 4.12 中的电话号码之后，就会启动拨号界面，效果如图 4.12 所示。

图 4.12 拨号程序界面

如果只想解析文本中的电话号码，就可以将 android:autoLink 的值设置为"phone"。同理，也可以将该属性的值设置为"web"、"email"和"map"。如果将值设置为"none"，将不解析文本中的任何数据。

除了在布局文件中对控件的各种属性进行设置之外，还可以在 Activity 的代码中对控件进行控制。该项目的 Activity 代码详见链接资源/第 4 章/范例 4-4(TextView)/YZTC04_TextView/src/com/yztcedu/textview/MainActivity.java。

```
1.    package org.mobiletrain.textview;
2.    import android.app.Activity;
3.    import android.graphics.Color;
4.    import android.os.Bundle;
```

```
5.    import android.widget.TextView;
6.    public class MainActivity extends Activity {
7.        /** Called when the Activity is first created. */
8.        @Override
9.        public void onCreate(Bundle savedInstanceState) {
10.           super.onCreate(savedInstanceState);
11.           setContentView(R.layout.main);
12.           TextView firstTextView = (TextView)findViewById(R.id.firstTextView);
13.           firstTextView.setTextColor(Color.RED);
14.           firstTextView.setBackgroundColor(Color.BLUE);
15.           TextView secondTextView =
(TextView)findViewById(R.id.secondTextView);
16.           secondTextView.setText("网站地址 www.1000phone.com \n 邮件地址
hanbingkai@1000phone.com \n 电话 400-654-7778");
17.        }
18.    }
```

在 Activity 中使用控件首先需要得到代表控件的 Java 对象。

代码第 12 行：使用 findViewById()方法得到代表控件的对象。该方法的参数是需要寻找的控件 ID。注意，这里的 ID 不是在布局文件中声明的 ID，而是在 R.java 文件中生成的静态常量。返回值是类型为 View 的控件，所以需要将其向下转型为 TextView 类型。

代码第 13 行和第 14 行：TextView 控件的 setTextColor()方法用于设置文本的颜色，而 setBackgroundColor()方法则用于设置控件的背景色。

代码第 16 行：第二个 TextView 控件的使用方法和第一个类似，第一步也是获取代表控件的对象，然后使用 setText()方法设置需要显示的文本内容。

2．EditText

EditText 控件可以看作 TextView 的加强版，实际上 EditText 类也继承自 TextView 类。除了 TextView 具备的展示文本信息的功能之外，EditText 还可以接收用户输入的数据。

下面我们就通过【范例 4-5】EditText（代码文件详见链接资源中第 4 章范例 4-5）来深入了解 EditText 控件的作用。该例的运行效果如图 4.13 所示。

图 4.13　EditText 运行效果图

第一个 EditText 控件的布局代码如下：

```
1.    <EditText
2.        android:id="@+id/firstEditText"
3.        android:layout_width="fill_parent"
4.        android:layout_height="wrap_content"
5.        android:text="@string/first_edittext"
6.    />
```

代码第 5 行：该控件的显示内容引用了 strings.xml 文件中名为 first_edittext 的字符串：

```
<string name="first_edittext"><b>加粗</b> <i>斜体</i> <u>下画线</u></string>
```

在字符串中使用了 html 标签，分别是：b——加粗字体，i——斜体字，u——下画线。EditText 控件会解析这些标签，并以相应的效果显示标签中的文字。但遗憾的是，这里并不支持所有的 html 标签，只能使用这三种。

EditText 控件中的内容可以使用 getText()方法取得，但是该方法返回的并不是字符串，而是 Editable，需要调用 toString()方法才能最终获得字符串类型的内容，具体的代码如下：

```
EditText firstEditText = (EditText)findViewById(R.id.firstEditText);
String content = firstEditText.getText().toString();
System.out.println(content);
```

在代码的最后一行，使用了输出语句将字符串输出到日志中。在 Eclipse 菜单栏中选择 Window→Open Perspective→DDMS 选项，打开 DDMS 透视图。查看该视图下部的 LogCat 视图，可以看到如图 4.14 中第四行所示的输出信息。

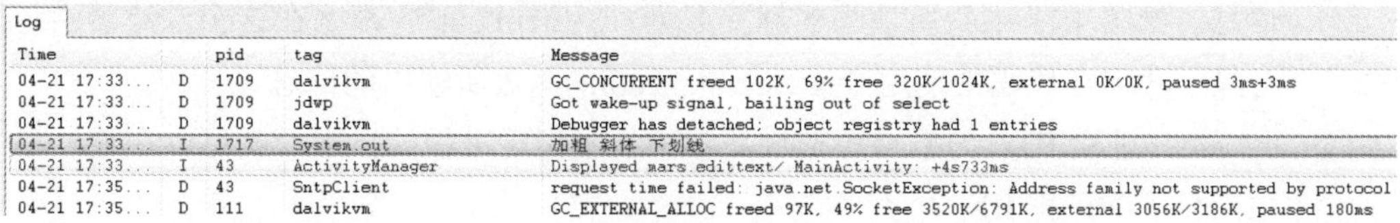

Time		pid	tag	Message
04-21 17:33...	D	1709	dalvikvm	GC_CONCURRENT freed 102K, 69% free 320K/1024K, external 0K/0K, paused 3ms+3ms
04-21 17:33...	D	1709	jdwp	Got wake-up signal, bailing out of select
04-21 17:33...	D	1709	dalvikvm	Debugger has detached; object registry had 1 entries
04-21 17:33...	I	1717	System.out	加粗 斜体 下划线
04-21 17:33...	I	43	ActivityManager	Displayed mars.edittext/.MainActivity: +4s733ms
04-21 17:35...	D	43	SntpClient	request time failed: java.net.SocketException: Address family not supported by protocol
04-21 17:35...	D	111	dalvikvm	GC_EXTERNAL_ALLOC freed 97K, 49% free 3520K/6791K, external 3056K/3186K, paused 180ms

图 4.14　LogCat 输出信息

在 LogCat 中输出的信息，一部分是 Android 系统在运行时输出的日志，另一部分是程序员在编写代码时输出的调试信息。每一条日志都由以下五部分组成。

❑　Time：日志输出的时间。

❑　日志级别：每一条日志都对应着一个消息级别，分别为：V——Verbose，D——Debug，I——Info，W——Warn，E——Error。

❑　pid：进程 ID。

❑　tag：消息标签。

❑　Message：消息正文。

要想在这么多的消息中找到自己想要的，恐怕要费一番功夫。幸运的是，DDMS 工具为我们提供了日志的过滤器，通过过滤器可以轻松地将我们关心的日志信息提取出来，方便应用程序调试。点击 LogCat 视图左上角的"Create Filter"按钮，如图 4.15 所示。

图 4.15 "Create Filter" 按钮的位置

打开的 "Log Filter" 配置界面如图 4.16 所示。

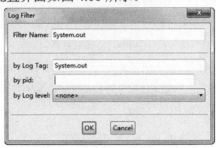

图 4.16 "Log Filter" 配置界面

在这个界面中需要填写以下四个方面的信息。

❑ Filter Name：过滤器的名称，该名称可以依个人的喜好随便取。建议大家取一个有意义的、能够一眼看懂的名字。因为随着编写的程序越来越复杂，过滤器的个数也会增加，一个容易辨认的名字比较方便管理。

❑ by Log Tag：标签名。配置了标签名之后，在该过滤器中将只显示相应标签的日志信息。如图 4.17 中我所填写的标签名为 "System.out"，那么在这个过滤器中，只会显示我们在代码中使用 System.out.println()函数所输出的信息。

❑ by pid：进程 ID。如果只想在过滤器中显示指定进程的日志，就可以在这一栏中填入相应的进程 ID。

❑ by Log level：日志信息级别。通过这个下拉菜单可以指定输出日志的级别，如果设置为 "<none>"，将输出所有级别的日志。

点击 "OK" 按钮，过滤器就配置好了。点击 LogCat 视图中的 "System.out" 标签，就可以看到新的过滤器中输出的信息，如图 4.17 所示。

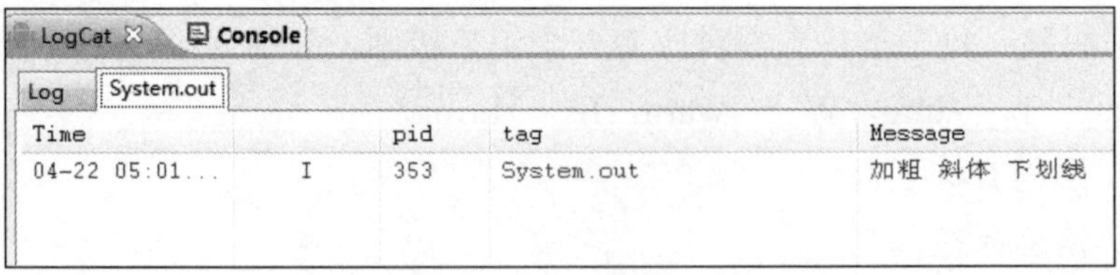

LogCat 🗙	🖳 Console			
Log	System.out			
Time		pid	tag	Message
04-22 05:01...	I	353	System.out	加粗 斜体 下划线

图 4.17 "System.out" 过滤器中输出的信息

怎么样，是不是感觉清爽了很多？

当用户点击了 EditText 控件之后，屏幕中就会弹出键盘，供用户输入信息所用。如果用户输入的内容超过了一行所能容纳的极限，那么 EditText 会自动扩展展示的空间，效果如图 4.18 所示。

图 4.18　EditText 自动扩展效果图

EditText 除了可以接收用户的普通输入之外，还可以指定 EditText 中所输入的内容类型。在本例中的第二个 EditText 的布局代码中使用了 android:phoneNumber 属性，并将值设置为"true"，因此在该 EditText 中只能输入数字。而在第三个 EditText 的布局代码中则将 android:password 属性设置为"true"，因此在该 EditText 中所输入的内容将会被" ● "代替。

3．AutoCompleteTextView

相信大家在使用搜索引擎的过程中，都有这样的经历——当你想搜索一个比较热门的关键词时，输入一两个字之后，搜索引擎的输入框下面会列出一系列提示，你可以用鼠标点击其中一个感兴趣的关键词进行搜索，这种功能被称为"自动完成"。Android 作为一款由 Google 开发的手机操作系统又怎么能少了这个功能呢？AutoCompleteTextView 正是用于实现"自动完成"功能的控件，这个功能对于手机用户来说非常实用，毕竟在手机上输入信息还是比较费劲的。

下面就通过【范例 4-6】AutoCompleteTextView（代码文件详见链接资源中第 4 章范例 4-6）来详细了解控件的使用方法，该范例运行的效果如图 4.19 所示。

图 4.19　AutoCompleteTextView 运行效果图

AutoCompleteTextView 控件的布局代码非常简单，如下所示：

```
<AutoCompleteTextView
android:id="@+id/firstAutoCompleteTextView"
android:layout_width="fill_parent"
android:layout_height="wrap_content"
/>
```

使用 AutoCompleteTextView 的关键在于，自动提示用户输入所需的数据，本例中使用了 ArrayAdapter 作为数据的提供者。ArrayAdapter 是 Adapter 的众多子类之一，这些类的作用都是向控件提供数据，它们就像一座桥梁将底层的数据和控件连接在一起，只是数据的来源不同。本例中使用的 ArrayAdapter 的数据来源于一个字符串数组。创建 ArrayAdapter 对象的代码被封装在一个名为 buildAdapter()的函数当中，详见链接资源/第 4 章/范例 4-6 (AutoCompleteTextView)/YZTC04_AutoCompleteTextView/com/yztcedu/qf04_autocompletetextview/ MainActivity。

```
1.    private ArrayAdapter<String> buildAdapter() {
2.       String [] data = new String []
{"BeiJing","TianJin","Shanghai","HeNan","HeiBei"};
3.       ArrayAdapter<String> arrayAdapter = new ArrayAdapter<String>(this,
    android.R.layout.simple_dropdown_item_1line, data);
4.       return arrayAdapter;
5.    }
```

代码第 2 行：创建一个字符串数据，该数组中的内容就是自动提示功能的数据来源。

代码第 3 行：调用 ArrayAdapter 类的构造函数，创建该类的对象，构造函数共有三个参数，类型和作用如下。

- 第一个参数的类型为 Context，代表应用程序运行的环境，主要用于加载和访问资源。
- 第二个参数的类型为 int，为自动提示信息所使用的布局文件的 ID。这个布局文件并不是由我们编写的，而是 Android 系统中自带的布局文件。当然如果你对自己有足够的信心，也可以自己编写用于提示信息的布局文件。
- 第三个参数的类型是 String 数组，为 ArrayAdapter 提供数据。

下面就是需要将创建好的 ArrayAdapter 设置给 AutoCompleteTextView，以下的代码详见链接资源/第 4 章/范例 4-6(AutoCompleteTextView)/ YZTC04_AutoCompleteTextView/ com/yztcedu/qf04_autocompletetextview/MainActivity 的主函数中：

```
1.    AutoCompleteTextView firstAutoCompleteTextView = (AutoCompleteTextView)
findViewById(R.id.firstAutoCompleteTextView);
2.    ArrayAdapter<String> firstArrayAdapter = buildAdapter();
firstAutoCompleteTextView.setAdapter(firstArrayAdapter);
```

代码第 2 行：首先根据控件的 ID 获取 AutoCompleteTextView 对象，然后调用该对象的 setAdapter()方法即可完成 ArrayAdapter 的设置工作。

4.5.2 按钮类控件

在 Android 中有各种各样让人眼花缭乱的按钮，用于响应用户的点击操作。其中包含普通按钮、图片按钮、开关按钮、单选按钮和多选按钮，这些控件的特点虽然不同，但是最基本的使用步骤却非常相似。

1．Button

按钮控件是所有按钮类控件中最简单的一种，主要用于响应用户的点击。使用该控件的方法主要分为两个步骤，第一步是在布局文件中声明控件，第二步是为按钮控件绑定相应的监听器，在用于点击控件之后，就会指定监听器中的方法来响应点击。在【范例 4-7】Button（代码文件详见链接资源中第 4 章范例 4-7）中展示了一个点击按钮之后，更换 TextView 中显示内容的例子。该例的运行效果如图 4.20 所示。

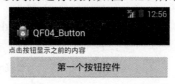

图 4.20　Button 运行效果图

当用户点击按钮之后，位于按钮控件上方的 TextView 会随之发生改变。

按钮控件的布局代码详见链接资源/第 4 章/范例 4-8(Button)/ YZTC04_Button/res/layout/main.xml 文件中：

```
<Button
android:id="@+id/firstButton"
android:layout_width="fill_parent"
android:layout_height="wrap_content"
android:text="@string/first_button"
/>
```

在这段代码中声明了按钮控件的 ID 和控件上所显示的内容。而为按钮绑定监听器的工作则放在代码中实现，代码详见链接资源/第 4 章/范例 4-7(Button)/ YZTC04_Button/src/com/yztcedu/qf04_button/MainActivity.java 中：

```
1.    private TextView firstTextView = null;
2.    private Button firstButton = null;
3.    @Override
4.    public void onCreate(Bundle savedInstanceState) {
5.       super.onCreate(savedInstanceState);
6.       setContentView(R.layout.main);
7.       Button firstButton = (Button)findViewById(R.id.firstButton);
8.       firstTextView = (TextView)findViewById(R.id.firstTextView);
9.       firstButton.setOnClickListener(new OnClickListener() {
10.         public void onClick(View v) {
11.      firstTextView.setText("按钮的作用是改变 TextView 显示的内容");
12.          }
13.      });
14.    }
```

代码第 1 行和第 2 行，将 TextView 和 Button 对象声明为 Activity 的成员变量。

代码第 7 行和第 8 行，通过 findViewById()方法获取控件对象，并赋值给相应的成员变量。

代码第 9 行至第 13 行，为控件绑定监听器。监听器接口名为 android.view.View. OnClickListener，在绑定监听器时首先需要实现该接口，并且生成该实现类的对象，然后通过调用 Button 对象的 setOnClickListener()方法将监听器对象绑定在按钮控件上。当用户点击按钮时，就会执行监听器对象的 onClick()方法。在本例中使用了 Java 的匿名内部类语法对该接口进行了实现。

Eclipse 快捷键小贴士：

在【范例 4-7】中使用按钮监听器时，需要导入 android.view.View. OnClickListener 接口，这个工作完全可以由 Eclipse 代劳。在需要导入一个类时，可以使用快捷键"Ctrl+Shift+O"。但是需要注意的是，在 Android 中有很多类是同名的，导入的时候需要注意选择。例如，名叫 OnClickListener 的接口就有两个，另一个位于 android.content.DialogInterface 包中，所以在使用快捷键导入时会出现如图 4.21 所示的提示框。

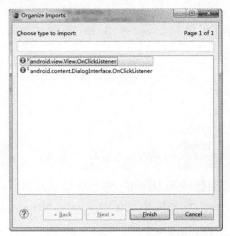

图 4.21　导入包时的提示框

在选择的时候一定要看清楚，千万不要选择错误。

2．ImageButton

ImageButton 的使用方法和 Button 非常类似，区别在于 ImageButton 可以以一张图片作为按钮的背景，让按钮看起来更漂亮。设置按钮背景图片有两种方式，一种是在布局文件中通过 android:src 属性进行设置，另一种是在 Activity 代码中调用 ImageButton 对象的 setImageResource()方法。

运行【范例 4-8】ImageButton（代码文件详见链接资源中第 4 章范例 4-8）之后的效果如图 4.22 所示，当用户点击按钮时，背景图片会发生变化。

图 4.22　ImageButton 运行效果图

在编写布局代码之前，将准备好的图片复制到项目的 drawable 目录中。这里一共有三个以 drawable 开头的文件夹，用于存放针对不同分辨率屏幕的图片。在本例中，每一个文件夹中都复制了两张图片，一张名为 greeding.png，另一张名为 cry.png。Eclipse 会为每一张图片在 R.java 文件中生成一个静态整型常量。

ImageButton 的布局代码如下：

```
1.    <ImageButton
2.        android:id="@+id/firstImageButton"
3.        android:layout_width="wrap_content"
4.        android:layout_height="wrap_content"
5.        android:src="@drawable/greeding"
6.    />
```

代码第 5 行，在为 android:src 属性指定值时，使用了"@drawable/图片名"的格式，用于引用 drawable 文件夹中的图片。Android 会选择一个适合当前设备分辨率的图片作为 ImageButton 的背景图片。

Activity 中为 ImageButton 绑定监听器的代码如下：

```
1.    private ImageButton imageButton = null;
2.    @Override
3.    public void onCreate(Bundle savedInstanceState) {
4.        super.onCreate(savedInstanceState);
5.        setContentView(R.layout.main);
6.        imageButton = (ImageButton)findViewById(R.id.firstImageButton);
7.        imageButton.setOnClickListener(new OnClickListener() {
8.            public void onClick(View v) {
9.                imageButton.setImageResource(R.drawable.cry);
10.           }
11.       });
12.   }
```

代码第 8 行，绑定监听器的方法和使用 Button 控件时一样。在监听器的 onClick() 方法中。

代码第 9 行，调用了 ImageButton 对象的 setImageResource() 方法，用于改变按钮中所显示的图片。该方法接收的参数为图片在 R.java 文件中的 ID。

3. ToggleButton

在 Android 设备上有各种各样的设备，如蓝牙和 Wi-Fi 等。所以在应用程序中可能经常要对这些设备进行开和关的操作。ToggleButton 正是适合完成这种操作的按钮。这种按钮有"开"和"关"两种状态，分别如图 4.23 和图 4.24 所示。

图 4.23　ToggleButton 关闭的状态　　　图 4.24　ToggleButton 打开的状态

该例的代码位于【范例 4-9】ToggleButton（代码文件详见链接资源中第 4 章范例 4-9）。以下是布局代码：

```
1.    <ToggleButton
2.        android:id="@+id/firstToggleButton"
3.        android:layout_width="wrap_content"
4.        android:layout_height="wrap_content"
5.        android:textOn="开关打开"
6.        android:textOff="开关关闭"
7.    />
```

代码第 5 行和第 6 行，android:textOn 属性和 android:textOff 属性用于指定 ToggleButton 控件位于"开"和"关"两种状态时所显示的文本。

在 Activity 的代码中可以通过监听器处理用于点击 ToggleButton 控件的事件，并作出相应的响应，具体代码如下：

```
1.    private ToggleButton firstToggleButton = null;
2.    @Override
3.    public void onCreate(Bundle savedInstanceState) {
4.        super.onCreate(savedInstanceState);
5.        setContentView(R.layout.main);
6.        firstToggleButton =
(ToggleButton)findViewById(R.id.firstToggleButton);
7.        firstToggleButton.setOnClickListener(new OnClickListener() {
8.            public void onClick(View v) {
9.        if(firstToggleButton.isChecked()){
10.        System.out.println("开关被打开");
11.            }else{
12.                System.out.println("开关被关闭");
13.        }
14.            }
15.        });
16.    }
```

代码第 9 行，在监听器的 onClick()方法中，通过调用 ToggleButton 对象的 isChecked()方法可以检测当前按钮的装填。如果该方法返回 true，就表示按钮处于打开状态；反之，则处于关闭状态。

4．RadioButton

大家和单选按钮控件应该是"老熟人"了，平时上网的时候应该没少见过这种控件。这种控件的特点是，一组按钮中只能有一个被选中。Android 中的单选按钮的作用也是一样的。范例 4-10 (RadioButton)展示了单选按钮控件的使用方法，该例的运行效果如图 4.25 所示。

图 4.25　RadioButton 运行效果图

该例的布局代码详见链接资源/第 4 章/范例 4-10 (RadioButton)/ YZTC04_RadioButton/ res/layout/main.xml 中，代码如下：

```
1.    <RadioGroup
2.        android:id="@+id/firstRadioGroup"
3.        android:layout_width="wrap_content"
4.        android:layout_height="wrap_content"
5.     >
6.    <RadioButton
7.        android:id="@+id/firstRadioButton"
8.        android:layout_width="fill_parent"
9.        android:layout_height="wrap_content"
10.       android:text="@string/first_radiobutton"
11.    />
12.   <RadioButton
13.        android:id="@+id/secondRadioButton"
14.        android:layout_width="fill_parent"
15.        android:layout_height="wrap_content"
16.        android:text="@string/second_radiobutton"
17.    />
18.   <RadioButton
19.        android:id="@+id/thirdRadioButton"
20.        android:layout_width="fill_parent"
21.        android:layout_height="wrap_content"
22.        android:text="@string/third_radiobutton"
23.    />
24.    </RadioGroup>
```

代码第 1 行至第 24 行，在 RadioGroup 标签中包含了三个 RadioButton 控件，这三个

RadioButton 就被编为了一组，这一组控件中只有一个可以被选中。

选中 RadioGroup 中的一个 RadioButton 之后，可以在监听器中获取该 RadioButton 的 ID。需要注意的是，这次使用的监听器是 android.widget. RadioGroup.OnChecked ChangeListener。这种监听器用于处理 RadioButton 状态改变的时间。当 RadioButton 被选中时，RadioGroup 的状态发生了改变，所以将会执行 OnCheckedChangeListener 对象的 onCheckedChanged 方法。具体代码如下：

```
1.    private RadioGroup firstRadioGroup = null;
2.    @Override
3.    public void onCreate(Bundle savedInstanceState) {
4.       super.onCreate(savedInstanceState);
5.       setContentView(R.layout.main);
6.       firstRadioGroup = (RadioGroup)findViewById(R.id.firstRadioGroup);
7.       firstRadioGroup.setOnCheckedChangeListener(new OnCheckedChangeListener() {
8.          public void onCheckedChanged(RadioGroup group, int checkedId) {
9.             System.out.println("ID为" +
firstRadioGroup.getCheckedRadioButtonId() + "的RadioButton 被选定");
10.          }
11.       });
12.    }
```

代码第 7 行至第 11 行，和使用 OnClickListener 时一样，使用匿名内部类实现 OnCheckedChangeListener 接口，并调用 RadioGroup 对象的 setOnCheckedChangeListener() 方法将监听器对象绑定在 RadioGroup 控件上。在 OnCheckedChangeListener 的 onCheckedChanged 方法中，通过调用 RadioGroup 对象的 getCheckedRadioButtonId()方法即可得到被选中的 RadioButton 的 ID。

5．CheckBox

和上节介绍的单选按钮类似，多选按钮也是网页表单上的常客，不同的是一组按钮可以被选中多个。Android 中的多选按钮也有类似的作用，范例 4-11(CheckBox)展示了一个多选按钮的使用方法，该例的运行效果如图 4.26 所示。

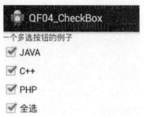

图 4.26　CheckBox 运行效果图

当用户选中最后一个按钮时，前三个按钮也会同时被选中。

该例的布局文件详见链接资源/第 4 章/范例 4-11(CheckBox)/YZTC04_CheckBox/

res/layout/main.xml。四个 CheckBox 控件的布局代码如下：

```
1.   <CheckBox
2.       android:id="@+id/firstCheckBox"
3.       android:layout_width="fill_parent"
4.       android:layout_height="wrap_content"
5.       android:text="@string/first_checkbox"
6.   />
7.   <CheckBox
8.       android:id="@+id/secondCheckBox"
9.       android:layout_width="fill_parent"
10.      android:layout_height="wrap_content"
11.      android:text="@string/second_checkbox"
12.  />
13.   <CheckBox
14.      android:id="@+id/thirdCheckBox"
15.      android:layout_width="fill_parent"
16.      android:layout_height="wrap_content"
17.      android:text="@string/third_checkbox"
18.   />
19.   <CheckBox
20.      android:id="@+id/fouthCheckBox"
21.      android:layout_width="fill_parent"
22.      android:layout_height="wrap_content"
23.      android:text="@string/fouth_checkbox"
24.   />
```

代码第 1 行至第 24 行，这些布局代码的编写并不复杂，唯一需要注意的是 CheckBox 和 RadioButton 不一样，不存在"组"的概念。

实现"全选"功能的代码被放置在监听器中，这次所使用的监听器为 android.widget.CompoundButton.OnCheckedChangeListener，与上一个例子中的监听器虽然名字相同，但是却位于不同的包中。再次提醒大家，导入包时一定要注意选择。具体代码如下：

```
1.   private CheckBox firstCheckBox = null;
2.   private CheckBox secondCheckBox = null;
3.   private CheckBox thirdCheckBox = null;
4.   private CheckBox fouthCheckBox = null;
5.   @Override
6.   public void onCreate(Bundle savedInstanceState) {
7.     super.onCreate(savedInstanceState);
8.       setContentView(R.layout.main);
9.       firstCheckBox = (CheckBox)findViewById(R.id.firstCheckBox);
10.      secondCheckBox = (CheckBox)findViewById(R.id.secondCheckBox);
11.      thirdCheckBox = (CheckBox)findViewById(R.id.thirdCheckBox);
12.      fouthCheckBox = (CheckBox)findViewById(R.id.fouthCheckBox);
13.      fouthCheckBox.setOnCheckedChangeListener(new
```

```
OnCheckedChangeListener() {
    14.            public void onCheckedChanged(CompoundButton buttonView, boolean
isChecked) {
    15.                boolean checked = fouthCheckBox.isChecked();
    16.                firstCheckBox.setChecked(checked);
    17.                secondCheckBox.setChecked(checked);
    18.                thirdCheckBox.setChecked(checked);
    19.            }
    20.        });
    21.    }
```

代码第 13 行至第 20 行，在该例中共定义了四个 CheckBox 控件，但是只为最后一个绑定了监听器，用于实现"全选"功能。在 onCheckedChangeListener 中的 onCheckedChanged() 方法中，首先调用 fouthCheckBox 对象的 isChecked() 获取最后一个 CheckBox 控件的状态，如果该方法返回"true"，则表明被选中；反之，则表明未被选中。然后使用 setChecked() 方法将另外三个 CheckBox 控件的选中状态设置为与第四个 CheckBox 控件相同。

4.5.3 日期类控件

在移动手持设备上很多应用程序都与时间和日期有关，例如闹钟、日历和 TO-DO List 等，这些程序都需要用户通过 Activity 设置时间或日期。所以 Android 非常体贴地提供了专门的控件用于日期和时间的设置。以前我开发 Web 程序时，还要辛辛苦苦地用 JavaScript 写日期控件，那个痛苦的感觉真是让人泪流满面啊。

Android 中的日期类控件主要有四种：DatePicker、TimePicker、AnalogClock 和 DigitalClock。前两种分别用于设置日期和时间，后两种则用于展示当前时间。

1. DatePicker 和 TimePicker

DatePicker 用于设置日期，TimePicker 则用于设置时间。范例 4-12(DateAndTimePicker)中展示了这两个控件的使用方法，该例的运行效果如图 4.27 所示。

图 4.27 DateAndTimePicker 运行效果图

例子的布局文件详见链接资源/第 4 章/范例 4-12(DateAndTimePicker)/ YZTC04_DateAndTimePicker/res/layout/main.xml，具体代码如下：

```
1.    <DatePicker
2.        android:id="@+id/firstDatePicker"
3.        android:layout_width="fill_parent"
4.        android:layout_height="wrap_content"
5.        android:startYear="2000"
6.        android:endYear="2012"
7.    />
8.    <TimePicker
9.        android:id="@+id/firstTimePicker"
10.       android:layout_width="fill_parent"
11.       android:layout_height="wrap_content"
12.   />
```

代码第 5 行和第 6 行，在 DatePicker 标签中使用了 android:startYear 和 android:endYear 两个属性，前者用于设置起始年份，后者用于设置终止年份。也就是说，用户在使用该控件时，对年份的设置被限制在 2000—2012 年。

设置完时间之后，我们当然希望能够通过监听器接收到用户所设置的值，DatePicker 所使用的监听器名为 OnDateChangedListener，而 TimePicker 的监听器名为 OnTimeChangedListener。OnDateChangeListener 的使用方法稍显特殊，具体的代码如下：

```
1.    firstDatePicker = (DatePicker)findViewById(R.id.firstDatePicker);
2.    firstDatePicker.init(2011, 7, 1, new OnDateChangedListener() {
3.        public void onDateChanged(DatePicker view, int year, int monthOfYear, int
dayOfMonth) {
4.            System.out.println(year + "年" + monthOfYear + "月" + dayOfMonth + "日");
5.        }
6.        });
```

代码第 2 行，通过调用 DatePicker 对象的 init()方法可以为控件设置初始显示的日期，同时完成监听器的设置。init()方法共包含下面四个参数。

- 第一个参数的类型是 int，用于设置 DatePicker 显示的初始年份。
- 第二个参数的类型是 int，用于设置 DatePicker 显示的初始月份。若在代码上设置的月份是"7"，则控件显示的是"8"。这是怎么回事？其实很简单，因为代码第一个月的编号是"0"，也就是月份的范围是 0～11。
- 第三个参数的类型是 int，用于设置 DatePicker 显示的初始日期。
- 第四个参数的类型是 OnDateChangeListener，也就是监听器。当用户修改了 DatePicker 控件上的日期之后，就会触发 OnDateChangeListener 的 onDateChanged() 方法，该方法的后三个参数就是用户所设置的年、月、日。

TimePicker 控件监听器的使用方法相对就比较简单了，具体的代码如下：

```
1.    firstTimePicker = (TimePicker)findViewById(R.id.firstTimePicker);
2.    firstTimePicker.setOnTimeChangedListener(new OnTimeChangedListener() {
3.        public void onTimeChanged(TimePicker view, int hourOfDay, int minute) {
4.            System.out.println(hourOfDay + "时" + minute + "分");
5.            }
6.    });
```

代码第 2 行和第 3 行，通过调用 TimePicker 对象的 setOnTimeChangedListener()方法即可将监听器对象绑定在 TimePicker 控件上。当用户修改了 TimePicker 控件上所显示的时间时，就会触发 OnTimeChangedListener 的 onTimeChanged()方法，该方法的后两个参数就是用户设置的小时和分钟数。

2．AnalogClock 和 DigitalClock

在 Android 中用于显示时间的控件有两种。一种是 AnalogClock，这种控件将在屏幕上显示一个模拟的时钟，时钟上包含时间刻度、时针和分针。另一种是 DigitalClock，这种控件使用文本的方式显示当前的时间。

范例 4-13(AnalogAndDigitalClock)展示了这两种控件的使用方法，运行效果图如图 4.28所示。

图 4.28　AnalogAndDigitalClock 运行效果图

这两种控件不接收用户的输入，所以不必为它们绑定监听器，只需要在布局文件中进行声明就可以了。该例的布局文件详见链接资源/第 4 章/范例 4-13(AnalogAnd DigitalClock)/YZTC04_AnalogAndDigitalClock/ res/layout/main.xml 文件，具体的布局代码如下：

```
1.    <AnalogClock
2.        android:id="@+id/firstAnalogClock"
3.        android:layout_width="fill_parent"
4.        android:layout_height="wrap_content"
5.    />
6.    <DigitalClock
7.        android:id="@+id/firstDigitalClock"
8.        android:layout_width="fill_parent"
```

```
9.        android:layout_height="wrap_content"
10.    />
```

4.5.4　图片控件

如果一个应用程序中只有文本，那么看起来未免太枯燥了，用户对于图片的喜爱，远远超过了无趣的文本，所以图片和文字配合在一起才是王道。

ImageView 控件用于在 Activity 中显示图片，在范例 4-14(ImageView)当中展示了 ImageView 的使用方法，该例的运行效果如图 4.29 所示。

图 4.29　ImageView 运行效果图

ImageView 的使用方法非常简单，只需要在布局文件中进行声明即可，该例的布局文件详见链接资源/第 4 章/范例 4-14(ImageView)/YZTC04_ImageView/res/layout/ main.xml，具体的代码如下：

```
1.    <ImageView
2.        android:layout_width="wrap_content"
3.        android:layout_height="wrap_content"
4.        android:src="@drawable/laba"
5.    />
```

需要先将图片复制到 drawable 文件夹中，布局文件中使用 android:src 属性指定需要显示的图片的 ID。

4.5.5　对话框

对话框的表现形式类似于网页中的警告窗口，在对话框中可以放置提示信息或者 UI 控件。例如，当用户希望通过应用程序下载一个文件，而又没有打开手机的网卡时，就可以使用对话框提示用户，并在对话框中提供一个用户启动网卡的按钮。

1．对话框基本概念

对话框是一个悬浮在 Activity 上的小窗口，通常用于向用户展示一些提示信息，如警告信息；或者是提醒用户需要输入数据，如用户名和密码。Android SDK 中提供了很多种对话框，例如 AlertDialog、DatePickerDialog 和 TimePickerDialog，分别用于向用户展示警告信息、提示用户输入日期或者时间，它们都是 Dialog 的子类。除此之外，根据应用程序的需求，我们也可以自己定义对话框中展示的信息样式，或者是要求用户输入的内容，例如可以在对话框中加入一组单选按钮。

对话框的种类很多，但是使用的基本步骤却是非常类似的：

（1）创建 Builder 对象，并为该对象设置相关参数，这些参数用于指定对话框中。

（2）所显示的内容，如标题、信息和控件等。

（3）为对话框中的控件绑定监听器，用于响应用户的操作。

（4）使用 Builder 对象生成 Dialog 对象。

（5）调用 Dialog 对象 show()方法将对话框显示出来。

2．第一个警告对话框

在所有的对话框中，AlertDialog 的使用方法最为简单，链接资源范例 4-15(Dialog)中展示了一个最简单的 AlertDialog 的使用过程，该例的运行结果如图 4.30 所示。

图 4.30　Dialog01 运行效果图

当用户点击 Activity 中的按钮时，会弹出一个警告框，警告框中包含标题、警告信息和一个按钮。该例的布局文件只是定义了在 Activity 中显示的文本框和按钮，链接资源 YZTC04_Dialog01/src/com/yztcedu/dialog01/MainActivity.java 中的代码如下所示：

```
1.    AlertDialog.Builder builder = new AlertDialog.Builder(MainActivity.this);
2.    builder.setTitle("警告框标题");
```

```
3.    builder.setMessage("警告信息");
4.    builder.setPositiveButton("ok", new DialogInterface.OnClickListener() {
5.        public void onClick(DialogInterface dialog, int which) {
6.            System.out.println("用户点击了 OK 按钮");
7.        }
8.    });
9.    AlertDialog alertDialog = builder.create();
10.   alertDialog.show();
```

代码第 1 行至第 10 行：以上这段代码位于 Button 控件监听器的 onClick()方法中，当用户点击按钮控件时，就会生成 Dialog 对象，并对其属性进行设置，最后将对话框显示出来。代码的具体作用如下：

（1）调用 AlertDialog.Builder 的构造函数，创建 Builder 的对象。

（2）使用 Builder 对象的 setTitle()方法为警告框设置标题，使用 setMessage()方法设置警告信息。

（3）调用 setPositiveButton()方法为警告框中的按钮设置显示的内容和监听器。"PositiveButton"就是所谓的"积极的按钮"，通常是指类似于"同意"或者"确定"这样的按钮。除此之外，还可以通过 setNeutralButton()方法设置"中立的按钮"，以及使用 setNegativeButton()方法设置"消极的按钮"。但是大家不要被这些按钮的名字所蒙蔽，其实它们的作用究竟是什么，只和这个按钮所绑定的监听器有关，这样的名字只是方便开发者记忆每个按钮的作用。这三个方法的参数类型是一样的，第一个参数设置按钮上所显示的文本内容。第二个参数是一个监听器，响应用户点击按钮的事件，监听器是 android.content.DialogInterface.OnClickListener 的子类。

（4）调用 Builder 对象的 create()方法，创建 Dialog 对象。

（5）调用 Dialog 对象的 show()方法，将对话框显示出来。

3．DatePickerDialog 和 TimePickerDialog

AlertDialog 对话框的功能有限，只能起到提示用户的作用。下面将为大家介绍功能更加强大的对话框——DatePickerDialog 和 TimePickerDialog，它们允许用户在对话框中设置日期或时间。

使用 DatePickerDialog 的基本步骤如下：

（1）创建一个 DatePickerDialog.OnDateSetListener 对象，该对象用于监听用户对日期控件的设置，当用户修改完时间并点击对话框上的"确定"按钮时，就会触发该监听器，并执行 onDateSet()方法。

（2）创建 DatePickerDialog 对象。在创建该对象时，需要制定监听器对象，以及该对话框显示的初始年、月、日。

（3）调用 DatePickerDialog 对象的 show()方法，将对话框显示出来。

链接资源例 05_02_DatePickerDialog 展示了使用 DatePickerDialog 的方法，该例的运行效果如图 4.31 所示。

图 4.31　DateAndTimePicker 运行效果图

生成 DatePickerDialog 对象并显示对话框的代码详见链接资源/第 4 章/范例 4-16(Date PickerDialog)/YZTC04_DateAndTimePicker/src/com/yztcedu /qfsheldon/MainActivity.java 中，具体代码如下：

```
1.    Calendar calendar = Calendar.getInstance();
2.    int year = calendar.get(Calendar.YEAR);
3.    int month = calendar.get(Calendar.MONTH);
4.    int day = calendar.get(Calendar.DAY_OF_MONTH);
5.    DatePickerDialog.OnDateSetListener onDateSetListener = new
DatePickerDialog.OnDateSetListener() {
6.        public void onDateSet(DatePicker view, int year, int monthOfYear, int
dayOfMonth) {
7.            System.out.println("用户选择的年份是" + year);
8.            System.out.println("用户选择的月份是" + (monthOfYear + 1));
9.            System.out.println("用户选择的日子是" + dayOfMonth);
10.       }
11.   };
12.   DatePickerDialog datePickerDialog = new DatePickerDialog(MainActivity.this,
onDateSetListener,   year, month, day);
13.   datePickerDialog.show();
```

代码第 1 行：通过 Calendar 对象，获取当前的年、月、日。

代码第 5 行和第 6 行：使用匿名内部类实现 DatePickerDialog.OnDateSetListener 接口，复写接口中 onDateSet()方法，该方法的后三个参数就是用户设置的年、月、日，并生成该内部类的对象。

代码第 12 行：调用 DatePickerDialog 的构造函数，生成该类的对象。构造函数的第一个参数为 Context，第二个参数是监听器，用于响应用户设置时间的操作，后三个参数分别用于指定对话框显示的初始年、月、日。

代码第 13 行：调用 DatePickerDialog 对象的 show()方法，显示对话框。

TimePickerDialog 的使用方法和 DatePickerDialog 非常类似，只不过是把设置年、月、日改为了设置小时和分钟。TimePickerDialog 的具体使用方法，可以参考链接资源例 05_03_TimePickerDialog 中的代码，在这里不再赘述。

4. 自定义 AlertDialog 的样式

虽然 Android 内置了一些不同种类的对话框，方便了应用程序的开发，但是和五花八门的应用程序需求相比，这些对话框的样式还是显得单薄一些，例如，AlertDialog 就无法接收用户输入的信息。下面我们要讨论的问题就是如何修改 AlertDialog 的样式，在其中加入我们需要的控件。

实现这个功能的关键在于 AlertDialog.Builder 对象的 setView()方法。该方法可以将一个 View 对象放置到 AlertDialog 中，作为对话框要显示的内容。那么，这个 View 对象又是从哪里来的呢？首先我们需要一个布局文件，在布局文件中声明需要显示在对话框中的控件，然后使用 LayoutInflater 对象的 inflate()方法将布局文件"填充"到 View 对象中。

链接资源范例 4-17(Dialog02)展示了如何在 AlertDialog 中加入两个 EditText，该例的运行效果如图 4.32 所示。

图 4.32　Dialog02 运行效果图

仔细观察上面的对话框，我们可以发现这个警告对话框中原来显示警告信息的位置被自定义控件替代。当用户点击"确定"按钮之后，监听器就可以得到用户输入的用户名和密码。在该例中，共使用了两个布局文件，一个名为 main.xml——用于声明 MainActivity 中的控件。另一个名为 dialog.xml——用于声明 AlertDialog 中的控件。两个文件的内容都非常简单，前者声明了一个 TextView 和一个 Button，后者则声明了一个 TextView 和两个 EditText。在本例的 MainActivity 中，正是将 dialog.xml 文件填充到 View 对象中，具体的代码如下：

```
1.    LayoutInflater inflater = LayoutInflater.from(MainActivity.this);
2.    final View dialogView = inflater.inflate(R.layout.dialog, null);
```

```
3.    AlertDialog.Builder builder = new 4AlertDialog.Builder(MainActivity.this);
4.    builder.setTitle("警告对话框");
5.    builder.setView(dialogView);
```

代码第 1 行：调用 LayoutInflater 的 from()方法生成该类的对象。

代码第 2 行：调用 LayoutInflater 对象的 inflate 方法。将布局文件填充到 View 对象当中，该方法接收两个参数，第一个用于填充的布局文件的 ID，第二个用于指定将布局文件中的控件填充到哪一个 ViewGroup 中。本例中布局文件中的控件没有父控件，所以第二个参数只需要设置为空即可。

代码第 3 行：使用 AlertDialog 的 Builder 方法创建 builder 对象。

代码第 4 行：使用 builder 对象的 setTitle()方法设置对话框的标题。

代码第 5 行：调用 builder 对象的 setView()方法将前面生成的 View 对象设置到 builder 对象中。

下面我们需要为对话框中的"确定"按钮绑定监听器，用于读取用户填写的用户名和密码，具体的代码如下：

```
1.    builder.setPositiveButton("确定", new DialogInterface.OnClickListener() {
2.        public void onClick(DialogInterface dialog, int which) {
3.            EditText nameEditText = (EditText)dialogView.findViewById(R.id.name);
4.            String name = nameEditText.getText().toString();
5.            System.out.println("用户输入的用户名是: " + name);
6.            EditText passwordEditText = (EditText)
dialogView.findViewById(R.id.password);
7.            String password = passwordEditText.getText().toString();
8.            System.out.println("用户输入的密码是:" + password);
9.        }
10.     });
11.   AlertDialog alertDialog = builder.create();
12.   alertDialog.show();
```

代码第 3 行至第 6 行，在之前的例子当中，我们经常使用 Activity 对象的 findViewById()方法，用于得到在布局文件中声明的控件的对象。但是在这行代码中使用的是 dialogView 对象的 findViewById()方法。因为 ID 为 R.id.name 和 R.id.password 的控件是在 dialog.xml 文件中声明的，而我们又把这个布局文件"填充"到了名为 dialogView 的 View 对象中，所以这两个控件是属于 dialogView 对象的，查找时使用该对象的 findViewById()方法也就不奇怪了。

5. 对话框管理

在之前的例子中，当用户点击用于显示对话框的按钮时，都会生成一个新的 Dialog 对象，这对于内存极其有限的手持移动设备来说未免有些太奢侈了。其实在 Android 中可以将 Dialog 对象的生命周期交由 Activity 来管理，以达到同一对话框对象能够重复使用的目的。要达到这个目的，就需要为每一个 Dialog 对象分配一个唯一的 ID。当使用 showDialog(int id)方法显示对话框时，Activity 就会检查持有该 ID 的 Dialog 对象是否已经存在，如果不存在就创建一个 Dialog 对象。如果该对象已经存在，就直接显示，不需要重复创建 Dialog 对象。

　　链接资源例 YZTC04_Dialog03 中展示了使用 Activity 管理 Dialog 对象的方法，运行效果如图 4.33 所示。

图 4.33　Dialog03 运行效果图

　　该例中用户每次点击按钮都会使用同一个 Dialog 对象显示对话框，并且更新对话框中的提示信息，代码详见链接资源/第 4 章/范例 4-18(Dialog03)/ YZTC04_Dialog03/src/com/yztcedu/dialog03/MainActivity.java，具体代码如下：

```
1.    public class MainActivity extends Activity {
2.        private static final int FIRST_DIALOG = 1;
3.        private Button button = null;
4.        private int count = 1;
5.        //Activity 第一次启动才被调用
6.        @Override
7.        public void onCreate(Bundle savedInstanceState) {
8.            super.onCreate(savedInstanceState);
9.            setContentView(R.layout.main);
10.           button = (Button) findViewById(R.id.button);
11.           button.setOnClickListener(new OnClickListener() {
12.               public void onClick(View v) {
13.                   showDialog(FIRST_DIALOG);
14.               }
15.           });
16.       }
17.       @Override
18.       protected Dialog onCreateDialog(int id) {
19.           if (id == FIRST_DIALOG) {
20.               AlertDialog.Builder builder = new AlertDialog.Builder(this);
```

```
21.            builder.setTitle("可复用的对话框对象");
22.            builder.setMessage("提示信息");
23.            builder.setPositiveButton("ok",
new DialogInterface.OnClickListener() {
24.                public void onClick(DialogInterface dialog, int which) {
25.                    count++;
26.                }
27.            });
28.            AlertDialog alertDialog = builder.create();
29.            return alertDialog;
30.        }
31.        return null;
32.    }
33.    @Override
34.    protected void onPrepareDialog(int id, Dialog dialog) {
35.        if(id == FIRST_DIALOG){
AlertDialog alertDialog = (AlertDialog)dialog;
36.            alertDialog.setMessage("第" + count + "次打开对话框");
37.        }
38.    }
39.    }
```

代码第 2 行：定义一个整型常量，名为"FIRST_DIALOG"，用于标示对话框对象。

代码第 4 行：整型变量"count"，用于记录对话框打开的次数。

代码第 13 行：在按钮的监听器中调用了 Activity 的 showDialog(int id)方法，用于显示对话框。该方法会根据传入的对话框 ID 来判断对话框是否存在，如果不存在，Android 会调用 onCreateDialog()方法创建一个新的 Dialog 对象，然后再调用 onPrepareDialog()方法对生成的 Dialog 对象进行设置。如果 Dialog 对象已经存在，就直接调用 onPrepareDialog()方法，不用重新创建 Dialog 对象。

代码第 18 行至第 32 行：在 onCreateDialog()方法中，需要根据传入的 ID 生成相应的 Dialog 对象，并将生成的对象返回。

代码第 34 行至第 38 行：在对话框显示之前，Android 会调用 onPrepareDialog()方法。如果一个对话框在多次显示的过程中内容需要有所变化，就可以使用该方法对所显示的内容进行修改。

4.5.6 弹出消息（Toast）

Toast 是在一段持续时间内显示信息的组件，默认从窗口的底部弹出消息，并持续一段时间之后淡出消息。在弹出的 Toast 组件上不处理任何用户事件，且不影响当前用户活动界面的正常显示与操作。弹出消息一般用于提示用户相关消息，如网络未连接、SDCard 扩展卡不可用、按返回键时提示退出应用等。

（a）默认 Toast　　　　　　　　　　（b）自定义 Toast

图 4.34　Toast 的使用

一般 Toast 的用法有两种，即系统默认 Toast 和自定义 Toast，系统默认通知显示在屏幕底部居中位置，且只能显示文本消息，而自定义 Toast 可以设置其显示位置和内容。

（1）默认的 Toast 使用，运行效果如图 4.34（a）所示。

在范例代码/第 4 章/范例 4-19(Toast)/YZTC04_Toast/src/com/yztcedu/toast/ ToastActivity. java 当中，部分代码如下：

```
1.    public void normalToast(View view) {
2.        Toast.makeText(this, "一般 Toast 弹出的消息",Toast.LENGTH_LONG).show();
3.    }
```

代码第 2 行为 Toast 的使用：

❑ 通过 Toast 的静态方法 makeText 创建 Toast 对象，并调用 Toast 对象的 show 方法显示弹出消息。

❑ makeText 方法的第一个参数为 Context 上下文对象，this 代表 Activity 类对象。

❑ makeText 方法的第二个参数为消息显示的文本内容（可以引用字符常量资源）。

❑ makeText 方法的第三个参数为持续显示的时间标识，Toast.LENGTH_LONG（数值：1）是 Toast 类的整型常量，代表持续时间长。另一个常量 Toast.LENGTH_SHORT（数值：0）代表持续时间短。

> 扩展：由于 Toast 的 makeText 方法是一个重载方法，可以将 makeText 方法将第二个参数改为字符常量资源的 ID（如 R.string.toast_msg），显示效果同上。其资源存在 res/values/strings.xml 文件中，使用常量资源的好处是可以使应用支持国际化。

（2）自定义的 Toast 使用，运行效果如图 4.34（b）所示。

在范例代码/第 4 章/范例 4-19(Toast)/YZTC04_Toast/src/com/yztcedu/toast/ ToastActivity. java 当中，部分代码如下：

```
1.    //通过布局加载器，加载布局资源文件
2.    View layout=getLayoutInflater().inflate(R.layout.toast_layout, null);
3.    //获取布局中文本控件
4.    TextView textView=(TextView)layout.findViewById(R.id.msgId);
5.    textView.setText("自定义弹出消息显示的内容");
6.    //设置文本控件内容
7.    Toast toast = new Toast(this);
8.    toast.setGravity(Gravity.BOTTOM, 0, 20);
9.    toast.setDuration(Toast.LENGTH_LONG);
10.   toast.setView(layout); //设置弹出消息为加载的布局对象
11.   toast.show(); //弹出
```

代码第 2 行：getLayoutInflater()方法是获取 LayoutInflater 类对象，并通过 inflate()方法加载指定布局文件资源，inflate()方法的第二个参数表示当前加载的布局不填充到某一个容器控件（ViewGroup）中作为容器控件的子控件。

代码第 7 行：生成 Toast 类对象，构造方法的参数类型为 Context，this 代表当前 Activity 类对象，因为 Activity 类也是 Context 的间接子类。

代码第 8 行：setGravity 方法设置 Toast 显示的位置和相对于位置的 x 和 y 两个方向的偏移像素。一般的 Toast 在屏幕的底部且居中位置，案例中的位置是底部的，即 Gravity 类的 BOTTOM 常量。其他的位置常量有 TOP、CENTER、CENTER_HORIZONTAL 等，这些常量可以组合使用，如 Gravity.CENTER_HORIZONTAL|Gravity.TOP 消息显示的位置在顶部并且水平居中。

代码第 9 行：setDuration()方法设置消息显示的持续时间，与 makeText 方法的第三个参数相同。

代码第 10 行：setView()方法是自定义 Toast 的关键，即设置弹出显示的内容。

代码第 11 行：show()方法即显示 Toast，在弹出消息淡出时，可以多次调用此方法显示消息。

4.5.7 通知（Notification）

通知是 Android 应用中扩展性 UI 控件，通常在后台服务中使用通知提醒用户有某件事件的发生或接收到远程服务发来的最新消息等。通知显示在系统的状态栏左侧或下拉状态时的底部，即称为通知栏。系统状态栏是手机最顶部位置，显示系统时间、电量、手机网络、Wi-Fi 连接、网速及闹钟等信息。状态栏可以通过手势下拉显示所有通知，如图 4.35 所示。

图 4.35　下拉状态栏显示通知

通知一般可分为 4 类，即普通通知、进度通知、大视图通知和自定义通知等，对于一个普通的通知来说，其显示的消息包括 6 部分，如图 4.36 所示。

图 4.36　通知内容结构

注：1—通知的标题，2—通知的大图标，3—通知的内容，4—通知的消息内容，一般用于辅助性显示一些统计数据等，5—通知的小图标，6—通知显示的时间

在链接资源范例 4-20(Notify)中，分别根据上面 4 种分类，创建不同的通知，效果如图 4.37 所示。

图 4.37　通知实例

在 Android 应用中先通过 NotificationCompat.Builder 构建通知，并设置通知的不同信息，然后通知 NotificationManager.notify()方法发送通知。下面详细说明不同类型的通知的构造。

1．普通通知

图 4.38　普通通知

在范例代码/第 4 章/范例 4-20(Notify)/YZTC04_Notify/src/com/yztcedu /notifycom/ NotifyActivity.java 类中，normalNotify()方法实现发送普通通知的功能，运行效果如图 4.38 所示，部分代码如下：

```
1.    // 生成通知构造器对象
2.    NotificationCompat.Builder builder =
new NotificationCompat.Builder(this);
3.    builder.setContentTitle("通知的标题")
4.        .setSmallIcon(R.drawable.ic_launcher) // 设置小图标，必须设置
5.        .setContentText("通知的内容")
6.        .setLargeIcon(BitmapFactory.decodeResource(getResources(),
R.drawable.home)) // 设置大图标
7.        .setDefaults(Notification.DEFAULT_SOUND|Notification.DEFAULT_VIBRATE); //
设置发送通知的铃声＋振动模式
8.    Intent intent = new Intent(this, NextActivity.class);
9.    intent.putExtra("msg", "通知的内容");
10.   // PendingIntent.FLAG_ONE_SHOT: 通知只能被打开一次
11.   PendingIntent pendingIntent = PendingIntent.getActivity(this, 1,intent,
PendingIntent.FLAG_ONE_SHOT);
12.   builder.setContentIntent(pendingIntent); // 设置通知的延迟意图
13.   notifyManager.notify(1, builder.build()); // 发送通知
```

代码第 2 行：NotificationCompat.Builder 类是以构造者的设计模式连续设置通知的信息，最后第 13 行调用 build()方法建一个通知。

代码第 11 行：PendingIntent 类为延迟执行的意图类，Android 系统专为通知设计的意图，用户在通知栏中点击通知时则会打开此意图；PendDingIntent.getActivity()方法返回到一个延迟打开 Activity 的意图。其中，第一个参数为 Activity 类本身，第二个参数代表请求码（可任意指定），第三个参数表示 Intent 意图对象，第四个参数表示延迟意图打开的标识。

代码第 13 行：notifyManager 是 NotificationManager 类的对象，是一个系统服务对象，通过 Context.getSystemService(Context.NOTIFICATION_SERVICE)获取。notify()方法发送通知，第一个参数是通知的主键 ID，可以通过这个 ID 取消通知的显示。

2．进度通知

进度通知是一个带进度条的通知，一般在后台线程中发送这类通知，用于显示某一任务的进度，如下载一个文件等。

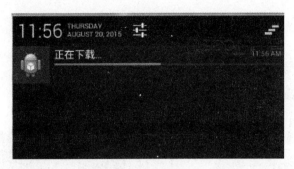

图 4.39　进度通知

在范例代码/第 4 章/范例　4-20(Notify)/YZTC04_Notify/src/com/yztcedu/notifycom/NotifyActivity.java 类中，progressNotify()方法实现发送带进度条通知的功能，运行效果如图 4.39 所示，部分代码如下：

```
1.    new Thread(){
2.        @Override
3.        public void run() {
4.            NotificationCompat.Builder builder = new
NotificationCompat.Builder(MainActivity.this);
5.            builder.setSmallIcon(R.drawable.ic_launcher);
6.            builder.setContentTitle("正在下载...");
7.            for(int i=1;i<=100;i++){
8.                builder.setProgress(100, i, false);//设置当前通知进度
9.                notifyManager.notify(10, builder.build());
10.               try {
11.                   Thread.sleep(200);
12.               }catch (InterruptedException e) {
13.                   e.printStackTrace();
14.               }
15.           }
16.           //builder.setContentTitle("已下载完");
17.           //notifyManager.notify(10, builder.build());
18.           notifyManager.cancel(10); //对于不确定进度的通知，应该在完成进度后移除通知
19.       }
20.   }.start();
```

代码第 8 行：builder.setProgress()方法第一个参数表示最大进度值；第二个参数表示当前进度值；第三个参数表示进度条是否为不确定性进度类型，false 表示是确定性的进度条控件。

代码第 18 行：notifyManager.cancel(10)方法是将 ID 为 1 的通知从通知栏中删除。

3．大视图通知

大视图通知简单地理解为通知的内容与普通的内容不同，通知的内容或是一个列表或是一张大图片等。如优酷视频发出一个广告视频通知等。大视图通知分为 InboxStyle（列

表）、BigPictureStyle（大图片）、BigTextStyle（大文本）等三类，列表与大图片通知使用比较多。

图 4.40　大图片通知　　　　　　　　图 4..41　列表通知

在范例代码/第 4 章/范例 4-20 (Notify)/YZTC04_Notify/src/com/yztcedu /notifycom/
NotifyActivity.java 类中，bigNotify()方法实现发送带有列表或大图片内容通知的功能，运行
效果如图 4.40 和图 4.41 所示，部分代码如下：

```
1.    //生成通知的构造器
2.    NotificationCompat.Builder builder=new NotificationCompat.Builder(this);
3.    builder.setSmallIcon(R.drawable.ic_launcher); //设置小图标
4.    //生成列表样式
5.    NotificationCompat.InboxStyle style=new NotificationCompat.InboxStyle();
6.    style.addLine("消息1")
7.        .addLine("消息2")
8.        .addLine("消息3")
9.        .setBigContentTitle("大视图通知的标题")
10.       .setSummaryText("总消息:3"); //设置列表通知的统计信息
11.   //生成大图片样式
12.   //NotificationCompat.BigPictureStyle style=
13.   //new NotificationCompat.BigPictureStyle();
14.   //style.bigPicture(BitmapFactory.decodeResource(
15.   //    getResources(), R.drawable.big_img))
16.   //      .setBigContentTitle("大视图的标题");
17.   builder.setStyle(style); //设置通知的类型
18.   //发送通知
19.   notifyManager.notify(4, builder.build());
```

代码第 11 行至第 16 行，注释部分为列表通知类型，可以将大图片的通知注释改为列表类型。

代码第 9 行：setBigContentTitle()方法是设置大通知的标题，而通过 Builder 设置通知的标题则无效。

代码第 17 行：builder.setStyle()方法是设置大通知的类型，方法中参数是 InboxStyle 或 BigPictureStyle 类对象。

4．自定义通知

为了满足用户可能提出的苛刻要求，Android 系统支持定制通知，定制通知实际是通过布局文件设计显示的内容。

图 4.42　自定义通知

在范例代码/第 4 章/范例 4-21(Notify)/YZTC04_Notify/src/ com/yztcedu/notifycom/Notify Activity.java 类的 customNotify()方法中实现发送自定义通知的功能，运行效果如图 4.42 所示，部分代码如下：

```
1.    RemoteViews remoteViews=new RemoteViews(getPackageName(),
R.layout.notify_layout);
2.    remoteViews.setTextViewText(R.id.textViewId, "文本控件的内容");
3.    remoteViews.setImageViewResource(R.id.imageViewId, R.drawable.home);
4.    NotificationCompat.Builder builder=new NotificationCompat.Builder(this);
5.    builder.setSmallIcon(R.drawable.ic_launcher);
6.    builder.setContent(remoteViews); //设置自定义的布局 View
7.    notifyManager.notify(11, builder.build());
```

代码第 1 行：RemoteViews 类是跨进程加载指定应用中的布局资源，本案例中加载了当前项目中布局文件 notify_layout.xml。

代码第 2 行：setTextViewText()方法是设置布局中指定 ID 的 TextView 控件内容。

代码第 3 行：setImageViewResource()方法是设置布局中指定 ID 的 ImageView 控件的图片资源。

代码第 1 行布局文件 notify_layout.xml 的内容如下：

```
1.    <?xml version="1.0" encoding="utf-8"?>
2.    <LinearLayout xmlns:android="http://schemas.android.com/apk/res/android"
3.        android:layout_width="match_parent"
4.        android:layout_height="match_parent"
5.        android:orientation="horizontal" >
6.        <ImageView
7.            android:id="@+id/imageViewId"
8.            android:layout_width="wrap_content"
9.            android:layout_height="wrap_content" />
10.       <TextView
11.           android:id="@+id/textViewId"
12.           android:layout_width="wrap_content"
```

```
13.         android:layout_height="wrap_content"
14.         android:textSize="20sp"
15.         android:textColor="#f00"
16.         android:layout_marginLeft="10dp" />
17.  </LinearLayout>
```

4.6 本章总结

　　本章重点介绍了控件及控件布局的使用方法。控件的具体使用方法非常相似，大都需要在布局文件中声明控件，然后在 Activity 的代码中使用监听器处理相应用户的操作。在应用程序的开发过程中，针对应用程序的需求，选择合适的控件和布局方法非常重要。基本的原则是图片与文字搭配，尽量让用户少一些操作。

第 **5** 章

Activity 管理

Activity 是用于提供用户界面的显示及交互的应用程序组件，一个 Android 应用程序应该包含一个或多个 Activity（至少包含一个）。因此，各个 Activity 之间需要很好地协作，以提高用户体验，这就需要对 Activity 进行管理。

要理解并熟练掌握 Activity 管理，需要理解以下 3 个重要概念。

（1）Intent：在一个 Android 应用程序中，Activity 界面之间需要跳转时，就要用到 Intent，它起到媒介的作用。因而，了解什么是 Intent，以及如何使用 Intent 启动 Activity 是学好 Activity 管理的基础。

（2）Activity 的生命周期：Activity 在运行过程中存在不同的状态，如启动（可以理解为该 Activity "出生"）、启用中（可以理解为该 Activity 为 "运行" 状态）、关闭（该 Activity 可能是 "暂停"，后续可能会被启动而获 "重生"；也可能是被 "销毁" 而变为 "死亡" 状态）。为了对 Activity 的不同状态进行管理，需要研究 Activity 从 "出生" 到 "死亡" 的完整生命周期。

（3）回退栈管理（Tasks 与 Back stacks）：Android 应用程序是通过回退栈（Back stack）对其所有的 Activity 进行管理的，所采用的管理方式称为回退栈管理。

【本章要点】

❑ Intent 的介绍。

❑ 使用 Intent 启动 Activity。

❑ Activity 的生命周期。

❑ 回退栈管理。

5.1　Intent 的介绍

Intent 本身是一个 Intent 对象，是一个将要被执行意图动作的描述。例如现在想做某件事情，通过 Intent 对象描述将要做的事情的特征。

Intent 主要作用如下。

（1）Intent 可以通过运行时绑定消息激活组件。

Intent 不仅可以激活 Activity，还可以激活 Android 应用程序的其他两大组件——服务（Service）和广播接收者（Broadcast Receiver）。

- ❑ 激活 Activity：一个 Intent 对象通过 Context.startActivity()或者 Activity. startActivity ForResult()方法启动一个 Activity（它也能通过 Activity.setResult()返回给调用 startActivityForResult()启动 Activity 的信息）。
- ❑ 激活 Service：与 Activity 启动类似，Service 也有两种激活方式，分别是通过 Context.startService()开启服务和通过 Context.bindService()绑定服务。同样也需要一个 Intent 对象指定启动源和目标 Service。
- ❑ 激活 Broadcast Receiver：Intent 对象可以通过任何发送广播的方法（例如：Context. sendBroadcast()、Context.sendOrderedBroadcast()、Context.sendStickyBroadcast()），传递到对这些广播感兴趣的广播接收器中进行相关的处理。

（2）Intent 可以以键值对的形式封装数据，并且这些数据可以随着组件的互相触发而被传递到目标组件，目标组件可以接收并且处理这些数据。

（3）可以使用 Android 内置的 Intent 来完成发送短信、拨打电话等手持设置的基本功能。

5.2　使用 Intent 启动 Activity

通过 Intent 启动（或"激活"）Activity 主要有两种方式，一种是通过 startActivity()直接启动目标 Activity；另一种是通过 startActivityForResult()启动目标 Activity，回传值到源 Activity。

5.2.1　直接启动 Activity

使用 Intent 直接启动 Activity 并且传值需要以下两个关键方法：

（1）startActivity()方法，用于启动另一个 Activity。

（2）putExtra()方法，用于从一个 Activity 向另一个 Activity 传递数据。当所传递的数据量较少时，可直接使用该方法在两个 Activity 之间传输数据；当所传递数据量较大时，一般是先将所要传输的数据封装到 Bundle 对象中，然后再使用 putExtra()方法进行传输。

1．startActivity()——启动 Activity

可以通过调用 startActivity()启动另一个 Activity，同时传递一个 Intent 对象描述将要启动的 Activity 的特征。

在 Android 应用程序中启动 Activity 时，通常需要明确启动哪个 Activity。因而，可以创建一个 Intent 对象显式地指定启动源和启动目标，然后使用 startActivity(Intent intent)方法将 Intent 对象传入。

【范例 5-1】通过一个 Activity 启动名为 SignInActivity 的 Activity

（本范例仅给出关键代码）

<编码思路>

（1）创建 Intent 对象指定源 Activity 和目标 Activity。

（2）通过 startActivity(Intent intent)方法启动目标 Activity——SignInActivity。

<范例代码>

```
1. Intent intent = new Intent(this, SignInActivity.class);
2. startActivity(intent);
```

<代码详解>

第 1 行：用于构造 Intent 对象。其构造方法中第一个参数用于指定启动源为本类 Activity（this 表示本类对象的引用），第二个参数用于指定启动目标 SignInActivity。

第 2 行：调用 startActivity(Intent intent) 传递 intent，作为参数启动目标 Activity。

2．直接使用 putExtra()方法传递少量数据

通过 Intent 对象传递少量数据，实际上就是实现 Activity 的基本传值功能。传递数据时，需要使用 putExtra()方法将数据存储到 Intent 对象中。

putExtra()方法是采用键值对的方式传递所需数据的。

注意：在使用 putExtra()方法时，需要注意两点。第一，所用的键必须指定为 String 类型，值可以是具体的数据类型；第二，在 Intent 之间传值的对象必须是可序列化的。

【范例 5-2】将数据传递给目标 Activity

（本范例仅给出关键代码）

<编码思路>

（1）创建 Intent 对象指定源 Activity 和目标 Activity。

（2）调用 putExtra()方法，以键值对方式指定需要存储的数据。

（3）通过 startActivity(Intent intent)方法启动目标 Activity——SignInActivity。

<范例代码>

```
1. Intent intent = new Intent(this, SignInActivity.class);
2. intent.putExtra("info","你好");
3. intent.putExtra("mInt",100);
4. startActivity(intent);
```

<代码详解>

第 1 行：构造新的 intent 对象。

第 2 行：调用 Intent 对象的 putExtra()方法，指定需要传递数据的键值对，第一个参数指定需要传递数据的字符串类型的键，第二个参数指定需要传递的数据具体值。

第 3 行：调用 Intent 对象的 putExtra()方法，指定需要传递数据的其他键值对，需要传递几个数据就调用几次 putExtra()方法。

第 4 行：调用 startActivity()方法启动目标 Activity。

下面通过范例 5-3 研究名为 SignInActivity 的目标 Activity 是如何接收数据的。

【范例 5-3】目标 SignInActivity 接收获取数据

（本范例仅给出关键代码）

<编码思路>

（1）调用 getIntent()方法获取启动当前 Activity 的 Intent 对象。

（2）调用 get××Extra()方法根据存储的键获取具体传递的值。××表示具体的存储数据的类型。例如，当其存储数据的类型为字符串 String 时，则该方法为 getStringExtra()。

<范例代码>

```
1. Intent intent=getIntent();
2. String str= intent.getStringExtra("info");
3. String str= intent.getIntExtra("mInt",-1);
```

<代码详解>

第 1 行：调用 getIntent()方法，获取激活目标 Activity 的 Intent 对象。

第 2 行：调用 Intent 的 getStringExtra()方法，根据参数指定的键获取源 Activity 传递的具体字符串值。

第 3 行：调用 Intent 的 getIntExtra()方法，根据参数指定的键获取源 Activity 传递的具体整型值，并且指定如果按照指定的键无法获取值则显示默认值-1。

下面通过一个综合实例来讲解 Activity 调用 Intent 的传值过程。

【范例 5-4】点击按钮跳转（链接资源中第 5 章范例 5-4）

本范例用于实现 Activity 界面跳转，并且传递不同类型的数据的功能，其效果如图 5.1 所示。点击图左中"查看"按钮，即可看到图右中的详细信息。

图 5.1　QF05Demo01 运行效果图

<编码思路>

（1）定义首界面需要加载的布局文件。

（2）定义首界面的如下功能：点击按钮即可通过 Intent 传递数据并启动目标 Activity。

（3）定义跳转后的 Activity 需要加载的布局文件。

（4）定义跳转后的 Activity 获取传递的 Intent 对象，根据传递的键获取对应的值并且展示到相应的控件中。

（5）在 strings.xml 文件中定义应用程序需要使用的字符串资源。

根据本范例的编码思路，需要通过以下 5 步实现该范例效果。

（1）定义 activity_main.xml 布局文件（链接资源：YZTC05_Demo01/res/ layout/ activity_main.xml）。

在 Android 应用程序加载时需要调用首界面 MainActivity.java，该首界面文件首先需要加载布局文件 activity_main.xml。

<范例代码>

```
1. <RelativeLayout xmlns:android="http://schemas.android.com/apk/res/android"
2.    xmlns:tools="http://schemas.android.com/tools"
3.    android:layout_width="match_parent"
4.    android:layout_height="match_parent"
5.    >
6.    <Button
7.        android:layout_width="wrap_content"
```

```
8.         android:layout_height="wrap_content"
9.         android:onClick="click"
10.        android:textSize="20sp"
11.         android:text="@string/button_name" />
12. </RelativeLayout>
```

<代码详解>

第 1 行至第 5 行：定义当前布局文件的根布局采用相对布局（RelativeLayout）。

第 6 行至第 11 行：在相对布局中定义 Button 按钮控件。

第 9 行：设置 Button 控件的 android:onClick 属性，指定当前按钮的点击事件所对应的方法，名称为属性值 click。

（2）定义首界面 MainActivity.java 文件（代码文件：YZTC05_Demo01/src/ com/yztcedu/yztc05demo01/MainActivity.java）。

Android 应用程序加载时需要调用首界面 MainActivity.java。

<范例代码>

```
1. public class MainActivity extends Activity {
2.    @Override
3.    protected void onCreate(Bundle savedInstanceState) {
4.        super.onCreate(savedInstanceState);
5.        setContentView(R.layout.activity_main);
6. }
7. //当点击 Button 按钮时调用该方法
8.    public void click(View view){
9.        Intent intent=new Intent(MainActivity.this, ResultActivity.class);
10.        //putExtra(String key,xx) 将当前的值指定唯一的 key 进行传递
11.        intent.putExtra("myInt", 12);
12.        intent.putExtra("myFloat", 1.5f);
13.        intent.putExtra("str", "你好");
14.        intent.putExtra("bl", true);
15.        intent.putExtra("ch", '男');
16.        startActivity(intent);
17.    }
18.
19. }
```

<代码详解>

第 8 行代码中声明的方法名称必须与 android:onClick 指定的属性值一致，该方法必须满足下面的条件：

❑ 该方法的访问修饰符为 public。

❑ 该方法的返回值必须是 void。

❑ 该方法具有唯一的参数 View（该 View 表示被点击的控件对象）。

当点击 Button 按钮时会触发执行 click 方法，该方法中定义点击按钮后将需要传递的数据封装到 Intent 对象中，并且实现 Activity 界面跳转。

（3）定义 activity_result.xml 布局文件（代码文件：YZTC05_Demo01/res/ layout/ activity_result.xml）。

跳转后的界面为 ResultActivity.java，该界面文件需要加载布局文件 activity_result.xml。

<范例代码>

```
1.   <RelativeLayout xmlns:android="http://schemas.android.com/apk/res/android"
2.      xmlns:tools="http://schemas.android.com/tools"
3.      android:layout_width="match_parent"
4.      android:layout_height="match_parent"
5.   >
6.   <TextView
7.         android:id="@+id/textview_show"
8.         android:layout_width="wrap_content"
9.         android:layout_height="wrap_content"
10.  android: textSize="25sp"
11.       />
12.  </RelativeLayout>
```

<代码详解>

第 1 行至第 5 行：定义当前布局文件的根布局采用相对布局（RelativeLayout）。

第 6 行至第 11 行：在相对布局中定义 TextView 控件。

（4）定义目标 ResultActivity.java 文件（代码文件：YZTC05_Demo01/src/ com/yztcedu/yztc05demo01/ResultActivity.java）。

跳转后的界面 ResultActivity.java。

<范例代码>

```
1.   public class ResultActivity extends Activity {
2.       private TextView textView;
3.       @Override
4.       protected void onCreate(Bundle savedInstanceState) {
5.           super.onCreate(savedInstanceState);
6.           setContentView(R.layout.activity_result);
7.           textView=(TextView) findViewById(R.id.textview_show);
8.           Intent intent=getIntent();//跳转源activity中的意图对象
9.           //通过第一个参数的 key 获取 intent 对象中 key 相对应的值，第二个参数表示如果根据
key 没有获得到值就显示默认值
10.          int myInt=intent.getIntExtra("myInt", -1);
11.          float f=intent.getFloatExtra("myFloat", 1.0f);
12.          String str=intent.getStringExtra("str");
13.          boolean b=intent.getBooleanExtra("bl",false);
14.          char ch=intent.getCharExtra("ch", ' ');
```

```
15.          textView.setText(myInt+"\n"+f+"\n"+str+"\n"+b+"\n"+ch);
16.      }
17. }
```

<代码详解>

第 6 行和第 7 行：指定当前 Activity 加载 activity_result 布局文件，并获取该布局文件中的 TextView 控件。

第 8 行至第 15 行：获取启动当前 Activity 的 Intent 对象，并且根据键获取值并在 TextView 控件中显示。

（5）定义资源 strings.xml 文件（代码文件：YZTC05_Demo01/res/values/strings.xml）

字符串资源文件定义应用程序中需要使用的所有字符串资源。

<范例代码>

```
1.  <resources>
2.      <string name="app_name">05_01_passdata</string>
3.      <string name="action_settings">Settings</string>
4.      <string name="hello_world">Hello world!</string>
5.      <string name="button_name">查看</string>
6.  </resources>
```

<代码详解>

第 1 行：指定当前资源文件的根标签是 resources。

第 2 行至第 5 行：以 string 标签定义应用程序时需要使用的字符串资源。

3. 使用 Bundle 对象封装数据进行传值

除了使用 putExtra() 直接传递数据以外，当所传递的数据量大时，还可以将数据先"打包"存储到 Bundle 对象中。

Bundle 类是一个 Android 中的容器，类似于 Java 中的 Map<String,Object>。它与 Map 一样，以一个键值对类型存储数据，而与 Map 不同的是，它的键只能为 String 类型，而 value 则没有数据类型限制。

调用 Intent 对象中的 putExtras() 方法传递 Bundle 对象，目标 Activity 中调用 getExtras() 获取到传递的 Bundle 对象，再从 Bundle 中根据指定键的数据类型获取具体的数据。

【范例 5-5】将数据通过 Bundle 对象传递给目标 Activity

（本范例仅给出关键代码）

<编码思路>

（1）创建 Intent 对象，指定源 Activity 和目标 Activity。

（2）创建 Bundle 对象，调用 put××() 方法以键值对的形式存储数据（××表示具体的数据类型）。

（3）调用 Intent 对象的 putExtras()方法存储 Bundle 对象。

（4）通过 startActivity(Intent intent)方法启动目标 Activity——SignInActivity。

<范例代码>

```
1.   Intent intent = new Intent(this, SignInActivity.class);
2.   Bundle bundle=new Bundle();
3.   bundle.putString("str", "你好");
4.   bundle.putInt("mInt", 100);
5.   intent.putExtras(bundle);
6.   startActivity(intent);
```

<代码详解>

第 2 行：创建用于封装传递数据的 Bundle 对象。

第 3 行：调用 Bundle 对象的 putString()，根据指定的键值对存储字符串类型数据。

第 4 行：调用 Bundle 对象的 putInt()，根据指定的键值对存储整型数据。

第 5 行：调用 Intent 对象的 putExtras()，方法存储 Bundle 对象。

【范例 5-6】目标 SignInActivity 中接收获取 Bundle 传递数据

（本范例仅给出关键代码）

<编码思路>

（1）调用 getIntent()方法获取启动当前 Activity 的 Intent 对象。

（2）调用 getExtras()方法获取传递的 Bundle 对象。

（3）调用 Bundle 对象中的 get××()方法，根据键获取具体的传递值（××表示具体的数据类型）。

<范例代码>

```
1.   Intent intent=getIntent();
2.   Bundle bundle=intent.getExtras();
3.   String str= bundle.getString("str");
4.   int mInt= bundle.getInt("mInt");
```

<代码详解>

第 2 行：调用 Intent 对象的 getExtras()获取 Intent 中传递的 Bundle 对象。

第 3 行：调用 Bundle 对象的 getString()方法，根据指定的键获取对应的字符串值。

第 4 行：调用 Bundle 对象的 getInt()方法，根据指定的键获取对应的整型值。

下面通过一个综合实例来讲解 Activity 采用 Bundle 对象传值过程。

【范例 5-7】Activity 启动采用 Bundle 对象传值（链接资源中第 5 章范例 5-7）

本范例用于实现 Intent 启动 Activity 使用 Bundle 传递数据的功能，其效果如图 5.2 所示。点击图左中"查看"按钮，即可看到图右中的详细信息。

图 5.2　QF05Demo02 运行效果图

<编码思路>

（1）定义首界面需要加载的布局文件。

（2）定义首界面中实现点击按钮将数据封装到 Bundle 对象中，通过 Intent 启动目标 Activity 传递数据的功能。

（3）定义跳转后的 Activity 需要加载的布局文件。

（4）定义跳转后的 Activity 获取传递的 Bundle 对象，根据传递的键获取对应的值并且展示到相应的控件中。

（5）在 strings.xml 文件中定义应用程序需要使用的字符串资源。

根据本范例的编码思路，要实现该范例效果，需要通过以下 5 步实现。

（1）定义 activity_main.xml 布局文件（链接资源：YZTC05_demo02/res/layout/activity_main.xml）。

在 Android 应用程序加载时需要调用首界面 MainActivity.java，该首界面文件首先需要加载布局文件 activity_main.xml。

<范例代码>

```
1.   <RelativeLayout xmlns:android="http://schemas.android.com/apk/res/android"
2.       xmlns:tools="http://schemas.android.com/tools"
3.       android:layout_width="match_parent"
4.       android:layout_height="match_parent"
5.        >
6.       <Button
7.           android:id="@+id/button1"
8.           android:layout_width="wrap_content"
9.           android:layout_height="wrap_content"
```

```
10.          android:layout_alignParentLeft="true"
11.          android:layout_marginTop="10dp"
12.          android:layout_alignParentTop="true"
13.          android:textSize="20sp"
14.          android:text="@string/button_name" />
15.  </RelativeLayout>
```

<代码详解>

第 1 行至第 5 行：定义当前布局文件的根布局采用相对布局（RelativeLayout）。

第 6 行至第 14 行：在相对布局中定义 Button 按钮控件。

（2）定义首界面 MainActivity.java 文件（链接资源：YZTC05_Demo02/src/com/yztcedu/yztc05demo02/MainActivity.java）。

Android 应用程序加载时需要调用首界面 MainActivity.java。

<范例代码>

```
1.   public class MainActivity extends Activity {
2.       private Button button;
3.       @Override
4.       protected void onCreate(Bundle savedInstanceState) {
5.           super.onCreate(savedInstanceState);
6.           setContentView(R.layout.activity_main);
7.           button=(Button) findViewById(R.id.button1);
8.           button.setOnClickListener(new OnClickListener() {
9.
10.              @Override
11.              public void onClick(View v) {
12.                  Intent intent=new Intent(MainActivity.this,
ResultActivity.class);
13.                  //创建 bundle 对象
14.                  Bundle bundle=new Bundle();//类似于 map(键只能是 String)
15.                  //根据具体的类型向 bundle 中添加数据
16.                  bundle.putInt("in", 50);
17.                  bundle.putBoolean("bl", true);
18.                  bundle.putString("str", "你好");
19.                  bundle.putChar("ch", '女');
20.                  //通过 putExtras()方法将 bundle 对象存储到 intent 中
21.                  intent.putExtras(bundle);
22.                  startActivity(intent);
23.              }
24.          });
25.      }
26.  }
```

<代码详解>

第 8 行：绑定按钮的点击事件监听，在点击事件监听的 onClick 方法中创建 Bundle 对象，将需要传递的不同类型的数据存储到 Bundle 对象中，然后将 Bundle 存储到 Intent 中调用 startActivity()启动目标 Activity。

（3）定义 activity_result.xml 布局文件（代码文件：YZTC05_Demo02 /res/layout/ activity_result.xml）。

跳转后的界面 ResultActivity.java，该界面文件需要加载布局文件 activity_result.xml。

<范例代码>

```xml
1.  <?xml version="1.0" encoding="utf-8"?>
2.  <LinearLayout xmlns:android="http://schemas.android.com/apk/res/android"
3.      android:layout_width="match_parent"
4.      android:layout_height="match_parent"
5.      android:orientation="vertical" >
6.      <TextView
7.          android:id="@+id/textView1"
8.          android:layout_width="wrap_content"
9.          android:layout_height="wrap_content"
10.         android:textSize="25sp"
11.         android:text="TextView"
12.         />
13. </LinearLayout>
```

<代码详解>

第 1 行至第 5 行：定义当前布局文件的根布局采用线性布局（LinearLayout）。

第 6 行至第 12 行：在相对布局中定义 TextView 控件。

（4）定义目标 ResultActivity.java 文件（代码文件：YZTC05_Demo02/src/ com/ yztcedu/yztc05demo02/ResultActivity.java）。

跳转后的界面 ResultActivity.java。

<范例代码>

```java
1.  public class ResultActivity extends Activity {
2.      private TextView tv;
3.      @Override
4.      protected void onCreate(Bundle savedInstanceState) {
5.          super.onCreate(savedInstanceState);
6.          setContentView(R.layout.activity_result);
7.          tv=(TextView) findViewById(R.id.textView1);
8.          Intent intent=getIntent();//得到 intent 对象
9.          Bundle bundle=intent.getExtras();//调用 getExtras()获得当前的 Bundle 对象
10.         int in=bundle.getInt("in");//获得 int 类型
11.         boolean bl=bundle.getBoolean("bl");//获得 boolean
```

```
12.          String s=bundle.getString("str");//获得 String 类型
13.          char ch=bundle.getChar("ch");
14.          tv.setText(in+"\n"+bl+"\n"+s+"\n"+ch);
15.      }
16. }
```

<代码详解>

第 7 行：获取当前展示数据的 TextView 控件，获取激活当前 Activity 的 Intent 对象，在 Intent 中获取 Bundle 对象，从 Bundle 中根据键获取传递的不同类型的数据。

（5）定义资源 strings.xml 文件（代码文件：YZTC05_Demo02/res/values/strings.xml）。

字符串资源文件，定义应用程序中需要使用的所有字符串资源。

<范例代码>

```
1.  <resources>
2.    <string name="app_name">05_02_passdata</string>
3.    <string name="action_settings">Settings</string>
4.    <string name="hello_world">Hello world!</string>
5.  <string name="button_name">查看</string>
6.  </resources>
```

<代码详解>

第 1 行：指定当前资源文件的根标签是 resources。

第 2 行至第 5 行：以 string 标签定义应用程序中需要使用的字符串资源。

5.2.2　带返回值启动 Activity

在一些应用场景中，需要启动一个 Activity 后向它的启动源 Activity 返回一些信息，例如：在验证用户登录时，会新开启一个 Activity 接收用户输入用户名和密码，然后再将数据返回给源 Activity，这就需要把用户输入的信息回传给源 Activity，并在其中进行操作，这种情况可以使用带返回值的启动方式来完成。

与直接启动的方式不同，需要使用 startActivityForResult(Intent intent, int requestCode) 启动目标 Activity，并在源 Activity 中重写 onActivityResult(int requestCode, int resultCode, Intent data) 方法获取回传的值进行操作，之后通过 requestCode 和 resultCode 两个参数匹配到相应的 Activity，然后获取回传的 Intent 对象处理返回的信息。

下面通过一个综合实例来讲解带返回值启动 Activity 的过程。

【范例 5-8】Activity 启动回传数据（链接资源中第 5 章范例 5-8）

本范例用于实现 startActivityForResult() 启动 Activity 回传数据的功能，其效果如图 5.3 所示。点击图中"查看"按钮，即可以看到需要用户输入信息的界面，输入完成后点击"登录"按钮，将输入消息回传到第一个 Activity 界面。

图 5.3 QF05Demo03 运行效果图

<编码思路>

（1）定义首界面需要加载的布局文件。

（2）定义首界面中实现点击按钮跳转到目标 Activity 并且处理回传数据。

（3）定义跳转后的 Activity 需要加载的布局文件。

（4）定义跳转后的 Activity 文件，用户输入用户名和密码之后点击"登录"按钮，将用户名和密码数据回传到源 Activity 中。

（5）在 strings.xml 文件中定义应用程序需要使用的字符串资源。

根据本范例的编码思路，要实现该范例效果，需要通过以下 5 步实现。

（1）定义 activity_main.xml 布局文件（链接资源：YZTC05_demo03/res/layout/activity_main.xml）。

在 Android 应用程序加载时需要调用首界面 MainActivity.java，该首界面文件首先需要加载布局文件 activity_main.xml。

<范例代码>

```
1.   <RelativeLayout xmlns:android="http://schemas.android.com/apk/res/android"
2.     xmlns:tools="http://schemas.android.com/tools"
3.     android:layout_width="match_parent"
4.     android:layout_height="match_parent"
5.   >
6.     <Button
7.       android:id="@+id/button1"
8.       android:layout_width="wrap_content"
9.       android:layout_height="wrap_content"
```

```
10.         android:layout_marginTop="10dp"
11.         android:onClick="click"
12.         android:textSize="20sp"
13.         android:text="@string/button_name" />
14. </RelativeLayout>
```

<代码详解>

第 1 行至第 5 行：定义当前布局文件的根布局采用相对布局（RelativeLayout）。

第 6 行至第 13 行：在相对布局中定义 Button 按钮控件。

第 11 行：设置 Button 控件的 android:onClick 属性，指定当前按钮的点击事件，所对应的方法名称为属性值 click。

（2）定义首界面 MainActivity.java 文件（代码文件：YZTC05_Demo03/src/com/yztcedu/yztc05demo03/MainActivity.java）。

Android 应用程序加载时需要调用首界面 MainActivity.java。

<范例代码>

```
1.  public class MainActivity extends Activity {
2.      private static final int REQUESTC_CODE=1;
3.      @Override
4.      protected void onCreate(Bundle savedInstanceState) {
5.          super.onCreate(savedInstanceState);
6.          setContentView(R.layout.activity_main);
7.      }
8.      public void click(View view){
9.          Intent intent=new Intent(MainActivity.this,ResultActivity.class);
10.         startActivityForResult(intent, REQUESTC_CODE);
11.     }
12.     /*
13.      * 处理activity回传的结果
14.      */
15.     @Override
16.     protected void onActivityResult(int requestCode, int resultCode, Intent data) {
17.         if(Activity.RESULT_OK==resultCode && requestCode==REQUESTC_CODE){
18.             String name=data.getStringExtra("name");
19.             String pwd=data.getStringExtra("pwd");
20.             Toast.makeText(MainActivity.this, "用户名:"+name+"密码:"+pwd, Toast.LENGTH_SHORT).show();
21.         }
22.     }
23. }
```

<代码详解>

第 8 行至第 11 行：声明定义按钮点击时响应的 click 事件。

第 10 行：调用 startActivityForResult()启动目标 Activity，需要通过 Intent 对象指定启动的目标 Activity 并且指定启动的请求码，以请求码标示本次请求。

第 16 行至第 21 行：重写 Activity 中的 onActivityResult()方法处理目标 activity 回传的数据。

第 16 行：当前 Activity 重写 onActivityResult()方法获取回传的请求码、结果码及 Intent 对象。

第 17 行：判断结果码是否正确，请求码是否为标示本次的请求，然后从回传的 Intent 对象中根据键获取存储的数据，并且进行显示。

（3）定义 activity_result.xml 布局文件（代码文件：YZTC05_Demo03/res/ layout/activity_result.xml）。

跳转后的界面 ResultActivity.java，该界面文件需要加载布局文件 activity_result.xml。

<范例代码>

```
1.   <RelativeLayout xmlns:android="http://schemas.android.com/apk/res/android"
2.       xmlns:tools="http://schemas.android.com/tools"
3.       android:layout_width="match_parent"
4.       android:layout_height="match_parent">
5.   <TextView
6.       android:id="@+id/textView1"
7.       android:layout_width="wrap_content"
8.       android:layout_height="wrap_content"
9.       android:textSize="25sp"
10.      android:text="@string/userName" />
11.  <EditText
12.      android:id="@+id/editText_name"
13.      android:layout_width="wrap_content"
14.      android:layout_height="wrap_content"
15.      android:layout_alignTop="@+id/textView1"
16.      android:layout_marginLeft="16dp"
17.      android:layout_toRightOf="@+id/textView1"
18.      android:textSize="25sp"
19.      android:ems="10" />
20.  <TextView
21.      android:id="@+id/textView2"
22.      android:layout_width="wrap_content"
23.      android:layout_height="wrap_content"
24.      android:layout_alignLeft="@+id/textView1"
25.      android:layout_below="@+id/editText_name"
26.      android:layout_marginTop="26dp"
27.      android:textSize="25sp"
28.      android:text="@string/password" />
29.  <EditText
```

```
30.          android:id="@+id/editText_pwd"
31.          android:layout_width="wrap_content"
32.          android:layout_height="wrap_content"
33.          android:layout_alignBaseline="@+id/textView2"
34.          android:layout_alignBottom="@+id/textView2"
35.          android:layout_alignLeft="@+id/editText_name"
36.          android:textSize="25sp"
37.          android:inputType="textPassword"
38.          android:ems="10" >
39.      </EditText>
40.      <Button
41.          android:id="@+id/button1"
42.          android:layout_width="wrap_content"
43.          android:layout_height="wrap_content"
44.          android:layout_alignLeft="@+id/editText_pwd"
45.          android:layout_below="@+id/editText_pwd"
46.          android:layout_marginLeft="17dp"
47.          android:layout_marginTop="50dp"
48.          android:onClick="login"
49.          android:textSize="20sp"
50.          android:text="@string/login" />
51.  </RelativeLayout>
```

<代码详解>

第 1 行至第 4 行：定义当前布局文件的根布局采用相对布局（RelativeLayout）。

第 5 行至第 10 行：在相对布局中定义用于展示用户名的 TextView 控件。

第 11 行至第 19 行：在相对布局中定义用于提示用户输入用户名的 EditText 控件。

第 20 行至第 28 行：在相对布局中定义用于展示密码的 TextView 控件。

第 29 行至第 39 行：在相对布局中定义用于提示用户输入密码的 EditText 控件。

第 40 行至第 50 行：在相对布局中定义 Button 按钮控件。

第 48 行：定义 Button 按钮控件时，定义 android:onClick 属性为 login，当点击该按钮时会执行加载当前布局文件的 Activity 的 login 方法。

（4）定义目标 ResultActivity.java 文件（代码文件：YZTC05_Demo03/src/com/yztcedu/yztc05demo03/ResultActivity.java）。

跳转后的界面代码：ResultActivity.java。

<范例代码>

```
1.   public class ResultActivity extends Activity {
2.       private EditText editText_name,editText_pwd;
3.       @Override
4.       protected void onCreate(Bundle savedInstanceState) {
5.           super.onCreate(savedInstanceState);
```

```
6.          setContentView(R.layout.activity_result);
7.          editText_name=(EditText) findViewById(R.id.editText_name);
8.          editText_pwd=(EditText) findViewById(R.id.editText_pwd);
9.      }
10.    public void login(View view){
11.        String name=editText_name.getText().toString().trim();
12.        String pwd=editText_pwd.getText().toString().trim();
13.        Intent intent=new Intent();
14.        intent.putExtra("name", name);
15.        intent.putExtra("pwd", pwd);
16.        setResult(Activity.RESULT_OK, intent);
17.        finish();
18.    }
19.
20. }
```

<代码详解>

第 16 行：调用 setResult()方法，将需要回传的数据封装到 Intent 对象中，回传到源 Activity 并且指定回传的结果码。

第 17 行：回传完结果后调用 finish()方法关闭当前 Activity。

（5）定义资源 strings.xml 文件（代码文件：YZTC05_Demo03/res/values/strings.xml）。

字符串资源文件，定义应用程序中需要使用的所有的字符串资源。

<范例代码>

```
1.  <resources>
2.  <string name="app_name">QF05Demo03</string>
3.  <string name="action_settings">Settings</string>
4.  <string name="hello_world">Hello world!</string>
5.  <string name="button_name">查看</string>
6.  <string name="userName">用户名</string>
7.  <string name="password">密 码</string>
8.  <string name="login">登 录</string>
9.  </resources>
```

<代码详解>

第 1 行：指定当前资源文件的根标签是 resources。

第 2 行至第 8 行：以 string 标签定义应用程序中需要使用的字符串资源。

5.3 Activity 的生命周期

Activity 在进行用户界面显示及处理用户交互事件时，会有各种不同的状态，为了对

Activity 不同状态进行管理，需要研究 Activity 从"出生"到"死亡"的完整生命周期。Android 系统框架针对不同的状态提供不同的生命周期回调方法，针对这些生命周期回调方法可以在 Activity 的不同状态下完成不同的操作。

5.3.1　Activity 的基本状态

根据 Activity 运行过程中的不同状态，可以将 Activity 划分为四种基本状态。

1．运行状态（Resumed）

Activity 处于屏幕的最前端，能够被用户看到并且可以获取用户焦点（用户可以与 Activity 界面中控件交互）时处于运行状态。例如，启动 activity 并且与用户交互操作时处于运行状态。

2．暂停状态（Paused）

Activity 处于后台但是仍然被用户可见，当前 Activity 失去焦点，因此不能与用户进行交互，不过 Activity 的状态会被保留。例如，Activity 正在与用户进行交互时，启动了其他的 activity，那么当前的 Activity 失去用户焦点，处于暂停状态。

3．停止状态（Stopped）

当前 Activity 被新的 Activity 完全覆盖，此时 Activity 不仅失去用户焦点，也不能被用户可见。例如，Activity 与用户正在进行交互，这时拨打进一个电话，当前 Activity 被拨打电话的 activity 完全遮挡，这时当前 Activity 处于停止状态。

4．销毁状态（Destoryed）

Activity 被系统终止，资源被回收。例如，当点击"回退"按钮时，Activity 退出销毁并且进入销毁状态。

5.3.2　Activity 生命周期中的各个方法

当 Activity 在不同的状态进行切换时，Android 程序框架会调用多个不同的生命周期回调方法。当 Activity 的状态发生改变时，可以在不同的回调生命周期的方法中编写适当的操作代码。每个 Activity 中都包含如下生命周期方法。

```
1.   public class DemoActivity extends Activity {
2.       @Override
3.       public void onCreate(Bundle savedInstanceState) {
4.           super.onCreate(savedInstanceState);
5.           // 当 Activity 被创建的时候回调的方法
6.       }
```

```
7.      @Override
8.      protected void onStart() {
9.          super.onStart();
10.         // 当 Activity 能够被用户看到的时候回调的方法
11.     }
12.     @Override
13.     protected void onResume() {
14.         super.onResume();
15.         //当 Activity 能够获取用户焦点(能够与用户交互)时回调的方法
16.     }
17.     @Override
18.     protected void onPause() {
19.         super.onPause();
20.         //当 Activity 失去焦点(启动了其他的 Activity)时回调的方法
21.     }
22.     @Override
23.     protected void onStop() {
24.         super.onStop();
25.         // 当 Activity 完全被遮挡时回调的方法
26.     }
27. @Override
28.     protected void onReStart() {
29.         super.onReStart();
30.         // 当 Activity 重新被用户看到时回调的方法
31.     }
32.
33.     @Override
34.     protected void onDestroy() {
35.         super.onDestroy();
36.         // 当 Activity 被销毁时回调的方法
37.     }
38. }
```

<代码详解>

依次重写 Activity 中的生命周期方法，并且在方法的第一行显式调用父类中的同名生命周期方法。

注意：使用以上生命周期方法需要注意两点。第一，这些生命周期方法在执行任何操作代码之前，必须显式调用父类的同名方法，如上面的代码所示；第二，这些生命周期方法都不需要开发者手动调用，都是由 Android 系统自动调用。

Activity 的生命周期各个回调方法调用的时机不同。对生命周期中的各个方法的说明如表 5.1 所示。

表 5.1　生命周期各个方法的说明

方　法	描　述	执行后是否可以杀死	下一个执行的方法
onCreate()	当Activity第一次被创建的时候回调。在这个方法中应该指定静态设置，例如：创建控件、构建集合数据等。这个方法的参数是一个Bundle类型的对象包含这个Activity的状态	不会	onStart()
onRestart()	当Activity调用方法停止后又被再次启动。（停止后启动再次能被用户看到）	不会	onStart()
onStart()	在onCreate()被调用之后调用，或者执行完onRestart()后Activity重新被用户可见时调用	不会	onResume() or onStop()
onResume()	Activity启动后开始和用户交互时回调。当onStart()被调用后，onResume()也会自动被调用	不会	onPause()
onPause()	当系统启动另外一个Activity时调用。具体来说，就是当Activity被一个透明或类似于对话框的Activity覆盖时调用，如突然接到了来电。调用完成后该Activity仍然被窗口管理器所维护，所以它仍然可见，只是失去了焦点，所以不能再与用户交互	会	onResume() or onStop()
onStop()	当Activity不再被用户可见的时候调用，也就是说，当一个新的Activity覆盖这个Activity时调用	会	onRestart() or onDestroy()
onDestroy()	Activity被用户终止时回调的方法，主要完成资源的清理工作	会	没有

上表中执行后是否可以杀死，指的是执行完指定的当前 Activity 生命周期的方法时，系统是否杀死当前应用程序的进程，不再执行 Activity 中其他行的代码。有三个方法标记为"yes"（onPause()、onStop()和 onDestroy()）。

讲述完 Activity 生命周期中的各个方法之后，我们可以得到 Activity 的生命周期，如图 5.4 所示。

Activity 的生命周期可以大致分为三个阶段，主干线表示 Activity 完整生命周期；外层循环表示可见生命周期；内层循环表示前景生命周期。

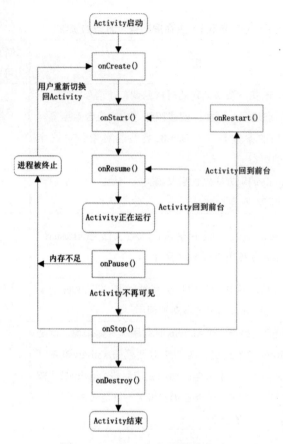

图 5.4　Activity 生命周期示意图

❑ 完整生命周期（整体生命周期）阶段：Activity 完整的生命周期发生在调用 onCreate()和调用 onDestroy()之间。Activity 应该在 onCreate()方法中执行全局的操作，并且在 onDestroy()方法中释放所有的资源。例如：如果 Activity 中存在一个线程运行在后台下载网络数据，它可能在 onCreate()中创建线程然后在 onDestroy()中停止线程。

❑ 可见生命周期（可视生命周期）阶段：Activity 的可见生命周期发生在调用 onStart()和调用 onStop()之间。在这之间，用户可以看到当前的 Activity 并且能够与它交互。例如：当一个新的 Activity 被启动并且完全遮盖了当前的 Activity 时会调用 onStop()。在这两个方法之间，你可以维持需要用来显示 Activity 提供给用户的资源。系统可以在 Activity 整个生命周期中调用 onStart()和 onStop() 多次，作用是可见和隐藏 Activity 之间的切换。

❑ 前景生命周期（焦点生命周期）阶段：Activity 的前景生命周期发生在调用 onResume()和 onPause()之间。在这期间，该 Activity 在屏幕上的所有 Activity 前面并且接收用户输入焦点。一个 Activity 可以在前后台频繁转换，例如：当设备进入睡眠状态或弹出一个对话框 onPause()方法被调用。

5.3.3　编程测试 Activity 的生命周期

为了更好地理解 Activity 的生命周期，可以编写测试程序，通过 Android 提供的 LogCat 工具输出调试信息，观察生命周期中各个方法在不同的状态下调用的情况。

下面通过一个综合实例来讲解 Activity 的生命周期方法调用过程。

【范例 5-9】Activity 的生命周期方法（链接资源中第 5 章范例 5-9）

本范例用于测试 Activity 生命周期方法在不同状态下的调用时机。这里需要先编写程序，然后在 Android 模拟器上运行该程序。需要在 LogCat 中仔细查看启动应用程序、失去焦点、重新获得焦点、退出应用程序的完整过程。

1．编写程序

（1）定义 activity_main.xml 布局文件（链接资源：YZTC05_Demo04/res/layout/activity_main.xml）。

在 Android 应用程序加载时需要调用首界面 MainActivity.java，该首界面文件首先需要加载布局文件 activity_main.xml。

<范例代码>

```
1.   <RelativeLayout
xmlns:android="http://schemas.android.com/apk/res/android"
2.       xmlns:tools="http://schemas.android.com/tools"
3.       android:layout_width="match_parent"
4.       android:layout_height="match_parent">
5.       <TextView
6.           android:layout_width="wrap_content"
7.           android:layout_height="wrap_content"
8.           android:text="@string/hello_world" />
9.   </RelativeLayout>
```

<代码详解>

第 1 行至第 4 行：定义当前布局文件的根布局采用相对布局（RelativeLayout）。

第 5 行至第 8 行：在相对布局中定义 TextView 控件。

（2）定义首界面 MainActivity.java 文件（代码文件：YZTC05_Demo04/src/com/yztcedu/yztc05demo04/MainActivity.java）。

Android 应用程序加载时需要调用首界面 MainActivity.java。

```
1.   public class MainActivity extends Activity {
2.       private static final String TAG="Lifecycle";
3.       @Override
4.       protected void onCreate(Bundle savedInstanceState) {
5.           super.onCreate(savedInstanceState);
```

```
6.          setContentView(R.layout.activity_main);
7.          Log.i(TAG, "onCreate called");
8.      }
9.      @Override
10.     protected void onStart() {
11.         super.onStart();
12.         Log.i(TAG, "onStart called");
13.     }
14.
15.     @Override
16.     protected void onResume() {
17.         super.onResume();
18.         Log.i(TAG, "onResume called");
19.     }
20.
21.     @Override
22.     protected void onPause() {
23.         super.onPause();
24.         Log.i(TAG, "onPause called");
25.     }
26.
27.     @Override
28.     protected void onStop() {
29.         super.onStop();
30.         Log.i(TAG, "onStop called");
31.     }
32.
33.     @Override
34.     protected void onRestart() {
35.         super.onRestart();
36.         Log.i(TAG, "onRestart called");
37.     }
38.
39.     @Override
40.     protected void onDestroy() {
41.         super.onDestroy();
42.         Log.i(TAG, "onDestroy called");
43.     }
44. }
```

<代码详解>

每个生命周期方法都显式调用父类同名的生命周期方法，采用 Log 打印日志方法名称。

当前的 Activity 中重写生命周期方法，每个生命周期方法中通过 Log 指定当前日志的标记及打印日志的内容。打印日志内容为当前方法的名称。

2．在 Android 模拟器上测试

（1）测试开始前，首先确保 Android Studio 的 LogCat 视图已被打开，然后添加一个新的过滤器，可以设置为通过"by Log Tag(regex)"过滤，并将其名称设为本范例代码于 Activity 类中定义的字符串"Lifecycle"，这样可以过滤其他不需要的信息，只留下代码中的 Log.i() 的输出信息。如图 5.5 所示，"Name"是过滤器名称，由开发者自定义；"by Log Tag(regex)" 必须与代码对应，这里就是"LifeCycle"。

图 5.5　LogCat 的过滤器设置方法

（2）运行应用程序，当应用启动完成后，在 LogCat 中可以看到系统依次执行打印了 onCreate()、onStart()、onResume()，如图 5.6 所示。

图 5.6　初次启动 Activity 时执行的方法

（3）当 Activity 启动后，点击"Home"按钮，这时应用失去焦点并且不可见，但不会终止，执行过程如图 5.7 所示。

图 5.7　点击"Home"按钮后的执行过程

（4）在桌面找到这个应用打开，这时会依次执行打印 onRestart()->onStart()->onResume()。没有调用 onCreate()，说明当前的 Activity 只是被停止，而没有被销毁，所以再次打开会调用 onRestart()方法，如图 5.8 所示。

图 5.8 应用程序停止到重新运行的执行过程

（5）当 Activity 启动后，点击"返回"按钮，这时会依次执行打印 onPause()->onStop()->onDestroy()。Activity 会被销毁回到系统桌面，如图 5.9 所示。

图 5.9 点击"返回"按钮后的执行过程

（6）找到这个应用的图标并点击，重新启动这个应用，将看到如图 5.10 所示的输出信息。可以看到这与初次启动这个 Activity 时的执行过程是相同的。

图 5.10 点击"返回"按钮后启动 Activity 的执行过程

总结：按下"Home"键和点击"返回"按钮重新打开应用的执行过程，首先 onPause()

被执行，这时该 Activity 被暂停，进入暂停态，失去焦点，但用户可见，然后系统会根据新的 Activity 是否会占满整个屏幕而决定是否"停止"该 Activity，上述测试中的两种情况下的新 Activity 都是占满屏幕的，所以原来的 Activity 都需要被"停止"。然后系统就调用 onStop()来停止该 Activity，被停止后的 Activity 进入停止状态，失去焦点且不可见，但并没有被终止，资源也没有被释放，而只是把前台界面的显示与焦点交给了新的 Activity。当用户在新的界面中处理完任务后，点击"返回"按钮，这时又回到这个 Activity，由于该 Activity 没有被终止，所以不会调用 onCreate()，而是调用 onRestart()、onStart()和 onResume()来重新运行这个 Activity。

如果新的 Activity 是透明的或者不占满屏幕的，那原来的 Activity 将只会被"暂停"而不会被"停止"，点击"返回"按钮后则只会执行 onResume()来重新运行原来的 Activity，这一过程的执行顺序是：onPause() -> onResume()。

5.4　任务（Task）和回退栈（Back Stacks）管理

一个应用程序通常包含多个 Activity。每个 Activity 都被设置了描述当前 Activity 的具体操作内容，用户可以执行并且启动其他的 Activity。例如，一个邮件应用程序可能有一个 Activity 展示新邮件的列表，当用户点击选择一个邮件时，打开一个新的 Activity 展示邮件的具体内容。

一个 Activity 甚至能够启动当前设备中其他应用程序中的 Activity。如果一个应用 A 想发送一封邮件，它可以定义一个 Intent 去完成发送动作，并在其中包含邮件地址和内容，当这个发送动作被执行后，会开启一个邮件应用程序的 Activity 去发送邮件，如果设备上安装多个邮件应用程序，这时会让用户来选择使用哪一个应用程序发送。自然地，这些邮件应用程序与应用 A 都是不同的，但当邮件发送完后，系统又会回到应用 A 中原来的那个 Activity，用户会感觉似乎发送邮件的那个 Activity 就是应用 A 本身的，但其实并不是。尽管 Activity 可能来自不同的应用程序，Android 系统就是将这两个不同应用程序的 Activity 放入同一个任务中来保持这种无缝的用户体验。

任务（Task）是一个由当执行某一个共同任务时与用户产生交互的多个 Activity 组成的集合。为了实现同一个任务，需要存储执行它所需要的所有 Activity，这些 Activity 可能来自不同的应用程序。Android 系统对每一个任务，都会使用一个 Activity 栈来存放完成这个任务所需要的 Activity。这些 Activity 按照被打开的顺序存放到一个栈中，这个栈被称为回退栈（Back Stack），也称为 Activity 栈，它其实就是一种后进先出的栈结构。作为一个栈结构，Activity 栈自然是只有一个出入口，且先进入的 Activity 优先出栈，与一般的栈结构相同，它也具有压栈（Push）和出栈（Pop）两种操作。对于一个栈来说，由于其出栈操作都是移出栈顶元素，这是无法选择的，所以 Activity 栈中 Activity 的出栈顺序就取决于 Activity 的进栈顺序。

设备的 Home 界面是大多数任务的起点，当用户触摸应用程序的图标启动应用，该应用程序的任务来到前台。如果应用程序不存在任务，一个新的任务被创建且当前应用程序"主"Activity 打开，并且作为任务中的根 Activity。

当一个 Activity 启动另一个 Activity 时，新的 Activity 就会被压入栈中并成为栈顶元素，这时它就获得了用户焦点。之前的 Activity 仍然保留在栈中，系统会停止当前 Activity 并且保留它被停止时的状态。当用户点击"返回"按钮时，当前的 Activity 从栈顶被弹出并且之前的 Activity 恢复到已保存界面状态继续运行。注意，由于新的 Activity 已经出栈，所以系统并不保存它的状态信息，而是直接终止。Activity 栈中的 Activity 的顺序不会重新排列，对 Activity 栈只能做压栈和弹栈的操作，当一个 Activity 被当前的 Activity 启动时，被压入栈中，当用户点击"返回"按钮时，新启动的 Activity 出栈。一旦出栈，这个 Activity 就被终止了，其资源也被回收。具体过程如图 5.11 所示。

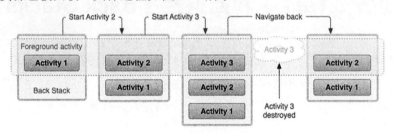

图 5.11　Activity 在回退栈中的管理

任务和回退栈的行为如下。

❑　Activity 被启动且显示给用户，它被压入栈中成为栈顶元素，此时它处于运行状态。

❑　当用户点击"返回"按钮时，栈顶的 Activity 出栈，被终止，它处于终止状态。

❑　栈中非栈顶的 Activity，处于停止状态、暂停状态或终止状态。

为了更好地理解 Activity 的管理方式，编写测试程序，程序运行打开应用程序的主界面，点击主界面的按钮启动第二个 Activity，在第二个 Activity 中点击按钮，启动系统发送短信的界面，观察在回退栈中对 Activity 是如何进行管理的。

下面通过一个综合实例来感受回退栈对 Activity 进行管理的过程。

【范例 5-10】回退栈中对 Activity 进行管理（链接资源中第 5 章范例 5-10）

本范例用于实现测试 Activity 管理方式的功能。

（1）定义 activity_main.xml 布局文件（链接资源：YZTC05_demo05/res/ layout/activity_main.xml）。

在 Android 应用程序加载时需要调用首界面 MainActivity.java，该首界面文件首先需要加载布局文件 activity_main.xml。

<范例代码>

```
1.  <RelativeLayout xmlns:android="http://schemas.android.com/apk/res/android"
2.      xmlns:tools="http://schemas.android.com/tools"
3.      android:layout_width="match_parent"
4.      android:layout_height="match_parent"
5.      >
6.      <TextView
7.          android:id="@+id/textView1"
8.          android:layout_width="wrap_content"
9.          android:layout_height="wrap_content"
10.         android:text="@string/hello_world" />
11.     <Button
12.         android:id="@+id/button1"
13.         android:layout_width="wrap_content"
14.         android:layout_height="wrap_content"
15.         android:layout_alignParentTop="true"
16.         android:layout_toRightOf="@+id/textView1"
17.         android:onClick="click"
18.         android:text="@string/button_name" />
19. </RelativeLayout>
```

<代码详解>

第 1 行至第 5 行：定义当前布局文件的根布局采用相对布局（RelativeLayout）。

第 6 行至第 10 行：在相对布局中定义 TextView 控件。

第 11 行至第 18 行：在相对布局中定义 Button 按钮控件。

（2）定义首界面 MainActivity.java 文件（代码文件：YZTC05_Demo05/src/com/yztcedu/yztc05demo05/MainActivity.java）。

Android 应用程序加载时需要调用首界面 MainActivity.java。

<范例代码>

```
1.  public class MainActivity extends Activity {
2.      @Override
3.      protected void onCreate(Bundle savedInstanceState) {
4.          super.onCreate(savedInstanceState);
5.          setContentView(R.layout.activity_main);
6.      }
7.      public void click(View view){
8.          startActivity(new Intent(MainActivity.this, SecondActivity.class));
9.      }
10. }
```

<代码详解>

第 7 行至第 9 行：点击按钮响应 click 方法，在当前方法中启动 SecondActivity。

（3）定义 activity_second.xml 布局文件（代码文件：YZTC05_Demo05/res/layout /activity_second.xml）。

跳转后的界面 SecondActivity.java，该界面文件需要加载布局文件 activity_ second.xml。

<范例代码>

```
1.   <LinearLayout xmlns:android="http://schemas.android.com/apk/res/android"
2.       android:layout_width="match_parent"
3.       android:layout_height="match_parent"
4.       android:orientation="vertical" >
5.       <TextView
6.           android:id="@+id/textView1"
7.           android:layout_width="wrap_content"
8.           android:layout_height="wrap_content"
9.           android:text="@string/txt_title" />
10.      <Button
11.          android:id="@+id/button1"
12.          android:layout_width="wrap_content"
13.          android:layout_height="wrap_content"
14.          android:onClick="send"
15.          android:text="@string/send_name" />
16.  </LinearLayout>
```

<代码详解>

第 1 行至第 4 行：定义当前布局文件的根布局采用线性布局（LinearLayout）。

第 5 行至第 9 行：在相对布局中定义 TextView 控件。

第 10 行至第 15 行：在相对布局中定义 Button 按钮控件。

（4）定义目标 SecondActivity.java 文件（代码文件：YZTC05_Demo05/src/ com/yztcedu/ yztc05demo05/ SecondActivity.java）。

跳转后的界面 SecondActivity.java。

```
1.   public class SecondActivity extends Activity {
2.       @Override
3.       protected void onCreate(Bundle savedInstanceState) {
4.           super.onCreate(savedInstanceState);
5.           setContentView(R.layout.activity_second);
6.       }
7.       public void send(View view){
8.           Intent intent=new Intent(Intent.ACTION_SENDTO,
Uri.parse("sms://10086"));
```

```
9.              startActivity(intent);
10.        }
11.  }
```

<代码详解>

第 8 行：创建 Intent 对象指定需要启动的 Activity 具有发送功能，并且发送给 10086，然后启动目标 Activity。

（5）定义资源 strings.xml 文件（代码文件：YZTC05_Demo05/res/values/strings.xml）。

字符串资源文件，定义应用程序中需要使用的所有字符串资源。

```
1.  <resources>
2.     <string name="app_name">05_05_Task</string>
3.     <string name="action_settings">Settings</string>
4.     <string name="hello_world">这是第一个 Activity</string>
5.     <string name="button_name">跳转</string>
6.     <string name="txt_title">这是第二个 activity</string>
7.     <string name="send_name">启动发送短信</string>
8.  </resources>
```

<代码详解>

第 1 行：指定当前资源文件的根标签是 resources。

第 2 行至第 7 行：以 string 标签定义应用程序中需要使用的字符串资源。

5.5　本章总结

本章重点介绍了 Intent 的基本使用方法，使用 Intent 可以实现 Activity 之间的界面跳转，并且跳转的同时可以携带少量需要传输的数据。接着介绍了 Activity 从"出生"到"死亡"的完整一生，在不同的生命状态下可以回调不同的生命周期方法做出具体的操作。最后介绍了使用 Tasks 和 Back Stacks 对 Activity 进行管理，以提高用户的无缝体验。

第 **6** 章

Android 适配器控件

在 Android UI 的设计与开发中，除了需要用到 setText()、setBackgroundResource()等方法设置基础界面控件（如 TextView、ImageView 等）之外，还需要一系列特殊的控件。不同于普通的 View 控件，这些特殊控件的内容通常是一个包含多项相同格式的资源列表（注意：是"列表"而不是单项的"文本"等控件）。其过程是，先将需要展示的多项内容存储到一个列表中，然后将列表中的数据加载到控件中。这一列表就称为适配器（Adapter），这类控件则是适配器控件（AdapterView）的子孙类对象，可以称为适配器控件。适配器控件其实就是 Android 的高级 UI 控件。

本章主要介绍适配器（Adapter）及常用适配器控件（AdapterView），包括下拉列表（Spinner）、自动提示文本框（AutoCompleteTextView）、列表视图（ListView）、网格视图（GridView）等。

【本章要点】

❏ 适配器（Adapter）类型。
❏ 高级 UI 控件——下拉列表（Spinner）。
❏ 高级 UI 控件——自动提示文本框（AutoCompleteTextView）。
❏ 高级 UI 控件——列表视图（ListView）。
❏ 高级 UI 控件——网格视图（GridView）。

6.1 初识适配器

适配器在适配器控件和数据源之间起桥梁的作用，它提供了访问数据源的方法，并把数据源中的数据加载到适配器控件中。其实适配器在实现过程中就是一个集合或者数组，用户可以把它看作集合或者数组来操作。这就像在日常生活中使用有线电视（相当于"适配器控件"）一样，有线电视并不能直接接收卫星信号（相当于"数据源"），而是通过数字电视盒（相当于"适配器"）将卫星信号转换成有线电视能够识别的信号后交给有线电视进行显示。

　　Android 系统提供的适配器均可以为适配器控件填充数据，但是填充方式不同，所以使用的场景也不同。用户需要先了解每种适配器的适用场景，然后才能在具体的应用中选择合适的适配器。Android 系统提供的适配器有 4 种类型：ArrayAdapter、SimpleAdapter、SimpleCursorAdapter、自定义 Adapter 等。如果前 3 种适配器都不能满足应用的需求，就需要自行定义适配器，即自定义 Adapter。这几种常用的适配器的特点如下。

- ❑ ArrayAdapter：主要适合当前适配器控件的列表中只含有文字信息的场景，这是填充文本列表比较简单的一种方式。
- ❑ SimpleAdapter：主要适合列表项比较复杂，且每个列表项均含有不同子控件的场景，例如在列表项中含有图片、文本等内容。
- ❑ SimpleCursorAdapter：主要适合将一个 Cursor（游标）中的数据映射到列表中的场景。此时，Cursor 中的每一条数据记录都将映射到适配器控件的每一项中。Cursor 中的数据通常都是从数据库中查询得到。
- ❑ 自定义 Adapter：主要适合完全自定义适配器的场景，即当系统提供的适配器类型不能符合应用需求时可以采用自定义的 Adapter。此时可以通过继承 BaseAdapter 进行自定义。

6.1.1　用于处理文本信息的适配器——ArrayAdapter

　　ArrayAdapter 通常被用来处理列表项内容全部是文本信息的情况。ArrayAdapter 可以接收数组作为数据源，还可以使用 List<String>作为数据源。

　　ArrayAdapter 是继承自 BaseAdapter 的一个具体的类，它使用数组或者集合填充适配器控件。使用数组填充时，这个数组中可以是各种对象，这些对象调用 toString()方法可以转换成文本信息。ArrayAdapter 通常在只含有文本的适配器控件中使用，采用 ArrayAdapter 也可以完成列表项比较复杂的数据填充，但是一般都使用 SimpleAdapter 或者自定义 Adapter 完成复杂的数据填充工作。

6.1.2　处理复杂列表项的适配器—— SimpleAdapter

　　当适配器控件中的每项内容比较复杂时，若含有图片资源、文本信息，使用 ArrayAdapter 适配就会比较麻烦，这时使用 SimpleAdapter 就会让适配工作变得简单。

与 ArrayAdapter 中使用 List<String>形式的数据源不同, SimpleAdapter 使用 List<Map>形式的数据源, 其 List 的每一项都是一个 Map 集合, Map 中又可以包含各种不同的控件资源, 这些控件资源可以由图片、文本信息、按钮等组成, 所以 SimpleAdapter 适合适配每一个列表项中包含不同控件的适配器控件。

其工作原理是: 将适配器控件中的数据存储于 List 集合, List 中的每一个 Map 对应一个列表项, 而 Map 中的每一个元素对应列表项中的一个控件资源, 这样一一对应就可以把 SimpleAdapter 中的数据填充到适配器控件中。

其具体的工作过程是: 在 SimpleAdapter 中使用 List<Map>时, 数据源 List 中每一个 Map 都对应适配器控件中的某一项内容, 适配器控件的每一项内容都具有相同的格式, 这个格式需要在 res/layout/中使用 xml 布局文件进行定义。这个布局文件与 Activity 采用 xml 布局文件描述整个 Activity 的布局不同, 它只表示控件每一项的布局。当前的布局文件中的各个控件需要与 Map 中的各个数据源相对应。SimpleAdapter 填充适配器控件的过程就是反复使用 Map 中的数据填充 xml 布局文件中的各个布局的过程, List 中有多少项, 就反复执行填充过程多少次, 对应在适配器中展示相应的数据内容。

6.1.3 用于处理数据库的适配器——SimpleCursorAdapter

在 Android 系统中, 从数据库查询到的数据都存放到 Cursor 对象中, 如果想把数据展示到适配器控件中, 需要使用 Android 系统提供的 SimpleCursorAdapter 适配数据, 也可以直接使用其他的适配器对象进行处理, 但是工作量会比较大, 而直接使用 SimpleCursorAdapter 对象则比较方便。

SimpleCursorAdapter 的用法与 SimpleAdapter 类似, 只是数据源不同。SimpleAdapter 的数据源是 List<Map>, 将适配器控件需要填充的数据与 Map 中的 key 进行匹配; SimpleCursorAdapter 的数据源则是 Cursor, 将适配器控件需要填充的数据与 Cursor 中的字段名称相匹配。它们的相同之处在于, 不管是 Map 中的 key, 还是 Cursor 中的字段, 只要能够匹配, 就可以将对应的内容填充到匹配的 view 控件中。

因为 SimpleCursorAdapter 主要用在数据库的处理中, 所以本章将不做进一步的介绍, 在后续的章节会有详细的介绍。

6.1.4 最灵活的适配器——自定义 Adapter

如果当前的需求使用上述三种适配器均不能满足, 那么可以选择继承 BaseAdapter 类。BaseAdapter 类是 Android 系统中适配器的基类, 为抽象类。所以, 使用时需要继承 BaseAdapter 而自行设计一个适配器类。一般继承 BaseAdapter 后, 需要至少重写四个方法——getCount()、 getItem()、getItemId()和 getView()。其中，getCount()和 getView()几乎每次必须编写与实际情况相关的代码，getItem()和 getItemId()有时不需要使用，返回默认值即可。

6.2　高级 UI 控件——适配器控件

在 Android 系统中，只有适配器是无法展示数据的，要展示数据，就必须先通过适配器控件获取数据。

用一个 MVC 模型来描述适配器控件的工作过程，如图 6.1 所示。其工作特点如下：

❑　采用 MVC 模式将前端控件显示与后端数据源分离。

❑　为适配器控件提供的数据源的集合或者数组相当于 MVC 模式中的 M（Model 数据模型）。

❑　展示数据的适配器控件相当于 MVC 模式中的 V（View 视图）。

❑　适配器相当于 MVC 模式中的 C（Control 控制器）。

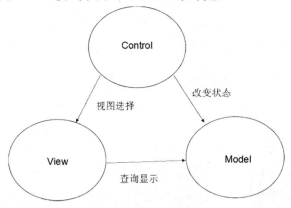

图 6.1　适配器控件 MVC 模式控制

常用的适配器控件有 4 种，分别是下拉列表（Spinner）、自动提示文本框（AutoCompleteTextView）、列表视图（ListView）、网格视图（GridView）。掌握这 4 种常用适配器控件的用法，就能实现基本的 UI 界面的搭建。

作为 Android 系统的高级 UI 控件，适配器控件的应用方法要比普通 View 的用法稍复杂些，下面就通过实例详细介绍常用适配器控件的具体应用。

6.2.1　下拉列表（Spinner）

1. 定义

下拉列表（Spinner）是一种表现为下拉的列表，主要作用是让用户进行选择，如果选择的列表比较长，会自动在选择的下拉列表中添加滚动条。Spinner 提供用户从列表中选择一项内容显示，显示的信息通常只是单一的文本信息，所以通常使用 ArrayAdapter 填充 Spinner。

2．数据的加载

Spinner 加载数据的方式有以下两种。

（1）在 xml 文件中事先定义好需要展示的数据资源，然后使用 ArrayAdapter. createFromResource()方法将数据资源加载到适配器中。

（2）在 Java 代码中通过 List<T>数据源构造 ArrayAdapter 对象，然后将数据加载到 Spinner 中。

3．处理用户选择的方式

在处理用户选择时，使用 setOnItemSelectedListener()方法，并传入一个实现了 Spinner.OnItemSelectedListener 接口的匿名内部类对象，同时实现接口的 onItemSelected (AdapterView<?> parent，View view，int position，long id)方法，在这个方法中编写处理用户选择事件的具体代码，通常是通过传入的 position 参数完成匹配。

下面通过一个综合实例来深入了解 Spinner 控件的使用方法。

【范例 6-1】Spinner 控件的使用（代码文件详见链接资源中第 6 章范例 6-1）

本范例用于实现 Spinner 展示数据的功能，其效果如图 6.2 所示。启动应用程序，如图（左）所示，这是两个 Spinner 展示的相应数据；点击第一个 Spinner 即可看到图（中）中的列表详细信息；点击第二个 Spinner 即可看到图（右）中的列表详细信息。

图 6.2　Demo01 运行效果图

<编码思路>

（1）定义首界面需要加载的布局文件。

（2）定义 Spinner 控件加载的数组资源。

（3）定义首界面的如下功能：根据数据源填充 Spinner 控件，并且设置 Spinner 的点击事件。

（4）在 strings.xml 文件中定义应用程序需要使用的字符串资源。

根据本范例的编码思路，要实现该范例效果，需要通过以下 4 步实现。

（1）定义 activity_main.xml 布局文件（链接资源/第 6 章/范例 6-1（Spinner 控件的使用）/YZTC06_Demo01/res/layout/activity_spinner.xml）。

在 Android 应用程序加载时需要调用首界面 MainActivity.java，该首界面文件首先需要加载布局文件 activity_spinner.xml。

<范例代码>

```
1.  <?xml version="1.0" encoding="utf-8"?>
2.  <LinearLayout xmlns:android="http://schemas.android.com/apk/res/android"
3.      android:layout_width="match_parent"
4.      android:layout_height="match_parent"
5.      android:orientation="vertical" >
6.      <TextView
7.          android:id="@+id/textTime"
8.          android:layout_width="wrap_content"
9.          android:layout_height="wrap_content"
10.         android:layout_marginTop="5dp"
11.         android:text="@string/textTime"
12.         android:textSize="25sp" />
13.     <Spinner
14.      android:id="@+id/spinnerTime"
15.         android:layout_width="wrap_content"
16.         android:layout_height="wrap_content"
17.     android:layout_marginTop="5dp" />
18.     <TextView
19.         android:id="@+id/textLevel"
20.         android:layout_width="wrap_content"
21.         android:layout_height="wrap_content"
22.         android:layout_marginTop="20dp"
23.         android:text="@string/textLevel"
24.         android:textSize="25sp" />
25.     <Spinner
26.         android:id="@+id/spinnerlevel"
27.         android:layout_width="wrap_content"
28.         android:layout_height="wrap_content"
29.         android:layout_marginTop="5dp" />
30. </LinearLayout>
```

<代码详解>

第 1 行至第 5 行：定义当前布局文件的根布局采用线性布局（LinearLayout）。

第 6 行至第 12 行：在相对布局中定义用于显示提示信息的 TextView 控件。

第 13 行至第 17 行：在相对布局中定义用于显示时间列表数据的 Spinner 控件。

第 18 行至第 24 行：在相对布局中定义用于显示提示信息的 TextView 控件。

第 25 行至第 29 行：在相对布局中定义用于显示难易级别列表数据的 Spinner 控件。

（2）定义数据资源 spinner_time_item.xml 文件（代码文件：范例代码/第 6 章/范例 6-1(Spinner 控件的使用)/YZTC06_Demo01/res/values/spinner_time_item.xml）。

Android 应用程序加载首界面时填充 Spinner 控件数组数据源。

<范例代码>

```
1.    <?xml version="1.0" encoding="utf-8"?>
2.    <resources>
3.        <string-array name="spinnertime_item_array">
4.            <item>10 分钟</item>
5.            <item>20 分钟</item>
6.            <item>30 分钟</item>
7.            <item>40 分钟</item>
8.            <item>50 分钟</item>
9.            <item>60 分钟</item>
10.   </string-array>
11.   </resources>
```

<代码详解>

第 3 行：通过 string-array 标签定义 Spinner 控件中加载的数组资源。

第 4 行：通过 item 标签定义数组中的具体数据，数组中存在几条数据就定义几个 item。

（3）定义首界面 MainActivity.java 文件（代码文件：范例代码/第 6 章/范例 6-1(Spinner 控件的使用)/ YZTC06_Demo01/src/com/yztcedu /yztc06demo01/MainActivity.java）。

Android 应用程序加载时需要调用首界面 MainActivity.java。

<范例代码>

```
1.    public class MainActivity extends Activity {
2.
3.        private Spinner spinnerTime;
4.        private Spinner spinnerLevel;
5.        private ArrayAdapter<CharSequence> timeAdapter;
6.        private ArrayAdapter<String> levelAdapter;
7.        @Override
8.        protected void onCreate(Bundle savedInstanceState) {
```

```
9.              super.onCreate(savedInstanceState);
10.             setContentView(R.layout.activity_spinner);
11.

12.             spinnerTime = (Spinner) findViewById(R.id.spinnerTime);
13.             spinnerLevel = (Spinner) findViewById(R.id.spinnerlevel);
14.         //1.通过 XML 资源填充 Spinner
15.             timeAdapter = ArrayAdapter.createFromResource(this,
16.                     R.array.spinnertime_item_array,
17.                     android.R.layout.simple_spinner_item);
18.         timeAdapter
19.
.setDropDownViewResource(android.R.layout.simple_spinner_dropdown_item);
20.             spinnerTime.setAdapter(timeAdapter);
21.         //设置 spinnerTime 中的 item 的选择事件监听
22.             spinnerTime.setOnItemSelectedListener(new
Spinner.OnItemSelectedListener() {
23.                 @Override
24.                 public void onItemSelected(AdapterView<?> parent, View view,
25.                         int position, long id) {
26.                     //方式一 根据下标从适配器中获取当前选中的数据
27. //                  String selectedStr = (String) timeAdapter.getItem(position);
28.                     //方式二 根据下标从适配器控件中获取当前选中的数据
29.                     String
selectedStr=parent.getItemAtPosition(position).toString();
30.                         int time = Integer.valueOf(selectedStr.split(" ")[0]);
31.                         Toast.makeText(MainActivity.this,"当前已选择的测试时间间隔（分
钟）: "+ time, Toast.LENGTH_LONG).show();
32.                 }
33.                 @Override
34.                 public void onNothingSelected(AdapterView<?> parent) {
35.
36.                 }});
37.

38.         //设置 spinnerLevel 中 item 的选择事件监听
39.             spinnerLevel.setOnItemSelectedListener(new OnItemSelectedListener() {
40.                 @Override
41.                 public void onItemSelected(AdapterView<?> parent, View view,
42.                         int position, long id) {
43.                     String selectStr=levelAdapter.getItem(position);
44.                     Toast.makeText(MainActivity.this,"当前已选择的难度级别是：
"+selectStr, Toast.LENGTH_LONG).show();
45.                 }
46.                 @Override
47.                 public void onNothingSelected(AdapterView<?> parent) {
48.
```

```
49.              }
50.          });
51.
52.          //2.通过集合资源填充 Spinner
53.          List<String> dataList = new ArrayList<String>();
54.          dataList.add("简易测试");
55.          dataList.add("一般测试");
56.          dataList.add("较难测试");
57.          //创建适配器对象。第一个参数表示上下文对象，第二个参数表示每个 item 的布局采用系
统布局，第三个参数表示数据源
58.          levelAdapter = new ArrayAdapter<String>(this,
59.                  android.R.layout.simple_spinner_item,
60.                  dataList);
61.          //设置下拉时的布局资源
62.          levelAdapter
63.          .setDropDownViewResource(android.R.layout. simple_spinner_
dropdown_item);
64.          spinnerLevel.setAdapter(levelAdapter);
65.      }
66. }
```

<代码详解>

第 10 行至第 13 行：指定当前 Activity 界面加载 activity_spinner 布局文件，并且获取当前控件对象。

第 15 行至第 17 行：调用 ArrayAdapter 中的静态方法 createFromResource()，将数组中定义的资源加载到适配器中。createFromResource() 的第一个参数表示上下文对象；第二个参数表示当前加载数组资源的 ID，通过 R.array 引用定义的数组资源；第三个参数表示 Spinner 控件中加载数据布局文件的资源 ID，通过 android.R.layout 引用系统提供的布局文件。

第 18 行和第 19 行：指定当前调用 Adapter 中的 setDropDownViewResource() 方法，设置 Spinner 下拉时显示的布局文件资源 ID，通过 android.R.layout 引用系统提供的布局文件。

第 20 行：调用 Spinner 控件中的 setAdapter() 方法，设置当前 Spinner 控件中加载的数据。

第 22 行至第 36 行：设置显示时间间隔 Spinner 控件的 item 被选中的事件 (setOnItemSelectedListener)监听事件。

第 24 行：重写 onItemSelected(AdapterView<?> parent, View view,int position, long id) 回调方法，回传当前触发事件的 AdapterView，当前被选中的 item 的 View 对象，被选中 item 的下标 position，被选中的 item 的 id。

第 29 行：调用 AdapterView 中的 getItemAtPosition() 方法，根据 position 下标获取当前 item 中显示的数据。

第 30 行：调用 Integer 中的静态方法 valueOf()方法，将字符串数据转换成整型数据。

第 34 行：重写 onNothingSelected(AdapterView<?> parent)方法，表示没有任何 item 被选中时回调的方法。

第 39 行至第 50 行：设置展示难易程度 Spinner 控件的 item 被选中的事件(setOnItem SelectedListener)监听事件。

第 53 行至第 56 行：创建 ArrayList 集合并且存储需要展示的数据。

第 58 行至第 60 行：创建 ArrayAdapter 对象，构造函数的第一个参数表示上下文对象；第二个参数表示 Spinner 控件中加载数据的布局文件的资源 id，通过 android.R.layout 引用系统提供的布局文件；第三个参数表示当前加载到适配器中的数据源。

第 62 行和第 63 行：指定当前调用 Adapter 中的 setDropDownViewResource()方法，设置 Spinner 下拉时显示的布局文件资源 id，通过 android.R.layout 引用系统提供的布局文件。

第 64 行：表示调用 Spinner 的 setAdapter()方法，将适配器中的数据加载到控件中。

（4）定义资源 strings.xml 文件（代码文件：范例代码/第 6 章/范例 6-1（Spinner 控件的使用）/YZTC06_Demo01/res/values/string.xml）。

字符串资源文件，定义应用程序中需要使用的所有字符串资源。

<范例代码>

```
1.   <?xml version="1.0" encoding="utf-8"?>
2.   <resources>
3.       <string name="app_name">06_01_SpinnerDemo</string>
4.       <string name="action_settings">Settings</string>
5.       <string name="hello_world">Hello world!</string>
6.
7.       <string name="textTime">请选择测试时间间隔</string>
8.       <string name="textLevel">请选择测试难易级别</string>
9.   </resources>
```

<代码详解>

第 1 行：指定当前资源文件的根标签是 resources。

第 2 行至第 8 行：以 string 标签定义应用程序中需要使用的字符串资源。

6.2.2　自动提示文本框（AutoCompleteTextView）

1．定义

在一些应用的搜索功能中，当输入查询的部分内容时就会在输入下方弹出一个列表，列表中的内容是基于用户输入的内容给出的提示信息，因此这个列表也称为提示信息列表。如果你想为用户的输入提供建议，可以使用 EditText 的子类 AutoCompleteTextView。例如一些 APP 有查询功能，即输入查询的关键字就会出现包含关键字的提示信息列表。

2．数据的加载

因为提示信息为格式相同的资源列表，所以若要实现自动完成功能需要通过适配器进行数据的适配。适配的数据源可以是数组或者是集合，通常自动提示的内容为列表的文本信息，所以可以使用 ArrayAdapter 进行适配。

3．处理用户点击的方式

在处理用户点击时，使用 setOnItemClickListener() 方法，并传入一个实现了 OnItemClickListener 接口的匿名内部类对象，同时实现接口的 onItemClick (Adapter View<?> parent，View view，int position，long id)方法，在这个方法中编写处理用户点击事件的具体代码，通常是通过传入的 position 参数完成匹配。

下面通过一个综合实例来进一步学习运用 AutoCompleteTextView 控件根据所输入的信息展现提示信息列表的功能。

【范例 6-2】 AutoCompleteTextView 展示数据（代码文件详见链接资源中第 6 章范例 6-2）

本范例用于实现根据输入信息将提示信息展示到 AutoCompleteTextView 控件中的功能，其效果如图 6.3 所示。启动程序，在文本输入框中输入信息时，系统自动根据所输入的信息弹出提示信息列表。图（左）所示为输入"an"时，系统自动弹出的提示信息列表；图（右）所示为输入"it"时，系统弹出的提示信息列表。

图 6.3 Demo02 运行效果图

<编码思路>

（1）定义首界面需要加载的布局文件。

（2）定义首界面的如下功能：分别给 AutoCompleteTextView 控件进行设置展示数据。

（3）在 strings.xml 文件中定义应用程序需要使用的字符串资源，以及填充控件需要使用的数组资源。

根据本范例的编码思路，要实现该范例效果，需要通过以下 3 步实现。

（1）定义 activity_main.xml 布局文件（链接资源/第 6 章/范例 6-2(AutoCompleteTextView 展示数据)/ YZTC06_Demo02 /res/layout/activity_main.xml）。

在 Android 应用程序加载时需要调用首界面 MainActivity.java，该首界面文件首先需要加载布局文件 activity_main.xml。

<范例代码>

```
1.  <RelativeLayout xmlns:android="http://schemas.android.com/apk/res/android"
2.      xmlns:tools="http://schemas.android.com/tools"
3.      android:layout_width="match_parent"
4.      android:layout_height="match_parent">
5.      <AutoCompleteTextView
6.          android:id="@+id/autotextview_country"
7.          android:layout_width="match_parent"
8.          android:layout_height="wrap_content"
9.          android:hint="@string/country"
10.        />
11.     <AutoCompleteTextView
12.         android:id="@+id/autotextview_other"
13.         android:layout_width="match_parent"
14.         android:layout_height="wrap_content"
15.         android:layout_below="@id/autotextview_country"
16.         android:layout_marginTop="50dp"
17.         android:hint="@string/content"
18.        />
19. </RelativeLayout>
```

<代码详解>

第 1 行至第 4 行：定义当前布局文件的根布局采用相对布局（RelativeLayout）。

第 6 行至第 10 行：在相对布局中定义展示国家信息的 AutoCompleteTextView 控件。

第 11 行至第 18 行：在相对布局中定义展示 item 的 AutoCompleteTextView 控件。

（2）定义首界面 MainActivity.java 文件（代码文件：范例代码/第 6 章/范例 6-2 (AutoCompleteTextView 展示数据)/ YZTC06_Demo02/src/com/yztcedu /yztc06demo02/ MainActivity.java）。

Android 应用程序加载时需要调用首界面 MainActivity.java。

<范例代码>

```
1.  public class MainActivity extends Activity {
```

```
2.        private AutoCompleteTextView autoTextView_country,autoTextView_other;
3.        private List<String> dataList;
4.        private ArrayAdapter<String> adapter;
5.        private String[] resources;
6.        @Override
7.        protected void onCreate(Bundle savedInstanceState) {
8.            super.onCreate(savedInstanceState);
9.            setContentView(R.layout.activity_main);
10.           setCountry();
11.           setContent();
12.
13.           /*
14.            * 每一项被点击的事件
15.            */
16.           autoTextView_country.setOnItemClickListener(new
OnItemClickListener() {
17.               /* onItemSelected()参数说明
18.                * AdapterView<?> parent 表示当前每一项选中的控件
19.                * View view  表示每一项选择的view对象
20.                * int position 表示当前选择项的下标
21.                * long id 表示当前选择项的item的id
22.                */
23.               @Override
24.               public void onItemClick(AdapterView<?> parent, View view,
25.                       int position, long id) {
26.                   String str=adapter.getItem(position);//从适配器中根据下标获取
27.                   String
str2=parent.getItemAtPosition(position).toString();//从控件对象根据下标获取
28.                   String str3=resources[position];//从数据源集合中根据下标获取
29.
    Toast.makeText(MainActivity.this,str+"----"+str2+"---"+str3,
Toast.LENGTH_SHORT).show();
30.
31.               }
32.           });
33.       }
34.       /*
35.        * 采用数组作为AutoCompleteTextView 的数据源
36.        */
37.       public void setCountry(){
38.           //1.通过资源id获取控件对象
39.           autoTextView_country=(AutoCompleteTextView)
findViewById(R.id.autotextview_country);
40.           //2.通过getResources()方法得到res下的资源对象，然后通过
getStringArray(R.array.数组的名称)方法获得 string 数组
41.           resources=getResources().getStringArray(R.array.countries_array);
```

```
42.              /*3.准备适配器
43.               * 第一个参数表示上下文对象
44.               * 第二个参数表示 R.layout.××、android.R.layout.××调用系统的布局，资源列
表中的 textview 的布局资源 id
45.               * 第三个参数表示数据源、数组
46.               */
47.              adapter=new ArrayAdapter<String>(MainActivity.this,
48.
android.R.layout.simple_list_item_1, resources);
49.              //4.将适配器中的内容展示到控件中
50.              autoTextView_country.setAdapter(adapter);
51.          }
52.          /*
53.           * 采用集合作为 AutoCompleteTextView 的数据源
54.           */
55.          public void setContent(){
56.              //1.通过资源 id 获取控件对象
57.              autoTextView_other=(AutoCompleteTextView)
findViewById(R.id.autotextview_other);
58.              //2.准备数据源
59.              dataList=new ArrayList<String>();
60.              for(int i=0;i<5;i++){
61.                  dataList.add("item"+i);
62.              }
63.              //3.准备适配器
64.              ArrayAdapter<String> adapter=new
ArrayAdapter<String>(MainActivity.this, android.R.layout.simple_list_item_1,
dataList);
65.
66.              //4.将适配器中的内容展示到控件中
67.              autoTextView_other.setAdapter(adapter);
68.          }
69. }
```

<代码详解>

第 10 行调用自定义函数 setCountry()，采用数组资源给 AutoCompleteTextView 控件赋值。

第 37 行至第 51 行定义 setCountry()方法的具体实现。

第 41 行调用 getResources()方法获取 res 文件夹下的所有资源对象，然后调用 getStringArray()方法根据指定数组的资源 id 获取数组资源。

第 47 行构建 ArrayAdapter 对象，将数据源加载到适配器中。

第 50 行调用 AutoCompleteTextView 的 setAdapter()方法，将适配器中的数据加载到控件中。

（3）定义资源 strings.xml 文件(代码文件: 范例代码/第 6 章/范例 6-2(AutoCompleteTextView

展示数据)/ YZTC06_Demo02/res/values/string.xml)。

字符串资源文件，定义应用程序中需要使用的所有字符串资源，以及提供给控件的数组资源。

<范例代码>

```
1.   <?xml version="1.0" encoding="utf-8"?>
2.   <resources>
3.       <string name="app_name">06_02_AutoCompleteTextView</string>
4.       <string name="action_settings">Settings</string>
5.       <string name="hello_world">Hello world!</string>
6.       <string name="country">请输入国家:</string>
7.       <string name="content">请输入提示内容:</string>
8.       <string-array name="countries_array">
9.          <item>Afghanistan</item>
10.         <item>Albania</item>
11.         <item>Algeria</item>
12.         <item>American Samoa</item>
13.         <item>Andorra</item>
14.         <item>Angola</item>
15.         <item>Anguilla</item>
16.         <item>Antarctica</item>
17.     </string-array>
18.
19. </resources>
```

<代码详解>

第 2 行指定当前资源文件的根标签是 resources。

第 2 行至第 7 行以 string 标签定义应用程序中需要使用的字符串资源。

第 8 行至第 17 行以 string-array 标签定义需要加载的数组资源。

6.2.3 列表视图（ListView）

1．定义

ListView 是用来展示可以滚动列表项的视图组。使用适配器将数据源自动插入到列表选项中，展示的内容从源数组或者数据库中查询，并转换成每一项结果存放到列表视图中。

2．数据的加载

ListView 的使用方法与其他 UI 控件基本相同，在 xml 布局文件中通过<ListView>标签放入布局文件中，可以根据 ListView 控件中每项显示的数据内容选择合适的适配器进行适配数据。如果需要 ListView 填满整个 Activity，可以使用以下两种方法实现。

（1）如果 Activity 直接继承 ListActivity，那么这个 Activity 默认就是一个 ListView。

（2）在 xml 布局文件中 ListView 的位置可以通过设置 match_parent 占满整个 Activity。

（3）ListView 也可以存放到布局控件中，占据整个布局界面的某一部分。

在<ListView>标签中，可以使用它的 xml 属性，其主要属性如表 6.1 所示。

表 6.1　ListView的xml属性列表

属性名称	相关方法	说　　明
android:divider	setDivider	画在列表项之间的Drawable对象或颜色
android:dividerHeight	setDividerHeight	上面一项中divider的高度，也就是列表项的间距
android:entries	无	将要填充ListView的一个数组资源的引用
android:footerDividersEnabled	setFooterDividersEnabled	当设置为假时，ListView将不会在每一个footer view之前加divider
android:headerDividersEnabled	setHeaderDividersEnabled	当设置为假时，ListView将不会在每一个header view之后加divider

3. 处理用户事件的方式

ListView 是一个列表，用户如果需要选择某一项做一些处理，为了响应用户的点击事件，可以使用 setOnItemClickListener()方法，需要传入一个实现了 AdapterView.OnItemClickListener 接口的对象，并重写接口中的 onItemClick 方法，在方法中进行点击事件的处理。

【范例 6-3】设置 ListView 列表中每项（列表项中每一个条目）点击事件监听

（本范例仅给出关键代码）

<编码思路>

（1）设置 ListView 的每项点击事件 setOnItemClickListener。

（2）重写每项点击回调方法 onItemClick()。

<范例代码>

```
1.  listview.setOnItemClickListener(new AdapterView.OnItemClickListener() {
2.      @Override
3.      public void onItemClick(AdapterView<?> parent,
4.              View view, int position, long id) {
5.          //处理点击事件的代码
6.      }
7.  });
```

<代码详解>

如上案例代码所示，在 onItemClick()回调方法中处理点击事件，它有四个参数，这些参数分别获取用户点击的 View、用户点击项的位置、用户点击项的行 id 等标示信息。

除了点击列表项，常用的操作还有用户长按某一个列表项，这时需要使用 setOnItemLongClickListener()方法，传入实现 AdapterView.onItemLongClickListener 接口对象，并且重写该接口中的 onItemClick()方法。

【范例 6-4】设置 ListView 每项长按事件监听

（本范例仅给出关键代码）

<编码思路>

（1）设置 ListView 每项长按事件 setOnItemLongClickListener。

（2）重写每项长按回调方法 onItemLongClick()。

<范例代码>

```
1.    listview.setOnItemLongClickListener(new
AdapterView.OnItemLongClickListener() {
2.        @Override
3.        public boolean onItemLongClick(
4.                AdapterView<?> parent, View view,
5.                int position, long id) {
6.            // 处理长按事件的代码
7.        }
8.    });
```

ListView 中的列表项中既可以展示文本信息数据，也可以每项中展示比较复杂的资源，例如图片资源、文本信息等。

下面通过一个综合实例来学习如何运用 Listview 和 ArrayAdapter 展示文本数据。

【范例 6-5】运用 Listview 和 ArrayAdapter 展示文本数据（代码文件详见链接资源中第 6 章范例 6-5）

本范例将综合运用 Listview 与 ArrayAdapter 展示文本信息，其效果如图 6.4 所示。点击图（左）所示列表中的任一项（这里点击的是"北京"），即可以看到图（右）所示的系统自动弹出的提示信息。

需要注意的是，这里是通过 ArrayAdapter 设置了如图 6.4（左）所示的北京、上海等城市列表项，然后通过 Listview 将每项中需要调用及显示的数据展现出来。

图 6.4　YZTC06_Demo03 运行效果图

<编码思路>

（1）定义首界面需要加载的布局文件。

（2）定义首界面的如下功能：将数组资源中定义的数据源展示到 ListView 控件中，并且绑定每项点击事件。

（3）在 strings.xml 文件中定义应用程序需要使用的字符串资源及数组资源。

根据本范例的编码思路，要实现该范例效果，需要通过以下 3 步实现。

（1）定义 activity_main.xml 布局文件（链接资源/第 6 章/范例 6-5（将 Listview 结合 ArrayAdapter 展示文本数据）/ YZTC06_Demo03/res/ layout/activity_main.xml）。

在 Android 应用程序加载时需要调用首界面 MainActivity.java，该首界面文件首先需要加载布局文件 activity_main.xml。

<范例代码>

```
1.  <RelativeLayout xmlns:android="http://schemas.android.com/apk/res/android"
2.     xmlns:tools="http://schemas.android.com/tools"
3.     android:layout_width="match_parent"
4.     android:layout_height="match_parent"
5.     >
6.      <ListView
7.        android:id="@+id/lv"
8.        android:layout_width="match_parent"
9.        android:layout_height="match_parent"
10.       android:dividerHeight="2dp"
11.       android:divider="#00aa00"
12.       android:text="@string/hello_world"
13.       android:footerDividersEnabled="true"
14.       android:headerDividersEnabled="true"/>
15. </RelativeLayout>
```

<代码详解>

第 1 行至第 5 行定义当前布局文件的根布局采用相对布局（RelativeLayout）。

第 6 行至第 14 行在相对布局中定义 TextView 控件。

（2）定义首界面 MainActivity.java 文件（代码文件：范例代码/第 6 章/范例 6-5(将 Listview 结合 ArrayAdapter 展示文本数据)/ YZTC06_Demo03/src/com/yztcedu /yztc06demo03/Main Activity.java）。

Android 应用程序加载时需要调用首界面 MainActivity.java。

<范例代码>

```
1.   public class MainActivity extends Activity {
2.       private ListView listView;
3.       @Override
4.       protected void onCreate(Bundle savedInstanceState) {
5.           super.onCreate(savedInstanceState);
6.           setContentView(R.layout.activity_main);
7.           listView=(ListView) findViewById(R.id.lv);
8.           //获得当前展示的数据源、数组数据
9.           String[] resources=getResources().getStringArray(R.array.citys);
10.          //将数据源绑定到适配器中
11.          ArrayAdapter<String> adapter=new
ArrayAdapter<String>(MainActivity.this,
12.                  android.R.layout.simple_list_item_1, resources);
13.          //将适配器中的数据展示搭配 listview 控件中
14.          listView.setAdapter(adapter);
15.          //listview 每一项的点击事件
16.          listView.setOnItemClickListener(new OnItemClickListener() {
17.              /*AdapterView<?> parent listview 控件  当前点击的某一项所处的控件
18.               * View view 表示每一项的控件
19.               * int position 表示当前点击 item 的下标
20.               * long id 表示当前点击的 item 的 id
21.               */
22.              @Override
23.              public void onItemClick(AdapterView<?> parent, View view,
24.                      int position, long id) {
25.                  String str=parent.getItemAtPosition(position).toString();
26.                  Toast.makeText(MainActivity.this, str,
Toast.LENGTH_SHORT).show();
27.              }
28.          });
29.          /*表示 listview 每一项的长按事件
30.           * onItemLongClick()回调方法的返回值表示当前监听到长按事件是否对其进行处理
31.           * 如果处理返回 true,不处理返回 false
32.           */
```

```
33.        listView.setOnItemLongClickListener(new OnItemLongClickListener() {
34.            @Override
35.            public boolean onItemLongClick(AdapterView<?> parent, View view,
36.                    int position, long id) {
37.                String str=parent.getItemAtPosition(position).toString();
38.                Toast.makeText(MainActivity.this, str,
Toast.LENGTH_SHORT).show();
39.                return true;
40.            }
41.        });
42.
43.    }
44. }
```

<代码详解>

第 9 行调用 getResources()获取 res 下的资源文件对象，然后调用 getStringArray()方法，根据指定的数组资源 id 转换成字符串类型的数组；

第 11 行至第 14 行将数据源加载到适配器中，并且调用 ListView 的 setAdapter()，将适配器中的数据加载到控件中。

第 16 行至第 28 行设置 ListView 每项的点击事件，并且重写每项点击时的回调方法，点击每项时根据下标获取当前显示的内容并且展示。

第 33 行至第 41 行设置 ListView 每项的长按事件，并且重写每项长按时的回调方法，每项长按时根据下标获取当前显示内容并且展示。

（3）定义资源 strings.xml 文件（代码文件：范例代码/第 6 章/范例 6-5(将 Listview 结合 ArrayAdapter 展示文本数据)/ YZTC06_Demo03 /res/values/string.xml）。

字符串资源文件，定义应用程序中需要使用的所有字符串资源及数组资源。

<范例代码>

```
1.  <?xml version="1.0" encoding="utf-8"?>
2.  <resources>
3.      <string name="app_name">06_03_ListViewAndArrayAdapter</string>
4.      <string name="action_settings">Settings</string>
5.      <string name="hello_world">Hello world!</string>
6.      <string-array name="country">
7.          <item >北京</item>
8.          <item >上海</item>
9.          <item >广州</item>
10.         <item >深圳</item>
11.         <item >杭州</item>
12.         <item >南京</item>
13. </string-array>
14. </resources>
```

<代码详解>

第 2 行指定当前资源文件的根标签是 resources。

第 2 行至第 5 行以 string 标签定义应用程序中需要使用的字符串资源。

第 6 行至第 13 行以 string-array 标签定义需要加载的数组资源。

下面通过一个综合实例来学习运用 Listview 列表结合 SimpleAdapter 展示复杂的列表项。

【范例 6-6】Listview 列表结合 SimpleAdapter 展示列表（代码文件详见链接资源中第 6 章范例 6-6）

本范例将综合运用 Listview 与 SimpleAdapter 展示复杂信息的功能，其效果如图 6.5 所示，ListView 每项中展示图片及文本数据。

需要注意的是，这里通过 SimpleAdapter 设置了如图 6.5 所示的图片、文本列表项，然后通过 Listview 将每项中需要调用及显示的数据展现出来，每项中也可以展示按钮等其他控件。

图 6.5　YZTC06_Demo04 运行效果图

<编码思路>

（1）定义首界面需要加载的布局文件。

（2）定义首界面的如下功能：将数据源中的数据加载到 ListView 的控件中。

（3）定义 ListView 每项需要加载的布局文件。

根据本范例的编码思路，要实现该范例效果，需要通过以下 3 步实现。

（1）定义 activity_main.xml 布局文件（链接资源/第 6 章/范例 6-6（Listview 列表结合 SimpleAdapter 展示列表）/YZTC06_Demo04/res/layout/ activity_main. xml）。

在 Android 应用程序加载时需要调用首界面 MainActivity.java，该首界面文件首先需要加载布局文件 activity_main.xml。

<范例代码>

```
1.  <RelativeLayout xmlns:android="http://schemas.android.com/apk/res/android"
2.      xmlns:tools="http://schemas.android.com/tools"
3.      android:layout_width="match_parent"
4.      android:layout_height="match_parent"
5.      tools:context=".MainActivity" >
6.      <ListView
7.          android:id="@+id/lv"
8.          android:layout_width="match_parent"
9.          android:layout_height="match_parent"
10.         />
11. </RelativeLayout>
```

<代码详解>

第 1 行至第 5 行定义当前布局文件的根布局采用相对布局（RelativeLayout）。

第 6 行至第 10 行在相对布局中定义 ListView 控件。

（2）定义首界面 MainActivity.java 文件（代码文件：范例代码/第 6 章/范例 6-6（Listview 列表结合 SimpleAdapter 展示列表）/YZTC06_Demo04/src/com/yztcedu /yztc06demo04/ Main Activity.java）。

Android 应用程序加载时需要调用首界面 MainActivity.java。

<范例代码>

```
/**
 * listview 每一项每个 item 显示的内容都比较复杂，例如：qq
 * 这时就不能采用 ArrayAdapter 进行适配数据，数据源是数组或者 list 集合
 * 采用 SimpleAdapter 数据源 list<Map<key,value>>
 * listview 每一个 item 中的数据都存储到 map 集合中   map 中对应的存储关系
 * 控件——显示的数据
 * 将所有的 item 存储到 list 集合中
 */
1.  public class MainActivity extends Activity {
2.      private ListView lv;
3.      private List<Map<String, Object>> list;
4.      @Override
5.      protected void onCreate(Bundle savedInstanceState) {
6.          super.onCreate(savedInstanceState);
7.          setContentView(R.layout.activity_main);
8.          lv=(ListView) findViewById(R.id.lv);
9.          //准备数据源
10.         list=new ArrayList<Map<String,Object>>();
11.         for(int i=1;i<=10;i++){
12.             Map<String, Object> map=new HashMap<String, Object>();//用来存储
表示每一个 item 的数据
```

```
13.                 map.put("image",R.drawable.ic_launcher);
14.                 map.put("text"," 这是第"+i+"条测试数据!");
15.                 list.add(map);//将每一个 item 的数据存储到 list 集合中
16.            }
17.
18.        /*将数据源绑定到适配器中
19.         * SimpleAdapter()
20.         * 第一个参数表示上下文对象
21.         * 第二个参数表示当前需要添加到适配器中的数据源
22.         * 第三个参数表示 listview 中每一个 item 的布局文件的资源 id
23.         * 第四个参数表示 map 集合中存储的 key 的数组,其实 key 的数组表示的就是 map 中存储
的数据的值
24.         * 第五个参数表示 map 集合中通过 key 指定的值需要展示到那个控件的资源 id 的数组
25.         */
26.        SimpleAdapter adapter=new SimpleAdapter(MainActivity.this, list,
27.                    R.layout.activity_item,
28.                    new String[]{"image","text"},
29.                    new int[]{R.id.imageView1,R.id.textView1});
30.        //将适配器中的数据展示到控件中
31.        lv.setAdapter(adapter);
32.     }
33. }
```

<代码详解>

第 10 行至第 16 行创建显示 ListView 的集合数据源。

第 26 行至第 29 行创建 SimpleAdapter 对象,第一个参数表示上下文对象;第二个参数表示加载到适配器中的数据源;第三个参数表示 ListView 每项对应的布局文件的资源 id;第四个参数表示 map 集合中显示数据的键的数组;第五个参数表示 map 集合中键的数组对应的值显示到控件的资源 id 的数组。

第 31 行调用 ListView 的 setAdapter()方法,将适配器中的数据加载到控件中。

(3)定义 ListView 每项布局文件(代码文件:范例代码/第 6 章/范例 6-6(Listview 列表结合 SimpleAdapter 展示列表)/ YZTC06_Demo04/res/layout/activity_item.xml)。

Android 应用程序加载时显示 ListView 控件,为 ListView 每项展示定义布局文件。

<范例代码>

```
1.    <?xml version="1.0" encoding="utf-8"?>
2.    <RelativeLayout xmlns:android="http://schemas.android.com/apk/res/android"
3.        android:layout_width="match_parent"
4.        android:layout_height="match_parent" >
5.        <ImageView
6.            android:id="@+id/imageView1"
7.            android:layout_width="wrap_content"
8.            android:layout_height="wrap_content"
```

```
9.          android:layout_alignParentLeft="true"
10.         android:layout_alignParentTop="true"
11.         android:layout_marginLeft="22dp"
12.         android:layout_marginTop="19dp"
13.         android:src="@drawable/ic_launcher" />
14.     <TextView
15.         android:id="@+id/textView1"
16.         android:layout_width="wrap_content"
17.         android:layout_height="wrap_content"
android:layout_alignBottom="@+id/imageView"
18.         android:layout_centerHorizontal="true"
19.         android:layout_marginBottom="14dp"
20.         android:textSize="20sp"
21.         android:text="TextView" />
22. </RelativeLayout>
```

<代码详解>

第 2 行至第 4 行定义当前布局文件的根布局采用相对布局（RelativeLayout）。

第 5 行至第 13 行在相对布局中定义 ImageView 控件。

第 14 行至第 21 行在相对布局中定义 TextView 控件。

下面通过一个综合实例来学习运用 Listview 结合自定义适配器展示数据。

【范例 6-7】 Listview 结合自定义适配器展示数据（**代码文件详见链接资源中第 6 章范例 6-7**）

本范例用于实现 Listview 结合自定义 Adapter 展示数据的功能，其效果如图 6.6 所示，通过自定义适配器在 ListView 控件中显示列表数据。

需要注意的是，这里通过自定义适配器设置了如图 6.6 所示的文本列表项，然后通过 Listview 将每项中需要调用及显示的数据展现出来。通过自定义适配器适配数据时，列表中的每项数据展示内容完全可以根据需求自行定义。

图 6.6　YZTC06_Demo05 运行效果图

<编码思路>

（1）定义首界面需要加载的布局文件。

（2）定义首界面的如下功能：首界面通过自定义适配器将数据展示到 ListView 中。

根据本范例的编码思路，要实现该范例效果，需要通过以下 2 步实现。

（1）定义 activity_main.xml 布局文件（链接资源/第 6 章/范例 6-7（Listview 结合自定义适配器展示数据）/ YZTC06_Demo05/res/layout/activity_main.xml）。

在 Android 应用程序加载时需要调用首界面 MainActivity.java，该首界面文件首先需要加载布局文件 activity_main.xml。

<范例代码>

```
1.   <RelativeLayout xmlns:android="http://schemas.android.com/apk/res/android"
2.      xmlns:tools="http://schemas.android.com/tools"
3.      android:layout_width="match_parent"
4.      android:layout_height="match_parent"
5.      android:paddingBottom="@dimen/activity_vertical_margin"
6.      android:paddingLeft="@dimen/activity_horizontal_margin"
7.      android:paddingRight="@dimen/activity_horizontal_margin"
8.      android:paddingTop="@dimen/activity_vertical_margin"
9.      tools:context=".MainActivity" >
10.     <ListView
11.         android:id="@+id/lv"
12.         android:layout_width="match_parent"
13.         android:layout_height="match_parent"
14.          />
15.  </RelativeLayout>
```

<代码详解>

第 1 行至第 9 行定义当前布局文件的根布局采用相对布局（RelativeLayout）。

第 10 行至第 14 行在相对布局中定义 ListView 控件。

（2）定义首界面 MainActivity.java 文件（代码文件：范例代码/第 6 章/范例 6-7（Listview 结合自定义适配器展示数据）/ YZTC06_Demo05/src/com/yztcedu /yztc06demo05/ MainActivity.java）。

Android 应用程序加载时需要调用首界面 MainActivity.java。

<范例代码>

```
1.   public class MainActivity extends Activity {
2.      private ListView lv;
3.      private List<String> dataList;
4.      @Override
5.      protected void onCreate(Bundle savedInstanceState) {
6.          super.onCreate(savedInstanceState);
```

```
7.          setContentView(R.layout.activity_main);
8.          lv=(ListView) findViewById(R.id.lv);
9.          dataList=getResource();//获取数据源
10.         MyBaseAdapter adapter=new MyBaseAdapter();  //创建适配器并且将数据源绑定
适配器
11.         lv.setAdapter(adapter);//将适配器中的数据展示到控件中
12.     }
13.     //自定义适配器类
14.     public class MyBaseAdapter extends BaseAdapter{
15.         //表示当前适配器中加载的数据条目
16.         @Override
17.         public int getCount() {
18.             return dataList.size();
19.         }
20.         //根据指定的下标获取每一个item
21.         @Override
22.         public Object getItem(int position) {
23.             return dataList.get(position);
24.         }
25.         //根据指定的下标获取每一个item的id
26.         @Override
27.         public long getItemId(int position) {
28.             return position;
29.         }
30.         //根据指定的下标绘制每一个item的内容，显示布局与数据，返回值表示当前列表中每一
项显示的view
31.         @Override
32.         public View getView(int position, View convertView, ViewGroup parent) {
33.             TextView tv=new TextView(MainActivity.this);//手动创建控件
34.             tv.setTextSize(30);
35.             tv.setText(dataList.get(position));//按照指定的下标获得集合中的数据，
并且显示到textview中
36.             return tv;
37.         }
38.     }
39.     //模拟假的数据源
40.     public List<String> getResource(){
41.         List<String> dataList=new ArrayList<String>();
42.         for(int i=1;i<=50;i++){
43.             dataList.add("这是第'+i+'条测试数据");
44.         }
45.         return dataList;
46.     }
47. }
```

<代码详解>

第 9 行调用自定义 getResource()方法获取数据源。

第 10 行至第 11 行表示创建适配器并且将适配器中的数据加载到 ListView 控件中。

第 14 行至第 39 行表示创建内部类实现自定义适配器。

第 16 行至第 19 行表示重写 BaseAdapter 中的 getCount()方法获取当前适配器中加载的数据条目。

第 21 行至第 24 行表示重写 BaseAdapter 中的 getItem()方法，根据下标获取当前列表项对象。

第 26 行至第 29 行表示重写 BaseAdapter 中的 getItemId()方法，根据下标获取当前列表项的 id。

第 31 行至第 38 行表示重写 BaseAdapter 中的 getView()方法，根据下标绘制列表中的每项内容并且返回绘制的 View 对象。

6.2.4 ListView 优化

Adapter 是 ListView 界面与数据之间的桥梁，当列表里的每一项显示到页面时，都会调用 Adapter 的 getView()方法返回一个 View。ListView 中有多少项数据，就应该调用多少次 getView()方法绘制每一项的内容。如果项比较少时，这样做没有问题；但是如果有 10 万或者 100 万项内容时仍然这样做，就会比较占用系统内存，所以必须进行性能优化。

ListView 在开始绘制时，系统会首先调用 getCount()，根据其返回值得到 ListView 的长度，然后根据这个长度，调用 getView()一行一行地绘制 ListView 的每一项。如果 getCount()的返回值是 0，列表一行都不会显示；如果返回值是 1，就只显示一行，返回几则绘制显示几行。

根据 ListView 的工作原理看一下 ListView 的缓存机制，如下：

❑ 如果有几千几万项数据时，只有可见的项存在于内存中，其他的项都存在于 Recycler 中，Recycler 是 Android 中专门用来处理缓存的组件。

❑ ListView 先通过 getView()方法请求一个 View，然后请求其他可见的 View。ConvertView 在 getView()方法中是空（null）。

❑ 当 ListView 列表中的第一项滚出屏幕，并且新的项从屏幕低端上来时，ListView 会再请求一个 View，这时 ConvertView 已经不是空值了，它的值是滚出屏幕的第一项，之后需要设定新的数据，然后返回 ConvertView 即可，而不必创建一个新的 View。这就像乘坐滚梯，假设滚梯的每个阶梯上只能站立一名乘客，那么当最开始的乘客下了滚梯时，滚梯的末尾就可以再乘坐一名乘客，这样就可以重复利用滚梯运载乘客。

通过缓存机制，可以大大减少创建 View 的次数，从而提升 ListView 的性能。

下面通过一个综合实例来学习运用 ListView 的缓存机制重新设计并实现一个使用自定义适配器适配 ListView。

【范例 6-8】使用 ListView 的缓存机制自定义适配器（代码文件详见链接资源中第 6 章范例 6-8）

本范例用于实现使用 ListView 的缓存机制来重新设计并实现一个使用自定义 Adapter 适配 ListView 的功能，其效果如图 6.7 所示，在 ListView 控件中显示列表数据。

图 6.7　YZTC06_Demo06 运行效果图

<编码思路>

（1）定义首界面需要加载的布局文件。

（2）定义首界面的如下功能：首界面通过自定义适配器将数据展示到 ListView 中。

（3）定义 ListView 中每项显示的布局文件。

根据本范例的编码思路，要实现该范例效果，需要通过以下 5 步实现。

（1）定义 activity_main.xml 布局文件（链接资源/第 6 章/范例 6-8（使用 ListView 的缓存机制自定义适配器）/ YZTC06_Demo06 /res/layout/activity_main.xml）。

在 Android 应用程序加载时需要调用首界面 MainActivity.java，该首界面文件首先需要加载布局文件 activity_main.xml。

<范例代码>

```
1.   <RelativeLayout xmlns:android="http://schemas.android.com/apk/res/android"
2.       xmlns:tools="http://schemas.android.com/tools"
3.       android:layout_width="match_parent"
4.       android:layout_height="match_parent"
5.       android:paddingBottom="@dimen/activity_vertical_margin"
6.       android:paddingLeft="@dimen/activity_horizontal_margin"
```

```
7.        android:paddingRight="@dimen/activity_horizontal_margin"
8.        android:paddingTop="@dimen/activity_vertical_margin"
9.     tools:context=".MainActivity" >
10.    <ListView
11.        android:id="@+id/lv"
12.        android:layout_width="match_parent"
13.        android:layout_height="match_parent"
14.        />
15. </RelativeLayout>
```

<代码详解>

第 1 行至第 9 行定义当前布局文件的根布局采用相对布局（RelativeLayout）。

第 10 行至第 14 行在相对布局中定义 ListView 控件。

（2）定义首界面 MainActivity.java 文件（代码文件：范例代码/第 6 章/范例 6-8（使用 ListView 的缓存机制自定义适配器）/YZTC06_Demo06/src/com/yztcedu/ yztc06demo06/ MainActivity.java）。

Android 应用程序加载时需要调用首界面 MainActivity.java。

<范例代码>

```
1.  public class MainActivity extends Activity {
2.      private ListView lv;
3.      private int[] images={R.drawable.f001,R.drawable.f002,R.drawable.f003,
4.  R.drawable.f004,R.drawable.f005,R.drawable.f006,R.drawable.f007,
5.          R.drawable.f008,R.drawable.f009,R.drawable.f010};
6.      private List<Map<String, Object>> list;
7.      @Override
8.      protected void onCreate(Bundle savedInstanceState) {
9.          super.onCreate(savedInstanceState);
10.         setContentView(R.layout.activity_main);
11.         lv=(ListView) findViewById(R.id.lv);
12.         list=getResource();
13.         MyBaseAdapter adapter=new MyBaseAdapter();
14.         lv.setAdapter(adapter);
15.     }
16.     //自定义适配器类
17.     public class MyBaseAdapter extends BaseAdapter{
18.         //当前适配器中加载的数据条目
19.         @Override
20.         public int getCount() {
21.             return list.size();
22.         }
23.         //根据指定的下标获取每一个 item
```

```
24.          @Override
25.          public Object getItem(int position) {
26.              return list.get(position);
27.          }
28.      //根据指定的下标获取每一个 item 的 id
29.          @Override
30.          public long getItemId(int position) {
31.              return position;
32.          }
33.      //根据指定的下标绘制每一个 item 的内容，显示布局与数据，返回值表示当前列表中每一
项显示的 view
34.          @Override
35.          public View getView(int position, View convertView, ViewGroup parent)
{
36.              ViewHolder holder=null;
37.              if(convertView==null){
38.                  LayoutInflater
layoutInflater=LayoutInflater.from(MainActivity.this);
39.                  convertView=layoutInflater.inflate(R.layout.activity_item,
null);
40.                  holder=new ViewHolder();//封装控件的类
41.                  holder.imageView=(ImageView)
convertView.findViewById(R.id.imageView1);//将获取的控件对象存储到 viewholder 类中的控件对
象中
42.                  holder.textView=(TextView)
convertView.findViewById(R.id.textView1);
43.                  convertView.setTag(holder);//将存储可复用控件的类加标记
44.              }else{
45.                  holder=(ViewHolder) convertView.getTag();
46.              }
47.              holder.imageView.setImageResource((Integer)
list.get(position).get("image"));
48.              holder.textView.setText((CharSequence)
list.get(position).get("text"));
49.              return convertView;
50.          }
51.
52.      }
53.      //将每个 item 的控件封装到 class 中
54.      static class ViewHolder{
55.          ImageView imageView;
56.          TextView textView;
57.      }
58.      //准备数据源
```

```
59.      public List<Map<String, Object>> getResource(){
60.      List<Map<String, Object>> list=new ArrayList<Map<String,Object>>();
61.      for(int i=0;i<10;i++){
62.          Map<String, Object> map=new HashMap<String, Object>();
63.          map.put("image", images[i]);
64.          map.put("text","这是第"+(i+1)+"条测试数据!");
65.          list.add(map);
66.      }
67.      return list;
68.  }
69.
70. }
```

<代码详解>

第 12 行至第 14 行获取当前加载的数据源，并且创建自定义适配器，将数据源加载到自定义适配器并将适配器中的数据加载到控件。

第 17 行至第 52 行定义内部类继承 BaseAdapter，自定义适配器对控件进行适配。

第 37 行至第 46 行判断当前是否存在可复用的每项 view，如果不存在可复用的 view 则通过 LayoutInflater.from()获取布局加载器，调用布局加载器中的 inflate()方法将指定资源 id 的布局文件转换成 view 对象。

第 40 行至第 42 行创建 ViewHolder 对象，并且调用当前布局 view 的 findViewById() 方法获取控件对象，赋值给 ViewHolder 类中的属性。

第 43 行调用 view 的 setTag()方法，将可复用的 view 进行标记，以便后续复用。

第 45 行表示存在可复用的 view 时，调用 view 的 getTag()方法获取当前存储的复用 view。

第 47 行至第 49 行表示从 ViewHolder 中获取具体控件对象，然后根据下标从数据源中获取数据设置到具体的控件中。

第 54 行至第 57 行创建静态内部类 ViewHolder，存储每项中显示的控件对象。

（3）定义列表项 activity_item.xml 布局文件（代码文件：范例代码/第 6 章/范例 6-8（使用 ListView 的缓存机制自定义适配器）/ YZTC06_Demo06/res/layout/activity_item.xml）。

Android 应用程序加载时显示 ListView 控件，为 ListView 每项展示定义布局文件。

<范例代码>

```
1.    <?xml version="1.0" encoding="utf-8"?>
2.    <RelativeLayout xmlns:android="http://schemas.android.com/apk/res/android"
3.        android:layout_width="match_parent"
4.        android:layout_height="match_parent" >
```

```
5.        <ImageView
6.            android:id="@+id/imageView1"
7.            android:layout_width="wrap_content"
8.            android:layout_height="wrap_content"
9.            android:layout_alignParentTop="true"
10.           android:layout_toLeftOf="@+id/textView1"
11.           android:src="@drawable/ic_launcher" />
12.       <TextView
13.           android:id="@+id/textView1"
14.           android:layout_width="wrap_content"
15.           android:layout_height="wrap_content"
16.           android:layout_alignBottom="@+id/imageView"
17.           android:layout_centerHorizontal="true"
18.           android:textSize="20sp"
19.           android:text="TextView" />
20.   </RelativeLayout>
21.
```

<代码详解>

第 1 行至第 4 行定义当前布局文件的根布局采用相对布局（RelativeLayout）。

第 5 行至第 11 行在相对布局中定义 ImageView 控件。

第 12 行至第 19 行在相对布局中定义 TextView 控件。

6.2.5　网格视图（GridView）

1．定义

GridView 是一个网格显示资源的控件，可以在两个滚动的方向上显示资源。

2．数据的加载

由于 GridView 展示的数据也是格式相同的资源列表，所以可以采用 Adapter 去填充。

下面通过一个综合实例来学习使用 GridView 进行展示数据。

【范例 6-9】使用 GridView 展示数据（代码文件详见链接资源中第 6 章范例 6-9）

本范例用于实现使用 GridView 进行展示数据的功能，其效果如图 6.8 所示。点击图（左）中"点击选择头像"按钮，即可以看到图（中）中的头像列表信息，选择其中一个头像后跳转到首界面并将选择的头像进行展示，如图（右）所示。

图 6.8　YZTC06__Demo7 运行效果图

<编码思路>

（1）定义首界面需要加载的布局文件。

（2）定义首界面的如下功能：点击按钮跳转到展示列表信息的界面。

（3）定义跳转后的 Activity 需要加载的布局文件。

（4）定义跳转后的 Activity 展示具体的头像列表数据。

（5）定义跳转后的 Activity 中列表项的布局文件。

根据本范例的编码思路，要实现该范例效果，需要通过以下 5 步实现。

（1）定义 activity_main.xml 布局文件（链接资源/第 6 章/范例 6-9（使用 GridView 展示数据）/ YZTC06_Demo07 /res/layout/activity_main.xml）。

在 Android 应用程序加载时需要调用首界面 MainActivity.java，该首界面文件首先需要加载布局文件 activity_main.xml。

<范例代码>

```
1.   <RelativeLayout xmlns:android="http://schemas.android.com/apk/res/android"
2.       xmlns:tools="http://schemas.android.com/tools"
3.       android:layout_width="match_parent"
4.       android:layout_height="match_parent"
5.        >
6.       <ImageView
7.           android:id="@+id/imageView1"
8.           android:layout_width="wrap_content"
9.           android:layout_height="wrap_content"
10.          android:layout_centerHorizontal="true"
11.          android:layout_centerVertical="true"
12.          android:src="@drawable/ic_launcher" />
```

```
13.    <Button
14.        android:id="@+id/button1"
15.        android:layout_width="wrap_content"
16.        android:layout_height="wrap_content"
17.        android:layout_below="@+id/imageView1"
18.        android:layout_centerHorizontal="true"
19.        android:text="点击选择头像" />
20. </RelativeLayout>
```

<代码详解>

第 1 行至第 12 行定义当前布局文件的根布局采用相对布局（RelativeLayout）。

第 13 行至第 19 行在相对布局中定义 Button 按钮控件。

（2）定义首界面 MainActivity.java 文件（代码文件：范例代码/第 6 章/范例 6-9（使用 GridView 展示数据）/YZTC06_Demo07/src/com/yztcedu /yztc06demo07/MainActivity. java）。

Android 应用程序加载时需要调用首界面 MainActivity.java。

<范例代码>

```
1.   public class MainActivity extends Activity {
2.       private ImageView imageView;
3.       private Button button;
4.       private static final int REQUAET_CODE=1;
5.       @Override
6.       protected void onCreate(Bundle savedInstanceState) {
7.           super.onCreate(savedInstanceState);
8.           setContentView(R.layout.activity_main);
9.           imageView=(ImageView) findViewById(R.id.imageView1);
10.          button=(Button) findViewById(R.id.button1);
11.          //点击按钮需要跳转到下一个界面，将下一个界面选择的头像进行回传
12.          button.setOnClickListener(new OnClickListener() {
13.
14.              @Override
15.              public void onClick(View v) {
16.                  Intent intent=new
Intent(MainActivity.this,ResultActivity.class);
17.                  startActivityForResult(intent, REQUAET_CODE);
18.              }
19.          });
20.      }
21.
22.      @Override
23.      protected void onActivityResult(int requestCode, int resultCode, Intent
data) {
24.          if(requestCode==REQUAET_CODE && resultCode==Activity.RESULT_OK){
25.              int imageId=data.getIntExtra("imageId",
```

```
     R.drawable.ic_launcher);//如果取不到回传的值就显示默认头像
26.              imageView.setImageResource(imageId);
27.          }
28.       }
29. }
```

<代码详解>

第 12 行至第 19 行绑定按钮的点击监听事件，在点击事件中通过 startActivityForResult()方法启动目标 Activity。

第 22 行至第 28 行重写 Activity 中的 onActivityResult()方法，处理目标 Activity 回传的数据。

第 25 行表示从回传的 intent 对象中根据键获取选中图片的资源 id。

第 26 行表示将回传的资源 id 设置到 ImageView 控件中展示。

（3）定义 activity_result.xml 布局文件（代码文件：范例代码/第 6 章/范例 6-9（使用 GridView 展示数据）/YZTC06_Demo07/res/layout/activity_result.xml）

跳转后的界面是 ResultActivity.java，该界面文件需要加载布局文件 activity_result.xml。

<范例代码>

```
1.  <?xml version="1.0" encoding="utf-8"?>
2.  <RelativeLayout xmlns:android="http://schemas.android.com/apk/res/android"
3.      android:layout_width="match_parent"
4.      android:layout_height="match_parent"
5.      android:orientation="vertical" >
6.      <GridView
7.         android:id="@+id/gridview"
8.         android:layout_width="match_parent"
9.         android:layout_height="match_parent"
10.        android:numColumns="auto_fit"
11.        android:columnWidth="100dp"
12.        ></GridView>
13. </RelativeLayout>
```

<代码详解>

第 1 行至第 5 行定义当前布局文件的根布局采用相对布局（RelativeLayout）。

第 6 行至第 12 行在相对布局中定义 GridView 控件。

第 10 行中将 numColumns 设置为 auto_fit，表示当前 GridView 控件的行数根据屏幕自动填充适配。

第 11 行将 columnWidth 设置为 100dp，表示 GridView 控件中每行的宽度为 100dp。

（4）定义目标 ResultActivity.java 文件（代码文件：范例代码/第 6 章/范例 6-9（使用 GridView 展示数据）/ YZTC06_Demo07/src/com/yztcedu /yztc06demo07/ResultActivity.java）。

跳转后展示列表项界面 ResultActivity.java。

<范例代码>

```
1.   public class ResultActivity extends Activity {
2.       private GridView gridView;
3.       private int[]
images={R.drawable.img01,R.drawable.img02,R.drawable.img03,R.drawable.img04,
4.
R.drawable.img05,R.drawable.img06,R.drawable.img07,R.drawable.img08,
5.             R.drawable.img09};
6.       private List<Map<String, Object>> list;
7.       @Override
8.       protected void onCreate(Bundle savedInstanceState) {
9.           super.onCreate(savedInstanceState);
10.          setContentView(R.layout.activity_result);
11.          gridView=(GridView) findViewById(R.id.gridview);
12.          list=getResource();
13.          MyBaseAdapter adapter=new MyBaseAdapter();
14.          gridView.setAdapter(adapter);
15.          //当点击 listview 中的每一项时需要将选择的头像结果回传
16.          gridView.setOnItemClickListener(new OnItemClickListener() {
17.              @Override
18.              public void onItemClick(AdapterView<?> parent, View view,
19.                      int position, long id) {
20.                  Intent intent=new Intent();
21.                  intent.putExtra("imageId",images[position]);//根据下标找到当
前点击的头像的资源 id
22.                  setResult(Activity.RESULT_OK, intent);
23.                  ResultActivity.this.finish();
24.              }
25.          });
26.      }
27.      public class MyBaseAdapter extends BaseAdapter{
28.          @Override
29.          public int getCount() {
30.              return list.size();
31.          }
32.          @Override
33.          public Object getItem(int position) {
34.              return list.get(position);
35.          }
36.          @Override
37.          public long getItemId(int position) {
38.              return position;
39.          }
40.          @Override
```

```
41.          public View getView(int position, View convertView, ViewGroup parent)
{
42.              ViewHolder viewHolder=null;
43.              if(convertView==null){
44.                  LayoutInflater
layoutInflater=LayoutInflater.from(ResultActivity.this);
45.                  convertView=layoutInflater.inflate(R.layout.activity_item,
null);
46.                  viewHolder=new ViewHolder();
47.                  viewHolder.imageView=(ImageView)
convertView.findViewById(R.id.imageView1);
48.                  viewHolder.textView=(TextView)
convertView.findViewById(R.id.textView1);
49.                  convertView.setTag(viewHolder);
50.              }else{
51.                  viewHolder=(ViewHolder) convertView.getTag();
52.              }
53.              viewHolder.imageView.setImageResource((Integer)
list.get(position).get("iamges"));
54.              viewHolder.textView.setText((CharSequence)
list.get(position).get("text"));
55.              return convertView;
56.          }
57.
58.      }
59.      static class ViewHolder{
60.          ImageView imageView;
61.          TextView textView;
62.      }
63.      //获取数据源
64.      public List<Map<String, Object>> getResource(){
65.          List<Map<String, Object>> list=new ArrayList<Map<String,Object>>();
66.          for(int i=0;i<images.length;i++){
67.              Map<String, Object> map=new HashMap<String, Object>();
68.              map.put("iamges", images[i]);
69.              map.put("text", "头像-"+i);
70.              list.add(map);
71.          }
72.          return list;
73.      }
74. }
```

<代码详解>

第 12 行至第 14 行表示获取数据源，创建适配器对象，并且将适配器中的数据加载到 GridView 中。

第 16 行至第 26 行表示绑定 GridView 控件的 setOnItemClickListener 监听事件，在重写的回调方法 onItemClick()中获取当前点击图片的资源 id，并且将结果通过 setResult()方法回传到源 Activity。

第 27 行至第 58 行继承 BaseAdapter 自定义适配器，重写相应的方法，绘制每项的 view进行展示。

第 59 行至第 62 行创建静态内部类 ViewHolder，存储每项中显示的控件对象。

（5）定义列表项 activity_item.xml 布局文件（代码文件：范例代码/第 6 章/范例 6-9（使用 GridView 展示数据）/ YZTC06_Demo07/res/layout/activity_item.xml）。

Android 应用程序加载时显示 GridView 控件，为 GridView 每项展示定义布局文件。

<范例代码>

```
1.  <?xml version="1.0" encoding="utf-8"?>
2.  <RelativeLayout xmlns:android="http://schemas.android.com/apk/res/android"
3.      android:layout_width="match_parent"
4.      android:layout_height="match_parent"
5.      android:orientation="vertical" >
6.      <ImageView
7.          android:id="@+id/imageView1"
8.          android:layout_width="wrap_content"
9.          android:layout_height="wrap_content"
10.         android:layout_alignParentLeft="true"
11.         android:layout_alignParentTop="true"
12.         android:layout_marginLeft="32dp"
13.         android:layout_marginTop="17dp"
14.         android:src="@drawable/ic_launcher" />
15.     <TextView
16.         android:id="@+id/textView1"
17.         android:layout_width="wrap_content"
18.         android:layout_height="wrap_content"
19.         android:layout_alignRight="@+id/imageView1"
20.         android:layout_below="@+id/imageView1"
21.         android:textSize="20sp"
22.         android:text="TextView" />
23. </RelativeLayout>
```

<代码详解>

第 1 行至第 5 行定义当前布局文件的根布局采用相对布局（RelativeLayout）。

第 6 行至第 14 行在相对布局中定义 ImageView 控件。

第 15 行至第 22 行在相对布局中定义 TextView 控件。

6.3　本章总结

本章重点介绍了 Adapter 适配器及常用适配器控件的基本使用方法。Adapter 适配器主要负责适配转换数据展示到适配器控件中，适配器控件具体使用方法非常类似，大都需要将数据源中的数据加载到 Adapter 适配器中，然后通过适配器适配到适配器控件中。

下一章将为大家介绍 Android 中的 AsyncTask 与网络访问数据的使用方法。

第 **7** 章

Android 中访问网络资源

当一个应用程序组件启动，并且应用程序中没有其他应用程序组件运行时，Android 系统会启动一个新的 Linux 进程针对应用程序在一个单独的线程中运行。默认情况下，同一个应用程序中所有的应用程序组件都运行在相同的进程和线程中。

Android 应用程序一般作为客户端从服务器端获取数据并且展示，获取数据就需要使用到网络通信，Android 中的网络通信作为耗时操作必须开启工作线程，工作线程完成操作后的结果需要展示到 UI 界面中，Android 应用程序框架提供 AsyncTask 完成操作。在进行网络通信时，Android 提供 HTTP 支持，由于各个计算机所使用的操作系统和数据库不同，因此数据之间的交换比较麻烦。Android 中主要使用 JSON 及 XML 的格式进行数据的转换及交互，所以一般需要通过 HTTP 获取网络数据，然后根据数据格式进行相应的解析显示。

【本章要点】

❑ Android 中的 "UI 线程模型"。

❑ AsyncTask 的使用。

❑ 基于 HTTP 的 Android 应用程序。

❑ 解析 JSON 和 XML 格式的数据。

7.1 异步任务（AsyncTask）的应用

7.1.1 Android 中的 "UI 线程模型"

当一个应用程序启动时，Android 系统会开启一个线程来执行这个应用，这个开启的线程叫主线程，默认运行在该应用程序的默认进程中。这个主线程是非常重要的，因为它负责所有用户界面的显示及用户操作的响应事件。它是应用程序从 Android 的 UI 工具包（android.widget 和 android.view）中所有组件交互的线程，如果它阻塞会严重影响用户体验。由于它负责所有的 UI 处理工作，因此，主线程有时也被称为 UI 线程。

系统不会为每一个应用程序组件都新开一个线程，一个应用程序中所有的程序组件都会运行在它的 UI 线程中，响应用户事件的方法也运行在 UI 线程中。例如：当用户按下一个按钮，UI 线程就会将按下事件分发给这个按钮对象，然后按钮对象就会改变自身的样式为按下状态，并发送一个请求到请求队列。

若应用程序在 UI 线程中加入耗时操作，具体来说，如果一切操作都发生在 UI 线程执行耗时操作，例如网络访问或者数据库查询会阻塞 UI 线程，当线程被阻塞，就没有事件能被派发，事件也不能响应。这就意味着阻塞了用户界面的更新与用户交互，给用户带来"死机"的感觉。更糟糕的是，如果 UI 线程被阻塞超过几秒钟（目前大约是 5 秒）就会出现"应用程序没有响应（ANR）"。因此，如果有耗时操作时，我们必须开启新的线程，将耗时操作的内容放到新开的线程中完成，但是，Android 中还规定，在非 UI 线程中，不能访问 Android 的 UI 工具包，即不能在非 UI 线程中做与界面操纵有关的操作。这种由唯一的 UI 线程全权负责 UI 工作的线程模型，称为 UI 线程模型，也称为单一线程模型。单一线程模型有两个规则：

❑   不能阻塞主线程。

❑   非 UI 线程不能访问 Android UI 工具包。

如上所述，UI 线程主要负责应用程序的响应，不阻塞 UI 线程至关重要。如果你当前的操作不是立即完成的，应该确保这些操作在分离的线程中。

【范例 7-1】在 UI 线程中进行耗时操作（代码文件详见链接资源中第 7 章范例 7-1）

（本范例仅给出关键代码）

本范例用于展示在 UI 线程中进行耗时操作的功能，效果如图 7.1 所示。

图 7.1　Activity 界面显示被 UI 线程中的耗时操作阻塞

<编码思路>

（1）设置计数器从 0 开始，循环累加计数器。

（2）在循环中调用 Thread.sleep()模拟耗时操作。

<范例代码>

```
1.   @Override
2.   protected void onCreate(Bundle savedInstanceState) {
3.       super.onCreate(savedInstanceState);
4.       setContentView(R.layout.android_test);
5.       int count = 0;
6.       while (count < 1000) {
7.           count++;
8.           try {
9.               Thread.sleep(1000);
10.          } catch (InterruptedException e) {
11.              e.printStackTrace();
12.          }
13.      }
14. }
```

如果将上述代码中的耗时操作放到一个新的线程中执行,那么将不会阻塞 UI 的显示,这样貌似已经将问题解决了,但是通常耗时操作后的结果往往需要显示到 UI 界面上,那么这就违反了另外一条规则,需要在非 UI 线程中更新 UI,这种情况下会直接报错。

【范例 7-2】在非 UI 线程中更新 UI 操作(代码文件详见链接资源中第 7 章范例 7-2)

（本范例仅给出关键代码）

本范例用于展示在非 UI 线程中更新 UI 的功能,其效果如图 7.2 所示。在新开的非 UI 工作线程中操作了 TextView,所以直接报错了。

图 7.2　在非 UI 线程中更新 UI,直接报错

<编码思路>

（1）开启工作线程并且在工作线程中设置计数器从 0 开始，循环累加计数器，并且将计数结果显示到 TextView 控件中。

（2）在循环中调用 Thread.sleep()模拟耗时操作。

<范例代码>

```
1.          private int count = 0;
2.     private TextView tv;
3.  @Override
4.  protected void onCreate(Bundle savedInstanceState) {
5.          super.onCreate(savedInstanceState);
6.          setContentView(R.layout.activity_main);
7.          tv = (TextView) findViewById(R.id.text);s
8.          new Thread(new Runnable() {
9.              @Override
10.             public void run() {
11.                 while (true) {
12.                     count += 10;
13.                     // 在新线程中直接更新 UI
14.                     tv.setText("当前的 count 值为: " + count);
15.                     try {
16.     Thread.sleep(1000);
17. } catch (InterruptedException e) {
18.     e.printStackTrace();
19. }
20. }
21. }
22.         }).start();
23.     }
```

为了解决这个问题，Android 中提供了三种解决方案来解决这个问题：

方案一：使工作线程尝试访问 UI 线程，并委托 UI 线程更新 UI。

方案二：在线程间通讯，让需要更新 UI 的工作线程向 UI 线程发送消息，UI 线程根据消息更新 UI。

方案三：使用 Android 系统提供的 AsyncTask。

使用方案一解决这个问题，Android 提供了几种方法从工作线程访问 UI 线程：

❑ Activity.runOnUiThread(Runnable)。

❑ View.post(Runnable)。

❑ View.postDelayed(Runnable,long)。

【范例 7-3】通过使用 View.post(Runnable)方法解决上面的问题

（本范例仅给出关键代码）

<编码思路>

（1）开启工作线程，在工作线程中进行操作，并且通过 View.post(Runnable)将操作结果更新 UI。

（2）在循环中调用 Thread.sleep()模拟耗时操作。

<范例代码>

```
1.              private int count = 0;
2.              private TextView tv;
3.      @Override
4.      protected void onCreate(Bundle savedInstanceState) {
5.          super.onCreate(savedInstanceState);
6.          setContentView(R.layout.activity_main);
7.          tv = (TextView) findViewById(R.id.text);
8.          new Thread(new Runnable() {
9.              @Override
10.             public void run() {
11.                 while (true) {
12.                     count += 10;
13.                     // 在新线程中直接更新 UI
14.                     tv.post(new Runnable() {
15.
16. @Override
17. public void run() {
18. tv.setText("当前的 count 值为: " + count);
19. }
20.                     });
21. try {
22.     Thread.sleep(1000);
23. } catch (InterruptedException e) {
24.     e.printStackTrace();
25. }
26. }
27.             }
28.         }).start();
29.     }
```

<代码详解>

第 14 行至第 20 行调用 TextView 控件的 post()方法，传入 Runnable 接口子类对象，重写线程 run()方法，在该方法中将数据显示到控件中。

这个实现是线程安全的，耗时操作从一个单独的线程中完成，而 TextView 是从 UI 线程中操作。

由于操作的复杂性的增长，上述解决问题的代码会变得复杂和难以维护。为了处理工作线程更加复杂的交互，可以考虑在工作线程中使用 Handler 处理器，处理从 UI 线程传递的消息。最好的解决方案是继承 AsyncTask 类，简化需要与 UI 交互工作线程任务的执行。

7.1.2　AsyncTask 的介绍

AsyncTask 类允许执行后台操作，并且将执行结果发布给 UI 线程进行处理。AsyncTask 会自动将耗时操作放到一个非 UI 线程中进行，并把结果交给 UI 线程来更新 UI。虽然本质上还是开启新线程执行耗时操作，然后将结果发送给 UI 线程，但具体的实现代码简化了，减少了编写线程间通信代码这一烦琐、容易出错的过程。

AsyncTask 是一个抽象类，使用它时，需要先子类继承 AsyncTask，并重写它的回调方法 doInBackground()。该方法运行在后台的线程池中，可以处理耗时的操作。为了更新 UI，需要重写 onPostExecute()方法，该方法会将执行 doInBackground()后得到的结果自动传递给 UI 线程，并在 UI 线程中更新 UI。然后，运行调用 execute()启动 AsyncTask 执行任务。

使用 AsyncTask 的三个泛型如下：

❑　Params，发送给执行异步任务所需的参数类型。

❑　Progress，后台运算过程中进度的参数类型。

❑　Result，后台运算的结果类型。

并不是所有的异步任务都需要指定泛型的类型。如果某一个泛型的类型不需要使用，可以指定为 Void：

```
private class MyTask extends AsyncTask<Void, Void, Void> { ... }
```

当执行一个异步任务时，任务需要经过 4 个步骤：

❑　onPreExecute()，执行异步任务之前运行在 UI 线程中，通常用于设置在异步任务执行之前需要做的准备操作，例如可以实例化显示在用户界面的进度条等操作。

❑　doInBackground(Params…)，在 onPreExecute()执行结束后在后台工作线程中立即执行。这步主要用于执行在后台的长时间操作。异步任务中泛型中的第一个参数就被传递到这一步。运算的结果必须通过此步骤返回，并且被传递到最后一步。这一步中也可以使用 publishProgress(Progress...)发布一个或者多个进度。这些值将被发布到 UI 线程，在 onProgressUpdate(Progress…)使用。

❑　onProgressUpdate(Progress…)，调用完 publishProgress(Progress…)方法后，该方法立即在 UI 线程中执行，执行的时机是不确定的。当前的方法被用于在后台计算的过程中在用户界面展示当前的进度。

❑　onPostExecute(Result)，当后台操作执行结束后在 UI 线程中执行。后台操作的结果将会被传递到这一步作为方法的参数。

注意：上述 4 个步骤中的方法都不能手动调用，所以 AsyncTask 的实例必须在 UI 线程中创建，并且 AsyncTask 子类对象的 execute()方法必须在 UI 线程中调用。

7.1.3　AsyncTask 的使用

采用异步任务实现网络数据下载图片，并且展示当前下载的图片进度，下载完成后相应位置展示下载图片。

下面通过一个综合实例来感受采用异步任务实现网络下载图片显示进度，并且展示。

【范例 7-4】下载图片显示进度并展示（代码文件详见链接资源中第 7 章范例 7-4）

本范例用于实现采用异步任务下载网络图片显示进度并且展示的功能，其效果如图 7.3 所示。点击"下载图片"按钮，即可以看到弹出显示图片进度的对话框，下载完毕后将图片显示到指定的控件中。

图 7.3　YZTC07_Demo03 运行效果图

<编码思路>

（1）定义首界面需要加载的布局文件。

（2）定义首界面的如下功能：定义内部类继承 AsyncTask，重写相应的方法完成下载图片并且显示。

根据本范例的编码思路，要实现该范例效果，需要通过以下两步实现。

（1）定义 activity_main.xml 布局文件（链接资源/第 7 章/范例 7-4（下载图片显示进度并展示）/ YZTC07_Demo03 /res/layout/activity_main.xml）。

在 Android 应用程序加载时需要调用首界面 MainActivity.java，该首界面文件首先需要加载布局文件 activity_main.xml。

<范例代码>

```
1.  <RelativeLayout xmlns:android="http://schemas.android.com/apk/res/android"
2.      xmlns:tools="http://schemas.android.com/tools"
3.      android:layout_width="match_parent"
4.      android:layout_height="match_parent"
5.      android:paddingBottom="@dimen/activity_vertical_margin"
6.      android:paddingLeft="@dimen/activity_horizontal_margin"
7.      android:paddingRight="@dimen/activity_horizontal_margin"
8.      android:paddingTop="@dimen/activity_vertical_margin"
9.      tools:context=".MainActivity" >
10.     <ImageView
11.         android:id="@+id/imageView_show"
12.         android:layout_width="wrap_content"
13.         android:layout_height="wrap_content"
14.         android:layout_centerInParent="true"
15.         android:src="@drawable/ic_launcher" />
16.     <Button
17.         android:id="@+id/button_download"
18.         android:layout_width="wrap_content"
19.         android:layout_height="wrap_content"
20.         android:layout_alignParentBottom="true"
21.         android:layout_centerHorizontal="true"
22.     android:textSize="20sp"
23.     android:text="@string/button_name" />
24.     </RelativeLayout>
```

<代码详解>

第 1 行至第 9 行定义当前布局文件的根布局采用相对布局（RelativeLayout）。

第 10 行至第 15 行在相对布局中定义 ImageView 控件。

第 16 行至第 23 行在相对布局中定义 Button 按钮控件。

（2）定义首界面 MainActivity.java 文件（代码文件：范例代码/第 7 章/范例 7-4（下载图片显示进度并展示）/YZTC07_Demo03/src/com/yztcedu/yztc07demo03/MainActivity. java）。

Android 应用程序加载时需要调用首界面 MainActivity.java。

<范例代码>

```
1.  public class MainActivity extends Activity {
2.      private ImageView imageView_show;
3.      private Button button_downLoad;
4.      private ProgressDialog progressDialog;
5.      private static final String
PATH="http://www.mobiletrain.org/images/qflogo_n1.jpg";
6.      @Override
7.      protected void onCreate(Bundle savedInstanceState) {
8.          super.onCreate(savedInstanceState);
```

```
9.            setContentView(R.layout.activity_main);
10.           imageView_show=(ImageView) findViewById(R.id.imageView_show);
11.           button_downLoad=(Button) findViewById(R.id.button_download);
12.           button_downLoad.setOnClickListener(new OnClickListener() {
13.
14.               @Override
15.               public void onClick(View v) {
16.                   new MyAsyncTask().execute(PATH);
17.               }
18.           });
19.      }
20.      public class MyAsyncTask extends AsyncTask<String, Integer, byte[]>{
21.          //创建初始化 progressDialog 并设置属性
22.          @Override
23.          protected void onPreExecute() {
24.              progressDialog=new ProgressDialog(MainActivity.this);
25.              progressDialog.setTitle("下载信息");
26.              progressDialog.setMessage("正在下载,请稍后...");
27.              progressDialog.setProgressStyle(ProgressDialog.STYLE_HORIZONTAL);//
设置带有刻度显示的进度对话框
28.              progressDialog.show();
29.          }
30.          //后台开启工作线程,需要操作耗时操作,网络下载图片
31.          @Override
32.          protected byte[] doInBackground(String... params) {
33.              ByteArrayOutputStream outputStream=new ByteArrayOutputStream();
34.              try {
35.                  URL url=new URL(params[0]);
36.                  HttpURLConnection httpURLConnection=(HttpURLConnection)
url.openConnection();
37.                  if(httpURLConnection.getResponseCode()==200){//判断响应码是
否成功
38.                      InputStream
inputStream=httpURLConnection.getInputStream();// 获得流对象
39.                      long
file_length=httpURLConnection.getContentLength();//获取当前下载文件的总长度
40.                      int current_length=0;//当前的下载进度
41.                      int temp=0;
42.                      byte[] buff=new byte[1024];
43.                      while((temp=inputStream.read(buff))!=-1){
44.  current_length+=temp;//每读取一次更新当前进度
45.  //计算当前下载的进度比例
46.  int progress=(int)((current_length/(float)file_length)*100);
47.  publishProgress(progress);//将当前的进度值刷新交给主线程处理
48.  outputStream.write(buff, 0, temp);
49.      outputStream.flush();
```

```
50.                        }
51.                    }
52.                } catch (IOException e) {
53.                    e.printStackTrace();
54.                }
55.                return outputStream.toByteArray();
56.            }
57.            //该方法当publishProgress()执行之后由系统框架调用
58.            @Override
59.            protected void onProgressUpdate(Integer... values) {
60.                //更新进度
61.                progressDialog.setProgress(values[0]);
62.            }
63.        @Override
64.        protected void onPostExecute(byte[] result) {
65.            if(result!=null && result.length!=0){
66.                Bitmap bm=BitmapFactory.decodeByteArray(result, 0,
result.length);
67.                imageView_show.setImageBitmap(bm);
68.            }else{
69.                Toast.makeText(MainActivity.this,"网络有问题
",Toast.LENGTH_SHORT).show();
70.            }
71.            progressDialog.dismiss();//关闭进度对话框
72.        }
73.    }
74. }
```

<代码详解>

第 12 行至第 18 行表示绑定按钮的点击事件，在点击事件中构建自定义异步任务对象，调用 execute()方法启动执行异步任务。

第 20 行至第 76 行表示继承 AsyncTask，重写相应的回调方法完成网络下载图片显示下载进度，下载完成后显示图片。

第 21 行至第 29 行表示重写 AsyncTask 的 onPreExecute()方法，在该方法中执行异步任务之前的准备工作，构建进度条对话框设置标题、样式等并且显示。

第 30 行至第 56 行表示重写 AsyncTask 的 doInBackground()方法，在该方法中主要执行耗时操作，使用 httpURLConnection 获取网络请求，采用流的形式获取网络数据。

第 39 行调用 httpURLConnection 对象中的 getContentLength()方法获取当前下载文件的总长度。

第 43 行至第 45 行表示在循环读取数据时，每次读取文件的长度，并且计算当前下载进度。

第 47 行调用 publishProgress()方法传入当前下载进度，将下载进度刷新交给主线程。

第 58 行至第 62 行重写 AsyncTask 中的 onProgressUpdate()方法，该方法在调用完 publishProgress()方法后回调，主要用来将进度更新到 UI 中展示。

第 63 行至第 72 行重写 AsyncTask 中的 onPostExecute()方法，该方法主要接收 doInBackground()方法的返回值，将数据结果展示到 UI 界面中。

7.1.4　AsyncTask 的取消

一个异步任务可以在任何时候通过调用 cancel(boolean)被取消。调用这个方法将导致调用 isCancelled()返回 true。调用此方法后，doInBackground(Object[])方法调用之后将会调用 onCancelled(Object)而不是调用 onPostExecute(Object)。为了确保这个异步任务被尽可能迅速地取消，应该在 doInBackground(Object[])执行过程中总是检查 isCancelled()方法的返回值。

cancel(boolean)试图取消当前任务的执行，如果任务已经完成操作，或者当前任务已经被取消，又或者因为某些其他原因无法取消则取消将会失败。如果成功，cancel 被调用这个异步任务将不会被启动。如果这个异步任务已经启动，则打断运行的参数决定是否执行此任务的线程应该被试图打断或者停止异步任务。

下面通过一个综合实例来实现下载网络图片显示进度，点击"取消"按钮时取消当前下载网络的异步任务。

【范例 7-5】取消异步任务图片下载（代码文件详见链接资源中第 7 章范例 7-5）

本范例用于实现下载网络图片显示进度，点击"取消"按钮时取消当前下载网络的异步任务功能，效果如图 7.4 所示。点击图中"下载图片"按钮，即弹出对话框显示图片下载进度，点击"取消"按钮时中断下载。

图 7.4　YZTC07_Demo04 运行效果图

<编码思路>

（1）定义首界面需要加载的布局文件。

（2）定义首界面的如下功能：点击"下载图片"按钮启动异步任务下载，并且实时在对话框中显示下载进度，点击"取消"按钮时中断下载。

根据本范例的编码思路，要实现该范例效果，需要通过以下 2 步实现。

（1）定义 activity_main.xml 布局文件（链接资源/第 7 章/范例 7-5（取消异步任务图片下载）/ YZTC07_Demo04 /res/layout/activity_main.xml）。

在 Android 应用程序加载时需要调用首界面 MainActivity.java，该首界面文件首先需要加载布局文件 activity_main.xml。

<范例代码>

```
1.  <RelativeLayout xmlns:android="http://schemas.android.com/apk/res/android"
2.      xmlns:tools="http://schemas.android.com/tools"
3.      android:layout_width="match_parent"
4.      android:layout_height="match_parent"
5.      android:paddingBottom="@dimen/activity_vertical_margin"
6.      android:paddingLeft="@dimen/activity_horizontal_margin"
7.      android:paddingRight="@dimen/activity_horizontal_margin"
8.      android:paddingTop="@dimen/activity_vertical_margin"
9.      tools:context=".MainActivity" >
10.     <ImageView
11.         android:id="@+id/imageView1"
12.         android:layout_width="wrap_content"
13.         android:layout_height="wrap_content"
14.         android:layout_centerHorizontal="true"
15.         android:layout_centerVertical="true"
16.         android:src="@drawable/ic_launcher" />
17.     <Button
18.         android:id="@+id/button1"
19.         android:layout_width="wrap_content"
20.         android:layout_height="wrap_content"
21.         android:layout_alignParentBottom="true"
22.         android:layout_centerHorizontal="true"
23.         android:onClick="download"
24. android: textSize="20sp"
25.         android:text="下载图片" />
26. </RelativeLayout>
```

<代码详解>

第 1 行至第 9 行定义当前布局文件的根布局采用相对布局（RelativeLayout）。

第 10 行至第 16 行在相对布局中定义 ImageView 控件。

第 17 行至第 25 行在相对布局中定义 Button 按钮控件。

（2）定义首界面 MainActivity.java 文件（代码文件：范例代码/第 7 章/范例 7-5（取消异步任务图片下载）/ YZTC07_Demo04 /src/com/yztcedu/yztc07demo04/MainActivity.java）。

Android 应用程序加载时需要调用首界面 MainActivity.java。

<范例代码>

```
1.   public class MainActivity extends Activity {
2.       private ProgressDialog progressDialog;
3.       private ImageView imageView;
4.       private static final String TAG="MainActivity";
5.       @Override
6.       protected void onCreate(Bundle savedInstanceState) {
7.           super.onCreate(savedInstanceState);
8.           setContentView(R.layout.activity_main);
9.           imageView=(ImageView) findViewById(R.id.imageView1);
10.      }
11.      //点击按钮启动异步任务下载图片
12.      public void download(View view){
13.          new DownLoadAsyncTask().execute("http://www.mobiletrain.org/images/
qflogo_n1.jpg");
14.      }
15.      //下载图片的异步任务
16.      public class DownLoadAsyncTask extends AsyncTask<String, Integer, byte[]>{
17.          @Override
18.          protected void onPreExecute() {
19.              progressDialog=new ProgressDialog(MainActivity.this);
20.              progressDialog.setProgressStyle(ProgressDialog.STYLE_
HORIZONTAL);
21.              progressDialog.setTitle("下载信息");
22.              progressDialog.setMessage("正在下载中...");
23.              progressDialog.setProgress(0);
24.              progressDialog.setButton(ProgressDialog.BUTTON_NEGATIVE, "取消",
new DialogInterface.OnClickListener() {
25.
26.                  @Override
27.                  public void onClick(DialogInterface dialog, int which) {
28.                      //取消异步任务
29.                      cancel(true);//如果返回值为true 表示取消异步任务
30.                  }
31.              });
32.              progressDialog.show();
33.          }
34.
35.          @Override
```

```
36.        protected byte[] doInBackground(String... params) {
37.            ByteArrayOutputStream outputStream=new ByteArrayOutputStream();
38.            try {
39.                URL url=new URL(params[0]);
40.                HttpURLConnection connection=(HttpURLConnection)
url.openConnection();
41.                if(connection.getResponseCode()==200){
42. InputStream inputStream=connection.getInputStream();
43. byte[] buff=new byte[1024];
44. long fileLength=connection.getContentLength();
45. int currentLength=0;
46. int temp=0;
47. Log.i(TAG, "异步任务是否取消----------"+isCancelled());
48. while((temp=inputStream.read(buff))!=-1 && !isCancelled()){//如果返回值为true,
表示异步任务取消
49. Log.i(TAG, "异步任务是否取消----------"+isCancelled());
50. currentLength+=temp;
51.     int progress=(int)((currentLength/(float)fileLength)*100);
52. publishProgress(progress);
53. outputStream.write(buff, 0, temp);
54. outputStream.flush();
55.     try {
56.     Thread.sleep(1000);
57.     } catch (InterruptedException e) {
58. e.printStackTrace();
59.     }
60. }
61.                }
62.            } catch (ClientProtocolException e) {
63.                e.printStackTrace();
64.            } catch (IllegalStateException e) {
65.                e.printStackTrace();
66.            } catch (IOException e) {
67.                e.printStackTrace();
68.            }
69.            return outputStream.toByteArray();
70.        }
71.        //UI 线程中执行, 表示异步任务停止后执行的回调方法 onCancelled()
72.        @Override
73.        protected void onCancelled() {
74.            progressDialog.dismiss();
75.            Log.i(TAG, "取消异步任务——————onCancelled");
76.        }
77.        @Override
78.        protected void onProgressUpdate(Integer... values) {
```

```
79.              progressDialog.setProgress(values[0]);
80.          }
81.          @Override
82.          protected void onPostExecute(byte[] result) {
83.              if(result!=null && result.length!=0){
84.                  Bitmap bm=BitmapFactory.decodeByteArray(result, 0,
result.length);
85.                  imageView.setImageBitmap(bm);
86.              }else{
87.                  Toast.makeText(MainActivity.this,"网络异常",
Toast.LENGTH_SHORT).show();
88.              }
89.              progressDialog.dismiss();
90.          }
91.      }
92. }
```

<代码详解>

第 12 行至第 14 行表示按钮点击触发的方法，在该方法中创建异步任务对象并且启动。

第 15 行至第 92 行表示继承 AsyncTask 实现异步任务的自定义类，重写相应的回调方法。

第 17 行至第 33 行表示重写 AsyncTask 中的 onPreExecute()方法，该方法中创建用于显示进度的对话框。

第 29 行调用 cancel(true)方法取消异步任务。

第 35 行至第 70 行表示重写 AsyncTask 中的 doInBackground()方法，进行网络数据加载并返回结果。

第 48 行在循环读取网络数据时调用 isCancelled()方法，以该方法返回值表示异步任务是否取消。如果为 true 表示取消，停止网络加载；如果为 false 表示没有取消，继续读取。

第 71 行至第 76 行表示重写 AsyncTask 中的 onCancelled()方法，该方法在异步任务被终止后回调，在该方法中取消对话框的展示。

第 77 行至第 80 行表示重写 AsyncTask 中的 onProgressUpdate()方法，更新最新下载进度。

第 81 行至第 90 行表示重写 AsyncTask 中的 onPostExecute()方法，将 doInBackground()方法返回的结果显示到 UI 界面中。

7.2 基于 HTTP 的 Android 应用程序

在 Android 手持设备中,应用程序一般作为客户端,需要访问服务器端获取数据进行展示,因此访问服务器需要使用到网络协议。Android 提供了 Apache HttpClient 库用于网络访问,也可以使用 Java 中的网络 API 库访问网络,Android 会将其转换成 Apache HttpClient 库来使用。

7.2.1 HTTP 介绍

HTTP(Hyper Text Transfer Protocol,超文本传输协议)是一种应用层协议。当前使用稳定的版本为 HTTP1.1,它是 Web 联网的基础,也是手机联网常用的协议之一。HTTP 是建立在 TCP 之上的一种协议。

HTTP 可以通过传输层的 TCP 在客户端和服务器端之间传输数据,HTTP 主要用于 Web 浏览器和 Web 服务器之间的数据交换。通常使用 HTTP 访问开头,相当于通知浏览器使用 HTTP 来和指定的服务器主机进行通信。

HTTP 的主要特点可以概括如下:

❑ 支持客户/服务器模式。

❑ 简单快捷:客户端向服务器请求服务时,只需要传送请求方法和路径。常用的请求方法有 GET、HEAD、POST。每种方法规定了客户与服务器联系的类型不同。

❑ 灵活:HTTP 允许传输任意类型的数据对象。当前传输的类型由 Content-Type 加以标记。

❑ 无状态:HTTP 是无状态协议。无状态是指协议对于事务处理没有记忆能力。缺少状态意味着如果后续处理需要前面的消息,则它必须重传,这样可能导致每次连接传送的数据量增大。

❑ HTTP1.1 使用连续连接,不必为每个 web 对象创建一个新的连接,一个连接可以传送多个对象。注意:HTTP0.9 和 1.0 使用非持续连接,限制每次连接只处理一个请求,服务器处理完客户的请求,并收到客户的应答后即断开连接。

7.2.2 HTTP 的工作方式

HTTP1.1 和 HTTP1.0 最大的区别就是增加了持久性连接。当客户端使用 HTTP1.1 连接到服务器后,服务器将关闭客户端连接的主动权交给客户端。也就是说,只要不调用 Socket 类的 close 方法关闭网络连接,就可以继续向服务器发送请求。HTTP1.1 的主要工作方式如图 7.5 所示。

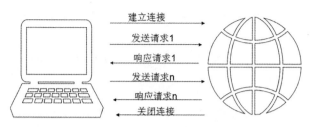

图 7.5　HTTP1.1 的工作方式

　　HTTP1.1 除了支持持久连接之外，还将 HTTP1.0 的请求方法从原来的 3 个（GET、POST、HEAD）扩展到 8 个（OPTIONS、GET、HEAD、POST、PUT、DELETE、TRACE 和 CONNECT），使应用可以获取连接中更多的信息，使应用更加人性化。

7.2.3　HTTP 请求及请求方法

　　HTTP 的完整连接如：http://host[":"port][path]，每一部分的具体含义如下。

- ❑　http：需要通过 HTTP 来定位网络资源。
- ❑　host：合法的 Internet 主机名或者 IP 地址。
- ❑　port：指定一个端口号，为空则使用默认端口 80，因为所有的 HTTP 连接端口默认都是 80。
- ❑　path：请求资源的 URI。例如输入 www.1000phone.com 则浏览器会自动将地址转换为 http://www.1000phone.com。

　　当网络应用程序收到一个 HTTP 请求链接后，就会将其转化为一个格式化的 HTTP 请求发送给服务器。HTTP 请求由三部分组成：请求行、消息报头、请求正文。它们会一起发给服务器端。

　　HTTP1.1 共提供了八种方法（有时也叫"动作"，方法名称区分大小写）来表明 Request-URI 指定的资源的不同操作方式。

- ❑　OPTIONS：返回服务器针对特定资源所支持的 HTTP 请求方法。也可以利用向 Web 服务器发送"＊"的请求来测试服务器的功能性。
- ❑　HEAD：向服务器发送与 GET 请求一致的响应，只不过响应体将不会被返回。这一方法可以在不传输整个响应内容的情况下，就获取包含在响应信息头中的元信息。
- ❑　GET：向特定的资源发出请求。注意：GET 方法不应该被用于产生"副作用"的操作中，例如在 web.app 中。其中有一个原因是 GET 可能会被网络蜘蛛等随意访问。
- ❑　POST：向指定资源提交数据进行处理请求（例如提交表单或者上传文件）。数据被包含在请求体中。POST 请求可能会导致新的资源的建立和/或已有资源的修改。
- ❑　PUT：向指定资源位置上传最新内容。

❑ DELETE：请求服务器删除 Request-URI 标识的资源。

❑ TRACE：回显服务器收到的请求，主要用于测试或诊断。

❑ CONNECT：HTTP1.1 中预留给能够连接改为管道方式的代理服务器。

当某个请求所针对的资源不支持对应的请求方法的时候，服务器应当返回状态码 405（Method Not Allowed）；当服务器不认识或者不支持对应的请求方法的时候，应当返回状态码 501（Not Implemented）。

HTTP 服务器至少应该实现 GET 和 HEAD 方法，其他方法都是可选的。当然，所有的方法支持的实现都应当符合下述方法各自的语义定义。除了上述方法，特定的 HTTP 服务器还能够扩展自定义方法。

最常用的是 GET 和 POST 两种方法，GET 和 POST 的区别如下：

❑ 相对来说，GET 请求传送的数据量较小，不能大于 2KB；POST 传送的数据量较大，一般默认情况不受限制。理论上来说，IIS4 中传送的数据量的最大值为 80KB，IIS5 中传送的数据量的最大值为 100KB。

❑ GET 请求将参数数据队列添加到提交的 URL 中，值和表单各个字段的内容相对应。POST 请求可以向服务器传送数据，并且数据放在 HEAD 中一起传送到服务端 URL 地址，数据对用户不可见。

❑ 相对来说，GET 安全性能较低，POST 安全性能较高。

7.2.4　HTTP 响应与状态码

客户端向服务器发送一个请求，服务器以一个状态行作为响应，响应的内容包括：消息协议版本、成功或错误编码、服务器信息、实体元信息及必要的实体内容。可以大致分为三部分：状态行、消息报头、响应正文。其中，状态行中包括以下状态码。

❑ 1××：指示信息，表示请求已被接收，继续处理。

❑ 2××：成功信息，表示请求已被成功接收、理解、接受。

❑ 3××：重定向信息，表示要完成请求必须进行更进一步的操作。

❑ 4××：客户端错误，表示请求有语法错误或者请求无法实现。

❑ 5××：服务器端错误，表示服务器未能实现合法的请求。

常见状态码对应的信息如表 7.1 所示。

表 7.1　常见状态码对应的信息

状 态 码	状态码名称	中文描述
100	Continue	继续。客户端应继续当前请求
101	Switching Protocols	切换协议。服务器根据客户端的请求切换协议。只能切换到更高级的协议

状 态 码	状态码名称	中文描述
200	ok	请求成功。一般用于GET与POST请求
201	Created	已创建。成功请求并创建了新的资源
202	Accepted	已接受。已经接受请求，但未处理完成
300	Multiple Choices	多种选择。请求的资源可包括多个位置，响应可返回一个资源特征与地址的列表用于用户终端
303	See Other	查看其他地址。使用GET和POST请求查看
307	Temporary Redirect	临时重定向。使用GET请求重定向
400	Bad Request	客户端请求的语法错误，服务器无法理解
404	Not Found	服务器无法根据客户端的请求找到资源（网页）。通过此代码，网站设计人员可设置"您所请求的资源无法找到"的个性页面
408	Request Time-out	服务器等待客户端发送的请求时间过长，超时
500	Internal Server Error	服务器内部错误，无法完成请求
501	Not Implemented	服务器不支持请求的功能，无法完成请求
505	HTTP Version not supported	服务器不支持请求的HTTP版本，无法完成处理

7.2.5　HttpClient 的使用方法

为了更好地处理 Web 站点请求，如处理 Session 等问题，Apache 开源组织提供一个 HttpClient 项目。这是一个简单的 HTTP 客户端，发送 HTTP 请求，接受 HTTP 响应。

初始化 URL 地址时，可以预先定义一个字符串，在初始化 HttpClient 时作为构造函数的参数输入；亦可在创建好 HttpGet 的实例后，采用 request.setURL()的方式设置地址。

GET 方式可以访问无参数的地址，也可以是带参数的访问，使用 GET 方式请求的具体步骤如下。

❑　创建 HttpClient 接口实例类对象。

```
HttpClient client=new DefaultHttpClient();
```

❑　根据指定的资源路径创建 GET 请求对象。

```
HttpGet httpGet=new HttpGet(path);
```

❑　HttpClient 执行 GET 请求，获取 HttpResponse 响应接口实现类对象。

```
HttpResponse httpRes=client.execute(get);
```

❑　根据服务器响应对象，获取得到 statusLine 状态行接口实现类对象。

```
StatusLine statusLine = httpRes.getStatusLine();
```

❑ 根据获取的状态行对象获取响应的状态码。

```
int code =statusLine.getStatusCode();
```

❑ 判断当状态码为 200 时，可以获取响应的 HttpEntity 实现类对象，然后获取响应的流对象具体操作。

```
InputStream is= httpRes.getEntity().getContent();
```

下面通过一个综合实例来感受 HttpClient 与 AsyncTask 结合使用下载网络图片并且显示下载进度，而且下载完成后在指定的位置显示下载图片。

【范例7-6】使用 HttpClient 与 AsyncTask 下载图片（代码文件详见链接资源中第 7 章范例 7-6）

本范例用于实现 Activity 界面跳转，并且传递不同类型的数据功能，其效果如图 7.6 所示。点击图（左）中"下载图片"按钮，即可以看到图（中）中弹出显示进度的对话框，下载完毕后看到图（右）显示图片内容。

图 7.6　YZTC07_Demo05 运行效果图

<编码思路>

（1）定义首界面需要加载的布局文件。

（2）定义首界面的如下功能：定义内部类继承 AsyncTask，重写相应方法完成网络下载图片更新进度，并展示到相应界面控件中。

根据本范例的编码思路，要实现该范例效果，需要通过以下 2 步实现。

（1）定义 activity_main.xml 布局文件（链接资源/第 7 章/范例 7-6(HttpClient 与 AsyncTask 结合下载图片)/ YZTC07_Demo05/res/layout/ activity_main.xml）。

在 Android 应用程序加载时需要调用首界面 MainActivity.java，该首界面文件首先需要加载布局文件 activity_main.xml。

<范例代码>

```
1.        <RelativeLayout
xmlns:android="http://schemas.android.com/apk/res/android"
2.        xmlns:tools="http://schemas.android.com/tools"
3.        android:layout_width="match_parent"
4.        android:layout_height="match_parent"
5.        android:paddingBottom="@dimen/activity_vertical_margin"
6.        android:paddingLeft="@dimen/activity_horizontal_margin"
7.        android:paddingRight="@dimen/activity_horizontal_margin"
8.        android:paddingTop="@dimen/activity_vertical_margin"
9.        tools:context=".MainActivity" >
10.    <ImageView
11.        android:id="@+id/imageView_show"
12.        android:layout_width="wrap_content"
13.        android:layout_height="wrap_content"
14.        android:layout_centerInParent="true"
15.        android:src="@drawable/ic_launcher" />
16.    <Button
17.        android:id="@+id/button_download"
18.        android:layout_width="wrap_content"
19.        android:layout_height="wrap_content"
20.        android:layout_alignParentBottom="true"
21.        android:layout_centerHorizontal="true"
22.        android:text="@string/button_name" />
23. </RelativeLayout>
```

<代码详解>

第 1 行至第 9 行定义当前布局文件的根布局采用相对布局（RelativeLayout）。

第 10 行至第 15 行在相对布局中定义 ImageView 控件。

第 16 行至第 22 行在相对布局中定义 Button 按钮控件。

（2）定义首界面 MainActivity.java 文件[代码文件：范例代码/第 7 章/范例 7-6（HttpClient 与 AsyncTask 结合下载图片）/YZTC07_Demo05 /src/com/yztcedu/ yztc07demo05/ MainActivity. java]。

Android 应用程序加载时需要调用首界面 MainActivity.java。

<范例代码>

```
1.  public class MainActivity extends Activity {
2.      private ImageView imageView_show;
3.      private Button button_downLoad;
4.      private ProgressDialog progressDialog;
5.      private static final String
PATH="http://img0.bdstatic.com/img/image/shouye/lgmzpnl02.jpg";
```

```
6.      @Override
7.      protected void onCreate(Bundle savedInstanceState) {
8.          super.onCreate(savedInstanceState);
9.          setContentView(R.layout.activity_main);
10.         imageView_show=(ImageView) findViewById(R.id.imageView_show);
11.         button_downLoad=(Button) findViewById(R.id.button_download);
12.         button_downLoad.setOnClickListener(new OnClickListener() {
13.
14.             @Override
15.             public void onClick(View v) {
16.                 new MyAsyncTask().execute(PATH);
17.             }
18.         });
19.     }
20.     public class MyAsyncTask extends AsyncTask<String, Integer, byte[]>{
21.     //做什么? 创建初始化 progressDialog, 并且设置属性
22.     @Override
23.     protected void onPreExecute() {
24.         progressDialog=new ProgressDialog(MainActivity.this);
25.         progressDialog.setTitle("下载信息");
26.         progressDialog.setMessage("正在下载,请稍后...");
27.         progressDialog.setProgressStyle(ProgressDialog.STYLE_HORIZONTAL);//
设置带有刻度显示的进度对话框
28.         progressDialog.show();
29.     }
30.     //后台开启工作线程,需要操作耗时操作,网络下载图片
31.     @Override
32.     protected byte[] doInBackground(String... params) {
33.         ByteArrayOutputStream outputStream=new ByteArrayOutputStream();
34.         HttpClient httpClient=new DefaultHttpClient();
35.         HttpGet httpGet=new HttpGet(params[0]);
36.         try {
37.             HttpResponse httpResponse=httpClient.execute(httpGet);
38.             if(httpResponse.getStatusLine().getStatusCode()==200){//判
断响应码是否成功
39.                 InputStream
inputStream=httpResponse.getEntity().getContent();// 获得流对象
40.                 long file_length=httpResponse.getEntity().getContent
Length(); //获取当前下载文件的总长度
41.                 int current_length=0;//当前的下载进度
42.                 int temp=0;
43.                 byte[] buff=new byte[1024];
44.                 while((temp=inputStream.read(buff))!=-1){
45. current_length+=temp;//每读取一次更新当前进度
46. //计算当前下载的进度比例
47. int progress=(int)((current_length/(float)file_length)*100);
```

```
48.  publishProgress(progress);//将当前的进度值刷新交给主线程处理
49.  outputStream.write(buff, 0, temp);
50.  outputStream.flush();
51.                   }
52.               }
53.               return outputStream.toByteArray();
54.         } catch (ClientProtocolException e) {
55.             e.printStackTrace();
56.         } catch (IllegalStateException e) {
57.             e.printStackTrace();
58.         } catch (IOException e) {
59.             e.printStackTrace();
60.         }
61.         return null;
62.     }
63.     //该方法在publishProgress()执行之后由系统框架调用
64.     @Override
65.     protected void onProgressUpdate(Integer... values) {
66.         //更新进度
67.         progressDialog.setProgress(values[0]);
68.     }
69.
70.     @Override
71.     protected void onPostExecute(byte[] result) {
72.         if(result!=null && result.length!=0){
73.             Bitmap bm=BitmapFactory.decodeByteArray(result, 0,
result.length);
74.             imageView_show.setImageBitmap(bm);
75.         }else{
76.             Toast.makeText(MainActivity.this,"网络有问题",Toast.LENGTH_
SHORT).show();
77.         }
78.         progressDialog.dismiss();//关闭进度对话框
79.     }
80.   }
81.
82. }
```

<代码详解>

第 12 行至第 19 行表示按钮点击触发的方法，该方法中创建异步任务对象并启动。

第 20 行至第 81 行表示继承 AsyncTask 实现异步任务的自定义类，重写相应的回调方法。

第 31 行至第 62 行表示重写 AsyncTask 中的 doInBackground()方法，该方法进行网络耗时操作，完成网络图片数据下载。

第 34 行至第 36 行构建 HttpClient 网络访问对象，构建 HttpGet 请求对象，调用 HttpClient

对象的 execute()方法生成 HttpResponse 网络请求对象。

第 38 行至第 52 行表示判断响应码是否成功，如果成功则获取流对象，通过流获取网络图片数据返回。

采用 POST 方式比 GET 方式要复杂一些，首先要通过 HttpPost 构建一个 POST 请求。

```
HttpPost httpPost=new HttpPost(url);
```

另外，需要使用 NameValuePair 保存客户端传递的参数，可以使用 BasicNameValuePair 来构造需要被传递的参数，通过 add 方法把这些参数加入到 NameValuePair 中。

```
List<NameValuePair> params = newArrayList<NameValuePair>();
params.add(new BasicNameValuePair(valueName, value));
```

然后，将请求参数信息创建为一个 HttpEntity 实体，可以设置当前请求参数的编码，并且将当前的实体对象设置到 POST 请求中。

```
//可用第二个参数指定编码，解决请求参数中文乱码问题
HttpEntity httpentity=new UrlEncodedFormEntity(params,"UTF-8");
post.setEntity(httpentity);
```

然后，通过 HttpClient 执行 POST 请求获取服务器响应对象，根据响应对象获取对应的状态行，在响应的状态行中获取本次请求的状态码，执行响应的操作即可。

下面通过一个综合实例来讲解使用 HttpClient 的 Post 方式实现登录功能。

【范例 7-7】使用 HttpClient 的 Post 方式实现登录（代码文件详见链接资源中第 5 章范例 7-7）

本范例用于使用 HttpClient 的 Post 方式实现登录功能，其效果如图 7.7 所示。启动程序看到图（左）中界面，输入用户名和密码，点击"提交"按钮即可以看到图（右）中的服务器返回结果。

图 7.7　YZTC07_Demo06 运行效果图

<编码思路>

（1）定义首界面需要加载的布局文件。

（2）定义首界面的如下功能：输入用户名和密码，点击"提交"按钮，以及将数据提交至服务器返回是否登录成功提示信息。

根据本范例的编码思路，要实现该范例效果，需要通过以下 2 步实现。

（1）定义 activity_main.xml 布局文件［链接资源/第 7 章/范例 7-7（HttpClient 的 Post 方式实现的登录）/YZTC07_Demo06/res/layout/activity_main.xml］。

在 Android 应用程序加载时需要调用首界面 MainActivity.java，该首界面文件首先需要加载布局文件 activity_main.xml。

<范例代码>

```
1.   <?xml version="1.0" encoding="utf-8"?>
2.   <LinearLayout xmlns:android="http://schemas.android.com/apk/res/android"
3.       android:id="@+id/ll1"
4.       android:layout_width="fill_parent"
5.       android:layout_height="fill_parent"
6.       android:orientation="vertical" >
7.       <EditText
8.           android:id="@+id/editText1"
9.           android:layout_width="match_parent"
10.          android:layout_height="wrap_content"
11.          android:hint="@string/username"
12.          android:textSize="20sp"
13.          android:text="" >
14.      </EditText>
15.      <EditText
16.          android:id="@+id/editText2"
17.          android:layout_width="match_parent"
18.          android:layout_height="wrap_content"
19.          android:hint="@string/password"
20.          android:password="true"
21.          android:textSize="20sp"
22.          android:text="" >
23.      </EditText>
24.      <Button
25.          android:id="@+id/button1"
26.          android:layout_width="match_parent"
27.          android:layout_height="wrap_content"
28.          android:textSize="20sp"
29.          android:text="@string/submit" >
30.      </Button>
31.      <TextView
```

```
32.        android:id="@+id/textView1"
33.        android:layout_width="fill_parent"
34.        android:layout_height="wrap_content"
35.        android:textSize="20sp"
36.        android:text="@string/result" >
37.    </TextView>
38. </LinearLayout>
```

<代码详解>

第 1 行至第 6 行定义当前布局文件的根布局采用线性布局（LinearLayout）。

第 7 行至第 14 行在相对布局中定义用于提示输入用户名的 EditText 控件。

第 15 行至第 23 行在相对布局中定义用于提示输入密码的 EditText 控件。

第 24 行至第 30 行在相对布局中定义 Button 按钮控件。

第 31 行至第 37 行在相对布局中定义用户显示登录结果的 TextView 控件。

（2）定义首界面 MainActivity.java 文件 [代码文件：范例代码/第 7 章/范例 7-7（HttpClient 的 Post 方式实现的登录）/YZTC07_Demo06/src/com/yztcedu/yztc07demo06/MainActivity.java]。

Android 应用程序加载时需要调用首界面 MainActivity.java。

<范例代码>

```
1.  public class MainActivity extends Activity implements OnClickListener{
2.      private EditText et1, et2;
3.      private Button btn;
4.      private TextView tv;
5.      private final String url =
"http://192.168.1.106:8080/WebServiceDemo/LoginServlet";
6.      @Override
7.      public void onCreate(Bundle savedInstanceState) {
8.          super.onCreate(savedInstanceState;
9.          setContentView(R.layout.activity_main);
10.         et1 = (EditText) findViewById(R.id.editText1);
11.         et2 = (EditText) findViewById(R.id.editText2);
12.         btn = (Button) findViewById(R.id.button1);
13.         btn.setOnClickListener(this);
14.         tv = (TextView) findViewById(R.id.textView1);
15.     }
16.     @Override
17.     public void onClick(View v) {
18.         new Thread(){
19.             public void run() {
20.                 doPostSubmit(url);
21.             }
22.         }.start();
23.     }
```

```
24.      public void doPostSubmit(String url) {
25.          try {
26.              HttpClient httpclient=new DefaultHttpClient();
27.              //以请求的 URL 地址创建 httppost 请求对象
28.              HttpPost httppost=new HttpPost(url);
29.
30.              //NameValuePair 表示以类的形式保存提交的键值对
31.              NameValuePair pair1=new BasicNameValuePair("username",
et1.getText().toString());
32.              NameValuePair pair2=new BasicNameValuePair("password",
et2.getText().toString());
33.              //集合的目的就是存储需要向服务器提交的 key-value 对的集合
34.              List<NameValuePair> listPair=new ArrayList<NameValuePair>();
35.              listPair.add(pair1);
36.              listPair.add(pair2);
37.              //HttpEntity 封装消息的对象，可以发送和接收服务器的消息，可以通过客户端请
求或服务器端的响应获取其对象
38.              HttpEntity entity=new UrlEncodedFormEntity(listPair);//创建
httpEntity 对象
39.              httppost.setEntity(entity);//将发送消息的载体对象封装到 httppost 对象中
40.              HttpResponse response=httpclient.execute(httppost);
41.              int responseCode=response.getStatusLine().getStatusCode();
42.              if(responseCode==200){
43.                  //得到服务器响应的消息对象
44.                  final HttpEntity httpentity=response.getEntity();
45.                  tv.post(new Runnable() {
46.
47.                      @Override
48.                      public void run() {
49.                          try {
50.                              tv.setText("服务器响应结果是:"+EntityUtils.toString
(httpentity, "utf-8"));
51.                          } catch (ParseException e) {
52.                              e.printStackTrace();
53.                          } catch (IOException e) {
54.                              e.printStackTrace();
55.                          }
56.                      }
57.                  });
58.
59.              }else{
60.                  tv.post(new Runnable() {
61.
62.                      @Override
63.                      public void run() {
```

```
64.                        tv.setText("服务器响应失败");
65.                   }
66.              });
67.
68.          }
69.     } catch (UnsupportedEncodingException e) {
70.         e.printStackTrace();
71.     } catch (ClientProtocolException e) {
72.         e.printStackTrace();
73.     } catch (ParseException e) {
74.         e.printStackTrace();
75.     } catch (IOException e) {
76.         e.printStackTrace();
77.     }
78.  }
79. }
```

<代码详解>

第 13 行至第 23 行定义登录按钮的点击事件，在该事件中调用自定义 doPostSubmit() 方法，采用 post 提交方式获取登录结果。

第 24 行至第 89 行声明定义自定义 doPostSubmit()方法，根据传入的网址参数，采用 POST 提交获取登录结果信息。

第 26 行至第 28 行创建 HttpClient 网络对象，创建 HttpPost 构建 POST 请求对象。

第 30 行至第 36 行创建 NameValuePair 对象保存客户端传递的参数，调用 add()方法把这些参数加入到 NameValuePair 中。

第 38 行和第 39 行将请求参数信息创建为一个 HttpEntity 实体，可以设置当前请求参数的编码，并且将当前的实体对象设置到 POST 请求中。

第 40 行至第 64 行 HttpClient 执行 POST 请求获取服务器响应对象，根据响应对象获取对应的状态行，在响应的状态行中获取本次请求的状态码执行响应的操作即可。

7.3 Android 中的数据解析

在实际应用中，由于各个计算机使用的操作系统、数据库不同，因此数据之间的交换比较麻烦，Android 中主要使用 JSON 及 XML 格式的文件进行数据的转换及交互。当客户端的应用程序向服务器端提交请求时，服务器端将数据封装成 JSON 或者 XML 的数据格式，并将数据返回给客户端，客户端将数据解析后把具体的数据展示到用户界面。

7.3.1　XML 数据解析

XML（eXtensible Markup Language，可拓展标记语言）是一种简单的数据存储语言，使用一系列简单的标签描述数据，这些标签可以用方便的方式建立。

```
1.   <?xml version="1.0" encoding="UTF-8"?>
2.   <emps>
3.     <emp id="1">
4.         <name>zhanghua</name>
5.         <sex>man</sex>
6.         <age>30</age>
7.     </emp>
8.     <emp id="2">
9.         <name>lifeng</name>
10.        <sex>women</sex>
11.        <age>20</age>
12.    </emp>
13.    <emp id="3">
14.        <name>wangli</name>
15.        <sex>man</sex>
16.      <age>15</age>
17.    </emp>
18.    <emp id="4">
19.        <name>zhaogang</name>
20.        <sex>women</sex>
21.        <age>40</age>
22.    </emp>
23.  </emps>
```

XML 文档总以 XML 声明开始，定义了 XML 的版本和使用编码等信息。该声明以"<?"开始，紧跟"xml"字符串，以"?>"结束。具体如下所示：

```
<?xml version="1.0" encoding="UTF-8"?>
```

XML 文档主要由元素组成，元素由开始标签、标签内容及结束标签组成，标签内容可以包含子元素、字符数据等内容。XML 采用如下语法：

❑　XML 文件中的所有起始标签都必须存在一个结束标签。

❑　XML 文件中一个标签通常包含单独的起始和结束标签，也可以采用简化的语法格式在同一个标签中表示起始和结束标签。这种简化通常是左侧尖括号之前紧跟一个斜线（/）。

❑　XML 文件中所有的值必须加上双引号。

1. SAX 解析 XML

SAX 指的是基于事件的 XML 简单 API。SAX 基于事件驱动，使用回调机制将重要的事件通知给客户端应用程序。SAX 解析器在解析 XML 文档的时候可以触发一系列的事件，当读取到指定的标签内容时，解析器就会激活对应的回调方法，告知该方法执行到的标签。SAX 可以让开发人员自己决定需要处理的标签，尤其适合处理文档中包含的部分数据时，所以对内存的要求相对较低。但是 SAX 解析器解析时编码工作比较烦琐，很难同时访问同一个文档中多处不同的数据。

SAX 解析 XML 文件的原理主要是基于事件的模型，它在解析 XML 文档时会根据解析到的不同标签触发一系列事件，当解析到指定的标签时，解析器就会激活一个回调方法，告诉该方法指定的标签已经找到，可以在自定义的解析器类中响应的事件触发方法中执行需要的操作。

SAX 解析中提供的主要回调方法如下。

❑ void startDocument()：解析器开始解析 XML 文档时调用的方法。

❑ void startElement(String uri,String localName,String qName,Attributes attributes)：解析器解析到开始标签时调用的方法。uri 为命名空间 uri，如果元素没有任何命名空间 uri 或者没有正在执行的命名空间 uri，则默认为空字符串。localName 为本地名称（不带前缀），如果没有正在执行的名称可用，则为空字符串。qName 为限定名称（带有前缀），如果没有正在执行的名称可用，则为空字符串。Attributes 为附加到元素的属性。如果没有属性，则为空对象。

❑ void characters(char[] ch,int start,int length)：解析器解析到标签之间的字符数据时调用的方法。ch 为当前解析到的字符，start 为解析到的字符数组开始的位置，end 为解析到的字符数组的长度。

❑ void endElement(String uri,String localName,String qName)：解析器解析到结束标签时调用的方法。uri、localName、qName 与 startElement()方法中指定的相同。uri 为命名空间 uri，如果元素没有任何命名空间 uri 或者没有正在执行的命名空间 uri，则默认为空字符串。localName 为本地名称（不带前缀），如果没有正在执行的名称可用，则为空字符串。qName 为限定名称（带有前缀），如果没有正在执行的名称可用，则为空字符串。

❑ void endDocument()：解析器解析 XML 文档结束时调用的方法。

SAX 解析 XML 文档的主要步骤如下：

❑ 创建一个解析器工厂类 SAXParserFactory。

```
SAXParserFactory factory = SAXParserFactory.newInstance();
```

❑ 从工厂类中产生一个 SAX 解析器对象 SAXParser。

```
SAXParser parser = factory.newSAXParser();
```

❑ 从 SAXParser 中得到一个 XMLReader 实例。

```
XMLReader reader = parser.getXMLReader();
```

❏　将自定义的 handler 注册到 XMLReader 中。

```
MyHandler handler = new MyHandler();
reader.setContentHandler(handler);
```

❏　将 XML 文档转变成 InputStream 流，解析正式开始。

```
parser.parse(is);
```

下面通过一个综合实例来感受 SAX 解析 XML 文件的过程。

【范例 7-8】SAX 解析 XML 文件（代码文件详见链接资源中第 7 章范例 7-8）

本范例用于实现通过 SAX 解析 XML 文件的功能，其效果如图 7.8 所示。启动程序看到如图 7.8 所示界面，解析 Android 项目的 assets 目录结构的 XML，解析 XML 文件中的数据内容显示到 Activity 的 ListView 列表中。

图 7.8　YZTC07_Demo07 运行效果图

<编码思路>

（1）定义需要解析的 XML 文件存到 assets 文件夹中。

（2）定义首界面需要加载的布局文件。

（3）定义将需要解析的 XML 文件对应成相应的实体类，以面向对象思想解析 XML。

（4）定义使用 SAX 解析 XML 文件的工具类。

（5）定义首界面的如下功能：调用 SAX 解析 XML 文件工具类中的方法，获取解析后的数据集合，将集合加载到适配器中，然后展示到 ListView 控件中。

（6）定义自定义适配器类，完成对显示解析数据的展示。

根据本范例的编码思路，要实现该范例效果，需要通过以下 5 步实现。

（1）定义/emps.xml 需要解析的 XML 文件（链接资源/第 7 章/范例 7-8（SAX 解析 XML

文件）/YZTC07_Demo07/assets/emps.xml）。

<范例代码>

```
1.  <?xml version="1.0" encoding="UTF-8"?>
2.  <emps>
3.     <emp id="1">
4.        <name>zhanghua</name>
5.        <sex>man</sex>
6.        <age>30</age>
7.     </emp>
8.     <emp id="2">
9.        <name>lifeng</name>
10.        <sex>women</sex>
11.        <age>20</age>
12.     </emp>
13.     <emp id="3">
14.        <name>wangli</name>
15.        <sex>man</sex>
16.         <age>15</age>
17.     </emp>
18.     <emp id="4">
19.        <name>zhaogang</name>
20.        <sex>women</sex>
21.        <age>40</age>
22.     </emp>
23. </emps>
```

<代码详解>

第 3 行至第 7 行通过 emp 标签定义具体的属性内容。

（2）定义 activity_main.xml 布局文件（链接资源/第 7 章/范例 7-8（SAX 解析 XML 文件）/YZTC07_Demo07/res/layout/activity_main.xml）。

在 Android 应用程序加载时需要调用首界面 MainActivity.java，该首界面文件首先需要加载布局文件 activity_main.xml。

<范例代码>

```
1.     <RelativeLayout
xmlns:android="http://schemas.android.com/apk/res/android"
2.        xmlns:tools="http://schemas.android.com/tools"
3.        android:layout_width="match_parent"
4.        android:layout_height="match_parent"
5.        >
6.     <ListView
7.        android:id="@+id/listview"
8.        android:layout_width="match_parent"
```

```
9.          android:layout_height="match_parent"
10.         android:divider="#00aa00"
11.         android:dividerHeight="2dp"
12.         />
13. </RelativeLayout>
```

<代码详解>

第 1 行至第 5 行定义当前布局文件的根布局采用相对布局（RelativeLayout）。

第 6 行至第 12 行在相对布局中定义用于显示数据列表的 ListView 控件。

（3）定义 Emps.java 实体类文件（链接资源/第 7 章/范例 7-8（SAX 解析 xml 文件）/
YZTC07_Demo07/src/com/yztcedu/yztc07demo07/Emps.java）。

将需要解析的 XML 文件对应成具体的实体类，以面向对象的思想进行解析。

<范例代码>

```
1.      public class Emps {
2.      private int id;
3.      private String name;
4.      private String sex;
5.      private int age;
6.      public int getId() {
7.          return id;
8.      }
9.      public void setId(int id) {
10.         this.id = id;
11.     }
12.     public String getName() {
13.         return name;
14.     }
15.     public void setName(String name) {
16.         this.name = name;
17.     }
18.     public String getSex() {
19.         return sex;
20.     }
21.     public void setSex(String sex) {
22.         this.sex = sex;
23.     }
24.     public int getAge() {
25.         return age;
26.     }
27.     public void setAge(int age) {
28.         this.age = age;
29.     }
30. }
```

<代码详解>

第 2 行至第 5 行定义实体类的属性，与当前需要解析的 XML 文件中的标签相对应。

第 6 行至第 29 行定义实体类中属性的 get 和 set 方法封装属性。

（4）定义 SAX 解析 SaxParseXML.java 工具类（代码文件：范例代码/第 7 章/范例 7-8（SAX 解析 xml 文件）/YZTC07_Demo07/src/ com/yztcedu/yztc07demo07/ SaxParseXML.java）。

Android 应用程序采用 SAX 解析，定义解析时需要使用的工具类。

<范例代码>

```java
1.    public class SaxParseXML extends DefaultHandler {
2.      private List<Emps> list=null;
3.      private Emps emp=null;
4.      private String empTagName=null;
5.      /*
6.       * 获得 emp 集合的方法
7.       */
8.      public List<Emps> getEmps(InputStream is) throws SAXException, IOException,
ParserConfigurationException{
9.          //创建解析器工厂
10.         SAXParserFactory factory=SAXParserFactory.newInstance();
11.         //从解析器工厂获取 SAX 解析器
12.         SAXParser parser=factory.newSAXParser();
13.         //根据 InputStream 流中指定的内容进行解析
14.         parser.parse(is, this);
15.         return this.list;
16.     }
17.     /*
18.      * 开始解析文档时回调的方法
19.      */
20.     @Override
21.     public void startDocument() throws SAXException {
22.         list=new ArrayList<Emps>();
23.     }
24.     /*
25.      * 解析文档结束时回调的方法
26.      */
27.     @Override
28.     public void endDocument() throws SAXException {
29.         super.endDocument();
30.     }
31.     /*
32.      * 读取到开始标签回调的方法
33.      */
34.     @Override
```

```
35.     public void startElement(String uri, String localName, String qName,
36.             Attributes attributes) throws SAXException {
37.         if("emp".equals(qName)){
38.             //创建 emp 一个对象
39.             emp=new Emps();
40.             //得到当前节点的 ID 属性值
41.             String id=attributes.getValue("id");
42.             //将 ID 属性赋值
43.             emp.setId(Integer.parseInt(id));
44.         }
45.         //保存当前节点的名称
46.         empTagName=qName;
47.     }
48.     /*
49.      * 读取到结束标签回调的方法
50.      */
51.     @Override
52.     public void endElement(String uri, String localName, String qName)
53.             throws SAXException {
54.         if("emp".equals(qName)){
55.             //将创建的 emp 对象添加到集合
56.             list.add(emp);
57.             //添加完对象后将对象清空，避免重复添加
58.             emp=null;
59.         }
60.         //将保存的节点名称赋值为空
61.         empTagName=null;
62.     }
63.     /*
64.      * 读取到标签之间的字符数据时回调的方法
65.      */
66.     @Override
67.     public void characters(char[] ch, int start, int length)
68.             throws SAXException {
69.         //给 emp 对象的各个属性赋值
70.         if("name".equals(empTagName)){
71.             String content=new String(ch, start, length);
72.             emp.setName(content);
73.         }else if("sex".equals(empTagName)){
74.             String content=new String(ch, start, length);
75.             emp.setSex(content);
76.         }else if("age".equals(empTagName)){
77.             String content=new String(ch, start, length);
78.             emp.setAge(Integer.parseInt(content));
79.         }
80.     }
```

```
81.
82. }
```

<代码详解>

第 8 行至第 16 行定义 getEmps()方法，在该方法中创建解析器工厂，调用工厂中的 newSAXParser()方法获取 SAX 解析器，然后调用解析器中的 parse()方法指定解析内容。

第 20 行至第 23 行重写 startDocument()方法，该方法开始读取文档时回调，在该方法中创建集合对象。

第 27 行至第 30 行重写 endDocument()方法，该方法结束读取文档时回调。

第 34 行至第 47 行重写 startElement()方法，该方法读取起始标签时回调，在该方法中判断当前的起始标签是否为 emp，如果匹配创建相应的 Emps 对象，并且调用 attributes.getValue()方法获取 ID 属性的值存储到对象中。

第 52 行至第 62 行重写 endElement()方法，该方法读取结束标签时回调，在该方法中判断当前的结束标签是否为 emp，如果匹配则将 Emps 对象存储到集合中，然后清空对象。

第 66 行至第 80 行重写 characters()方法，该方法读取标签之间内容时回调，在该方法中依次判断读取标签内容并且存储到 Emps 对象中。

（5）定义首界面 MainActivity.java 文件（代码文件：范例代码/第 7 章/范例 7-8(SAX 解析 xml 文件)/ YZTC07_Demo07/src/com/yztcedu/yztc07demo07/ MainActivity.java）。

Android 应用程序加载时需要调用首界面 MainActivity.java。

<范例代码>

```java
1.    public class MainActivity extends Activity {
2.
3.        @Override
4.        protected void onCreate(Bundle savedInstanceState) {
5.            super.onCreate(savedInstanceState);
6.            setContentView(R.layout.activity_main);
7.            ListView listView=(ListView) findViewById(R.id.listview);
8.            try {
9.                InputStream in=getResources().getAssets().open("emps.xml");
10.               SaxParseXML saxParseXML=new SaxParseXML();
11.               List<Emps> list=saxParseXML.getEmps(in);
12.               EmpAdapter adapter=new EmpAdapter(MainActivity.this, list);
13.               listView.setAdapter(adapter);
14.           } catch (IOException e) {
15.               e.printStackTrace();
16.           } catch (SAXException e) {
17.               e.printStackTrace();
18.           } catch (ParserConfigurationException e) {
19.               e.printStackTrace();
```

```
20.              }
21.
22.          }
23.  }
```

<代码详解>

第 9 行至第 13 行表示调用 SAX 解析工具类中的方法，获取 XML 中的解析数据存储到适配器中，并且将适配器中的数据显示到 ListView 控件中。

（6）定义首界面 MainActivity.java 文件（代码文件：范例代码/第 7 章/范例 7-8（SAX 解析 xml 文件）/YZTC07_Demo07/src/com/yztcedu/yztc07demo07/ EmpAdapter.java）

Android 应用程序加载时需要调用首界面 MainActivity.java。

<范例代码>

```
1.    public class EmpAdapter extends BaseAdapter {
2.        private Context context;
3.        private List<Emps> list;
4.        public EmpAdapter(Context context,List<Emps> list){
5.            this.context=context;
6.            this.list=list;
7.        }
8.        @Override
9.        public int getCount() {
10.           return list.size();
11.       }
12.       @Override
13.       public Object getItem(int position) {
14.           return list.get(position);
15.       }
16.       @Override
17.       public long getItemId(int position) {
18.           return position;
19.       }
20.       @Override
21.       public View getView(int position, View convertView, ViewGroup parent) {
22.           ViewHolder viewHolder=null;
23.           if(convertView==null){
24.
convertView=LayoutInflater.from(context).inflate(R.layout.activity_item, null);
25.               viewHolder=new ViewHolder();
26.               viewHolder.textView_Name=(TextView)
convertView.findViewById(R.id.textViewName);
27.               viewHolder.textView_Sex=(TextView)
convertView.findViewById(R.id.textViewSex);
28.               viewHolder.textView_Age=(TextView)
```

```
convertView.findViewById(R.id.textViewAge);
  29.              convertView.setTag(viewHolder);
  30.          }else{
  31.              viewHolder=(ViewHolder) convertView.getTag();
  32.          }
  33.          viewHolder.textView_Name.setText(list.get(position).getName());
  34.          viewHolder.textView_Sex.setText(list.get(position).getSex());
  35.          viewHolder.textView_Age.setText(list.get(position).getAge()+"");
  36.          return convertView;
  37.      }
  38.      static class ViewHolder{
  39.          TextView textView_Name,textView_Sex,textView_Age;
  40.      }
  41. }
```

<代码详解>

第4行至第7行定义适配器构造函数,初始化适配器。

第 8 行至第 40 行重写 BaseAdapter 中的相应方法,将数据加载到适配器中,调用 getView()方法绘制每项中的内容。

2．Pull 解析 XML

使用 SAX 解析操作比较烦琐,所以除了 SAX 解析之外,Android 也提供了内置的 Pull 解析器解析 XML 文件。Pull 解析器既可以用于 Android 也可以用于 JavaEE。如果需要在 JavaEE 中使用时需要将涉及的 JAR 文件放入相应的文件夹中,因为 Android 内部已经集成 了 Pull 解析器,所以不需要添加 JAR 文件。Android 系统内部使用的 XML 文件的解析使 用的也是 Pull 解析器。

Pull 解析器解析 XML 的运行方式与 SAX 解析器十分相似。Pull 解析器也提供了相应 的事件,开始文档(START_DOCUMENT)和结束文档(END_DOCUMENT)、开始元素 (START_TAG)和结束元素(END_TAG)、遇到元素内容(TEXT)等都会触发相应的事件, 使用 parser.next()可以进入下一个元素并触发相应事件。

Pull 解析器和 SAX 解析器也有区别:Pull 解析器的工作方式允许应用程序代码主动从 解析器中获取事件,因为是主动获取事件,所以满足需求的条件之后不能再次获取事件, 结束解析;SAX 解析器的工作方式是自动将事件推入当前注册的事件处理器中处理,因此 不能控制事件处理的主动结束。

采用 Pull 解析器解析 XML 文件的步骤如下。

(1)创建一个 Pull 解析器工厂类 XmlPullParserFactory。

```
XmlPullParserFactory factory=XmlPullParserFactory.newInstance();
```

(2)从工厂类中产生一个 Pull 解析器对象 XmlPullParser。

```
XmlPullParser parser=factory.newPullParser();
```

（3）将数据加载到解析器中。

```
parser.setInput(new StringReader(xmlString));
```

（4）获取当前事件类型。

```
int eventType=parser.getEventType();
```

下面通过一个综合实例来学习运用 Pull 解析 XML 文件显示到 Spinner 控件中。

【范例 7-9】Pull 解析 XML 文件显示到 Spinner（代码文件详见链接资源中第 7 章范例 7-9）

本范例用于实现客户端访问服务器，服务器得到用户相应后向客户端返回 XML 格式的数据，解析 XML 文件中的数据内容显示到 Activity 中 Spinner 列表中的功能，效果如图 7.9 所示。

图 7.9　YZTC07_Demo08 运行效果图

<编码思路>

（1）定义首界面需要加载的布局文件。

（2）定义首界面的如下功能：创建异步任务子类对象，并且启动异步任务操作。

（3）定义类继承 AsyncTask，重写相应的方法完成网络下载解析数据。

（4）定义封装网络操作的工具类，用于实现网络的一系列操作。

（5）定义封装 XML 解析操作的工具类，用于实现 XML 解析的一系列操作。

根据本范例的编码思路，要实现该范例效果，需要通过以下 5 步实现。

（1）定义 activity_main.xml 布局文件（链接资源/第 7 章/范例 7-9(pull 解析 xml 文件显示到 Spinner)/ YZTC07_Demo08/res/layout/activity_main.xml）。

在 Android 应用程序加载时需要调用首界面 MainActivity.java，该首界面文件首先需要加载布局文件 activity_main.xml。

<范例代码>

```
1.  <RelativeLayout xmlns:android="http://schemas.android.com/apk/res/android"
2.      xmlns:tools="http://schemas.android.com/tools"
3.      android:layout_width="match_parent"
4.      android:layout_height="match_parent"
5.      android:paddingBottom="@dimen/activity_vertical_margin"
6.      android:paddingLeft="@dimen/activity_horizontal_margin"
7.      android:paddingRight="@dimen/activity_horizontal_margin"
8.      android:paddingTop="@dimen/activity_vertical_margin"
9.      tools:context=".MainActivity" >
10.     <Spinner
11.         android:id="@+id/spinner1"
12.         android:layout_width="match_parent"
13.         android:layout_height="wrap_content"
14.         android:layout_alignParentLeft="true"
15.         android:layout_alignParentTop="true"
16.         android:layout_marginLeft="28dp"
17.         android:layout_marginTop="18dp" />
18. </RelativeLayout>
```

<代码详解>

第 1 行至第 9 行定义当前布局文件的根布局采用相对布局（RelativeLayout）。

第 10 行至第 17 行在相对布局中定义 Spinner 控件。

（2）定义首界面 MainActivity.java 文件（代码文件：范例代码/第 7 章/范例 7-9(pull 解析 xml 文件显示到 Spinner)/ YZTC07_Demo08/src/com/yztcedu/yztc07demo08/MainActivity.java）。

Android 应用程序加载时需要调用首界面 MainActivity.java。

<范例代码>

```
1.  public class MainActivity extends Activity {
2.      private Spinner spinner;
3.      private static final String
PATH="http://192.168.113.160:8080/WebPro/students.xml";
4.      private ProgressDialog progressDialog;
5.      @Override
6.      protected void onCreate(Bundle savedInstanceState) {
7.          super.onCreate(savedInstanceState);
8.          setContentView(R.layout.activity_main);
9.          spinner=(Spinner) findViewById(R.id.spinner1);
10.         new MyAsyncTask(progressDialog, MainActivity.this,
spinner).execute(PATH);
11.     }
12. }
```

<代码详解>

第 10 行创建异步任务子类对象并且启动。

（3）定义自定义异步任务 MyAsyncTask.java 文件（代码文件：范例代码/第 7 章/范例 7-9(pull 解析 xml 文件显示到 Spinner)/ YZTC07_Demo08/src/com/yztcedu/ yztc07demo08/ MyAsyncTask.java）。

创建异步任务的子类，重写相应的回调方法完成耗时操作，以及更新 UI 界面。

<范例代码>

```
1.    public class MyAsyncTask extends AsyncTask<String, Void, List<String>> {
2.        private ProgressDialog progressDialog;
3.        private Context context;
4.        private Spinner spinner;
5.        public MyAsyncTask(ProgressDialog progressDialog,Context context,Spinner
spinner){
6.            this.progressDialog=progressDialog;
7.            this.context=context;
8.            this.spinner=spinner;
9.        }
10.       @Override
11.       protected void onPreExecute() {
12.           progressDialog=new ProgressDialog(context);
13.           progressDialog.setMessage("正在下载，请稍后...");
14.           progressDialog.show();
15.       }
16.       //连接网络获取数据并且解析数据封装到集合中
17.       @Override
18.       protected List<String> doInBackground(String... params) {
19.           String xmlString=HttpUtils.getHttpResult(params[0]);
20.           List<String> list=null;
21.           if(xmlString!=null && !"".equals(xmlString)){
22.               list=PaserXml.paserXml(xmlString);
23.           }
24.           return list;
25.       }
26.
27.       @Override
28.       protected void onPostExecute(List<String> result) {
29.           if(result!=null && result.size()!=0){
30.               ArrayAdapter<String> adapter=new ArrayAdapter<String>(context,
31.                       android.R.layout.simple_spinner_item,result);
32.               spinner.setAdapter(adapter);
33.           }else{
34.               Toast.makeText(context, "网络有问题", Toast.LENGTH_SHORT).show();
35.           }
```

```
36.        progressDialog.dismiss();
37.     }
38. }
```

\<代码详解\>

第 10 行至第 37 行表示实现 AsyncTask 相应的回调方法，完成网络操作并且将数据更新到 UI 界面。

（3）定义网络工具类 HttpUtils.java 文件（代码文件：范例代码/第 7 章/范例 7-9(pull 解析 xml 文件显示到 Spinner)/YZTC07_Demo08/src/com/yztcedu/utils/HttpUtils.java）。

创建网络工具类，用于声明定义与网络相关的方法，方便使用。

\<范例代码\>

```
1.   public class HttpUtils {
2.     /**
3.      * 根据网络地址获取网络数据
4.      * @param path 网址
5.      * @return 网络数据
6.      */
7.     public static String getHttpResult(String path){
8.     ByteArrayOutputStream outputStream=new ByteArrayOutputStream();
9.     HttpClient httpClient =new DefaultHttpClient();
10.    HttpGet httpGet=new HttpGet(path);
11.    try {
12.           HttpResponse httpResponse=httpClient.execute(httpGet);
13.           if(httpResponse.getStatusLine().getStatusCode()==200){
14.              InputStream
inputStream=httpResponse.getEntity().getContent();
15.              int temp=0;
16.              byte[] buff=new byte[1024];
17.              while((temp=inputStream.read(buff))!=-1){
18.                  outputStream.write(buff, 0, temp);
19.                  outputStream.flush();
20.              }
21.           }
22.           return outputStream.toString();
23.       } catch (ClientProtocolException e) {
24.           // TODO Auto-generated catch block
25.           e.printStackTrace();
26.       } catch (IllegalStateException e) {
27.           // TODO Auto-generated catch block
28.           e.printStackTrace();
29.       } catch (IOException e) {
30.           // TODO Auto-generated catch block
31.           e.printStackTrace();
```

```
32.          }
33.      return null;
34.      }
35. }
```

<代码详解>

第 7 行到第 34 行自定义 getHttpResult()方法，根据网址采用 HttpClient 加载网络数据获取结果返回。

（4）定义 XML 操作工具类 PaserXml.java 文件（代码文件：范例代码/第 7 章/范例 7-9(pull 解析 xml 文件显示到 Spinner)/ YZTC07_Demo08/src/com/yztcedu/utils/ PaserXml.java）。

创建 XML 解析工具类，用于声明定义解析 XML 文件的方法，以方便使用。

<范例代码>

```
1.   public class PaserXml {
2.    public static List<String> paserXml(String xmlString){
3.        List<String> dataList=null;
4.        try {
5.            //创建解析器工厂
6.            XmlPullParserFactory factory=XmlPullParserFactory.newInstance();
7.            //创建 XmlPull 解析器
8.            XmlPullParser parser=factory.newPullParser();
9.            //将数据加载到解析器
10.           parser.setInput(new StringReader(xmlString));
11.           int eventType=parser.getEventType();//获取当前的事件类型
12.           while(eventType!=XmlPullParser.END_DOCUMENT){
13.               String nodeName=parser.getName();
14.               switch (eventType) {
15.             case XmlPullParser.START_DOCUMENT:
16.                 dataList=new ArrayList<String>();
17.                 break;
18.             case XmlPullParser.START_TAG:
19.                 if("name".equals(nodeName)){//当前读取到 name 标签
20.                     String name=parser.nextText();//获取标签中的值
21.                     dataList.add(name);
22.                 }
23.                 break;
24.             }
25.                 eventType=parser.next();// 更新事件类型
26.           }
27.      } catch (XmlPullParserException e) {
28.          // TODO Auto-generated catch block
29.          e.printStackTrace();
30.      } catch (IOException e) {
31.          // TODO Auto-generated catch block
```

```
32.          e.printStackTrace();
33.      }
34.      return dataList;
35.  }
36. }
```

<代码详解>

第 2 行到第 35 行自定义 paserXml()方法，根据网络加载的 XML 字符串数据，解析数据存储到集合中返回。

第 6 行至第 10 行创建 Pull 解析器工厂，根据工厂对象获取解析器对象，然后调用解析器的 setInput()方法将解析的内容加载到解析器中。

第 11 行获取当前解析器解析的事件类型。

第 12 行至第 35 行通过循环判断是否读取完 XML 文件，如果没有读取完执行循环读取。

第 13 行获取当前解析器读取的标签名称。

第 14 行至第 26 行通过 switch 结构判断当前的事件类型，根据不同的事件类型解析相应的数据存储到集合中。

第 34 行返回解析后的集合数据。

7.3.2 JSON 数据解析

Android 中客户端与服务器端数据交换的格式除了使用 XML 格式外，JSON 数据格式也是比较常用的数据格式。JSON（JavaScript Object Notation）是一种轻量级数据交换格式。它以易于阅读和编写，同时也易于机器解析和生成而被广泛使用。JSON 数据格式其实就是将对象中表示的一组数据转换为字符串，然后就可以在服务器端的应用程序中将字符串传递给客户端程序，这样就实现了数据的交互。

JSON 作为一种常用的数据交换格式，具有一定的语法规则，具体包括：以键值对名称值的方式存储数据、方括号保存数据、花括号保存对象、数据由逗号进行分割等。JSON 数据的书写格式主要是名称写在前面的双引号中，值写在后面的双引号中，名称和值的中间用冒号隔开，例如："name"："Jack"。JSON 的名称只能是 String 类型的，值可以是数字、字符串、数组、对象、方法或 null。

常见的 JSON 数据结构主要有对象和数组两种结构，用这两种结构可以标示复杂的结构。对象结构主要表现为{key:value,key:value…}的键值对结构，key 表示对象的属性，value 表示属性对应的属性值，属性值可以是数字、字符串、数组、对象等。

JSON 对象是无序的键值对集合，一个对象以"{"开始，"}"结束，如下所示：

```
1.    {
2.    "name":"jack",
3.    "age":20,
4.    "sex":"男"
5.    }
```

数组结构主要表现为[value,value,value…]，value 的类型可以是数字、字符串、数组、对象等。数组是值的有序集合，一个数组以"["（左中括号）开始，"]"（右中括号）结束。值之间使用","（逗号）分隔，如下所示：

```
1.     {
2.     "students":
3.     [
4.      {"name":"jack","age":20,"sex":"男"},
5.      {"name":"michael","age":30,"sex":"男"}
6.     ]
7.    }
```

1. Android 提供解析 JSON

Android 中提供了专门用于解析 JSON 的类库，用于 JSON 解析部分的内容都在包 org.json 下，常用的主要有以下几个类。

- ❑ JsonObject：可以看作一个 JSON 对象，是 JSON 定义的基本单元，包含一对键值对。外部调用响应时体现为一个字符串，例如：{"name":"jack"}。
- ❑ JsonStringer：JSON 文本构建类，当前类可以帮助快速和便捷地创建 JSON 文本信息。每个 JsonStringer 实体只能创建一个对应的 JSON 文本信息，最大的优点是可以减少由于格式的错误导致程序异常，可以自动严格按照 JSON 语法规则创建对象。
- ❑ JsonArray：表示一组有序的数值对象。将当前对象转换成字符串的表现形式为用方括号包裹，数值以逗号分隔，例如：[value1,value2,value3]。

下面通过一个综合实例来学习运用网络加载 JSON 数据解析，并且展示到 AutoCompleteTextView 的列表中。

【范例 7-10】解析 JSON 格式数据（代码文件详见链接资源中第 7 章范例 7-10）

本范例用于实现客户端访问服务器，服务器得到用户响应后向客户端返回 JSON 格式的数据，解析 JSON 文件中的数据内容显示到 Activity 中的 AutoCompleteTextView 列表中的功能。图 7.10 所示为输入"zh"时，系统自动弹出的提示信息列表。

图 7.10　YZTC07_Demo09 运行效果图

<编码思路>

（1）定义首界面需要加载的布局文件。

（2）定义首界面的如下功能：启动异步任务，加载网络数据解析并且将数据展示到 AutoCompleteTextView 列表中。

（3）定义子类继承 AsyncTask，实现相应的回调方法完成操作。

（4）定义用于网络操作的工具类，完成网络的相关操作。

（5）定义用于 JSON 解析操作的工具类，完成解析的相关操作。

根据本范例的编码思路，要实现该范例效果，需要通过以下 5 步实现。

（1）定义 activity_main.xml 布局文件（链接资源/第 7 章/范例 7-10(解析 Json 格式数据)/ YZTC07_Demo09/res/layout/activity_main.xml）。

在 Android 应用程序加载时需要调用首界面 MainActivity.java，该首界面文件首先需要加载布局文件 activity_main.xml。

<范例代码>

```
1. <RelativeLayout xmlns:android="http://schemas.android.com/apk/res/android"
2.    xmlns:tools="http://schemas.android.com/tools"
3.    android:layout_width="match_parent"
4.    android:layout_height="match_parent"
5.    android:paddingBottom="@dimen/activity_vertical_margin"
6.    android:paddingLeft="@dimen/activity_horizontal_margin"
7.    android:paddingRight="@dimen/activity_horizontal_margin"
8.    android:paddingTop="@dimen/activity_vertical_margin"
9.    tools:context=".MainActivity" >
10.    <AutoCompleteTextView
11.       android:id="@+id/autoCompleteTextView1"
```

```
12.        android:layout_width="match_parent"
13.        android:layout_height="wrap_content"
14.        android:layout_alignParentLeft="true"
15.        android:layout_alignParentTop="true"
16.        android:layout_marginTop="30dp"
17.        android:ems="10"
18.         >
19.        <requestFocus />
20.    </AutoCompleteTextView>
21. </RelativeLayout>
```

<代码详解>

第 1 行至第 9 行定义当前布局文件的根布局采用相对布局（RelativeLayout）。

第 10 行至第 20 行在相对布局中定义 AutoCompleteTextView 控件。

（2）定义首界面 MainActivity.java 文件[代码文件：范例代码/第 7 章/范例 7-10（解析 Json 格式数据）/YZTC07_Demo09/src/com/yztcedu/yztc07demo09/MainActivity.java]。

Android 应用程序加载时需要调用首界面 MainActivity.java。

<范例代码>

```
1.   public class MainActivity extends Activity {
2.       private AutoCompleteTextView autoCompleteTextView;
3.       private ProgressDialog progressDialog;
4.       private static final String
PATH="http://192.168.113.160:8080/WebPro/student_json.txt";
5.       @Override
6.       protected void onCreate(Bundle savedInstanceState) {
7.           super.onCreate(savedInstanceState);
8.           setContentView(R.layout.activity_main);
9.           autoCompleteTextView=(AutoCompleteTextView)
findViewById(R.id.autoCompleteTextView1);
10.          new MyAsyncTask(progressDialog, MainActivity.this,
autoCompleteTextView).execute(PATH);
11.      }
12.
13. }
```

<代码详解>

第 10 行创建异步任务子类对象，并且调用 execute()方法启动异步任务。

（3）定义异步任务工具类 MyAsyncTask.java 文件（代码文件：范例代码/第 7 章/范例 7-10（解析 JSON 格式数据）/YZTC07_Demo09/src/com/yztcedu/yztc07demo09/MyAsyncTask.java）。

创建异步任务工具类，用于继承 AsyncTask 实现相关的回调方法，将网络加载数据解析并展示到控件中。

<范例代码>

```
1.    public class MyAsyncTask extends AsyncTask<String, Void, List<String>> {
2.        private ProgressDialog progressDialog;
3.        private Context context;
4.        private AutoCompleteTextView autoCompleteTextView;
5.        public MyAsyncTask(ProgressDialog progressDialog,Context
context,AutoCompleteTextView autoCompleteTextView){
6.          this.progressDialog=progressDialog;
7.          this.context=context;
8.          this.autoCompleteTextView=autoCompleteTextView;
9.        }
10.
11.     @Override
12.     protected void onPreExecute() {
13.       progressDialog=new ProgressDialog(context);
14.       progressDialog.setMessage(" 正在下载，请稍后...");
15.       progressDialog.show();
16.     }
17.     //访问网络 JSON 数据并将 JSON 解析传递给 onPostExecute()
18.     @Override
19.     protected List<String> doInBackground(String... params) {
20.           String jsonString=HttpUtils.getHttpResult(params[0]);//根据网络地址获
取数据
21.           List<String> list=null;
22.           if(jsonString!=null && !"".equals(jsonString)){
23.               list=PaserJson.parserJson(jsonString);//根据网络数据解析 JSON
24.           }
25.           return list;
26.     }
27.
28.     @Override
29.     protected void onPostExecute(List<String> result) {
30.           if(result!=null && result.size()!=0){
31.               ArrayAdapter<String> adapter=new ArrayAdapter<String>(context,
android.R.layout.simple_list_item_1, result);
32.               autoCompleteTextView.setAdapter(adapter);
33.           }else{
34.               Toast.makeText(context, "网络有问题", Toast.LENGTH_SHORT).show();
35.           }
36.           progressDialog.dismiss();
37.     }
38. }
```

<代码详解>

第 19 行至第 26 行重写 AsyncTask 的 doInBackground()方法，完成网络加载解析操作。

第 23 行调用 JSON 解析工具类中的解析方法获取解析后的数据集合。

（4）定义网络工具类 HttpUtils.java 文件（代码文件：范例代码/第 7 章/范例 7-10(解析 Json 格式数据)/ YZTC07_Demo09/src/com/yztcedu/utils/httpUtils.java）。

创建网络工具类，用于声明定义与网络相关的方法，以方便使用。

<范例代码>

```
1.    public class HttpUtils {
2.      /**
3.       * 根据指定的网络地址获取网络数据
4.       * @param path 网址
5.       * @return 获取的网络数据
6.       */
7.      public static String getHttpResult(String path){
8.      ByteArrayOutputStream outputStream=new ByteArrayOutputStream();
9.      try {
10.             URL url=new URL(path);
11.             HttpURLConnection conn=(HttpURLConnection) url.openConnection();
12.             conn.setReadTimeout(5000);
13.             conn.setDoInput(true);
14.             conn.connect();
15.             if(conn.getResponseCode()==200){
16.                 InputStream inputStream=conn.getInputStream();
17.                 int temp=0;
18.                 byte[] buff=new byte[1024];
19.                 while((temp=inputStream.read(buff))!=-1){
20.                     outputStream.write(buff, 0, temp);
21.                     outputStream.flush();
22.                 }
23.             }
24.             return outputStream.toString();//将内存流中的数据转换成字符串
25.         } catch (MalformedURLException e) {
26.             e.printStackTrace();
27.         } catch (IOException e) {
28.             e.printStackTrace();
29.         }
30.     return null;
31.     }
32. }
```

<代码详解>

第 7 行至第 31 行定义网络加载的工具方法，根据网址获取 JSON 字符串。

（5）定义 JSON 解析操作工具类 PaserJson.java 文件（代码文件：范例代码/第 7 章/范例 7-10（解析 JSON 格式数据）/ YZTC07_Demo09/src/com/yztcedu/utils/ PaserJson.java）。

创建 JSON 解析工具类，用于声明定义解析 JSON 文件的方法，以方便使用。

<范例代码>

```
1.   public class PaserJson {
2.        /**
3.         * 根据获取的网络数据解析 JSON，将需要的数据存储到集合中
4.         * @param jsonString 网络获取的数据
5.         * @return 需要的集合
6.         */
7.       public static List<String> parserJson(String jsonString){
8.        List<String> dataList=new ArrayList<String>();
9.        try {
10.             JSONObject jsonObject=new JSONObject(jsonString);
11.              JSONArray jsonArray=jsonObject.getJSONArray("data");
12.              for(int i=0;i<jsonArray.length();i++){
13.                 JSONObject object=jsonArray.getJSONObject(i);
14.                 String name=object.getString("name");
15.                 dataList.add(name);
16.               }
17.        } catch (JSONException e) {
18.             e.printStackTrace();
19.          }
20.      return dataList;
21.      }
22. }
```

<代码详解>

第 7 行至第 21 行定义 JSON 解析的工具方法，根据传递的 JSON 字符串解析数据，并存储到集合中。

第 10 行以参数传递的 JSON 字符串构建 JSONObject 对象。

第 11 行调用 JSONObject 中的 getJSONArray()方法传入当前获取的数组的名称，将该数组构建为 JSONArray 对象。

第 12 行至第 16 行循环 JSONArray 对象，在循环中调用 getJSONObject()获取数组中的每一个 JSONObject 对象，并且在该对象中获取具体的数据存储到集合中。

2. GSON 解析 JSON

GSON 是一个 Java 类库，可以将 Java 对象转换成它们所代表的 JSON 格式的数据，也可以将一个 JSON 字符串转换成对应的 Java 对象。GSON 支持任意复杂的对象，包括已经存在但是没有对应的源代码的对象。

GSON 的 API 中提供了两个比较常用的重要方法：toJson()和 fromJson()。

（1）toJson()方法用来实现 Java 对象转换成相应的 JSON 数据。

String toJson(JsonElement jsonElement)：将 JsonElement 对象（包括 JsonObject、JsonArray 等）转换成 JSON 数据。

String toJson(Object src)：将指定的 Object 对象序列化转换成相应的 JSON 数据。

String toJson(Object src, Type typeOfSrc)：将指定的 Object 对象序列化转换成相应的 JSON 数据。

（2）fromJson()方法实现将 JSON 数据转换成相应的 Java 对象。

GSON 是一个开源项目，使用 GSON 解析时需要在 http://code.google.com/p/google-gson 下载相应的 jar 包和 API，并将相应的 jar 存储到 Android 项目 libs 的目录下。

下面通过一个综合实例来学习采用 GSON 解析 JSON 文件中的数据内容显示到 Activity 中 ListView 的列表中。

【范例 7-11】利用 GSON 解析 JSON 文件（代码文件详见链接资源中第 7 章范例 7-11）

本范例用于实现客户端访问服务器，服务器得到用户响应后向客户端返回 JSON 格式的数据，采用 GSON 解析 JSON 文件中的数据内容显示到 Activity 中 ListView 的列表中的功能，打开应用程序显示如图 7.11 所示列表信息。

图 7.11　YZTC07_Demo10 运行效果图

<编码思路>

（1）定义首界面需要加载的布局文件。

（2）定义首界面的如下功能：点击按钮即可通过 Intent 传递数据并启动目标 Activity。

（3）定义跳转后的 Activity 需要加载的布局文件。

（4）定义跳转后的 Activity 获取传递的 Intent 对象，根据传递的键获取对应的值，并且展示到相应的控件中。

（5）在 strings.xml 文件中定义应用程序需要使用的字符串资源。

根据本范例的编码思路，要实现该范例效果，需要通过以下 5 步实现。

（1）定义 activity_main.xml 布局文件（链接资源/第 7 章/范例 7-11（GSON 解析 JSON 文件）/ YZTC07_Demo10/res/layout/activity_main.xml）。

在 Android 应用程序加载时需要调用首界面 MainActivity.java，该首界面文件首先需要加载布局文件 activity_main.xml。

<范例代码>

```
1.   <RelativeLayout xmlns:android="http://schemas.android.com/apk/res/android"
2.       xmlns:tools="http://schemas.android.com/tools"
3.       android:layout_width="match_parent"
4.       android:layout_height="match_parent">
5.       <ListView
6.           android:id="@+id/listview"
7.           android:layout_width="match_parent"
8.           android:layout_height="match_parent"
9.           >
10.      </ListView>
11.  </RelativeLayout>
```

<代码详解>

第 1 行至第 4 行定义当前布局文件的根布局采用相对布局（RelativeLayout）。

第 5 行至第 10 行在相对布局中定义 ListView 控件。

（2）定义首界面 MainActivity.java 文件（代码文件：范例代码/第 7 章/范例 7-11(Gson 解析 Json 文件)/ YZTC07_Demo10/src/com/yztcedu/yztc07demo10/MainActivity.java）。

Android 应用程序加载时需要调用首界面 MainActivity.java。

<范例代码>

```
1.   public class MainActivity extends Activity {
2.       private ListView listview;
3.       private ProgressDialog progressDialog;
4.       private static final String
PATH="http://192.168.113.160:8080/WebPro/student_json.txt";
5.       @Override
6.       protected void onCreate(Bundle savedInstanceState) {
7.           super.onCreate(savedInstanceState);
8.           setContentView(R.layout.activity_main);
9.           listview=(ListView) findViewById(R.id.listview);
10.          new MyAsyncTask(progressDialog, MainActivity.this,
listview).execute(PATH);
11.      }
12.
13.  }
```

<代码详解>

第 10 行创建异步任务的对象，并且调用 execute()启动异步任务执行操作。

（3）定义异步任务工具类 MyAsyncTask.java 文件[代码文件：范例代码/第 7 章/范例 7-11（GSON 解析 JSON 文件）/YZTC07_Demo10/src/com/yztcedu/yztc07demo10/ MyAsyncTask.java]。

创建异步任务工具类，用于继承 AsyncTask 实现相关的回调方法，将网络加载数据解析并且展示到控件中。

<范例代码>

```
1.  public class MyAsyncTask extends AsyncTask<String, Void, List<String>> {
2.      private ProgressDialog progressDialog;
3.      private Context context;
4.      private ListView listview;
5.     public MyAsyncTask(ProgressDialog progressDialog,Context context,ListView
listview){
6.      this.progressDialog=progressDialog;
7.      this.context=context;
8.      this.listview=listview;
9.      }
10.
11.    @Override
12.    protected void onPreExecute() {
13.     progressDialog=new ProgressDialog(context);
14.     progressDialog.setMessage(" 正在下载，请稍后...");
15.     progressDialog.show();
16.    }
17.    //访问网络 JSON 数据并且将 JSON 解析传递给 onPostExecute()
18.    @Override
19.    protected List<String> doInBackground(String... params) {
20.        String jsonString=HttpUtils.getHttpResult(params[0]);//根据网络地址获
取数据
21.        List<String> list=null;
22.        if(jsonString!=null && !"".equals(jsonString)){
23.            list=PaserJson.parserJson(jsonString);//根据网络数据解析 JSON
24.        }
25.        return list;
26.    }
27.
28.    @Override
29.    protected void onPostExecute(List<String> result) {
30.        if(result!=null && result.size()!=0){
31.            ArrayAdapter<String> adapter=new ArrayAdapter<String>(context,
android.R.layout.simple_list_item_1, result);
32.            listview.setAdapter(adapter);
33.        }else{
```

```
34.             Toast.makeText(context, "网络有问题", Toast.LENGTH_SHORT).show();
35.         }
36.         progressDialog.dismiss();
37.     }
38. }
```

<代码详解>

第 19 行至第 26 行重写 AsyncTask 中的 doInBackground()方法，在该方法中执行网络操作并解析 JSON 数据。

第 28 行至第 37 行重写 AsyncTask 中的 onPostExecute()方法，将后台执行的操作结果通过适配器显示到 ListView 中。

（4）定义网络工具类 HttpUtils.java 文件（代码文件：范例代码/第 7 章/范例 7-11(Gson 解析 Json 文件)/ YZTC07_Demo10/src/com/yztcedu/utils/ HttpUtils.java）。

创建网络工具类，用于声明定义与网络相关的方法，以方便使用。

<范例代码>

```
1.  public class HttpUtils {
2.      /**
3.       * 根据指定的网络地址获取网络数据
4.       * @param path 网址
5.       * @return 获取的网络数据
6.       */
7.      public static String getHttpResult(String path){
8.      ByteArrayOutputStream outputStream=new ByteArrayOutputStream();
9.      try {
10.             URL url=new URL(path);
11.             HttpURLConnection conn=(HttpURLConnection) url.openConnection();
12.             conn.setReadTimeout(5000);
13.             conn.setDoInput(true);
14.             conn.connect();
15.             if(conn.getResponseCode()==200){
16.                 InputStream inputStream=conn.getInputStream();
17.                 int temp=0;
18.                 byte[] buff=new byte[1024];
19.                 while((temp=inputStream.read(buff))!=-1){
20.                     outputStream.write(buff, 0, temp);
21.                     outputStream.flush();
22.                 }
23.             }
24.             return outputStream.toString();//将内存流中的数据转换成字符串
25.         } catch (MalformedURLException e) {
26.             e.printStackTrace();
27.         } catch (IOException e) {
28.             e.printStackTrace();
```

```
29.          }
30.     return null;
31.     }
32. }
```

<代码详解>

第 7 行至第 31 行定义操作网络工具方法，根据网址获取网络 JSON 字符串数据。

（4）定义解析实体类 Student.java 文件（代码文件：范例代码/第 7 章/范例 7-11(Gson 解析 Json 文件)/ YZTC07_Demo10/src/com/yztcedu/bean/ Student.java）。

创建用于 GSON 解析对应的实体类。

<范例代码>

```
1.      public class Student {
2.              private int age;
3.              private String birthDay;
4.              private String className;
5.              private String id;
6.              private String imageUrl;
7.              private String name;
8.              private String sex;
9.
10.             public int getAge() {
11.                 return age;
12.             }
13.             public void setAge(int age) {
14.                 this.age = age;
15.             }
16.             public String getBirthDay() {
17.                 return birthDay;
18.             }
19.             public void setBirthDay(String birthDay) {
20.                 this.birthDay = birthDay;
21.             }
22.             public String getClassName() {
23.                 return className;
24.             }
25.             public void setClassName(String className) {
26.                 this.className = className;
27.             }
28.             public String getId() {
29.                 return id;
30.             }
31.             public void setId(String id) {
32.                 this.id = id;
33.             }
```

```
34.            public String getImageUrl() {
35.                return imageUrl;
36.            }
37.            public void setImageUrl(String imageUrl) {
38.                this.imageUrl = imageUrl;
39.            }
40.            public String getName() {
41.                return name;
42.            }
43.            public void setName(String name) {
44.                this.name = name;
45.            }
46.            public String getSex() {
47.                return sex;
48.            }
49.            public void setSex(String sex) {
50.                this.sex = sex;
51.            }
52.
53. }
```

<代码详解>

第 2 行至第 8 行定义实体类属性。

第 10 行至第 51 行将实体类属性进行封装。

（5）定义解析实体类 DataStu.java 文件（代码文件：范例代码/第 7 章/范例 7-11(Gson 解析 Json 文件)/ YZTC07_Demo10/src/com/yztcedu/bean/ DataStu.java）。

创建用于 GSON 解析对应的实体类。

<范例代码>

```
1.  public class DataStu {
2.      private String status;
3.      private List<Student> data;
4.
5.      public String getStatus() {
6.          return status;
7.      }
8.      public void setStatus(String status) {
9.          this.status = status;
10.     }
11.     public List<Student> getData() {
12.         return data;
13.     }
14.     public void setData(List<Student> data) {
15.         this.data = data;
```

```
16.        }
17. }
```

<代码详解>

第 2 行至第 3 行定义实体类属性。

第 5 行至第 16 行将实体类属性进行封装。

（6）定义 JSON 解析操作工具类 PaserJson.java 文件（代码文件：范例代码/第 7 章/范例 7-11(Gson 解析 Json 文件)/ YZTC07_Demo10/src/com/yztcedu/utils/ PaserJson.java）。

创建 JSON 解析工具类，用于声明定义解析 JSON 文件的方法，以方便使用。

<范例代码>

```
1.    public class PaserJson {
2.        /**
3.         * 根据获取的网络数据解析 JSON，将需要的数据存储到集合中
4.         * @param jsonString 网络获取的数据
5.         * @return 需要的集合
6.         */
7.        public static List<String> parserJson(String jsonString){
8.         List<String> dataList=new ArrayList<String>();
9.
10.        Gson gson=new Gson();
11.            DataStu data=gson.fromJson(jsonString, DataStu.class);
12.            List<Student> list=data.getData();
13.            for(Student stu:list){
14.                String name=stu.getName();
15.                dataList.add(name);
16.            }
17.        return dataList;
18.        }
19. }
```

<代码详解>

第 7 行至第 18 行定义通过 GSON 解析 JSON 字符串并存储到集合中。

第 10 行至第 11 行构建 GSON 对象，并且调用 fromJson()方法，将 JSON 字符串转换成具体的实体类对象。

第 12 行至第 16 行获取实体类中的集合对象，并且循环集合将数据存储到 List 集合中。

3. FastJson 解析 JSON

FastJson 是一个用 Java 语言编写的功能完善的高性能 JSON 库。FastJson 是一个用 Java 语言编写的 JSON 处理器，由阿里巴巴公司开发，包括"序列化"和"反序列化"两部分。FastJson 速度快，功能强大，完全支持 Java Bean、集合、Map、日期、Enum。

FastJson 中常用的方法如下。

- public static final Object parse(String text)：将 JSON 数据转换为 JsonObject 对象或者 JsonArray 数组兑现。
- public static final List parseArray(String text, Class clazz)：将 JSON 数据转换成 JavaBean 实体类集合对象。
- public static final T parseObject(String text, Class clazz)：将 JSON 数据转换成 JavaBean 实体类对象。
- public static final JsonObject parseObject(String text)：将 JSON 数据转换成 JsonObject 对象。
- public static final JsonArray parseArray(String text)：将 JSON 数据转换成 JsonArray 数组对象。
- public static final String toJSONString(Object object)：将 JavaBean 序列化为 JSON 格式的数据。
- public static final String toJSONString(Object object, boolean prettyFormat)：将 JavaBean 序列化为带格式的 JSON 格式的文本数据。
- public static final Object toJSON(Object javaObject)：将 JavaBean 转换为 JsonObject 或者 JsonArray 对象。

使用 FastJson 时需要在 http://code.alibabatech.com/wiki/display/FastJSON/Home-zh 下载相关的 jar 包。

下面通过一个综合实例来学习运用 FastJson 解析 JSON 文件并且展示到 ListView 中。

【范例 7-12】利用 FastJson 解析 JSON（代码文件详见链接资源中第 7 章范例 7-12）

本范例用于实现将 JSON 格式的文本存储到 Android 项目的 assets 目录中，解析当前目录下 JSON 格式的数据，并且展示到 Activity 界面 ListView 中的功能。打开应用程序首页，即可以看到图 7.12 中的列表信息。

图 7.12　YZTC07_Demo11 运行效果图

<编码思路>

（1）定义需要解析的 JSON 文件存储到 assets 文件夹中。

（2）定义首界面需要加载的布局文件。

（3）定义 JSON 文件解析相对应的实体类。

（4）定义 JSON 文件解析相对应的关联实体类。

（5）定义首界面的如下功能：加载解析 JSON 文件，将数据显示到 ListView 列表中。

（6）定义 FastJson 解析 JSON 文件的工具类，以方便使用。

（7）定义继承 BaseAdapter，重写相应的回调方法完成适配操作。

（8）定义 ListView 列表每项布局文件。

根据本范例的编码思路，要实现该范例效果，需要通过以下 8 步实现。

（1）定义 Student.txt 需要解析的文件（链接资源/第 7 章/范例 7-12（FastJson 解析 JSON）/YZTC07_Demo11/assets/Student.txt）。

在 assets 文件夹中定义需要解析的 Student.txt 文件。

<范例代码>

```
1.  {
2.      "statuses":[
3.        {
4.          "id": 1001,
5.          "text": "How do I stream JSON in Java?",
6.          "geo": "aa",
7.          "user": {
8.          "name": "jack",
9.          "followers_count": 41
10.           }
11.       },
12.
13.       {
14.          "id": 1002,
15.          "text": "How are you?",
16.          "geo": "aa",
17.          "user": {
18.          "name": "joins",
19.          "followers_count": 24
20.            }
21.        }
22.      ]
23.  }
```

<代码详解>

第 2 行至第 22 行表示 JSON 文件的主要格式内容。

（2）定义 activity_main.xml 布局文件（链接资源/第 7 章/范例 7-12(FastJson 解析 JSON)/ YZTC07_Demo11/res/layout/activity_main.xml）。

在 Android 应用程序加载时需要调用首界面 MainActivity.java，该首界面文件首先需要加载布局文件 activity_main.xml。

<范例代码>

```
1.  <RelativeLayout xmlns:android="http://schemas.android.com/apk/res/android"
2.    xmlns:tools="http://schemas.android.com/tools"
3.    android:layout_width="match_parent"
4.    android:layout_height="match_parent"
5.    android:paddingBottom="@dimen/activity_vertical_margin"
6.    android:paddingLeft="@dimen/activity_horizontal_margin"
7.    android:paddingRight="@dimen/activity_horizontal_margin"
8.    android:paddingTop="@dimen/activity_vertical_margin"
9.    tools:context=".MainActivity" >
10.   <ListView
11.       android:id="@+id/listview"
12.       android:layout_width="match_parent"
13.       android:layout_height="match_parent"
14.       />
15. </RelativeLayout>
```

<代码详解>

第 1 行至第 9 行定义当前布局文件的根布局采用相对布局（RelativeLayout）。

第 10 行至第 14 行在相对布局中定义 ListView 控件。

（3）定义首界面 AllBean.java 文件（代码文件：范例代码/第 7 章/范例 7-12(FastJson 解析 JSON)/ YZTC07_Demo11/src/com/yztcedu/bean/AllBean.java）。

定义通过 FastJson 解析 JSON 文件时需要的实体类。

<范例代码>

```
1.  public class AllBean {
2.     private long id;
3.       private String text;
4.       private String geo;
5.       private UserBean user;
6.       public long getId() {
7.          return id;
8.       }
9.       public void setId(long id) {
10.         this.id = id;
```

```
11.            }
12.            public String getText() {
13.                return text;
14.            }
15.            public void setText(String text) {
16.                this.text = text;
17.            }
18.            public String getGeo() {
19.                return geo;
20.            }
21.            public void setGeo(String geo) {
22.                this.geo = geo;
23.            }
24.            public UserBean getUser() {
25.                return user;
26.            }
27.            public void setUser(UserBean userBean) {
28.                this.user = userBean;
29.            }
30. }
```

<代码详解>

第 2 行至第 5 行定义实体类属性。

第 6 行至第 29 行定义实体类中属性的封装。

（4）定义首界面 User Bean.java 文件（代码文件：范例代码/第 7 章/范例 7-12(FastJson 解析 JSON)/ YZTC07_Demo11/src/com/yztcedu/bean/UserBean.java）。

定义通过 FastJson 解析 JSON 文件时需要的实体类。

<范例代码>

```
1.  public class UserBean {
2.      private String name;
3.          private int followers_count;
4.          public String getName() {
5.              return name;
6.          }
7.          public void setName(String name) {
8.              this.name = name;
9.          }
10.         public int getFollowers_count() {
11.             return followers_count;
12.         }
13.         public void setFollowers_count(int followers_count) {
14.             this.followers_count = followers_count;
15.         }
16. }
```

<代码详解>

第 2 行至第 3 行定义实体类属性。

第 4 行至第 15 行定义实体类属性的封装。

（5）定义首界面 MainActivity.java 文件（代码文件：范例代码/第 7 章/范例 7-12 (FastJson 解析 JSON)/ YZTC07_Demo11/src/com/yztcedu/yztc07demo11/MainActivity.java）。

Android 应用程序加载时需要调用首界面 MainActivity.java。

<范例代码>

```
1.    public class MainActivity extends Activity {
2.        private ListView listview;
3.        @Override
4.        protected void onCreate(Bundle savedInstanceState) {
5.            super.onCreate(savedInstanceState);
6.            setContentView(R.layout.activity_main);
7.            listview=(ListView) findViewById(R.id.listview);
8.            //解析指定文件获得字符串
9.            String
jsonString=ParserTool.getJsonStr(MainActivity.this,"Student.txt");
10.           //解析 JSON 字符串获取集合
11.           List<AllBean> list=ParserTool.getJsonList(jsonString);
12.           MyBaseAdapter adapter=new MyBaseAdapter(MainActivity.this,list);
13.           listview.setAdapter(adapter);
14.       }
15. }
```

<代码详解>

第 9 行至第 11 行调用解析工具类中的方法解析获得字符串，并且根据字符串获取解析集合。

第 12 行和第 13 行创建适配器，将数据加载到适配器并且将适配器数据加载到 ListView 控件中。

（6）定义解析工具类 ParserTool.java 文件（代码文件：范例代码/第 7 章/范例 7-12 (FastJson 解析 JSON)/ YZTC07_Demo11/src/com/yztcedu/util/ ParserTool.java）。

定义 FastJson 解析工具类，方便操作。

<范例代码>

```
1.  public class ParserTool {
2.      /**
3.       * 根据文件名称解析相应文件的 JSON 数据
4.       * @param context  上下文对象
5.       * @param fileName 解析的文件名称
6.       * @return 解析后的字符串
```

```
7.        */
8.        public static String getJsonStr(Context context,String fileName){
9.            try {
10.               InputStream inputStream=context.getAssets().open(fileName);
11.               ByteArrayOutputStream byteArrayOutputStream=new ByteArrayOutput
Stream();
12.               byte[] buff=new byte[1024];
13.               int temp=0;
14.               while((temp=inputStream.read(buff))!=-1){
15.                   byteArrayOutputStream.write(buff, 0, temp);
16.                   byteArrayOutputStream.flush();
17.               }
18.               String str=new
String(byteArrayOutputStream.toByteArray(),"utf-8");
19.               return str;
20.           } catch (UnsupportedEncodingException e) {
21.               e.printStackTrace();
22.           } catch (IOException e) {
23.               e.printStackTrace();
24.           }
25.           return null;
26.       }
27.       /**
28.        * 解析 JSON 字符串存储到集合中
29.        * @param jsonString
30.        * @return
31.        */
32.       public static List<AllBean> getJsonList(String jsonString){
33.           List<AllBean> list=new ArrayList<AllBean>();
34.           // 把字符串转为 JSON 对象，这是因为 JSON 数据首先是 JSON 对象
35.           JSONObject jobj = JSON.parseObject(jsonString);
36.           // 然后是 jsonArray，可以根据 JSON 数据知道
37.           JSONArray arr = jobj.getJSONArray("statuses");
38.           // 将 JSON 字符串中的数组转换为 list 集合
39.           List<AllBean> listBeans = JSON.parseArray(arr.toString(),
AllBean.class);
40.           // 遍历
41.           for(AllBean bean_ : listBeans){
42.             AllBean ab=new AllBean();
43.             UserBean ub=new UserBean();
44.             // demo 的 JSON 数据获得第一层数据
45.             ab.setId(bean_.getId());
46.             ab.setText(bean_.getText());
47.             // demo 的 JSON 数据获得第二层数据
48.             ub.setName(bean_.getUser().getName());
49.             ab.setUser(ub);
```

```
50.              list.add(ab);
51.          }
52.      return list;
53.      }
54. }
55.
```

<代码详解>

第 8 行至第 26 行自定义方法 getJsonStr()，根据文件名称读取相应文件的 JSON 字符串。

第 32 行至第 53 行自定义方法 getJsonList()，根据 JSON 字符串解析存储到 List 集合中。

第 35 行调用 parseObject()方法，将字符串转为 JSON 对象。

第 37 行至第 51 行获取 Json 字符串中的数组，循环数组并且将解析数据存储到 List 集合中返回。

（7）定义首界面 MyBaseAdapter.java 文件（代码文件：范例代码/第 7 章/范例 7-12 (FastJson 解析 JSON)/ YZTC07_Demo11/src/com/yztcedu/adapter/ MyBaseAdapter. java）。

继承 BaseAdapter 实现自定义适配器，完成对 ListView 列表数据适配。

<范例代码>

```
1.  public class MyBaseAdapter extends BaseAdapter {
2.      private Context context;
3.      private List<AllBean> list;
4.
5.      public MyBaseAdapter(Context context,List<AllBean> list){
6.          this.context=context;
7.          this.list=list;
8.      }
9.      @Override
10.     public int getCount() {
11.         return list.size();
12.     }
13.     @Override
14.     public Object getItem(int position) {
15.         return list.get(position);
16.     }
17.     @Override
18.     public long getItemId(int position) {
19.         return position;
20.     }
21.     @Override
22.     public View getView(int position, View convertView, ViewGroup parent) {
23.         ViewHolder viewHolder;
24.         if(convertView==null){
25.
```

```
        convertView=LayoutInflater.from(context).inflate(R.layout.activity_item, null);
26.                viewHolder=new ViewHolder();
27.                viewHolder.textView_name=(TextView) convertView.findViewById(R.id.
textView_name);
28.                viewHolder.textView_text=(TextView)
convertView.findViewById(R.id.textView_text);
29.                convertView.setTag(viewHolder);
30.            }else{
31.                viewHolder=(ViewHolder) convertView.getTag();
32.            }
33.            viewHolder.textView_name.setText(list.get(position).getText());
34.            viewHolder.textView_text.setText(list.get(position).getUser().
getName());
35.            return convertView;
36.        }
37.
38.    static class ViewHolder{
39.        TextView textView_name,textView_text;
40.        }
41. }
```

<代码详解>

第 22 行至第 36 行定义重写 getView()方法，在该方法中加载绘制每项显示的布局及数据。

（8）定义 ListView 列表布局文件（代码文件：范例代码/第 7 章/范例 7-12(FastJson 解析 JSON)/ YZTC07_Demo11/res/layout/activity_item.xml）。

在 Android 应用程序加载列表时，需要定义每项布局文件。

<范例代码>

```
1.   <RelativeLayout xmlns:android="http://schemas.android.com/apk/res/android"
2.       android:layout_width="match_parent"
3.       android:layout_height="match_parent" >
4.       <TextView
5.           android:id="@+id/textView_name"
6.           android:layout_width="wrap_content"
7.           android:layout_height="wrap_content"
8.           android:layout_alignParentLeft="true"
9.           android:layout_alignParentTop="true"
10.          android:layout_marginLeft="21dp"
11.          android:layout_marginTop="22dp"
12.          android:text="姓名" />
13.      <TextView
14.          android:id="@+id/textView_text"
15.          android:layout_width="wrap_content"
```

```
16.          android:layout_height="wrap_content"
17.          android:layout_alignBaseline="@+id/textView_name"
18.          android:layout_alignBottom="@+id/textView_name"
19.          android:layout_marginLeft="29dp"
20.          android:layout_toRightOf="@+id/textView_name"
21.          android:text="文本" />
22. </RelativeLayout>
```

<代码详解>

第 1 行至第 3 行定义当前布局文件的根布局采用相对布局（RelativeLayout）。

第 4 行至第 12 行在相对布局中定义显示姓名的 TextView 控件。

第 13 行至第 21 行在相对布局中定义显示文本的 TextView 控件。

7.4 本章总结

本章介绍了 Android 中 UI 线程模型，重点介绍解决线程间通信的 AsyncTask 异步任务的使用；接着介绍 HTTP 处理网络请求的方式及相应状态等，还介绍了 Android 中常用的 HttpClient 请求网络数据；最后介绍网络通信中常用的两种类型的数据格式：JSON、XML，通过网络加载数据后解析获得数据进行展示。

第 **8** 章

Android 数据存储

其实任何一个应用程序，本质上都在不停地做数据运算。数据在哪里运行？在内存中。运行在内存中的数据都属于瞬时数据。当程序关闭或因各种原因导致内存回收时，这些运行和存储在内存中的数据很容易丢失。关键性数据信息绝对不允许这种情况发生，学习Android 数据存储技术正是为了达到数据持久化保存，避免重要数据丢失。

本章重点为大家介绍如下内容：

- ❑ 什么是数据持久化技术。
- ❑ Android 中数据存储分类。
- ❑ SharedPreferences 存储。
- ❑ 内部存储。
- ❑ 外部存储。
- ❑ 在 Android 中使用 SQLite 数据库。

8.1 Android 数据持久化技术简介

数据持久化问题不仅出现在移动开发领域，任何一个应用程序都会涉及数据持久化问题。

数据持久化就是将运行在内存中的瞬时数据保存到存储设备中长久保存，保证即使应用程序退出、内存回收等情况发生后，这些数据也不会丢失。保存在内存中的数据仅仅处于临时保存状态，而保存在存储设备中的数据则处于长久保存状态。本章探讨的数据存储其实就是研究如何将数据保存到存储设备中而长久保存的问题。

8.2 Android 数据存储分类

在 Google 的官方 API 文档中，Android 数据存储方式被分为以下几类。

1）SharedPreferences（偏好设置）

通过键值对形式保存简单的、私有的数据。

2）内部存储

把私有数据保存在设备的内部存储介质中。

3）外部存储

把公用数据保存在共享的外部存储介质中。

4）SQLite 数据库

把结构化数据保存在私有的数据库中。

5）网络存储

把数据保存在网络上开发者自己的服务器中。

注意：可以使用云的应用程序（Cloud Enabled Applications），Android 还提供了"云同步"数据存储方式。通过这种方式，用户可以将数据同步到云上（Syncing to the Cloud）。云同步就是使用自己的后台 Web 服务把数据同步到云上作为备份数据，需要的时候就可以恢复数据。当应用程序被安装在一台新设备上时，用户可以快速恢复数据。

8.3 SharedPreferences 存储

SharedPreferences（偏好设置）类提供了一个以键值对的形式保存并取回持久数据的通用框架，它存储的是基本数据类型的数据，所以常用来存储应用的配置信息、用户设置参数等数据量不大的数据。它可以存储的数据类型有整型、布尔型、浮点型、长整型和字符串，这些类型的数据都可以作为键值对中的"值"，而"键"都是字符串类型。

8.3.1 SharedPreferences 的存储路径与格式

SharedPreferences 是 Android 系统提供的一个通用的数据持久化框架，用于存储和读取 key-value 类型的原始基本数据类型对，目前支持 string、int、long、float、boolean 等基本类型的存储，对于自定义的对象数据类型，无法使用 SharedPreferences 来存储。

SharedPreferences 主要用于存储系统的配置信息。例如上次登录的用户名、上次最后设置的配置信息（如：是否打开音效、是否使用振动、小游戏的玩家积分等）。当再次启动程序后依然保持原有设置。SharedPreferences 用键值对方式存储，方便写入和读取。

（1）存储路径：它的绝对路径是"/data/data/应用程序包名/shared_prefs/"。

SharedPreferences 把数据存放在 ROM 中，应用程序所属的目录下。当应用程序第一次使用 SharedPreferences 时，系统会自动在该应用程序的目录下建立 "shared_prefs"目录，专门用来存放 SharedPreferences 键值对信息。

（2）存储格式：SharedPreferences 的数据会以 XML 文件格式存储。其实，Android 中的 SharedPreferences 读写就是对 XML 文件的解析和写入过程进行了封装，提供简单的 API，供开发者简单地读写 XML 文件。从这一点上来看，SharedPreferences 本质上就是内部文件存储的一种特殊方式。

8.3.2　将数据存储到 SharedPreferences 中

使用 SharedPreferences 存储数据，首先需要获取 SharedPreferences 对象，然后就可以在 SharedPreferences 文件中存储数据了。具体使用步骤如下。

1）获取 SharedPreferences 对象。

Android 中提供了三种方法来得到 SharedPreferences 对象。

（1）通过 Context 的 getSharedPreferences(String name, int mode)方法获取。

SharedPreferences 本身是一个接口，无法直接创建实例，而是通过 Context 的 getSharedPreferences (String name, int　mode)方法来获取实例。该方法有两个参数，第一个参数用于指定 SharedPreferences 文件的名称，如果指定的文件不存在则会创建一个，文件的路径在"/data/data/应用程序包名/shared_prefs/"目录下；第二个参数用于指定文件读写的操作模式。主要有以下几种模式可以选择。

❑ Context.MODE_PRIVATE：默认的操作模式，表示该 SharedPreferences 文件的数据只能被当前的应用程序读写。当指定同样文件名的时候，新写入的内容会覆盖原文件中的内容。

❑ Context.MODE_APPEND：表示如果该文件已存在，不会创建新文件，而是在原文件里追加内容。

❑ Context.MODE_MULTI_PROCESS：用于会有多个进程对同一个 SharedPreferences 文件进行读写。

❑ Context.MODE_WORLD_READABLE：指定 SharedPreferences 数据能被其他应用程序读，但是不支持写。该模式在 Android4.2 版本中已废弃。

❑ Context.MODE_WORLD_WRITEABLE：指定 SharedPreferences 数据能被其他应用程序读、写，会覆盖原数据。该模式在 Android4.2 版本中已废弃。

（2）通过 Activity 类的 getPreferences(int mode)方法获取。

这个方法和 Context 的 getSharedPreferences(String name, int mode)方法很相似，不过该方法只有一个操作模式参数，会自动将当前 Activity 类名作为 SharedPreferences 的文件名。

（3）通过 PreferenceManager 类的 getDefaultSharedPreferences(Context context)方法获取。

这是一个静态方法，接收一个 Context 参数。该方法将当前应用程序的包名作为前缀为 SharedPreferences 文件自动命名。例如，包名为"org.mobiletrain.preferenceactivity"的应用，会在"/data/data/org.mobiletrain.preferenceactivity/shared_prefs/"目录下创建 SharedPreferences 文件，文件名为 org.mobiletrain.preferenceactivity_preferences.xml。

2）调用 SharedPreferences 对象的 edit()方法获取 SharedPreferences.Editor 对象。

3）通过 SharedPreferences.Editor 对象提供的 put 系列方法，在 SharedPreferences.Editor 对象中添加数据；如果添加字符串，使用 putString()方法，如果添加布尔型数据则使用 putBoolean()方法。

4）调用 SharedPreferences.Editor 的 commit()方法提交添加的数据，从而完成数据存储操作。

8.3.3　从 SharedPreferences 中读取数据

使用 SharedPreferences 存储数据很简单，读取 SharedPreferences 文件中的数据更简单。SharedPreferences 对象提供了一系列 get 方法用于取出数据。每种 get 方法都对应了 SharedPreferences.Editor 中的 put 方法。例如，读取字符串使用 getString()方法，读取布尔型数据则使用 getBoolean()方法。这些 get 方法有两个参数，第一个参数是键，第二个参数是默认值，也就是传入的键找不到对应的值时返回的默认数值。

【范例 8-1】利用 SharedPreferences 存储用户名和密码（代码文件详见链接资源中第 8 章范例 8-1）

<案例需求>

打开界面，输入用户名和密码，点击"点击保存"按钮将数据保存进 SharedPreferences 文件；点击"取出数据"按钮将数据取出，并显示在界面上。界面效果如图 8.1 所示。

图 8.1　数据保存之 SharedPreferences

<编码思路>

（1）定义界面布局。

（2）给按钮增加回调方法，在该回调方法中实现将数据保存进 SharedPreferences 文件，并可以将数据取出。

<核心代码>

```
1.   public class MainActivity extends Activity {
2.       private EditText editText_main_username;
3.       private EditText editText_main_pwd;
4.       private TextView text_main_info;
5.       private SharedPreferences prefs;
6.       @Override
7.       protected void onCreate(Bundle savedInstanceState) {
8.           super.onCreate(savedInstanceState);
9.           setContentView(R.layout.activity_main);
10.          text_main_info = (TextView) findViewById(R.id.text_main_info);
11.          editText_main_username = (EditText)
findViewById(R.id.editText_main_username);
12.          editText_main_pwd = (EditText) findViewById(R.id.editText_main_pwd);
13.      }
14.      public void clickButton(View view) {
15.          switch (view.getId()) {
16.          // 点击保存数据按钮
17.          case R.id.button_main_store:
18.              prefs = getSharedPreferences("reginfo", Context.MODE_PRIVATE);
19.              Editor editor = prefs.edit();
20.              editor.putString("username", editText_main_username.getText()
21.                      .toString());
22.              editor.putString("pwd",
editText_main_pwd.getText().toString());
23.              editor.putInt("age", 30);
24.              editor.putBoolean("flag", false);
25.              editor.commit();
26.              break;
27.          // 点击恢复数据按钮
28.          case R.id.button_main_restore:
29.              prefs = getSharedPreferences("reginfo", Context.MODE_PRIVATE);
30.              String username = prefs.getString("username", "Wangxiangjun");
31.              String pwd = prefs.getString("pwd", "123456");
32.              int age = prefs.getInt("age", 30);
33.              boolean flag = prefs.getBoolean("flag", true);
34.              text_main_info.setText(username + ":" + pwd + ":" + age + ":"
35.                      + flag);
36.              break;
```

```
37.          default:
38.              break;
39.          }
40.      }
41.  }
```

<代码详解>

代码第 2 行至第 5 行定义控件。

代码第 10 行至第 12 行实现控件初始化。

代码第 14 行至第 40 行，实现按钮设置的 clickButton()回调方法。"点击保存"按钮实现数据保存进 SharedPreferences 对象，按钮"取出数据"实现从 SharedPreferences 对象取出数据。

<运行效果图>

从图 8.2 中可以看到，一旦点击了保存按钮，将在手机内部存储空间中增加一个相应的 XML 文件，具体的目录为："/data/data/应用程序包名/shared_prefs/指定的 xml 文件"。

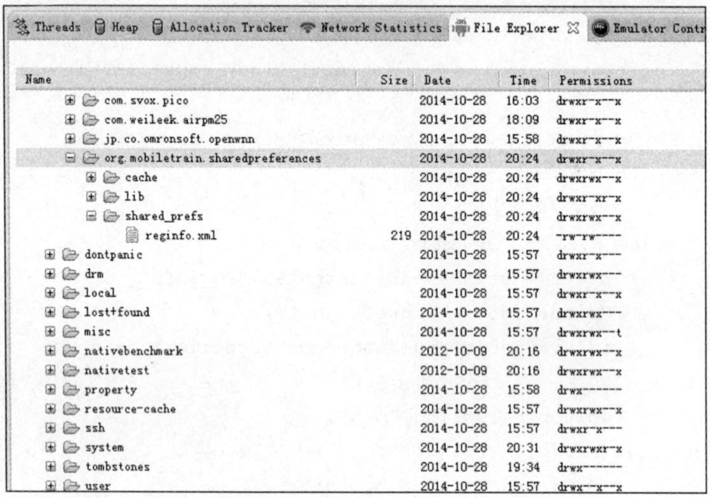

图 8.2　SharedPreferences 的存储路径

<保存之后的 SharedPreferences 文件>

```
1.   <?xml version='1.0' encoding='utf-8' standalone='yes' ?>
2.   <map>
3.       <string name="username">Wangxiangjun</string>
4.       <string name="pwd">123456</string>
5.       <int name="age">30</int>
6.   </map>
```

SharedPreferences 存储的本质是 XML 文件存储，该 XML 文件格式如下：

（1）根节点为"map"。

（2）二级节点为保存的数据类型，取决于 SharedPreferences.Editor 中的 put 系列方法。

（3）二级节点的"name"属性的值是保存进 SharedPreferences 对象的"key"。

（4）二级节点的开始节点和闭合节点中的文本节点为保存进 SharedPreferences 对象的"value"。

8.3.4　首选项设置功能

任何 App 都会存在设置界面（如图 8.3 中的声音设置），如果开发者利用普通控件并绑定监听事件保存设置，这一过程会非常枯燥和耗时。Android 给开发者提供了专门设计这一功能的技术——应用程序首选项。不要以为 SharedPreferences 只能进行简单的键值对读写，首选项设置功能才是 SharedPreferences 真正的魅力所在。

图 8.3　声音设置

注意：实现首选项设置，在 API11 以前，常用的做法是让当前 Activity 页面继承 PreferenceActivity 类，PreferenceActivity 类中有 addPreferencesFromResource(int preferencesResId)方法。而在 API11 之后，该方法被废弃，取而代之的是两种做法。第一种做法是继承 Preference 基类给用户呈现"设置界面"，而设置界面的布局需要自己编写；第二种做法是借助 Fragment 来实现的。接下来借助 Fragment 技术实现首选项设置界面和功能实现的步骤。

实现首选项设置主要借助 addPreferencesFromResource(int preferencesResId)方法。其中的参数是设置页面的 xml 文件的 id。实现首选项设置功能需要以下四步。

（1）将设置界面的布局文件写好，放到 res 的 xml 目录下。

（2）如果设置界面中用到数组资源，将数组资源文件放到 values 目录下。

（3）自定义一个继承于 PreferenceFragment 的 Fragment 类。在 onCreate()生命周期方法中调用 addPreferencesFromResource(int preferencesResId)方法。其中的参数是放置在 xml 资源目录下的设置界面文件的 id。

（4）将 Fragment 文件动态加载到 Activity 页面中。

通过以上四步，当运行程序执行设置操作时，便可以将设置信息写入 SharedPreferences 文件中。无须写任何额外的代码，甚至没有一句调用 SharedPreferences 的代码，一切都被封装起来了。那么将 SharedPreferences 文件保存到哪个目录下了呢？保存在了 "/data/data/包名/shared_prefs/包名_preferences.xml" 文件中。以上四步中设置界面的 xml 文件是实现首选项设置的关键。

1．首选项设置分类

首选项分类其实就是首选项设置文件的 XML 格式的类型。首选项可分为：.PreferenceScreen、PreferenceCategory、ListPreference、EditTextPreference、CheckBoxPreference、RingtonePreference 6 种。除了这 6 种外，还可以创建自定义首选项。例如创建类似于屏幕设置的亮度首选项的滑块效果。这时可以使用 DialogPreference。DialogPreference 是 ListPreference 和 EditTextPreference 的父类。这三者都会弹出一个对话框，向用户显示一些选项，然后通过按钮关闭。但是 DialogPreference 可以通过扩展创建自定义首选项效果（见图 8.4）。

图 8.4　屏幕亮度中的自定义首选项

（1）PreferenceScreen：首选项根节点或子屏幕首选项。当作为根节点时必须设置 xmlns:android="http://schemas.android.com/apk/res/android"属性。当通过 Intent 打开一个新的屏幕选项时，可以设置 key、title、summary 属性。

（2）PreferenceCategory：首选项分类。用来实现将首选项进行分类。一般只设置 title 属性。

（3）ListPreference：列表首选项。用来提供一列数据供选择的项目，在 SharedPreference 中保存为字符串类型。可以设置 key、title、summary、entries、entryValue、dialogTitle、defaultValue 属性。

（4）EditTextPreference：文本框首选项。用来实现字符输入的项目，在 SharedPreference 中保存为字符串类型。可以设置 key、title、summary、dialogTitle、defaultValue 属性。

（5）CheckBoxPreference：复选框首选项。用来实现勾选的项目，在 SharedPreference 中保存为 bool 类型。可以设置 key、title、summary、summaryOn、summaryOff、defaultValue 属性。

（6）RingtonePreference：铃声首选项。用来实现铃声选择，在 SharedPreference 中保存为铃声文件的 URI 地址（例如：content://settings/system/ringtone）。可以设置 key、title、summary 属性。

（7）DialogPreference：对话框首选项。它是 ListPreference 和 EditTextPreference 的父类。可以弹出一个对话框，向用户显示一些选项。DialogPreference 可以通过扩展创建自定义首选项效果。

接下来对首选项中的属性进行一一讲解。

（1）android:key：通用属性。选项的名称或键，也就是 SharedPreferences 中的键。

（2）android:title：通用属性。选项的标题。

（3）android:summary：通用属性。选项的简短摘要。

（4）android:summaryOn：复选框首选项特有属性。复选框被勾选后显示的文本内容。

（5）android:summaryOff：复选框首选项特有属性。复选框取消勾选后显示的文本内容。

（6）android:entries：列表首选项特有属性。列表项中每条 item 显示的文本内容。

（7）android:entryValues：列表首选项特有属性。列表首选项中每个 item 对应的值，也就是 SharedPreferences 中的值。

（8）android:dialogTitle：对话框首选项特有属性，弹出对话框的标题。

（9）android:defaultValue：通用属性，选项的默认值。

（10）android:dependency：具有依赖关系的子级首选项中特有属性。属性值为父级首选项的 key。

（11）android:layout：子级首选项的布局样式。常设置为"?android:attr/preferenceLayout Child"。

2.【范例 8-2】实现首选项设置的实例（代码文件详见链接资源中第 8 章范例 8-2）

<编码思路>

（1）定义首选项设置页面的 XML 文件。

（2）定义一个继承于 PreferenceFragment 类的 Fragment 子类，可以命名为 SettingsFragment。在 SettingsFragment 的 onCreate() 方法中调用 addPreferencesFrom Resource(R.xml.setting) 来加载首选项设置的 XML 文件。

（3）在 Activity 中动态加载 SettingsFragment 类。

<首选项 XML 文件 setting.xml 的核心代码>

```
1.    <?xml version="1.0" encoding="utf-8"?>
```

```
2.    <PreferenceScreen xmlns:android="http://schemas.android.com/apk/res/android">
3.        <!-- 第 1 组设置 -->
4.        <PreferenceCategory
5.              android:title="复选框首选项">
6.            <CheckBoxPreference
7.                android:key="checkbox_preference"
8.                android:title="复选框首选项"
9.                android:summaryOn="开启"
10.               android:summaryOff="关闭"
11.               android:defaultValue="false" />
12.       </PreferenceCategory>
13.
14.       <!-- 第 2 组设置 -->
15.       <PreferenceCategory
16.             android:title="对话框首选项">
17.           <EditTextPreference
18.               android:key="edittext_preference"
19.               android:title="文本框首选项"
20.               android:summary="首选项摘要"
21.               android:dialogTitle="文本对话框标题" />
22.           <ListPreference
23.               android:key="list_preference"
24.               android:title="列表首选项"
25.               android:summary="首选项摘要"
26.               android:entries="@array/entries_list_preference"
27.               android:entryValues="@array/entryvalues_list_preference"
28.               android:dialogTitle="列表对话框标题" />
29.       </PreferenceCategory>
30.       <!-- 第 3 组设置 -->
31.       <PreferenceCategory
32.             android:title="依赖关系的首选项">
33.           <CheckBoxPreference
34.               android:key="parent_checkbox_preference"
35.               android:title="依赖关系的父级首选项"
36.               android:summary="首选项摘要" />
37.           <CheckBoxPreference
38.               android:key="child_checkbox_preference"
39.               android:dependency="parent_checkbox_preference"
40.               android:layout="?android:attr/preferenceLayoutChild"
41.               android:title="依赖关系的子级首选项"
42.               android:summary="首选项摘要" />
43.       </PreferenceCategory>
44.
45.       <!-- 第 4 组设置 -->
46.        <PreferenceCategory android:title="铃声首选项">
```

```
47.          <RingtonePreference
48.          android:key="ringtone_preference"
49.          android:title="选择铃声"
50.          android:summary="首选项摘要"/>
51.      </PreferenceCategory>
52.
53.      <!-- 第 5 组设置 -->
54.      <PreferenceCategory
55.          android:title="开启 intent：子屏幕首选项">
56.          <PreferenceScreen
57.              android:title="更多选项"
58.              android:summary="首选项摘要">
59.              <CheckBoxPreference
60.                  android:key="more_checkbox_preference"
61.                  android:title="更多功能"
62.                  android:summaryOn="开启"
63.                  android:summaryOff="关闭"
64.                  android:defaultValue="true"/>
65.              <ListPreference
66.                  android:key="more_list_preference"
67.                  android:title="选择列表"
68.                  android:summary="首选项摘要"
69.                  android:dialogTitle="请选择："
70.                  android:entries="@array/entries_list_preference"
71.                  android:entryValues="@array/entryvalues_list_preference"
72.                  />
73.              <EditTextPreference
74.                  android:key="more_edittext_preference"
75.                  android:title="输入用户名"
76.                  android:summary="用户名为 5～12 位英文字母"
77.                  android:dialogTitle="输入用户名"
78.                  android:defaultValue="Steven 王向"
79.                  />
80.          </PreferenceScreen>
81.      </PreferenceCategory>
82. </PreferenceScreen>
```

<首选项 XML 文件 setting.xml 的代码详解>

第 4 行至第 12 行为第一组首选项——复选框首选项的设置。

第 15 行至第 29 行为第二组首选项——对话框首选项的设置。

第 31 行至第 43 行为第三组首选项——具有依赖关系的首选项的设置。

第 46 行至第 51 行为第四组首选项——铃声首选项的设置。

第 54 行至第 81 行为第五组首选项——子屏幕首选项的设置。

<首选项中用到的数组资源 arrays.xml>

```
1.   <?xml version="1.0" encoding="utf-8"?>
2.   <resources>
3.       <string-array name="entries_list_preference">
4.           <item>First Option 选项一</item>
5.           <item>Second Option 选项二</item>
6.           <item>Third Option 选项三</item>
7.       </string-array>
8.       <string-array name="entryvalues_list_preference">
9.           <item>first</item>
10.          <item>second</item>
11.          <item>第三个</item>
12.      </string-array>
13.  </resources>
```

<MainActivity.java 核心代码>

```
1.   public class MainActivity extends Activity {
2.       @Override
3.       protected void onCreate(Bundle savedInstanceState) {
4.           super.onCreate(savedInstanceState);
5.           setContentView(R.layout.activity_main);
6.           // 获取 Fragment 管理者
7.           FragmentManager fragmentManager = getFragmentManager();
8.           // 开启 Fragment 事务
9.           FragmentTransaction transaction = fragmentManager.beginTransaction();
10.          // 定义要动态加载的 Fragment
11.          Fragment fragment = new SettingsFragment();
12.          // 通过事务的 replace()方法，在指定布局中显示需要动态加载的 Fragment
13.          transaction.replace(R.id.content, fragment);
14.          // 执行事务
15.          transaction.commit();
16.      }
17.  }
```

<MainActivity.java 核心代码详解>

第 6 行至第 15 行为动态加载 Fragment 文件的代码。

<SettingsFragment.java 核心代码>

```
1.   public class SettingsFragment extends PreferenceFragment {
2.       @Override
3.       public void onCreate(Bundle savedInstanceState) {
4.           super.onCreate(savedInstanceState);
5.           // 将给定的首选项设置文件填充进首选项设置中
6.           addPreferencesFromResource(R.xml.setting);
7.       }
8.   }
```

<生成 SharedPreferences XML 文件内容>

```
1.  <?xml version='1.0' encoding='utf-8' standalone='yes' ?>
2.  <map>
3.  <string
name="ringtone_preference">content://settings/system/ringtone</string>
4.  <boolean name="child_checkbox_preference" value="true" />
5.  <boolean name="more_checkbox_preference" value="false" />
6.  <string name="edittext_preference">Wangxiangjun</string>
7.  <boolean name="checkbox_preference" value="true" />
8.  <boolean name="parent_checkbox_preference" value="true" />
9.  <string name="more_list_preference">first</string>
10. <string name="more_edittext_preference">StevenWang</string>
11. <string name="list_preference">第三个</string>
12. </map>
```

<运行效果图>

运行效果图如图 8.5 所示。

图 8.5 各类首选项效果图

8.4 内部存储

在 Android 中，可以像 Java 读写 PC 上的本地文件一样，通过字节流和字符流两种方式读写 Android 设备的 ROM 和 SD 卡中的文件。内部存储就是将数据存在应用程序目录中，这些数据是应用程序私有的，每一个安装在 Android 设备上的应用都有一个这样的目录，其绝对路径为"/data/data/应用程序包名/files/文件名"。外部存储是指将数据存放在 SD 卡这些非应用程序私有的地方,这些数据可以被所有应用程序共享。

开发者可以直接将文件保存在设备的内部存储。默认情况下,保存到内部存储的文件是该应用程序私有的,除了本应用之外的其他应用程序不能访问这些文件。当用户卸载该应用程序之后,内部存储文件都会被删除。

注意:内部存储空间十分有限,因而十分宝贵。另外,它也是系统本身和系统应用程序主要的数据存储所在地,一旦内部存储空间耗尽,手机就无法使用了。所以我们要尽量慎重使用内部存储空间。Shared Preferences 和 SQLite 数据库都是存储在内部存储空间上的。内部存储一般用 Context 获取和操作。

如果要在 PC 上区分出外部存储和内部存储,那么可以把自带的硬盘看作内部存储、U 盘或者移动硬盘看作外部存储,因此我们很容易带着这样的理解去看待 Android 手机,认为机身固有存储是内部存储,而扩展的 SD Card 是外部存储。例如,Nexus 4 有 16GB 的内置存储,普通消费者可以这样理解,但是在编程时仍把这 16GB 看作外部存储。

8.4.1　将数据写入到内部存储中

Context 类中提供了一个 openFileOutput(String filename , int mode)方法,用于将数据存储到指定文件中。该方法接收两个参数,第一个参数是文件名,该参数中不包含路径,默认都会存储到"/data/data/应用程序包名/files/文件名"目录下;第二个参数是操作模式,主要有两种操作模式:MODE_PRIVATE 和 MODE_APPEND,其中 MODE_PRIVATE 是默认的操作模式。MODE_WORLD_READABLE 和 MODE_WORLD_WRITEABLE 容易引起安全漏洞,所以在 Android4.2 版本中被废弃。

openFileOutput(String filename , int mode)方法返回一个 FileOutputStream 对象,接下来执行常规的 IO 操作,就可以将数据保存到指定文件中了。执行完之后,系统会自动在应用程序目录下创建一个"files"目录,在该目录下生成一个指定名字的文件,用来保存应用的内部文件。

8.4.2　从内部存储中读取数据

Context 类中提供了一个 openFileInput(String filename)方法,用于从文件中读取数据。该方法接收一个文件名参数,系统会自动到"/data/data/应用程序包名/files/"目录下找寻指定的文件,加载到指定文件后返回一个 FileInputStream 对象,接下来执行常规的 IO 操作,就可以读取出文件中的数据。

【范例 8-3】写入和读取内部存储文件中的数据（代码文件详见链接资源中第 8 章范例 8-3）

需求：打开界面，输入需要保存进内部存储的数据，点击"保存数据进内部存储"按钮，将数据保存进内部存储文件，点击"从内部存储读取数据"按钮，可以将数据取出，并显示在界面上，界面效果如图 8.6 所示。

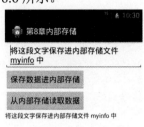

图 8.6　数据存储之内部存储

<编码思路>

（1）定义界面布局。

（2）给按钮增加回调方法，在该回调方法中实现将数据保存进内部存储文件，并可以将数据取出。

<核心代码>

```
1.   public class MainActivity extends Activity {
2.       private EditText editText_main_content;
3.       private TextView text_main_info;
4.       @Override
5.       protected void onCreate(Bundle savedInstanceState) {
6.           super.onCreate(savedInstanceState);
7.           setContentView(R.layout.activity_main);
8.           text_main_info = (TextView) findViewById(R.id.textView_main_info);
9.           editText_main_content = (EditText)
findViewById(R.id.editText_main_content);
10.      }
11.      public void clickButton(View view) {
12.          switch (view.getId()) {
13.          // 点击保存数据按钮
14.          case R.id.button_main_store:
15.              String content = editText_main_content.getText().toString();
16.              FileOutputStream fos = null;
17.              BufferedOutputStream bos = null;
18.              try {
```

```
19.              fos = openFileOutput("myinfo", Context.MODE_PRIVATE);
20.              bos = new BufferedOutputStream(fos);
21.              bos.write(content.getBytes());
22.              bos.flush();
23.          } catch (Exception e) {
24.              e.printStackTrace();
25.          } finally {
26.              try {
27.                  fos.close();
28.                  bos.close();
29.              } catch (IOException e) {
30.                  e.printStackTrace();
31.              }
32.          }
33.          break;
34.      // 点击恢复数据按钮
35.      case R.id.button_main_restore:
36.          FileInputStream fis = null;
37.          BufferedInputStream bis = null;
38.          ByteArrayOutputStream baos = new ByteArrayOutputStream();
39.          try {
40.              fis = openFileInput("myinfo");
41.              bis = new BufferedInputStream(fis);
42.              int c = 0;
43.              byte[] buffer = new byte[8 * 1024];
44.              while ((c = bis.read(buffer)) != -1) {
45.                  baos.write(buffer, 0, c);
46.                  baos.flush();
47.              }
48.              text_main_info.setText(baos.toString());
49.          } catch (Exception e) {
50.              e.printStackTrace();
51.          } finally {
52.              try {
53.                  fis.close();
54.                  bis.close();
55.                  baos.close();
56.              } catch (IOException e) {
57.                  e.printStackTrace();
58.              }
59.          }
60.          break;
61.      default:
62.          break;
```

```
63.              }
64.          }
65. }
```

<代码详解>

（1）第 2 行至第 3 行定义控件。

（2）第 8 行至第 9 行实现控件初始化。

（3）第 11 行至第 64 行，实现按钮设置的 clickButton()回调方法。"保存数据进内部存储"按钮实现数据保存进内部存储的 files 目录，"从内部存储读取数据"按钮实现从内部存储的 files 目录读取相应的文件数据。

<运行效果图>

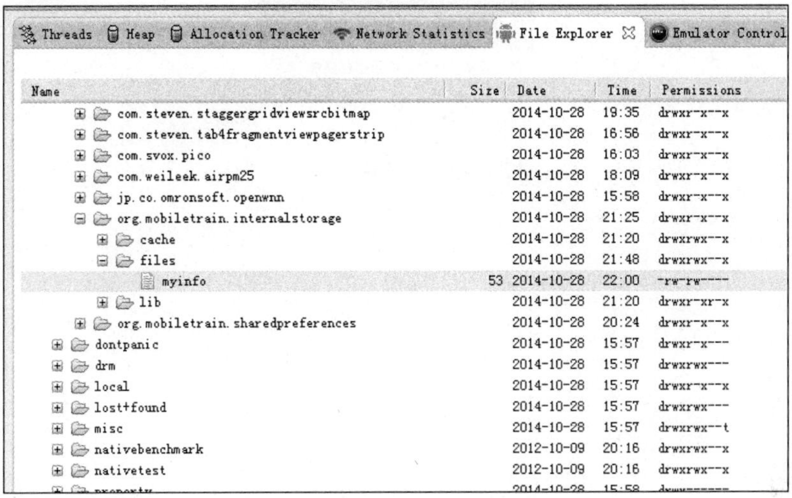

图 8.7　内部存储的默认文件目录

从图 8.7 中可以看到，一旦点击了"保存数据进内部存储"的按钮，将在手机内部存储空间中增加一个相应的文件，具体的目录为："/data/data/应用程序包名/files/指定的文件"。

8.4.3　内部存储中的缓存数据

在内部存储空间中，可以看到内部存储目录 files、专门存放 SharedPreferences 文件的 shared_prefs 目录，还有 cache 目录。cache 目录是缓存目录，存放缓存文件，它与 files、shared_prefs 等目录位于同一级目录中。cache 目录中的数据会通过以下操作被删除。

（1）当用户卸载了应用程序之后，该应用中的缓存文件会被删除。

（2）如果用户进行"设置→应用程序管理→清除 cache"操作，cache 目录中的文件会被清空。

（3）当设备的内部存储空间不足时，Android 系统会自动删除缓存文件节省空间。但是，不推荐依靠系统的自动清理机制清理缓存文件，开发者应该始终保持自己的缓存文件维持在一个合理的限度内，如 1MB 或 2MB。

如果想要缓存数据，可以调用 Context 对象的 getCacheDir()方法，返回一个 File 对象，接下来通过常规的 IO 操作，就可以将数据存储进缓存文件目录。

【范例 8-4】写入和读取内部存储中的缓存数据（代码文件详见链接资源中第 8 章范例 8-4）

需求：打开界面，输入需要保存进内部缓存的数据，点击"保存数据进内部缓存"按钮，将数据保存进内部缓存文件；点击"从内部缓存中读取数据"按钮，可以将数据取出，并显示在界面上。界面效果如图 8.8 所示。

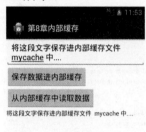

图 8.8　数据存储之内部缓存

<编码思路>

（1）定义界面布局。

（2）给按钮增加回调方法，在该回调方法中实现将数据保存进内部存储缓存目录，并可以实现从缓存目录中读取数据。

<核心代码>

```
1.   public class MainActivity extends Activity {
2.       private EditText editText_main_content;
3.       private TextView text_main_info;
4.       @Override
5.       protected void onCreate(Bundle savedInstanceState) {
6.           super.onCreate(savedInstanceState);
7.           setContentView(R.layout.activity_main);
8.           text_main_info = (TextView) findViewById(R.id.textView_main_info);
9.           editText_main_content = (EditText)
findViewById(R.id.editText_main_content);
10.      }
11.      public void clickButton(View view) {
```

```
12.        switch (view.getId()) {
13.        // 点击保存数据按钮
14.        case R.id.button_main_store:
15.            String content = editText_main_content.getText().toString();
16.            BufferedOutputStream bos = null;
17.            try {
18.                bos = new BufferedOutputStream(new FileOutputStream(new File(
19.                        getCacheDir(), "mycache")));
20.                bos.write(content.getBytes());
21.                bos.flush();
22.            } catch (Exception e) {
23.                e.printStackTrace();
24.            } finally {
25.                try {
26.                    bos.close();
27.                } catch (IOException e) {
28.                    e.printStackTrace();
29.                }
30.            }
31.            break;
32.        // 点击恢复数据按钮
33.        case R.id.button_main_restore:
34.            BufferedInputStream bis = null;
35.            ByteArrayOutputStream baos = new ByteArrayOutputStream();
36.            try {
37.                bis = new BufferedInputStream(new FileInputStream(new File(
38.                        getCacheDir(), "mycache")));
39.                int c = 0;
40.                byte[] buffer = new byte[8 * 1024];
41.                while ((c = bis.read(buffer)) != -1) {
42.                    baos.write(buffer, 0, c);
43.                    baos.flush();
44.                }
45.                text_main_info.setText(baos.toString());
46.            } catch (Exception e) {
47.                e.printStackTrace();
48.            } finally {
49.                try {
50.                    bis.close();
51.                    baos.close();
52.                } catch (IOException e) {
53.                    e.printStackTrace();
54.                }
55.            }
```

```
56.            break;
57.        default:
58.            break;
59.        }
60.    }
61. }
```

<代码详解>

（1）第 2 行至第 3 行定义控件。

（2）第 8 行和第 9 行实现控件初始化。

（3）第 11 行至第 60 行，实现按钮设置的 clickButton()回调方法。"保存数据进内部缓存"按钮实现数据保存进内部存储的 cache 目录，"从内部缓存中读取数据"实现从内部存储的 cache 目录读取相应的文件数据。

<运行效果图>

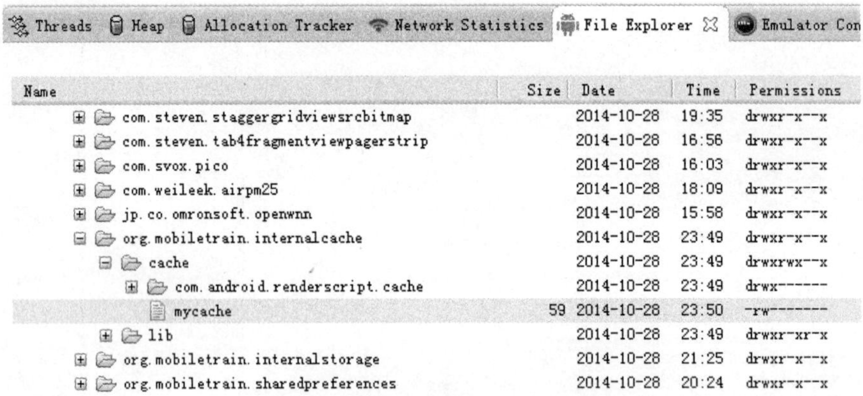

图 8.9　内部存储中的缓存目录

从图 8.9 可以看到，一旦点击了"保存数据进内部存储"按钮，将在手机内部存储空间中增加一个相应的文件，具体的目录为："/data/data/应用程序包名/cache/com.android.renderscript.cache/指定的文件"。

8.4.4　清除内部存储中的缓存

如果想清除缓存数据，可以在设置中点击"应用程序管理器"按钮，找到需要操作的应用程序，进入"应用信息"页面，点击"清除缓存"按钮即可清空该应用所占用的缓存（见图 8.10）。也可以通过自定义的程序来清空缓存，即通过 File 对象的 delete()方法将 cache 目录下的文件全部删除。

图 8.10　清除缓存

8.4.5　其他有用的方法

1．getFilesDir()

得到内部存储的绝对路径："/data/data/应用程序包名/files/文件名"。

2．getCacheDir()

得到内部缓存的绝对路径："/data/data/应用程序包名/cache/文件名"。

3．getDir()

在内部存储空间中创建或打开一个现有的目录。

4．deleteFile()

删除存放在内部存储中的文件。

5．fileList()

返回一个 String 类型的数组，存放当前应用所有私有文件的名称。

8.5　外部存储

外部存储中的"外部"容易引起大家的困惑，可以将它理解为全局可用的存储空间。它是一个可以存储大数据量数据，且被所有应用程序共享的文件系统。Android 手机中的外部存储通常指 SD 卡（SD Card）。存储在外部存储上的文件是全局可读的，并且可以被用户通过与 PC 相连的方式手动修改，所以是不安全的。如果把应用的配置参数保存在 SD 卡中，当用户更换 SD 卡之后，就不能再正确地加载应用了。所以一般都将与应用正常运行无关或占用空间比较大的文件存放在外部存储中。

注意：想要对 SD 卡中的文件做修改，需要在 AndroidManifest.xml 文件中加入文件增删和读写权限，代码如下：

```
<uses-permission android:name="android.permission.MOUNT_UNMOUNT_FILESYSTEMS"/>
<uses-permission android:name="android.permission.READ_EXTERNAL_STORAGE"/>
<uses-permission android:name="android.permission.WRITE_EXTERNAL_STORAGE"/>
```

8.5.1　检查 SD Card 是否已挂载

每次使用外部存储之前，都应该先检查存储介质是否可用。因为外部存储介质的状态不像内部存储那样稳定，以下几种情况可能导致 SD Card 不能正常使用。

（1）手机中无 SD Card。

（2）SD Card 的卡槽接触不良而导致其处于未接入状态，或被设为只读。

（3）手机正连接在 PC 上被当作 USB 存储设备使用。

（4）其他原因导致 SD Card 不可使用。

在每次使用 SD Card 之前，都需要检查其可用性。示例代码中定义了一个返回 boolean 的方法 isSDCardMounted()，判断 SD Card 是否挂载。

<核心代码>

```
1.    // 判断 SD Card 是否挂载
2.    public static boolean isSDCardMounted() {
3.        return Environment.getExternalStorageState().equals(
4.                Environment.MEDIA_MOUNTED);
5.    }
```

<代码详解>

第 3 行和第 4 行通过调用 Environment 环境变量类的静态方法 getExternal StorageState()来获取当前外部存储设备的挂载状态。如果是"mounted"挂载状态，则返回 true，否则返回 false。而"mounted"字符串就是 Environment 类中的常量 MEDIA_MOUNTED。

8.5.2　获取 SD Card 的路径

如果对 SD Card 进行读写操作，一定要知道 SD Card 的文件路径。调用 Environment 环境变量类的静态方法 getExternalStorageDirectory()，返回存储路径信息的 File 对象，再调用 File 对象的 getAbsolutePath()方法获取到 SD Card 的根路径。

一部分 Android 手机 SD Card 的路径是 "/mnt/sdcard"，一部分 Android 手机 SD Card 的路径是 "/storage/sdcard0"。所以在实际使用中，要使用 Environment 环境变量来获取路径。

<核心代码>

```
1.   // 获取 SD Card 的根目录路径
2.   public static String getSDCardBasePath() {
3.       if (isSDCardMounted()) {
4.           return Environment.getExternalStorageDirectory().getAbsolutePath();
5.       } else {
6.           return null;
7.       }
8.   }
```

<代码详解>

第 3 行至第 7 行通过调用 Environment 环境变量类的静态方法 getExternalStorage Directory()，返回存储路径信息的 File 对象，再调用 File 对象的 getAbsolutePath()方法获取 SD Card 的根路径。

8.5.3　获取 SD Card 的空间大小

操作 SD Card 时，一般情况下都不用考虑其空间是否足够，但是必要时也需要判断其空间大小。通过 StatFs（文件系统统计类）对象的 getTotalBytes()、getAvailableBytes()、getFreeBytes()方法分别获取到 SD Card 的完整空间大小、可用空间大小和剩余空间大小。

<核心代码>

```
1.   // 获取 SD Card 的完整空间大小
2.   public static long getSDCardTotalSize() {
3.       long size = 0;
4.       if (isSDCardMounted()) {
5.           StatFs statFs = new StatFs(getSDCardBasePath());
6.           if (Build.VERSION.SDK_INT >= 18) {
7.               size = statFs.getTotalBytes();
8.           } else {
9.               size = statFs.getBlockCount() * statFs.getBlockSize();
10.          }
11.          return size / 1024 / 1024;
12.      } else {
13.          return 0;
14.      }
15.  }
16.  // 获取 SD Card 的可用空间大小
17.  public static long getSDCardAvailableSize() {
```

```
18.        long size = 0;
19.        if (isSDCardMounted()) {
20.            StatFs statFs = new StatFs(getSDCardBasePath());
21.            if (Build.VERSION.SDK_INT >= 18) {
22.                size = statFs.getAvailableBytes();
23.            } else {
24.                size = statFs.getAvailableBlocks() * statFs.getBlockSize();
25.            }
26.            return size / 1024 / 1024;
27.        } else {
28.            return 0;
29.        }
30. }
31. // 获取 SD Card 的剩余空间大小
32. public static long getSDCardFreeSize() {
33.        long size = 0;
34.        if (isSDCardMounted()) {
35.            StatFs statFs = new StatFs(getSDCardBasePath());
36.            if (Build.VERSION.SDK_INT >= 18) {
37.                size = statFs.getFreeBytes();
38.            } else {
39.                size = statFs.getFreeBlocks() * statFs.getBlockSize();
40.            }
41.            return size / 1024 / 1024;
42.        } else {
43.            return 0;
44.        }
45. }
```

<代码详解>

第 1 行至第 45 行定义了获取 SD Card 空间大小的方法，分别可以获取到 SD 卡完整空间大小、可用空间大小和剩余可用空间大小。方法都是先获取磁盘单元空间数量及磁盘单元空间字节大小，两者相乘即可。

8.5.4 SD Card 目录结构

SD Card 的默认根目录是"/mnt/sdcard"或"/storage/sdcard0"，且在这个目录下又有许多子目录。

图 8.11　SD Card 目录结构

通过图 8.11 可以看到 SD Card 下有很多目录结构。这些目录被分为以下三类。

1．SD Card 公有目录

公有目录就是为了开发者方便，系统预先内置的一些存储目录。

- ❑ Music/：媒体扫描器会将这里的文件归类为音乐。
- ❑ Podcasts/：媒体扫描器会将这里的文件归类为 podcast（播客）。
- ❑ Ringtones/：媒体扫描器会将这里的文件归类为铃声。
- ❑ Alarms/：媒体扫描器会将这里的文件归类为警告音。
- ❑ Notifications/：媒体扫描器会将这里的文件归类为通知声。
- ❑ Pictures/：用于存放图片，不包括用照相机拍摄的图片。
- ❑ Movies/：用于存放视频，不包括用照相机拍摄的视频。
- ❑ Download/：用于存放各种下载的文件。

2．SD Card 私有目录

私有目录的路径是"/mnt/sdcard/Android/data/应用程序包名/"。

使用私有目录有什么好处呢？如果将数据保存在 SD Card 的公有目录下，这些数据会被该设备上所有应用程序共享。当该应用程序被卸载后，这些数据依然会保留在 SD Card 中。如果希望某个应用程序被卸载后与该应用相关的数据也一并清除，就需要使用 SD Card 私有目录存储文件。

私有目录下又有两个子目录。

（1）私有文件目录：路径是"/mnt/sdcard/Android/data/应用程序包名/files"。

用户进行"设置—应用—应用信息—清除数据"操作，私有文件目录下的文件会被清除。

（2）私有缓存目录：路径是"/mnt/sdcard/Android/data/应用程序包名/cache"。

用户进行"设置—应用—应用信息—清除缓存"操作，私有缓存目录下的文件会被清除。

用户进行"设置—应用—应用信息—卸载"操作，"/mnt/sdcard/Android/data/应用程序包名/"目录下的所有文件都会被清除，不会留下垃圾信息。

3．SD Card 自定义目录

SD Card 中除了内置的公有目录和私有目录外，还可以根据需求通过 IO 操作创建自定义目录。此时，一定要在 AndroidManifest.xml 文件中加入 SD Card 操作权限。

```
<uses-permission android:name="android.permission.MOUNT_UNMOUNT_FILESYSTEMS"/>
```

8.5.5　访问 SD Card 公有目录

调用 Environment 类的静态方法 getExternalStoragePublicDirectory(String type)方法，可以返回一个指向外部存储公有目录的 File 对象。该方法需要传入一个指定目录类型的参数，根据这些参数就能自动找到预置的目录，获取到目录之后再进行 IO 操作，就可以在其中存放指定数据。

指定目录类别是很有效的，可以使 Android 的媒体扫描器正确地识别出系统中的文件。例如，放在 DIRECTORY_MOVIES 中的文件会被 Android 系统中的视频播放器找到，放在 DIRECTORY_MUSIC 中的文件会被音乐播放器找到。目录类型参数是 Environment 类中的常量，主要有以下 9 种。

- DIRECTORY_ALARMS：指向 Alarms 目录，媒体扫描器会将这里的文件归类为警告音。
- DIRECTORY_DCIM：指向 DCIM 目录，是照相机拍摄的图片和视频保存的位置。
- DIRECTORY_DOWNLOADS：指向 Download 目录，存放各种下载的文件。
- DIRECTORY_MOVIES：指向 Movies 目录，存放视频，不包括用照相机的摄像功能拍摄的视频。
- DIRECTORY_MUSIC：指向 Music 目录，媒体扫描器会将这里的文件归类为音乐。
- DIRECTORY_NOTIFICATIONS ：指向 Notifications 目录，媒体扫描器会将这里的

文件归类为通知声。

- DIRECTORY_PICTURES：指向 Pictures 目录，是下载的图片保存的位置，不包括用照相机拍摄的图片。
- DIRECTORY_PODCASTS：指向 Podcasts 目录，用于保存 podcast（博客）的音频文件。
- DIRECTORY_RINGTONES：指向 Ringtones 目录，是保存铃声的位置，媒体扫描器会将这里的文件归类为铃声。

<在 SD Card 公有目录中保存数据的核心代码>

```
1.   // 保存byte[]文件到SD Card指定的公有目录
2.   public static boolean saveFileToSDCardPublicDir(byte[] data, String type,
3.       String fileName) {
4.     if (isSDCardMounted()) {
5.       BufferedOutputStream bos = null;
6.       File file = Environment.getExternalStoragePublicDirectory(type);
7.       try {
8.         bos = new BufferedOutputStream(new FileOutputStream(new File(
9.             file, fileName)));
10.        bos.write(data);
11.        bos.flush();
12.        return true;
13.      } catch (Exception e) {
14.        e.printStackTrace();
15.        return false;
16.      } finally {
17.        if (bos != null) {
18.          try {
19.            bos.close();
20.          } catch (IOException e) {
21.            e.printStackTrace();
22.          }
23.        }
24.      }
25.    } else {
26.      return false;
27.    }
28. }
```

<代码详解>

第 6 行调用 Environment 类的静态方法 getExternalStoragePublicDirectory (String type) 方法，返回一个指向外部存储公有目录的 File 对象。

第 8 行至第 21 行，通过常规的 IO 流操作，将指定的参数 byte[] data 中的内容保存到指定的公有目录。

8.5.6 访问 SD Card 私有文件目录

调用 Context 对象的 getExternalFilesDir(String type)方法，可以得到 SD Card 的私有文件目录的 File 对象。该方法需要传入一个 String 类型的参数，表示要使用目录的用途。该参数是 Environment 类中的常量，这一点与公有目录相同。当指定目录类型后，会在"/mnt/sdcard/Android/data/应用程序包名/files/"目录下创建相应的子目录。指定目录类别也是为了更好地归档文件，可以使 Android 的媒体扫描器正确地识别出这些文件。如果用户卸载了一个应用程序，这个存放文件的目录也会被删除。私有文件目录的类型有以下 7 种（无 DIRECTORY_DCIM 和 DIRECTORY_DOWNLOADS）。

- DIRECTORY_ALARMS。
- DIRECTORY_MOVIES。
- DIRECTORY_MUSIC。
- DIRECTORY_NOTIFICATIONS。
- DIRECTORY_PICTURES。
- DIRECTORY_PODCASTS。
- DIRECTORY_RINGTONES。

<访问私有目录的核心代码>

```
1.   // 获取SD Card私有Files目录
2.   public static String getSDCardFilePath(Context context, String type) {
3.       return context.getExternalFilesDir(type).getAbsolutePath();
4.   }
5.   // 保存byte[]文件到SD Card的指定私有Files目录
6.   public static boolean saveFileToSDCardPrivateDir(byte[] data, String type,
7.       String fileName, Context context) {
8.   if (isSDCardMounted()) {
9.       BufferedOutputStream bos = null;
10.      // 获取私有Files目录
11.      File file = context.getExternalFilesDir(type);
12.      try {
13.          bos = new BufferedOutputStream(new FileOutputStream(new File(
14.              file, fileName)));
15.          bos.write(data, 0, data.length);
16.          bos.flush();
17.      } catch (Exception e) {
18.          e.printStackTrace();
19.      } finally {
20.          if (bos != null) {
21.              try {
22.                  bos.close();
23.              } catch (IOException e) {
```

```
24.                        e.printStackTrace();
25.                    }
26.                }
27.            }
28.        return true;
29.    } else {
30.        return false;
31.    }
32. }
```

<代码详解>

第 3 行调用 Context 上下文对象的 getExternalFilesDir(String type)方法，可以得到 SD Card 的私有文件目录。

第 9 行至第 31 行，通过常规的 IO 流操作，将指定的参数 byte[] data 中的内容保存到指定的私有目录的 files 目录下。

8.5.7　访问 SD Card 私有缓存目录

调用 Context 对象的 getExternalCacheDir()方法可以得到 SD Card 的私有缓存目录的 File 对象。如果用户卸载了该应用程序，存放在私有目录下的数据也会被删除。

<访问私有目录的核心代码>

```
1.  // 获取 SD Card 私有的 Cache 目录
2.  public static String getSDCardCachePath(Context context) {
3.      return context.getExternalCacheDir().getAbsolutePath();
4.  }
5.  // 保存 byte[]文件到 SD Card 的私有 Cache 目录
6.  public static boolean saveFileToSDCardPrivateCacheDir(byte[] data,
7.          String fileName, Context context) {
8.      if (isSDCardMounted()) {
9.          BufferedOutputStream bos = null;
10.         // 获取私有的 Cache 缓存目录
11.         File file = context.getExternalCacheDir();
12.         try {
13.             bos = new BufferedOutputStream(new FileOutputStream(new File(
14.                     file, fileName)));
15.             bos.write(data, 0, data.length);
16.             bos.flush();
17.         } catch (Exception e) {
18.             e.printStackTrace();
19.         } finally {
20.             if (bos != null) {
21.                 try {
```

```
22.                     bos.close();
23.                 } catch (IOException e) {
24.                     e.printStackTrace();
25.                 }
26.             }
27.         }
28.         return true;
29.     } else {
30.         return false;
31.     }
32. }
33. // 保存 Bitmap 图片到 SD Card 的私有 Cache 目录
34. public static boolean saveBitmapToSDCardPrivateCacheDir(Bitmap bitmap,
35.         String fileName, Context context) {
36.     if (isSDCardMounted()) {
37.         BufferedOutputStream bos = null;
38.         // 获取私有的 Cache 缓存目录
39.         File file = context.getExternalCacheDir();
40.         try {
41.             bos = new BufferedOutputStream(new FileOutputStream(new File(
42.                     file, fileName)));
43.             if (fileName != null
44.                     && (fileName.contains(".png") || fileName
45.                         .contains(".PNG"))) {
46.                 bitmap.compress(Bitmap.CompressFormat.PNG, 90, bos);
47.             } else {
48.                 bitmap.compress(Bitmap.CompressFormat.JPEG, 90, bos);
49.             }
50.             bos.flush();
51.         } catch (Exception e) {
52.             e.printStackTrace();
53.         } finally {
54.             if (bos != null) {
55.                 try {
56.                     bos.close();
57.                 } catch (IOException e) {
58.                     e.printStackTrace();
59.                 }
60.             }
61.         }
62.         return true;
63.     } else {
64.         return false;
65.     }
66. }
```

<代码详解>

第 3 行调用 Context 上下文对象的 getExternalCacheDir()方法，可以得到 SD Card 的私有文件目录下的缓存目录。

第 8 行至第 28 行通过常规的 IO 流操作，将指定的参数 byte[] data 中的内容保存到指定的私有目录的 cache 目录下。

第 36 行至第 62 行通过常规的 IO 流操作，将指定的参数 Bitmap 图片对象保存到指定的私有目录的 cache 目录下。

注意：内部存储中用来存放缓存文件的 cache 目录叫内部缓存，SD Card 中的私有缓存目录叫作外部缓存。外部缓存与内部缓存有以下三点不同：

（1）系统不会总是监控外部缓存的空间使用情况，不会自动删除一些不用的文件。

（2）外部缓存并不总是可用的，当用户将移动设备连接在 PC 上或移除外部存储设备之后，就会不可用。

（3）外部缓存中的文件没有安全性，该移动设备中安装的所有应用程序都可以读写这些文件。

（4）想要在应用中使用外部缓存，必须先在 AndroidManifest.xml 中加入 WRITE_EXTERNAL_STORAGE 权限。

8.5.8　从 SD Card 中获取数据

只要知道路径，执行常规的 IO 操作就可以获取到数据。

<核心代码>

```
1.    // 从 SD Card 中寻找指定目录下的文件，返回 byte[]
2.  public static byte[] loadFileFromSDCard(String filePath) {
3.      BufferedInputStream bis = null;
4.      ByteArrayOutputStream baos = new ByteArrayOutputStream();
5.      File file = new File(filePath);
6.      if (file.exists()) {
7.          try {
8.              bis = new BufferedInputStream(new FileInputStream(file));
9.              byte[] buffer = new byte[1024 * 8];
10.             int c = 0;
11.             while ((c = (bis.read(buffer))) != -1) {
12.                 baos.write(buffer, 0, c);
13.                 baos.flush();
14.             }
15.             return baos.toByteArray();
16.         } catch (Exception e) {
17.             e.printStackTrace();
```

```
18.          } finally {
19.              if (bis != null) {
20.                  try {
21.                      bis.close();
22.                  } catch (IOException e) {
23.                      e.printStackTrace();
24.                  }
25.              }
26.              if (baos != null) {
27.                  try {
28.                      baos.close();
29.                  } catch (IOException e) {
30.                      e.printStackTrace();
31.                  }
32.              }
33.          }
34.      }
35.      return null;
36.  }
37.  // 删除 SD Card 中的文件
38.  public static boolean removeFileFromSDCard(String filePath) {
39.      File file = new File(filePath);
40.      if (file.exists()) {
41.          try {
42.              file.delete();
43.              return true;
44.          } catch (Exception e) {
45.              return false;
46.          }
47.      } else {
48.          return false;
49.      }
50.  }
```

<代码详解>

代码第 3 行至第 35 行，通过常规的 IO 流操作，获取到指定路径下的文件，返回字节数组。

8.6　SQLite 数据库存储

　　SQLite 是一个开源的嵌入式数据库，它在 2000 年由 D. Richard Hipp 发布。SQLite 数据库用 C 语言编写，是一个轻量级的关系型数据库。JDBC 会消耗太多系统资源，所以 JDBC

对于手机移动开发不合适，因此 Android 提供了新的 API 来使用 SQLite 数据库。SQLite 具有以下优势：

（1）SQLite 处理速度比 MySQL 等著名的开源数据库系统更快。它没有服务器进程，甚至不用设置用户名和密码就可以使用。占用资源很少，通常只需要几百 KB 的内存就足够了，特别适合用在移动设备上。这是 Android 采用 SQLite 数据库的主要原因。

（2）SQLite 不仅支持标准的 SQL 语法，还支持数据库事务。

（3）SQLite 通过文件保存数据库，该文件是跨平台的，可以自由复制。一个文件就是一个数据库，数据库名即文件名。

8.6.1　SQLite 数据库的存放路径

其实数据库文件存在内部存储中。通过图 8.12 能看到数据库目录与内部缓存、SharedPreferences 在同一目录下。具体路径为："/data/data/应用程序包名/databases/"。其中 db_words.db 为数据库文件，而 db_words.db-journal 为数据库日志文件。

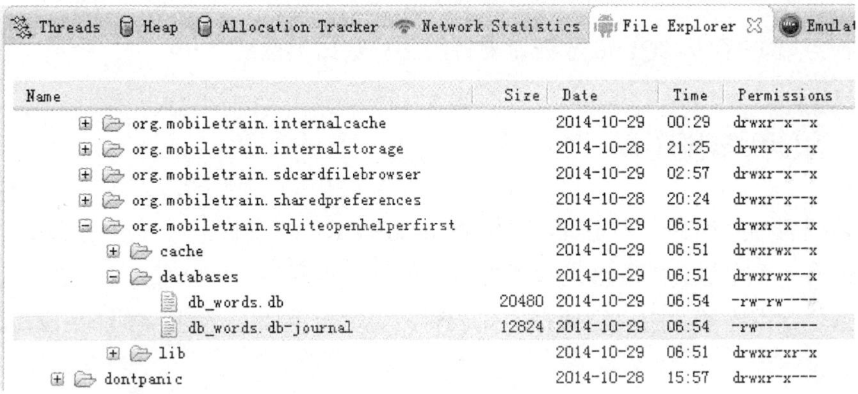

图 8.12　SQLite 数据库的存放路径

8.6.2　SQLite 数据类型

SQLite 是无类型的（Typelessness），这意味着可以保存任何类型的数据到数据库表的任何列中，无论这列声明的数据类型是什么。对于 SQLite 来说，对字段不指定类型是完全有效的，如：Create Table 表名(a, b, c)。但是一定要注意，SQLite 数据库在一种情况下是要求类型必须匹配的——建表时主键必须指定类型，如 CREATE TABLE dict(_id INTEGER PRIMARY KEY AUTOINCREMENT, word ,detail)。主键必须是 INTEGER PRIMARY KEY AUTOINCREMENT。

虽然 SQLite 允许忽略数据类型，但是仍然建议在 Create Table 语句中指定数据类型，因为指定数据类型利于程序员之间的交流，且方便更换数据库引擎。

<SQLite 支持常见的数据类型>

```
1.   CREATE TABLE 表名 (
2.     _id INTEGER  PRIMARY  KEY  AUTOINCREMENT,
3.     a VARCHAR(10),
4.     b NVARCHAR(15),
5.     c TEXT,
6.     d INTEGER,
7.     e FLOAT,
8.     f BOOLEAN,
9.     g CLOB,
10.    h BLOB,
11.    i TIMESTAMP,
12.    j NUMERIC(10,5)
13.    k VARYING CHARACTER (24),
14.    l NATIONAL VARYING CHARACTER(16)
15.  );
```

<代码详解>

第 2 行定义了一个自增长的主键_id。

第 3 行至第 14 行是 SQLite 数据库支持的各种数据类型。

8.6.3 数据库的键

每个数据表都必须有一个主键，叫作 PRIMARY KEY，它是一个表中元素的唯一标识。一个表只能有一个主键。候选键是除了主键之外的元素标识，可以有多个。在数据库表中，主键和候选键都很重要，所以需要在定义表时指定哪个字段是主键，哪些字段是候选键。

<示例代码>

```
1.   CREATE TABLE Studios(
2.     _id INTEGER  PRIMARY  KEY  AUTOINCREMENT,
3.     name CHAR(20) UNIQUE,
4.     city VARCHAR(50),
5.     state CHAR(2)
6.   );
```

<代码详解>

第 2 行定义自增长的主键_id。

第 3 行至第 5 行定义了三个不同数据类型的字段：name、city、state。

8.6.4 常用 SQL 语句

SQL（结构化查询语句）分为以下几类。

- DDL（Data Define Language）：数据定义语句，主要包括 create、drop、alter 语句。
- DML（Data Manipulate Language）：数据操纵语句，主要包括 insert、delete、update、select 语句，也就是 CRUD 操作。

CRUD 是在做计算处理时的增加（Create）、查询（Retrieve）（重新得到数据）、更新（Update）和删除（Delete）几个单词的首字母简写。主要用来描述数据库的基本操作。

- DCL（Data Control Language）：数据控制语句，主要有 grant、revoke 语句。
- TCL（Transaction Control Language）：事务控制语句。

学习 SQL 的重心应该放在 DML 语句上，而学习 DML 语句的重点应该放在 select 语句上。

1．数据库查询语句：select

（1）查询所有数据。

select * from 表名;

select * from exam_books;

（2）按照一定的条件查找。

select * from 表名 where 条件;

select * from exam_books where id<20;

（3）范围条件查询。

select * from 表名 where 字段 between 值 1 and 值 2;

select * from exam_books where id<20 and id>10;

select * from exam_books where id between 10 and 20;

select * from exam_books where addtime between '2011-03-17 00:00:00' and '2011-03-18 00:00:00';

（4）模糊查询。

select * from 表名 where 字段 like '%条件%';

select * from exam_books where bookname like '%马克思%';

select * from exam_books where bookname like '马__';

%和_是通配符。（查询书名中第一个字是"马"，后面有两个字）

（5）复合查询。

select * from 表名 where 条件 and 另一个条件;

select * from exam_questions where coursecode = '03706' and chapterid = 2;

（6）查询个数。

select count(*) from 表名 where 条件

select count(*) as 别名 from exam_questions where coursecode = '03706' and chapterid = 2;

（7）查询结果按顺序排列。

正序、倒序（asc/desc）

select * from 表名 where 条件 order by 字段 desc/asc;

select * from exam_questions where coursecode = '03706' order by chapterid;

（8）按照 limit 查找某个范围内的数据。

SELECT * FROM exam_questions order by id asc limit 0, 15;（代表查找出的第一页的信息）

SELECT * FROM exam_questions order by id asc limit 15, 15;（代表查找出的第二页的信息）

注：limit 后面的两个数字中第一个数字代表偏移量，第二个数字代表每页展示的数量。

偏移量=（当前页码数−1）×每页显示条数

SELECT 字段 AS 别名 FROM 表名 WHERE... ORDER BY ... LIMIT....

（9）SQL 常用函数。

SQL 常用函数有以下几种。

❑ count()。

❑ length()。

❑ min()。

❑ max()。

2．删除数据：delete

delete from 表名 where 条件;

delete from exam_questions where id<2000;

delete from exam_questions where coursecode='00041' and chapterid=1;

DELETE FROM 表名 WHERE 子句

3．插入新数据：insert

insert into 表名(字段) values(值);

insert into exam_weburl(webname , weburl , info , bigtypeid) values('人人网', 'renren.com' , '这个网站不错' , 3);

4．更新数据：update

update 表名 set 字段 1=值 1，字段 2=值 2 where 条件;

update exam_weburl set info='这个网站不太好' where id=73;

update exam_weburl set webname='人人 2', weburl='www.renren.com' where id=73;

5．创建表结构的语句

CREATE TABLE　表名（_id INTEGER PRIMARY KEY AUTOINCREMENT，字段 2，字段 3...）

例 如 ： CREATE TABLE tb_newwords （_id INTEGER PRIMARY KEY AUTOINCREMENT，words　，detail）;

6．更新表结构的语句

（1）如需在表中添加列，使用下列语法。

ALTER TABLE table_name

ADD column_name datatype

（2）要删除表中的列，使用下列语法。

ALTER TABLE table_name

DROP COLUMN column_name

（3）要改变表中列的数据类型，使用下列语法。

ALTER TABLE table_name

ALTER COLUMN column_name datatype

注意：SQLite 仅仅支持 ALTER TABLE 语句的一部分功能，我们可以用 ALTER TABLE 语句来更改一个表的名字，也可向表中增加一个字段（列），但是我们不能删除一个已经存在的字段，或者更改一个已经存在的字段的名称、数据类型、限定符等。

8.6.5　操作 SQLite 数据库的核心类介绍

Android 中操作 SQLite 数据库有两个核心类：SQLiteDatabase 和 SQLiteOpenHelper。SQLiteDatabase 等同于 JDBC 中 Connection 和 Statement 的结合体，它既可以连接已存在的数据库，又可以创建新的数据库，而且执行 SQL 语句操作。真正的数据库操作都是 SQLiteDatabase 的功劳，但是 SQLiteDatabase 在数据库升级上却不够方便。为了更方便地管理数据库，Android 中专门提供了一个 SQLiteOpenHelper 帮助类，借助这个类可以非常简单地实现数据库的创建和升级。

SQLiteOpenHelper 是一个抽象类，要想使用它，就需要创建一个继承于 SQLiteOpenHelper 的子类，然后重写其中的抽象方法。使用 SQLiteOpenHelper 类的目的是为了更简单地创建和升级数据库，而真正的数据库表的 CRUD 操作还是要依靠

SQLiteDatabase 类来完成。

以上两个类分别有各自的使用场景。如果数据库文件是已经存在的、存放在外部存储设备（例如 SD Card）上、允许其他应用程序访问的公有数据库，使用 SQLiteDatabase 连接访问，执行 CRUD 操作就可以了。当数据库并不存在，需要重新创建，而且创建在内部存储空间中的应用程序包名目录下，操作这种只允许当前应用程序访问的数据库时，必须使用 SQLiteOpenHelper 工具类，在 SQLiteOpenHelper 的子类中再调用 SQLiteDatabase 来执行 CRUD 操作。

实际项目中很少直接使用 SQLiteDatabase 打开数据库，通常采用 SQLiteOpenHelper 的子类来打开或创建数据库。但是为了更好地掌握 SQLiteDatabase 的用法，本书还是从 SQLiteDatabase 操作 SQLite 数据库开始讲起。

8.6.6　SQLiteDatabase 操作 SQLite 数据库的步骤

SQLiteDatabase 等同于 JDBC 中 Connection 和 Statement 的结合体。SQLiteDatabase 既代表与数据库的连接，又用于执行 SQL 语句操作。SQLiteDatabase 操作 SQLite 数据库主要有四个步骤。

1.　创建 SQLiteDatabase 对象

SQLiteDatabase 对象代表一个数据库。 SQLiteDatabase 类中提供了以下四个静态方法来打开或创建一个数据库文件。

- static SQLiteDatabase openDatabase(String path, SQLiteDatabase.CursorFactory factory, int flags, DatabaseErrorHandler errorHandler)。
- static SQLiteDatabase openDatabase(String path, SQLiteDatabase.CursorFactory factory, int flags)。
- static SQLiteDatabase openOrCreateDatabase(String path, SQLiteDatabase.CursorFactory factory, DatabaseErrorHandler errorHandler)。
- static SQLiteDatabase openOrCreateDatabase(String path, SQLiteDatabase. Cursor Factory factory)。

其中，

（1）path 代表数据库的路径（如果是在默认路径/data/data/应用程序包名/databases/下，则只需要提供数据库名称）。

（2）factory 代表在创建 Cursor 对象时使用的工厂类，如果为 null，则使用默认的工厂（也可以实现自己的工厂进行某些数据处理）。

（3）flags 代表创建表时的一些权限设置，多个权限之间可以用"|"分隔。

- OPEN_READONLY：以只读方式打开数据库（常量值为：1）。
- OPEN_READWRITE：以读写方式打开数据库（常量值为：0）。
- CREATE_IF_NECESSARY：当数据库不存在时创建数据库。
- NO_LOCALIZED_COLLATORS：打开数据库时，不根据本地化语言对数据库进行排序（常量值为：16）。

<示例代码>

```
1.   //当数据库存在时，本例以 SD Card 中的 android_manual.db 数据库为例
2.   String path = "/mnt/sdcard/android_manual.db";
3.   SQLiteDatabase db = SQLiteDatabase.openDatabase(path,
null,SQLiteDatabase.OPEN_READWRITE);
4.   //当数据库不存在时
5.   String path = "/mnt/sdcard/db_words.db";
6.   SQLiteDatabase  db = SQLiteDatabase.openOrCreateDatabase(path, null);
```

<代码详解>

第 2 行和第 5 行指定了数据库的路径。

第 3 行表示打开并连接指定路径下的数据库。

第 6 行表示创建并连接之前不存在的数据库的方式。

2．创建数据库中的表

通常要使用 SQLiteDatabase 来直接操作的数据库都是已经存放在 SD Card 上的公有数据库，因此没有必要再去创建数据库中的表，那么这个步骤是可以略过的。但是如果使用 SQLiteDatabase 创建不存在的数据库，就需要执行 Create 语句来创建数据库的表。

<核心代码>

```
1.   //当数据库不存在时
2.   String path = "/mnt/sdcard/db_words.db";
3.   SQLiteDatabase  db = SQLiteDatabase.openOrCreateDatabase(path, null);
4.   db.execSQL("create table tb_words (_id integer primary key
autoincrement ,english , chinese)");
```

<代码详解>

第 2 行指定了数据库的路径。

第 3 行表示创建 SQLiteDatabase 数据库连接对象。

第 4 行表示创建数据库中的表 tb_words。

3．调用 SQLiteDatabase 对象执行数据库操作

当创建了 SQLiteDatabase 对象后，就要执行数据库操作了。SQLiteDatabase 对象提供了许多方法来操作数据库。

- void execSQL(String sql)：执行 SQL 语句（非 select 语句，包括 update、insert、delete

及 create、drop 等语句）。

- void execSQL(String sql , Object[] bindArgs)：执行带占位符的 SQL 语句（包括 update、insert、delete 及 create、drop 等语句）。

- Cursor rawQuery(String sql , String[] selectionArgs)：执行带占位符的 SQL 查询语句（select 语句）。

- void beginTransaction()：开始事务。

- void endTransaction()：结束事务。

注意：除了以上几个重要方法外，对不熟悉 SQL 语句的开发者，提供了进一步封装的多参数 CRUD 方法，但是这些方法参数众多，使用起来略微复杂。在 ContentProvider 一章中会有类似的 CRUD 方法，要注意区分两者在返回值和参数上的差异。

- long insert(String table, String nullColumnHack, ContentValues values)：向执行表中插入数据。

- int delete(String table, String whereClause, String[] whereArgs)：根据给定条件删除指定表中的数据。

- int update(String table, ContentValues values, String whereClause, String[] whereArgs)：根据给定条件更新指定表中的数据。

- Cursor query(String table, String[] columns, String whereClause, String[] whereArgs, String groupBy, String having, String orderBy, String limit)：根据给定条件查询指定表中的数据。

1）使用 execSQL()方法实现插入、删除和修改数据

（1）使用 execSQL 方法实现插入数据。

<示例代码>

```
String sql = "insert into tb_words(word , detail) values(? , ?) ";
db.execSQL(sql, new Object[] { word, detail });
```

（2）使用 execSQL 方法实现删除数据。

<示例代码>

```
String sql = "delete from tb_words where word like ?";
db.execSQL(sql, new Object[] { "%" + keywords + "%" });
```

（3）使用 execSQL 方法实现修改数据。

<示例代码>

```
String sql = "update tb_words set detail=? where word=? ";
db.execSQL(sql, new Object[] { detail , word });
```

2）使用 rawQuery 方法实现查询数据

<示例代码>

```
String sql = "select * from android_basic order by id desc limit ? , ?";
Cursor cursor = db.rawQuery(sql, new String[] { 10 , 15 });
```

3）使用 insert 方法实现插入数据

格式为：long insert(String table, String nullColumnHack, ContentValues values)。

- table：需要插入数据的数据库表名。
- nullColumnHack：强行插入 null 值的列名。当第三个参数 values 为 null 或它包含的 key-value 对的数量为 0 时，第二个参数才会起作用。

为什么第二个参数要取决于 values 的值呢？如果 values 参数为 null，而第二个参数没有指定，那么生成的 SQL 语句就是：insert into 表名() values()。显然这个 SQL 语句是有问题的。为了满足 SQL 语法正确，insert 语句应该是如下结构：insert into 表名（列名）values(null)，而"列名"就由第二个参数来指定。第二个参数指定的列名不能是主键所在的列名，也不能是非空字段的列名，否则强行在这个字段中插入 null 会发生异常。

- values：代表一行记录的数据。

<示例代码>

```
1.  ContentValues values = new ContentValues();
2.  values.put("word", "responsibility");
3.  values.put("detail", "责任，义务");
4.  long rowId = db.insert("tb_words", null, values);
```

<代码详解>

第 1 行创建一个 ContentValues 对象。

第 2 行和第 3 行是将数据放入刚创建的 ContentValues 对象中。

第 4 行将 ContentValues 对象中的数据插入到数据库的表 tb_words 中。

4）使用 delete 方法实现删除数据

格式为：int delete(String table, String whereClause, String[] whereArgs)。

- table：需要删除数据的数据库表名。
- whereClause：where 子句，满足该子句的记录将会被删除。
- whereArgs：用于为 where 子句传入参数。也就是替换 where 子句中占位符的数据组成的字符串数组。

<示例代码>

```
//删除 detail 字段中包含"责任"的记录
int result = db.delete("tb_words", "detail like ?",new String[] { "责任%" });
```

5）使用 update 方法实现更新数据

格式为：int update(String table, ContentValues values, String whereClause, String[]

whereArgs)。

- table：需要更新数据的数据库表名。
- values：更新后的数据。
- whereClause：where 子句，满足该子句的记录将会被更新。
- whereArgs：用于为 where 子句传入参数。也就是替换 where 子句中占位符的数据组成的字符串数组。

<示例代码>

```
1.  ContentValues values = new ContentValues();
2.  values.put("word", "responsibility");
3.  values.put("detail", " 责任，职责；义务");
4.  int result = db.update("tb_words", values, "word = ?", new String[]
{"responsibility"});
```

<代码详解>

第 1 行创建一个 ContentValues 对象。

第 2 行和第 3 行是将修改后的数据放入刚创建的 ContentValues 对象中。

第 4 行将 tb_words 表中某条数据更改为 ContentValues 对象中的数据。

6）使用 query 方法实现查询数据

格式为：Cursor   query(String table, String[] columns, String whereClause, String[] whereArgs, String groupBy, String having, String orderBy, String limit)。

- table：执行查询数据的数据库表名。
- columns：需要查询的列名组成的字符串数组。
- whereClause：where 子句，即查询条件。
- whereArgs：用于为 where 子句传入参数。也就是替换 where 子句中占位符的数据组成的字符串数组。
- groupBy：用于控制分组。
- having：用于对分组后的数据进行过滤。
- orderBy：用于对记录进行排序。
- limit：用于进行分页显示。

<示例代码>

```
Cursor cursor = db.query("tb_words", new String[] { "word", "detail" },"word like ?",
new String[] { "re%" }, null, null,"word desc", "0 , 5");
cursor.close();
```

4．对查询结果进行操作

当执行的是查询操作，返回一个 Cursor 对象。Cursor 类似于 JDBC 中的 ResultSet 结果集，内置移动游标等方法。

- move(int offset)：按偏移量来移动。
- moveToFirst()：将记录指针移动到第一行。
- moveToLast ()：将记录指针移动到最后一行。
- moveToNext ()：将记录指针移动到下一行。
- moveToPosition(int position)：将记录指针移动到指定的一行。
- moveToPrevious()：将记录指针移动到上一行。
- getCount()：返回 Cursor 的行数。
- getColumnName(int index)：根据列的索引返回其相应的列名称。
- getColumnIndex(String name)：根据列的名字返回其相应的索引。
- getColumnNames()：返回一个保存有所有列名称的字符串数组。
- getColumnCount()：返回列的总数。
- close()：关闭游标结果集，释放资源。
- getType()：获取字段的数据类型。分别有 0、1、2、3、4 几个结果。

0 代表 null，1 代表 int，2 代表 float，3 代表 String，4 代表 blob。

<示例代码>

```
1.    //遍历 Cursor，将 Cursor 转换成 List 集合的方法
2.    public List<Map<String, Object>> cursorToList(Cursor cursor) {
3.        List<Map<String, Object>> list = new ArrayList<Map<String, Object>>();
4.        while (cursor.moveToNext()) {
5.            Map<String, Object> map = new HashMap<String, Object>();
6.            for (int i = 0; i < cursor.getColumnCount(); i++) {
7.                // 1. 比较简洁的做法
8.                // map.put(cursor.getColumnName(i), cursor.getString(i));
9.                // 2. 比较完善的做法
10.               Object myValue = null;
11.               switch (cursor.getType(i)) {
12.               case 1:
13.                   myValue = cursor.getLong(i);
14.                   break;
15.               case 2:
16.                   myValue = cursor.getDouble(i);
17.                   break;
18.               case 3:
19.                   myValue = cursor.getString(i);
20.                   break;
21.               default:
22.                   myValue = cursor.getBlob(i);
23.                   break;
24.               }
```

```
25.              map.put(cursor.getColumnName(i), myValue);
26.          }
27.          list.add(map);
28.      }
29.      return list;
30. }
```

<代码详解>

第 3 行定义了一个用来存储 Cursor 中的数据的集合。

第 4 行至第 26 行遍历 Cursor，将其中的每条数据放入 Map 对象，再将 Map 对象放入 List 对象中。

8.6.7 SimpleCursorAdapter 的使用

SimpleCursorAdapter 是一个将 Cursor 中的记录与在 XML 布局文件中定义的控件进行匹配的简易适配器。SimpleCursorAdapter 可以将从数据库中查询到的记录逐条匹配到 AdapterView 之上，如 ListView、GridView 等。由于它的基类是 CursorAdapter，所以除了直接使用 SimpleCursorAdapter 以外，也可以继承 CursorAdapter 或 BaseAdapter 来自定义一个用来匹配数据库数据的 Adapter，以满足特别的需求。使用 SimpleCursorAdapter 适配 ListView 的示例如图 8.13 所示。

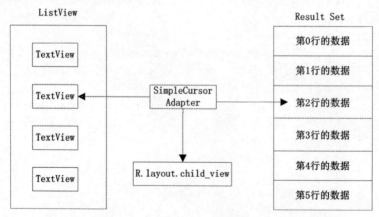

图 8.13 SimpleCursorAdapter 与 ListView 的适配示意图

构造方法原型：SimpleCursorAdapter(Context context, int layout, Cursor c, String[] from, int[] to, int flags)。其中，参数的含义如下。

- context：上下文对象，通常是 ListView 所在的 Activity。
- layout：布局文件的 id。
- c：从数据库查询得到的 Cursor 对象，里面保存着数据库记录。
- from：由数据表中的字段名组成的数组。

- to：布局文件中控件的 id，它们要与 from 数组中的元素一一对应。
- flags：用于定义适配器行为的标识位。

可选项有：FLAG_AUTO_REQUERY 和 FLAG_REGISTER_CONTENT_OBSERVER。FLAG_AUTO_REQUERY（常量值：1）从 API11 开始已经废弃。因为它会在应用程序的 UI 线程中执行 Cursor 查询操作，导致响应缓慢甚至应用程序停止响应（ANR）的错误。作为替代方案，请使用 Loader 异步加载技术。如果设置 FLAG_REGISTER_CONTENT_OBSERVER（常量值：2），适配器会在 Cursor 上注册一个 Observer，当数据源发生改变时，会及时更新 UI 界面。

<示例代码>

```
SimpleCursorAdapter    adapter   =   new    SimpleCursorAdapter(this,    R.layout.
item_listview_main,
    cursor, new String[] { "news_title","news_addtime" },
    new int[] { R.id.text_item_title, R.id.text_item_addtime });
```

注意：在绑定数据时，Cursor 对象返回的记录集中必须包含一个_id 字段，否则将无法完成数据绑定。也就是说，SQL 语句不能是"select word ,detail from tb_words"，而必须包含_id 字段。如果数据表中没有_id 字段，可以采用起别名的方式来处理。例如："select id as _id ,word ,detail from tb_words"。

8.6.8　使用事务

数据库事务（Database Transaction）是作为单个逻辑工作单元执行的一系列操作，要么完整地执行，要么完全地不执行。事务的目的是为了保证数据的一致性。 事务通过回滚（RollBack）保存了数据的一致性。

例如，一次网上购物交易的付款过程至少包括以下几步数据库操作。

（1）更新客户所购商品的库存信息。

（2）保存客户付款信息，可能包括与银行系统的交互。

（3）生成订单并且保存到数据库中。

（4）更新用户相关信息，如购物数量等。

正常情况下，这些操作将顺利进行，最终交易成功，与交易相关的所有数据库信息也成功地更新。但是，如果在这一系列过程中任何一个环节出了差错，例如在更新商品库存信息时发生异常、该顾客银行账户存款不足等，都将导致交易失败。一旦交易失败，数据库中所有信息都必须保持交易前的状态不变。例如，在更新用户信息时失败而导致交易失败，那么必须保证这笔失败的交易不影响数据库的状态——库存信息没有被更新、用户没有付款、订单没有生成。否则，数据库的信息将会一片混乱。

数据库事务正是用来保证特殊情况下交易的平稳性和可预测性的技术。

SQLiteDatabase 用以下方法来控制事务。

- beginTransaction()：开始事务。
- endTransaction()：结束事务。
- inTransaction()：判断当前上下文是否处于事务环境中。
- setTransactionSuccessful()：设置事务标识。当调用该方法标识事务成功，则提交事务，否则程序将回滚事务。

<核心代码>

```
db.beginTransaction();
try {
//执行 DML 语句，也就是 CRUD 操作
//调用该方法设置事务成功，否则将执行 endTransaction()方法回滚事务
db.setTransactionSuccessful();
} finally {
//由事务标识决定是提交事务还是回滚事务
db.endTransaction();
}
```

8.6.9　SQLiteOpenHelper 实现数据库的创建和更新

SQLiteOpenHelper 是系统提供的一个管理数据库表创建和更新的抽象类。SQLiteOpenHelper 包含以下几个常用的方法。

- onCreate(SQLiteDatabase db)：当数据库被首次创建时执行该方法，一般将创建表等初始化操作在该方法中执行。
- onUpgrade(SQLiteDatabase dv, int oldVersion,int new Version)：当打开数据库时传入的版本号与当前的版本号不同时调用该方法。
- getWriteableDatabase()：创建一个可读写数据库。
- getReadableDatabase()：创建一个可读写数据库。

注意：调用 getReadableDatabase()方法返回的并不总是只读数据库对象，一般来说，该方法和 getWriteableDatabase()方法的返回情况相同，只有在数据库仅开放只读权限或磁盘已满时才会返回一个只读的数据库对象。而 getWriteableDatabase()方法打开的数据库，一旦数据库磁盘空间满了，就只能读而不能写，如果再写则报错。因此，建议使用 getReadableDatabase()方法来打开数据库，以避免报错。

SQLiteOpenHelper 是一个抽象类，不能直接使用，使用者必须通过继承 SQLiteOpenHelper 的形式来实现自己的工具类。子类中一般重写三个抽象方法：构造方法、onCreate()方法、onUpgrade()方法。

（1）构造方法：通常情况下，构造方法的作用是初始化 SQLiteDatabase 对象。通过调用当前对象的 getReadableDatabase()方法，可以返回 SQLiteDatabase 对象。

（2）onCreate(SQLiteDatabase db)：调用 SQLiteDatabase 对象的 execSQL()方法执行 Create 语句，创建数据库的表。

（3）onUpgrade(SQLiteDatabase dv, int oldVersion,int new Version)：判断新版本号是否大于旧的版本号，如果为 true，则删除旧的数据库表，重新创建新的数据库表。

【范例 8-5】SQLiteOpenHelper 实现《英文单词本》（代码文件详见链接资源中第 8 章范例 8-5）

<示例代码>

```
1.   public class MySQLiteOpenHelper extends SQLiteOpenHelper {
2.       private final static String DBNAME = "db_words.db";
3.       private final static int VERSION = 1;
4.       public SQLiteDatabase db = null;
5.       public MySQLiteOpenHelper(Context context) {
6.           super(context, DBNAME, null, VERSION);
7.           db = this.getReadableDatabase();
8.       }
9.       @Override
10.      public void onCreate(SQLiteDatabase db) {
11.          db.execSQL("CREATE TABLE IF NOT EXISTS tb_words(_id INTEGER PRIMARY KEY
AUTOINCREMENT,word ,detail)");
12.      }
13.      @Override
14.      public void onUpgrade(SQLiteDatabase db, int oldVersion, int newVersion) {
15.          if (newVersion > oldVersion) {
16.              db.execSQL("DROP TABLE IF EXISTS tb_words");
17.              onCreate(db);
18.          }
19.      }
20.      public Cursor selectCursor(String sql, String[] selectionArgs) {
21.          return db.rawQuery(sql, selectionArgs);
22.      }
23.      public int selectCount(String sql, String[] selectionArgs) {
24.          Cursor cursor = db.rawQuery(sql, selectionArgs);
25.          int result = cursor.getCount();
26.          if (cursor != null) {
27.              cursor.close();
28.          }
29.          return result;
30.      }
```

```
31.     public List<Map<String, Object>> selectList(String sql,
32.             String[] selectionArgs) {
33.         Cursor cursor = db.rawQuery(sql, selectionArgs);
34.         return cursorToList(cursor);
35.     }
36.     public List<Map<String, Object>> cursorToList(Cursor cursor) {
37.         List<Map<String, Object>> list = new ArrayList<Map<String, Object>>();
38.         while (cursor.moveToNext()) {
39.             Map<String, Object> map = new HashMap<String, Object>();
40.             for (int i = 0; i < cursor.getColumnCount(); i++) {
41.                 // 1. 比较简洁的做法
42.                 // map.put(cursor.getColumnName(i), cursor.getString(i));
43.                 // 2. 比较完善的做法
44.                 Object myValue = null;
45.                 switch (cursor.getType(i)) {
46.                 case 1:
47.                     myValue = cursor.getLong(i);
48.                     break;
49.                 case 2:
50.                     myValue = cursor.getDouble(i);
51.                     break;
52.                 case 3:
53.                     myValue = cursor.getString(i);
54.                     break;
55.                 default:
56.                     myValue = cursor.getBlob(i);
57.                     break;
58.                 }
59.                 map.put(cursor.getColumnName(i), myValue);
60.             }
61.             list.add(map);
62.         }
63.         return list;
64.     }
65.     public boolean execData(String sql, Object[] bindArgs) {
66.         try {
67.             db.execSQL(sql, bindArgs);
68.             return true;
69.         } catch (Exception e) {
70.             return false;
71.         }
72.     }
73.     public void destroy() {
74.         if (db != null) {
```

```
75.                db.close();
76.            }
77.        }
78. }
```

<代码详解>

第 2 行至第 4 行分别定义了数据库的库名、版本号及 SQLiteDatabase 数据库连接对象。

第 5 行至第 8 行为构造方法，实现数据库连接。

第 10 行至第 12 行表示创建数据库的表结构。

第 14 行至第 17 行表示更新数据库的表结构。

第 20 行至第 22 行表示查询返回 Cursor 对象的方法。

第 23 行至第 30 行表示查询返回数量的方法。

第 31 行至第 34 行表示查询返回 List 集合的方法。

第 36 行至第 63 行表示 Cursor 转 List 集合的方法。

第 65 行至第 70 行表示执行增删改，返回 boolean 的方法。

第 73 行至第 76 行表示关闭数据库连接对象的方法。

8.6.10　使用 SQLite 3 工具

在 Android SDK 的 tools 目录下提供了一个 sqlite3.exe 工具，它是一个简单的 SQLite 数据库管理工具，类似于 MySQL 提供的命令行窗口。开发者可以利用该工具查询、管理数据库。

SQLite3 常用的命令如下。

- .databases：查看当前数据库。
- .tables：查看当前数据库里的表。
- .help：查看帮助。

8.6.11　使用 SQLiteExpert 工具

SQLiteExpert 工具界面如图 8.14 所示。

图 8.14　SQLiteExpert 工具界面

8.7　本章总结

　　本章讲述了 Android 中的数据存储知识。主要知识点及其重要性如表 8.1 所示，其中"1"表示了解，"2"表示识记，"3"表示熟悉，"4"表示精通。学习本章的主要目的是掌握 Android 手机的各种存储方式和存储路径。学习重点放在 SharedPreferences 文件存储、内部存储的 Cache 存储、SD 卡的公有存储和私有存储、SQLite 数据库存储。

表 8.1　知识点列表

知 识 点	要　求
数据存储分类	3
SharedPreferences的存放位置	3
SharedPreferences读写数据	3
内部存储读写数据	3
内部缓存	2
检查存储介质的可用性	3
外部存储读写数据	3
外部缓存	3
SQLite数据库概念	3
关系数据类型	3

续表

知 识 点	要　　求
数据库的键的特点	3
SQL语句insert、update、delete	3
在Android中对SQLite数据库进行增、删、改、查	3
SimpleCursorAdapter适配数据	3

第 **9** 章

异步装载器 Loader

异步装载器 Loader 是从 Android3.0（API11）之后引入的新技术。它可以通过系统的回调方法将数据异步加载到 ListView、GridView 等控件中。在之前的章节中，关于数据库的操作是在主线程中完成的。但在实际开发中，应尽可能地避免在主线程中进行数据库操作。Loader 技术是实现异步加载数据很好的选择。

本章重点为大家介绍如下内容。

- ❏ Loader 的作用。
- ❏ Loader API 介绍。
- ❏ AsyncTaskLoader 的用法。
- ❏ AsyncTaskLoader 的实现原理。
- ❏ CursorLoader 的用法。
- ❏ CursorLoader 的实现原理。

9.1 Loader 的作用

每个应用程序都必须装载数据，当成批显示数据的时候，为了使用户体验更好，需要进行异步装载。也就是说，让未显示数据的 ListView 等 UI 控件先显示，避免出现白屏的尴尬现象，同时在后台下载数据，下载完成后再更新 ListView 组件。这样尽管用户不会立刻看到数据，但是也不会因网络速度缓慢或服务器响应不及时而造成假死现象。Android 3.0 以前实现这个功能比较麻烦，自 Android3.0 提供了 Loader 技术之后，Loader 可以在不阻塞主线程的情况下，轻松地获取数据并将结果发送给接受者。Loader 加载的数据源可以是磁盘、数据库、ContentProvider 或者网络中的数据。Loader 到底具有哪些功能，值得开发者使用呢？

- ❏ Loader 技术对 Activity 和 Fragment 都有效。
- ❏ Loader 技术提供了异步加载数据的能力。
- ❏ Loader 技术拥有一个数据改变通知机制，当数据源做出改变时会及时通知，一旦数据源的数据发生变化，Loader 会及时感知并自动加载新数据，实现页面刷新。（或者说当 Cursor 发生变化时，会自动加载数据，不需要再重新进行数据查询）
- ❏ 当设备屏幕横竖屏切换时，Loader 可以保证组件中的数据不会丢失。这样就不用考虑如何管理生命周期及现场保护问题。

Loader 到底有什么好处呢？简而言之，Loader 可以实现异步加载数据，能监听数据源数据，实现界面自动刷新，设备横竖屏切换不会丢失数据。

9.2　Loader API 中核心类或接口

Loader API 在 android.content 包，与 ContentProvider API 属于同一个包。Loader API 中最核心的类是 LoaderManager，见图 9.1 和表 9.1。

表 9.1　Loader API 中核心类或接口

类/接口	说　明
LoaderManager	管理一个或多个装载器实例的抽象类。它负责启动、停止和管理与组件关联的 Loader 生命周期方法。每个 Activity 或 Fragment 只有一个 LoaderManager。但是一个 LoaderManager 可管理多个装载器
LoaderManager.LoaderCallbacks	用于客户端与 LoaderManager 交互的回调接口
Loader	执行异步数据加载的抽象类。它是加载器的基类。作为基类，Loader 本身不能直接使用。可以使用典型的 CursorLoader，也可以实现自己的 Loader 子类。一旦装载器被激活，它们将监视数据源并且在数据改变时发送新的结果
AsyncTaskLoader	提供一个 AsyncTask 来执行异步加载工作的抽象类。主要用于异步加载 SQLiteDatabase 的 Cursor
CursorLoader	AsyncTaskLoader 的子类，它借助 ContentResolver 从 ContentProvider 加载 Cursor。查询结果通过 AsyncTaskLoader 在后台线程中执行，从而不会阻塞界面。CursorLoader 是从 ContentProvider 异步加载数据最好的方式。但是 CursorLoader 无法应用于 SQLiteDatabase 的 Cursor

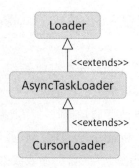

图 9.1　Loader 核心类结构

注意：Loader 核心类的目录结构：

java.lang.Object

- android.content.Loader<D>。

- android.content.AsyncTaskLoader<D>。

子类：

java.lang.Object

- android.content.Loader<D>。

- android.content.AsyncTaskLoader<D>。

- android.content.CursorLoader。

为了兼容 1.6 以下版本：

java.lang.Object

- android.support.v4.content.Loader<D>。

- android.support.v4.content.AsyncTaskLoader<D>。

子类：

java.lang.Object

- android.support.v4.content.Loader<D>。

- android.support.v4.content.AsyncTaskLoader<D>。

- android.support.v4.content.CursorLoader。

9.3　如何使用 Loader

9.3.1　使用 Loader 的条件

在 Android 应用中使用 Loader 至少应该满足以下条件。

（1）Loader 需要在 Activity 或 Fragment 中使用。

（2）数据源数据如果是数据库数据或其他自定义数据，使用 AsyncTaskLoader 异步加载；如果从 ContentProvider 获取数据，使用 CursorLoader 异步加载。

（3）需要一个 LoaderManager 实例。

（4）需要实现 LoaderManager.LoaderCallbacks 接口。通过该接口中的回调方法创建和管理 Loader。

9.3.2　AsyncTaskLoader

1. AsyncTaskLoader 实现数据加载的步骤

AsyncTaskLoader 实现数据加载主要有以下五个步骤。

（1）Activity 实现 LoaderManager.LoaderCallbacks<Cursor>接口，并重写三个回调方法。

当前窗体类继承于 Activity 或 FragmentActivity。具体要看是否需要支持 Android 3.0 以下版本，如果考虑向下兼容则继承于 FragmentActivity，否则继承于 Activity 即可。

LoaderManager.LoaderCallbacks 主要有以下三个回调方法。

①Loader<Cursor> onCreateLoader(int id, Bundle args)。

初始化并返回一个新的 Loader 对象。当操作 initLoader()方法时，会检查是否已经存在指定 ID 的装载器。如果不存在，将会触发 LoaderManager.LoaderCallbacks 接口中的该回调方法。onCreateLoader()方法必须返回一个自定义的 Loader 实例。

②void onLoadFinished(Loader<Cursor> loader, Cursor data)。

当 Loader 数据装载完成后该方法被调用。该方法一般执行 adapter.swapCursor(data)，用新的 data 数据置换旧的 Cursor 数据。

③void onLoaderReset(Loader<Cursor> loader)。

通常在销毁 Loader 时会自动调用 Loader.reset()方法，如果调用了 Loader.reset()方法，Loader 就会被重置。当 Loader 被重置时 onLoaderReset()方法就会被调用。所以 onLoaderReset()方法其实就相当于 Loader 的销毁方法。Loader 的重置是 Loader 对象还保留，只是清除 Loader 中的数据。onLoaderReset()方法中一般执行 adapter.swapCursor(null)。含义是将当前 Cursor 对象设置为 null，这样就移除了 Cursor 对象的引用，只有移除引用后，系统才能知道这些数据已经不再使用，GC 垃圾回收机制才可以清除这些数据。

（2）自定义 Loader 类，作为回调方法 onCreateLoader()的返回值。

自定义 Loader 类必须实现以下几点。

①自定义的 Loader 要继承于 AsyncTaskLoader<Cursor>。

②自定义 Loader 类必须有含 Context 参数的构造方法。

③必须重写 onStartLoading()、loadInBackground()、deliverResult()方法。

❑ 要在 onStartLoading 中调用 forceLoad()才能依次调用下一个即将执行的方法。

❑ 在 loadInBackground()方法中执行数据库查询，返回 Cursor。该方法其实运行在一个新的子线程中。这是异步加载的核心。

❑ 在 deliverResult()方法中执行和适配器交换数据的操作：adapter.swapCursor(data)。

（3）创建 LoaderManager 对象。

LoaderManager 是 Loader 的核心，一个 Activity 或 Fragment 只能有一个 LoaderManager 实例。通过在 Activity 的 onCreate()或 Fragment 的 onActivityCreated()生命周期方法中调用 getLoaderManager()或 getSupportLoaderManager()方法创建 LoaderManager 实例。（如果当前 Activity 继承于 FragmentActivity，则使用 getSupportLoaderManager()方法创建，否则使用 getLoaderManager()创建即可）。

（4）创建和初始化 Loader 对象。

调用 LoaderManager 对象的 initLoader()方法可以创建 Loader 对象或使用已经存在的 Loader 对象。initLoader()保证一个 Loader 被初始化并激活，它有两种可能：如果 ID 所指的 Loader 已经存在，那么这个 Loader 将被重用；如果 Loader 不存在，initLoader()就触发 LoaderCallbacks 中的回调方法 onCreateLoader()，该方法返回自定义 Loader 实例。initLoader()方法原型为：

```
public abstract <D> Loader<D> initLoader(int id, Bundle args,LoaderManager.
LoaderCallbacks<D> callback)
```

参数说明：

❑ int id——一个唯一标识 Loader 的 ID。

❑ Bundle args——可选的参数。创建 Loader 对象时传入 Loader 构造方法的参数值。

❑ callback——LoaderManager.LoaderCallbacks 接口的实现。如果当前 Activity 或 Fragment 类已经实现了该接口，直接传入 this 即可。

（5）操作 ListView 控件对象，设置适配器。

必须使用 SimpleCursorAdapter 适配器，而构建适配器的时候，第三个参数 Cursor 设置为 null，最后一个参数 flags 必须是：CursorAdapter.FLAG_REGISTER_CONTENT_OBSERVER。

注意：SimpleCursorAdapter 构造方法回顾。方法原型为：

new SimpleCursorAdapter(Context context, int layout, Cursor c, String[] from, int[] to , int flags)

参数说明：

❑ Context context——当前适配器所在的上下文对象。

❑ int layout——ListView 每个 item 的布局文件。

❑ Cursorc——数据库结果集 Cursor。如果 cursor 无效，则该参数可以为 null。

- ❑ String[] from——指定 column 中哪些列的数据将绑定显示到 UI 中。
- ❑ int[] to——from 参数指定的数据要加载显示到 item 布局的控件上。"from"参数和"to"参数是一一对应的关系。
- ❑ int flags——用于定义适配器行为的标识位。该标识位有两个常量值：FLAG_AUTO_REQUERY（常量值 1）和 FLAG_REGISTER_CONTENT_OBSERVER(常量值 2)。从 API11 开始，参数 FLAG_AUTO_REQUERY 已经被废弃，因为它会在应用程序的 UI 线程中执行 Cursor 查询操作，导致响应缓慢甚至应用程序无响应（ANR）。作为替代方案，使用 Loader 技术，同时将该参数设置为 FLAG_REGISTER_CONTENT_ OBSERVER。该参数设置会让适配器在 Cursor 上注册一个内容观察者，当数据源的数据发生改变时会及时通知 Loader 自动加载数据，实现界面自动刷新。

2. AsyncTaskLoader 实现数据加载的原理

Loader 最大的好处有三点：异步加载；数据监听；横竖屏切换，数据不丢失。接下来分别对这三点的实现原理进行探讨。

（1）异步加载。

AsyncTaskLoader 在异步加载数据的过程中会执行 Activity 生命周期方法、LoaderCallbacks 接口的方法、自定义 Loader 中的重写方法。这些方法的执行顺序是怎样的呢？弄清了这些方法的执行顺序对于理解 AsyncTaskLoader 的工作原理有很大帮助。

AsyncTaskLoader 中各个方法的执行顺序如下。

① MainActivity: --onCreate。

② LoaderCallbacks: --onCreateLoader。

③ MyLoader: --MyLoader 构造方法。

④ MyLoader: --onStartLoading。

⑤ MainActivity: --onStart。

⑥ MainActivity: --onResume。

⑦ MyLoader: --loadInBackgroundAsyncTask #1。

⑧ MyLoader: --deliverResult。

⑨ LoaderCallbacks: --onLoadFinished。

当异步加载页面被执行，首先执行窗体的 onCreate()方法。在该生命周期方法中调用了 LoaderManager 对象的 initLoader()方法，initLoader()方法触发执行 LoaderCallbacks 中的回调方法 onCreateLoader()。onCreateLoader()方法返回一个自定义 Loader 实例，开始执行自定义 Loader 类中的代码。先执行自定义 Loader 中的 onStartLoading()方法，因为该方法中调用了 forceLoad()方法，forceLoad()方法触发执行 loadInBackground()，该方法会新建子线程，执行异步加载数据的操作。异步加载结束会执行自定义 Loader 中的 deliverResult()，通过一系列被封装的接口回调，会执行 LoaderCallbacks 接口中的 onLoadFinished()方法。在 onLoadFinished()方法中调用适配器的方法：adapter.swapCursor(data)，该方法可以将 Cursor 结果集中的数据与当前适配器中的数据进行交易，最终实现将数据加载到适配器上。

在整个执行过程中，forceLoad()方法起到关键作用。如果不调用 forceLoad()，自定义 Loader 中的 loadInBackground()就不会被执行，也不会异步加载。原理是什么呢？

<源码分析>

```
1.   //在 Loader 类中有如下代码
2.   public void forceLoad() {
3.       onForceLoad();
4.   }
5.   //在 AsyncTaskLoader 类中有如下代码
6.   protected void onForceLoad() {
7.       super.onForceLoad();
8.       cancelLoad();
9.       mTask = new LoadTask();
10.      if (DEBUG) Slog.v(TAG, "Preparing load: mTask=" + mTask);
11.      executePendingTask();
12.  }
13.  final class LoadTask extends ask<VAsyncToid, Void, D> implements Runnable {
14.      protected D doInBackground(Void... params) {
15.          if (DEBUG) Slog.v(TAG, this + " >>> doInBackground");
16.          result = AsyncTaskLoader.this.onLoadInBackground();
17.          if (DEBUG) Slog.v(TAG, this + "  <<< doInBackground");
18.          return result;
19.      }
20.      /* Runs on the UI thread */
21.      @Override
22.      protected void onPostExecute(D data) {
23.          if (DEBUG) Slog.v(TAG, this + " onPostExecute");
24.          try {
25.              AsyncTaskLoader.this.dispatchOnLoadComplete(this, data);
26.          } finally {
27.              done.countDown();
28.          }
29.      }
30.      @Override
31.      protected void onCancelled() {
32.          if (DEBUG) Slog.v(TAG, this + " onCancelled");
33.          try {
34.              AsyncTaskLoader.this.dispatchOnCancelled(this, result);
35.          } finally {
36.              done.countDown();
```

```
37.             }
38.         }
39.         @Override
40.         public void run() {
41.             waiting = false;
42.             AsyncTaskLoader.this.executePendingTask();
43.         }
44. }
```

从系统源码中可以看到，原来 forceLoad()方法中会执行实例化 LoadTask，而 LoadTask
类是 AsyncTask 的子类。LoadTask 的 doInBackground()方法中调用 AsyncTaskLoader 的
onLoadInBackground()方法，后者再触发执行自定义 Loader 中的 loadInBackground()方法。
这也就解释了为什么 loadInBackground()运行在子线程中。执行完异步加载之后，调用
LoadTask 类中的 onPostExecute()方法，然后一层一层返回，最后将数据加载到主线程
UI 中。

（2）数据监听。

以上解释了 AsyncTaskLoader 异步加载数据的原理。那么当数据源的数据改变时，又
是如何做到及时通知客户端，然后刷新界面的呢？其实是用了观察者模式来实现。

使用 AsyncTaskLoader 加载的数据，ListView 必须使用 SimpleCursorAdapter 适配器，
而构建该适配器时，最后一个参数 flags 必须是：CursorAdapter.FLAG_REGISTER_
CONTENT_OBSERVER。该参数设置会让适配器在 Cursor 上注册一个内容观察者
（ForceLoadContentObserver），当数据源的数据发生改变时会及时通知 Loader 自动加载数
据，实现界面自动刷新。ForceLoadContentObserver 又是什么呢？

<源码分析>

```
1.  //Loader 类中有如下代码
2.  public final class ForceLoadContentObserver extends ContentObserver {
3.      public ForceLoadContentObserver() {
4.          super(new Handler());
5.      }
6.      @Override
7.      public boolean deliverSelfNotifications() {
8.          return true;
9.      }
10.     @Override
11.     public void onChange(boolean selfChange) {
12.         onContentChanged();
13.     }
14.  }
15. public void onContentChanged() {
16.     if (mStarted) {
17.         forceLoad();
```

```
18.        } else {
19.            // This loader has been stopped, so we don't want to load
20.            // new data right now... but keep track of it changing to
21.            // refresh later if we start again.
22.            mContentChanged = true;
23.        }
24.    }
```

从上述源码中可以看出，ForceLoadContentObserver 继承了 ContentObserver，ContentObserver 是 Android 内部的一个对象，继承了它，当数据变化时可以接收到通知，类似于数据库中的触发器。注册内容观察者后，当数据源的数据发生变化时会触发ForceLoadContentObserver 中的 onChange()方法，而该方法会调用 Loader 中的onContentChanged()方法，然后执行 forceLoad()方法。forceLoad()方法就会导致新一轮的异步加载。

（3）横竖屏切换，数据不丢失。

<源码分析>

```
1.    //LoaderManager 类中有如下代码
2.    void installLoader(LoaderInfo info) {
3.        mLoaders.put(info.mId, info);
4.        if (mStarted) {
5.            // The activity will start all existing loaders in it's onStart(),
6.            // so only start them here if we're past that point of the activitiy's
7.            // life cycle
8.            info.start();
9.        }
10.    }
```

mLoaders.put(info.mId, info)方法中的参数 mId 表示这个 LoaderInfo 的 key，info 是LoaderInfo 对象，其中封装了 Loader 的相关信息。因此，Loader 在配置信息改变之前保存了数据。那么 Loader 如何在配置信息改变之后恢复数据并继续加载数据呢？

当横竖屏切换后，先把原来的 Activity 销毁掉，然后再重新构建一个 Activity 页面，生命周期会重走一遍 onCreate—onStart—onResume 的过程。

<源码分析>

```
1.    //Activity 类中有如下代码
2.    protected void onStart() {
3.        mCalled = true;
4.
5.        if (!mLoadersStarted) {
6.            mLoadersStarted = true;
7.            if (mLoaderManager != null) {
8.                mLoaderManager.doStart();
9.            } else if (!mCheckedForLoaderManager) {
```

```
10.              mLoaderManager = getLoaderManager(-1, mLoadersStarted, false);
11.          }
12.          mCheckedForLoaderManager = true;
13.      }
14.      getApplication().dispatchActivityStarted(this);
15. }
16. //LoaderManager 类中有如下代码
17.   void doStart() {
18.      if (DEBUG) Log.v(TAG, "Starting in " + this);
19.      if (mStarted) {
20.          RuntimeException e = new RuntimeException("here");
21.          e.fillInStackTrace();
22.          Log.w(TAG, "Called doStart when already started: " + this, e);
23.          return;
24.      }
25.
26.      mStarted = true;
27.      // Call out to sub classes so they can start their loaders
28.      // Let the existing loaders know that we want to be notified when a load
is complete
29.      for (int i = mLoaders.size()-1; i >= 0; i--) {
30.          mLoaders.valueAt(i).start();
31.      }
32.   }
```

通过上述代码的分析可以看出，原来 Activity 中已经考虑到了 Loader 技术加载页面的问题。在 Activity 的 onStart()生命周期方法中用 LoaderManager 调用 doStart()方法。而doStart() 方 法 中　mLoaders.valueAt(i).start() 语 句 中 的　mLoaders 对 象 ， 就 是mLoaders.put(info.mId, info)语句中的 mLoaders。于是就将存储在 LoaderInfo 对象中的数据取出来了。这就是为什么横竖屏切换，数据不会丢失。

总结：

❑　异步是通过 AsyncTaskLoader 中的 LoadTask 来实现的。

❑　监控数据的变化是通过观察者模式来实现的。

❑　横竖屏切换，数据不会丢失是通过 LoaderManager 中的 installLoader()和 doStart()
　　方法实现的。

【范例 9-1】AsyncTaskLoader 实现数据加载的实例（代码文件详见链接资源中第9 章范例 9-1）

App1 实现对 SD 卡中数据库的数据加载，显示在 ListView 控件上。点击菜单，可以实现跳转到 App2，在 App2 中实现对同一个数据库数据的 CRUD 操作。操作完毕后 App2 的界面自动关闭，则 App1 界面再次被显示。观察此时界面上的数据是否有变化。通过观察可以发现界面上的数据自动刷新了，从而也验证了 Loader 中数据观察者的作用。

<MySQLiteDatabaseHelper 代码（App1 和 App2 中都有该文件）>

```
1.   public class MySQLiteDatabaseHelper {
2.       private final String SDCARD_ROOT = Environment
3.               .getExternalStorageDirectory().getAbsolutePath();
4.       private final String DIR = "Download";
5.       private final String DBNAME = "android_manual.db";
6.       private final String PATH = SDCARD_ROOT + File.separator + DIR
7.               + File.separator + DBNAME;
8.       public SQLiteDatabase db = null;
9.       public MySQLiteDatabaseHelper() {
10.          getConnection();
11.      }
12.      public void getConnection() {
13.          db = SQLiteDatabase.openDatabase(PATH, null,
14.              SQLiteDatabase.OPEN_READONLY);
15.      }
16.      /**
17.       * @作用：执行带占位符的select语句，查询数据，返回Cursor
18.       * @param sql
19.       * @param selectionArgs
20.       * @return Cursor
21.       */
22.      public Cursor selectCursor(String sql, String[] selectionArgs) {
23.          return db.rawQuery(sql, selectionArgs);
24.      }
25.      /**
26.       * @作用：执行带占位符的select语句，返回多条数据，放进List集合中
27.       * @param sql
28.       * @param selectionArgs
29.       * @return List<Map<String, Object>>
30.       */
31.      public List<Map<String, Object>> selectData(String sql,
32.              String[] selectionArgs) {
33.          Cursor cursor = db.rawQuery(sql, selectionArgs);
34.          return cursorToList(cursor);
35.      }
36.      /**
37.       * @作用：执行带占位符的select语句，返回结果集的个数
38.       * @param sql
39.       * @param selectionArgs
40.       * @return int
41.       */
42.      public int selectCount(String sql, String[] selectionArgs) {
43.          Cursor cursor = db.rawQuery(sql, selectionArgs);
44.          int count = cursor.getCount();
```

```
45.          if (cursor != null) {
46.              cursor.close();
47.          }
48.          return count;
49.      }
50.      /**
51.       * @作用：执行带占位符的 update、insert、delete 语句，更新数据库，返回 true 或 false
52.       * @param sql
53.       * @param bindArgs
54.       * @return boolean
55.       */
56.      public boolean updataData(String sql, Object[] bindArgs) {
57.          try {
58.              db.execSQL(sql, bindArgs);
59.              return true;
60.          } catch (Exception e) {
61.              e.printStackTrace();
62.          }
63.          return false;
64.      }
65.      public void destroy() {
66.          if (db != null) {
67.              db.close();
68.          }
69.      }
70.      /**
71.       * @作用：将 Cursor 对象转成 List 集合
72.       * @param Cursor
73.       *          cursor
74.       * @return List<Map<String, Object>>集合
75.       */
76.      public List<Map<String, Object>> cursorToList(Cursor cursor) {
77.          List<Map<String, Object>> list = new ArrayList<Map<String, Object>>();
78.          String[] arrColumnName = cursor.getColumnNames();
79.          while (cursor.moveToNext()) {
80.              Map<String, Object> map = new HashMap<String, Object>();
81.              for (int i = 0; i < arrColumnName.length; i++) {
82.                  Object cols_value = null;
83.                  switch (cursor.getType(i)) {
84.                  case 1:
85.                      cols_value = cursor.getInt(i);
86.                      break;
87.                  case 2:
88.                      cols_value = cursor.getFloat(i);
89.                      break;
```

```
90.                    case 3:
91.                        cols_value = cursor.getString(i);
92.                        break;
93.                    case 4:
94.                        cols_value = cursor.getBlob(i);
95.                        break;
96.                    default:
97.                        break;
98.                    }
99.                    map.put(arrColumnName[i], cols_value);
100.            }
101.            list.add(map);
102.        }
103.        if (cursor != null) {
104.            cursor.close();
105.        }
106.        return list;
107.    }
108.}
```

<代码详解>

第 2 行至第 8 行分别定义了数据库的路径、库名及 SQLiteDatabase 数据库连接对象。

第 9 行至第 10 行为构造方法，实现数据库连接。

第 12 行至第 14 行初始化 SQLiteDatabase 对象，打开并连接数据库。

第 22 行至第 24 行表示查询返回 Cursor 对象的方法。

第 31 行至第 34 行表示查询返回 List 集合的方法。

第 42 行至第 48 行表示查询返回数量的方法。

第 36 行至第 63 行表示 Cursor 转 List 集合的方法。

第 56 行至第 64 行表示执行增删改，返回 boolean 的方法。

第 65 行至第 69 行表示关闭数据库连接对象的方法。

<App1 中 MainActivity 核心代码>

```
1.    public class MainActivity extends Activity implements LoaderCallbacks<Cursor> {
2.        private final static String TAG = "MainActivity";
3.        private ListView listView_main_titlelist;
4.        private SimpleCursorAdapter adapter = null;
5.        private static MySQLiteDatabaseHelper dbHelper = null;
6.        @Override
7.        protected void onCreate(Bundle savedInstanceState) {
8.            super.onCreate(savedInstanceState);
9.            setContentView(R.layout.activity_main);
10.           Log.i(TAG, "---onCreate");
```

```
11.             listView_main_titlelist = (ListView)
findViewById(R.id.listView_main_titlelist);
12.             // 创建 LoaderManager 对象
13.             LoaderManager loaderManager = getLoaderManager();
14.             // 初始化 Loader 对象
15.             loaderManager.initLoader(1, null, this);
16.             // 定义适配器。注意构造方法中的 flags 参数 FLAG_REGISTER_CONTENT_OBSERVER
17.             adapter = new SimpleCursorAdapter(this, R.layout.item_listview_main,
18.                     null, new String[] { "_id", "title" }, new int[] {
19.                             R.id.text_item_id, R.id.text_item_title },
20.                     CursorAdapter.FLAG_REGISTER_CONTENT_OBSERVER);
21.             // ListView 控件设置适配器
22.             listView_main_titlelist.setAdapter(adapter);
23.             // 初始化连接数据库帮助类
24.             dbHelper = new MySQLiteDatabaseHelper();
25.         }
26.     @Override
27.     public Loader<Cursor> onCreateLoader(int id, Bundle args) {
28.             Log.i("LoaderCallbacks", "---onCreateLoader");
29.             return new MyLoader(this);
30.         }
31.     @Override
32.     public void onLoadFinished(Loader<Cursor> loader, Cursor data) {
33.             Log.i("LoaderCallbacks", "---onLoadFinished");
34.             adapter.swapCursor(data);
35.         }
36.     @Override
37.     public void onLoaderReset(Loader<Cursor> loader) {
38.             Log.i("LoaderCallbacks", "---onLoaderReset");
39.             adapter.swapCursor(null);
40.         }
41.     // 自定义 Loader
42.     static class MyLoader extends AsyncTaskLoader<Cursor> {
43.         public MyLoader(Context context) {
44.             super(context);
45.             Log.i("MyLoader", "---MyLoader 构造方法");
46.         }
47.         @Override
48.         protected void onStartLoading() {
49.             super.onStartLoading();
50.             Log.i("MyLoader", "---onStartLoading"
51.                     + Thread.currentThread().getName());
52.             forceLoad();
53.         }
54.         @Override
55.         public Cursor loadInBackground() {
```

```
56.            Log.i("MyLoader", "---loadInBackground"
57.                    + Thread.currentThread().getName());
58.            String sql = "select id _id , title from android_info";
59.            Cursor cursor = dbHelper.selectCursor(sql, null);
60.            return cursor;
61.        }
62.        @Override
63.        public void deliverResult(Cursor data) {
64.            Log.i("MyLoader", "---deliverResult"
65.                    + Thread.currentThread().getName());
66.            super.deliverResult(data);
67.        }
68.    }
69.    @Override
70.    protected void onStart() {
71.        super.onStart();
72.        Log.i(TAG, "---onStart");
73.    }
74.    @Override
75.    protected void onResume() {
76.        super.onResume();
77.        Log.i(TAG, "---onResume");
78.    }
79.    @Override
80.    protected void onPause() {
81.        super.onPause();
82.        Log.i(TAG, "---onPause");
83.    }
84.    @Override
85.    protected void onStop() {
86.        super.onStop();
87.        Log.i(TAG, "---onStop");
88.    }
89.    @Override
90.    protected void onDestroy() {
91.        super.onDestroy();
92.        Log.i(TAG, "---onDestroy");
93.    }
94.    @Override
95.    public boolean onCreateOptionsMenu(Menu menu) {
96.        getMenuInflater().inflate(R.menu.main, menu);
97.        return true;
98.    }
99.    @Override
100.   public boolean onOptionsItemSelected(MenuItem item) {
101.       switch (item.getItemId()) {
```

```
102.        // 点击菜单，通过 Intent 打开 App2
103.        case R.id.action_intent_app:
104.            Intent intent = new Intent();
105.            ComponentName cName = new ComponentName(
106.                    "org.mobiletrain.testasyncloader.sqlitedata",
107.            "org.mobiletrain.testasyncloader.sqlitedata.MainActivity");
108.            intent.setComponent(cName);
109.            startActivity(intent);
110.            break;
111.        default:
112.            break;
113.        }
114.        return super.onOptionsItemSelected(item);
115.    }
116. }
```

<代码详解>

第 12 行至第 15 行创建 LoaderManager 对象，调用该对象的 initLoader()方法，初始化 Loader 对象。

第 17 行至第 22 行实例化适配器，给 ListView 控件设置适配器。

第 23 行至第 24 行初始化连接数据库帮助类。

第 26 行至第 40 行重写 LoaderCallbacks 接口中的三个抽象方法。

第 41 行至第 68 行自定义一个继承于 AsyncTaskLoader 的子类，定义构造方法并重写其他抽象方法。必须要在 onStartLoading()方法中调用 forceLoad()方法。

第 69 行至第 93 行重写 Activity 的生命周期方法，目的是观察这些生命周期方法与 Loader 中方法的执行顺序。

第 95 行至第 98 行菜单创建的方法。

第 99 行至第 115 行菜单被选中的执行方法。在其中定义了点击菜单，通过 Intent 对象，打开另一个 APP 的代码。

<App2 中 MainActivity 核心代码>

本页面主要的目的是执行数据库中数据的更改，然后关闭页面，从而观察 App1 中已经加载好的 ListView 页面是否会自动刷新。

```
1.  public class MainActivity extends Activity {
2.      private final static String TAG = "MainActivity_SQLiteData";
3.      private EditText editText_main_title;
4.      private EditText editText_main_id;
5.      private MySQLiteDatabaseHelper dbHelper = null;
6.      private SQLiteDatabase db = null;
7.      @Override
8.      protected void onCreate(Bundle savedInstanceState) {
```

```
9.          super.onCreate(savedInstanceState);
10.         setContentView(R.layout.activity_main);
11.         Log.i(TAG, "==task id:" + getTaskId());
12.         editText_main_title = (EditText) findViewById(R.id.editText_main_
title);
13.         editText_main_id = (EditText) findViewById(R.id.editText_main_id);
14.         // 初始化连接数据库帮助类
15.         dbHelper = new MySQLiteDatabaseHelper();
16.         db = dbHelper.db;
17.         // 查询表中最后一条数据的 id
18.         List<Map<String, Object>> list = dbHelper.selectData(
19.                 "select id from android_info limit 0,1", null);
20.         String firstId = list.get(0).get("id").toString();
21.         // 查询 id 所对应的数据
22.         List<Map<String, Object>> list2 = dbHelper.selectData(
23.                 "select id , title from android_info where id=?",
24.                 new String[] { firstId });
25.         // 将最后一条数据的 id 和 title 显示在文本框中
26.         editText_main_title.setText(list2.get(0).get("title") + "");
27.         editText_main_id.setText(list2.get(0).get("id") + "");
28.     }
29.     public void clickButton(View view) {
30.         switch (view.getId()) {
31.         // 更新数据
32.         case R.id.button_main_update:
33.             String title = editText_main_title.getText().toString();
34.             String id = editText_main_id.getText().toString();
35.             String sql = "update android_info set title=? where id=?";
36.             boolean flag = dbHelper.updateData(sql, new Object[] { title, id });
37.             if (flag) {
38.                 Toast.makeText(MainActivity.this, "update OK!",
39.                         Toast.LENGTH_LONG).show();
40.             } else {
41.                 Toast.makeText(MainActivity.this, "update Err!",
42.                         Toast.LENGTH_LONG).show();
43.             }
44.             break;
45.         // 删除数据
46.         case R.id.button_main_delete:
47.             String id2 = editText_main_id.getText().toString();
48.             String sql2 = "delete from android_info  where id=?";
49.             boolean flag2 = dbHelper.updateData(sql2, new Object[] { id2 });
50.             if (flag2) {
51.                 Toast.makeText(MainActivity.this, "delete OK!",
52.                         Toast.LENGTH_LONG).show();
53.             } else {
```

```
54.                    Toast.makeText(MainActivity.this, "delete Err!",
55.                        Toast.LENGTH_LONG).show();
56.                }
57.                break;
58.            // 添加新数据
59.            case R.id.button_main_insert:
60.                String title3 = editText_main_title.getText().toString();
61.                List<Map<String, Object>> list = dbHelper.selectData(
62.                    "select id from android_info order by id desc limit 0,1 ",
63.                    null);
64.                int newId = Integer.parseInt(list.get(0).get("id").toString()) +
1;
65.                String sql3 = "insert into android_info(id , title , importance ,
showFlag , version) values(? , ? , 9 , 1 ,1)";
66.                boolean flag3 = dbHelper.updateData(sql3, new Object[] { newId,
67.                    title3 });
68.                if (flag3) {
69.                    Toast.makeText(MainActivity.this, "insert OK!",
70.                        Toast.LENGTH_LONG).show();
71.                } else {
72.                    Toast.makeText(MainActivity.this, "insert Err!",
73.                        Toast.LENGTH_LONG).show();
74.                }
75.                break;
76.        }
77.        // 自动关闭页面
78.        finish();
79.    }
80. }
```

<代码详解>

第 14 行至第 28 行初始化连接数据库帮助类，查询表中最后一条数据的 id，再根据 id 查询所对应的数据，然后将最后一条数据的 id 和 title 显示在文本框中。

第 32 行至第 43 行点击"更新"按钮，执行数据库的更新操作，将刚才查询出的最后一条数据的信息进行更新。

第 46 行至第 56 行点击"删除"按钮，执行数据库的删除操作，将刚才查询出的最后一条数据进行删除。

第 59 行至第 76 行点击"添加"按钮，执行数据库的插入操作，将在文本编辑框中输入的信息插入到数据库中。

第 78 行执行"点击"按钮的操作，让当前页面关闭。

<AndroidManifest.xml 核心代码>

```
<!-- 授权读写 SD 卡的权限 -->
```

```
<uses-permission android:name="android.permission.READ_EXTERNAL_STORAGE"/>
<uses-permission android:name="android.permission.WRITE_EXTERNAL_STORAGE"/>//
```

9.4 CursorLoader

CursorLoader 是 AsyncTaskLoader 的子类，如果阅读 CursorLoader 的源码，发现似曾相识。之前使用 AsyncTaskLoader 时自定义 Loader 的所有代码都在 CursorLoader 中存在。其实，可以将 CursorLoader 理解为一种特殊的自定义 Loader，但两者的应用场景有所不同。AsyncTaskLoader 主要用于异步加载 SQLiteDatabase 的 Cursor。而 CursorLoader 无法应用于SQLiteDatabase 的 Cursor，CursorLoader 只能异步加载 ContentProvider 暴露出来的数据，它是从 ContentProvider 异步加载数据最好的方式。

1．CursorLoader 实现数据加载的步骤

CursorLoader 实现数据加载有以下四个步骤。

（1）窗体 Activity 实现 LoaderManager.LoaderCallbacks<Cursor>接口，重写接口中三个回调方法。

（2）创建 LoaderManager 对象。

（3）初始化 Loader 对象。

（4）操作 ListView 控件，设置适配器。

以上四个步骤和 AsyncTaskLoader 实现加载数据的步骤基本一致，就是少了一个自定义 Loader。CursorLoader 跟 AsyncTaskLoader 用法不同的是，在重写 LoaderCallbacks 接口的 onCreateLoader()方法时，返回的不是自定义 Loader 的实例，而是 CursorLoader 的实例。CursorLoader 构造方法如下：

```
public CursorLoader(Context context, Uri uri, String[] projection, String
selection,String[] selectionArgs, String sortOrder)
```

参数说明：

❑ Context context——上下文对象。

❑ Uri uri——要获取数据对应的 URI。

❑ String[] projection——要返回的列组成的数组。传入 null 将会返回所有列，但这样会导致低效。

❑ String selection——表明哪些行将被返回，相当于 SQL 语句中的 WHERE 条件（不包括 WHERE 关键词）。传入 null 将返回所有行。

❑ String[] selectionArgs——Where 语句中的占位符组成的数组。

❑ String sortOrder——如何排序，相当于 SQL 语句中的 ORDER BY 语句（不包括 ORDER BY 关键词）。传入 null 将使用默认顺序。

2．CursorLoader 实现数据加载的原理

因为 CursorLoader 是 AsyncTaskLoader 的子类，因此 CursorLoader 的工作原理和 AsyncTaskLoader 的原理一致。需要说明的是，CursorLoader 中注册内容观察者的代码可以很清晰地从源码中看到。

<CursorLoader 源码分析>

```
1.   public class CursorLoader extends AsyncTaskLoader<Cursor> {
2.       final ForceLoadContentObserver mObserver;
3.       Uri mUri;
4.       String[] mProjection;
5.       String mSelection;
6.       String[] mSelectionArgs;
7.       String mSortOrder;
8.       Cursor mCursor;
9.       /* Runs on a worker thread */
10.      @Override
11.      public Cursor loadInBackground() {
12.          Cursor cursor = getContext().getContentResolver().query(mUri,
mProjection, mSelection,
13.                  mSelectionArgs, mSortOrder);
14.          if (cursor != null) {
15.              // Ensure the cursor window is filled
16.              cursor.getCount();
17.              registerContentObserver(cursor, mObserver);
18.          }
19.          return cursor;
20.      }
21.      /**
22.       * Registers an observer to get notifications from the content provider
23.       * when the cursor needs to be refreshed.
24.       */
25.      void registerContentObserver(Cursor cursor, ContentObserver observer) {
26.          cursor.registerContentObserver(mObserver);
27.      }
28.      /* Runs on the UI thread */
29.      @Override
30.      public void deliverResult(Cursor cursor) {
31.          if (isReset()) {
32.              // An async query came in while the loader is stopped
33.              if (cursor != null) {
34.                  cursor.close();
35.              }
36.              return;
37.          }
38.          Cursor oldCursor = mCursor;
```

```
39.        mCursor = cursor;
40.        if (isStarted()) {
41.            super.deliverResult(cursor);
42.        }
43.        if (oldCursor != null && oldCursor != cursor && !oldCursor.isClosed()) {
44.            oldCursor.close();
45.        }
46.    }
47.    public CursorLoader(Context context) {
48.        super(context);
49.        mObserver = new ForceLoadContentObserver();
50.    }
51.    public CursorLoader(Context context, Uri uri, String[] projection, String selection,
52.            String[] selectionArgs, String sortOrder) {
53.        super(context);
54.        mObserver = new ForceLoadContentObserver();
55.        mUri = uri;
56.        mProjection = projection;
57.        mSelection = selection;
58.        mSelectionArgs = selectionArgs;
59.        mSortOrder = sortOrder;
60.    }
61.    /**
62.     * Starts an asynchronous load of the contacts list data. When the result is ready the callbacks
63.     * will be called on the UI thread. If a previous load has been completed and is still valid
64.     * the result may be passed to the callbacks immediately.
65.     *
66.     * Must be called from the UI thread
67.     */
68.    @Override
69.    protected void onStartLoading() {
70.        if (mCursor != null) {
71.            deliverResult(mCursor);
72.        }
73.        if (takeContentChanged() || mCursor == null) {
74.            forceLoad();
75.        }
76.    }
77.    /**
78.     * Must be called from the UI thread
79.     */
80.    @Override
81.    protected void onStopLoading() {
```

```
82.        // Attempt to cancel the current load task if possible.
83.        cancelLoad();
84.    }
85.    @Override
86.    public void onCanceled(Cursor cursor) {
87.        if (cursor != null && !cursor.isClosed()) {
88.            cursor.close();
89.        }
90.    }
91.    @Override
92.    protected void onReset() {
93.        super.onReset();
94.
95.        // Ensure the loader is stopped
96.        onStopLoading();
97.        if (mCursor != null && !mCursor.isClosed()) {
98.            mCursor.close();
99.        }
100.       mCursor = null;
101.    }
102.    public Uri getUri() {
103.        return mUri;
104.    }
105.    public void setUri(Uri uri) {
106.        mUri = uri;
107.    }
108.    public String[] getProjection() {
109.        return mProjection;
110.    }
111.    public void setProjection(String[] projection) {
112.        mProjection = projection;
113.    }
114.    public String getSelection() {
115.        return mSelection;
116.    }
117.    public void setSelection(String selection) {
118.        mSelection = selection;
119.    }
120.    public String[] getSelectionArgs() {
121.        return mSelectionArgs;
122.    }
123.    public void setSelectionArgs(String[] selectionArgs) {
124.        mSelectionArgs = selectionArgs;
125.    }
126.    public String getSortOrder() {
127.        return mSortOrder;
```

```
128.     }
129.     public void setSortOrder(String sortOrder) {
130.         mSortOrder = sortOrder;
131.     }
132.     @Override
133.     public void dump(String prefix, FileDescriptor fd, PrintWriter writer,
String[] args) {
134.         super.dump(prefix, fd, writer, args);
135.         writer.print(prefix); writer.print("mUri="); writer.println(mUri);
136.         writer.print(prefix); writer.print("mProjection=");
137.             writer.println(Arrays.toString(mProjection));
138.         writer.print(prefix); writer.print("mSelection=");
writer.println(mSelection);
139.         writer.print(prefix); writer.print("mSelectionArgs=");
140.             writer.println(Arrays.toString(mSelectionArgs));
141.         writer.print(prefix); writer.print("mSortOrder=");writer.println
(mSortOrder);
142.         writer.print(prefix); writer.print("mCursor="); writer.println
(mCursor);
143.         writer.print(prefix); writer.print("mContentChanged="); writer.println
(mContentChanged);
144.     }
145.}
```

阅读以上代码可以看到，CursorLoader 的构造方法中含有 mObserver = new ForceLoadContentObserver()，而在 loadInBackground()方法中调用了 registerContentObserver (cursor, mObserver)。该方法为 CursorLoader 注册了数据观察者（ForceLoadContentObserver）。

【范例 9-2】CursorLoader 实现数据加载的实例（代码文件详见链接资源中第 9 章范例 9-2）

App1 通过 ContentProvider 加载联系人信息，显示在 ListView 控件上。ActionBar 上显示"搜索"和"查看联系人"选项。点击搜索，可以通过 SearchView 控件实现对联系人的查询。点击"查看联系人"按钮，页面跳转到系统联系人应用中，在系统联系人中对联系人信息进行 CRUD 操作。操作完毕后点击"返回键"按钮，退出联系人界面。此时 APP1 界面处于 onResume()状态。观察此时界面上的数据是否有变化。通过观察可以发现界面上的数据发生了变化，可以验证 CursorLoader 中数据观察者发挥了作用。在系统联系人应用中对联系人信息进行删除操作，然后回到 APP1 应用，点击菜单中的"恢复删除联系人"按钮，观察数据是否变化。案例效果如图 9.2 所示。

本案例中用到了 LoaderManager 中的一个新方法 restartLoader()，意思是重新启动已经存在的 Loader。该方法的参数与 initLoader()相同，用法也相同。当使用 SearchView 控件进行查询时，就会用到该方法。方法原型为：

```
public abstract <D> Loader<D> restartLoader(int id, Bundle args,LoaderManager.
LoaderCallbacks<D> callback)
```

图 9.2　案例效果图

<MainActivity 核心代码>

```
1.    public class MainActivity extends Activity implements LoaderCallbacks<Cursor> {
2.        private final static String TAG = "MainActivity";
3.        private ListView listView_main_contactslist;
4.        private String uri_rawcontacts =
"content://com.android.contacts/raw_contacts";
5.        private SimpleCursorAdapter adapter = null;
6.        private LoaderManager loaderManager = null;
7.        @Override
8.        protected void onCreate(Bundle savedInstanceState) {
9.            super.onCreate(savedInstanceState);
10.           setContentView(R.layout.activity_main);
11.           listView_main_contactslist = (ListView)
findViewById(R.id.listView_main_contactslist);
12.           // 创建 LoaderManager 对象
13.           loaderManager = getLoaderManager();
14.           // 初始化 Loader 对象
15.           loaderManager.initLoader(1, null, this);
16.           // 定义适配器。注意构造方法中的 flags 参数 FLAG_REGISTER_CONTENT_OBSERVER
17.           adapter = new SimpleCursorAdapter(this, R.layout.item_listview_main,
18.                   null, new String[] { "_id", "display_name" }, new int[] {
19.                       R.id.text_item_id, R.id.text_item_displayname },
20.                   CursorAdapter.FLAG_REGISTER_CONTENT_OBSERVER);
21.           // 为 ListView 控件设置适配器
22.           listView_main_contactslist.setAdapter(adapter);
23.       }
24.       @Override
25.       public boolean onCreateOptionsMenu(Menu menu) {
```

```
26.          getMenuInflater().inflate(R.menu.main, menu);
27.          MenuItem item = menu.findItem(R.id.action_searchview);
28.          // 从 ActionView 中获取到 SearchView 对象
29.          SearchView searchView = (SearchView) item.getActionView();
30.          // 给 SearchView 设置监听器
31.          searchView.setOnQueryTextListener(new OnQueryTextListener() {
32.              @Override
33.              public boolean onQueryTextSubmit(String query) {
34.                  return false;
35.              }
36.              @Override
37.              public boolean onQueryTextChange(String newText) {
38.                  // 将查询关键字放入 Bundle 对象
39.                  Bundle bundle = new Bundle();
40.                  bundle.putString("keyword", newText);
41.                  // 重新启动已经存在的 Loader，将 Bundle 对象传入到 restartLoader()
方法中
42.                  loaderManager.restartLoader(1, bundle, MainActivity.this);
43.                  return false;
44.              }
45.          });
46.          return true;
47.      }
48.      @Override
49.      public boolean onOptionsItemSelected(MenuItem item) {
50.          switch (item.getItemId()) {
51.          case R.id.action_contacts:
52.              // 通过 Intent 跳转到系统联系人 App 中
53.              Intent intent = new Intent();
54.              intent.setAction("com.android.contacts.action.LIST_CONTACTS");
55.              startActivity(intent);
56.              break;
57.          // 恢复删除的联系人信息
58.          case R.id.action_restore:
59.              ContentResolver resolver = getContentResolver();
60.              ContentValues values = new ContentValues();
61.              // 系统联系人中的删除其实是逻辑删除，就是将 deleted 字段更改为 0，只要将该
字段更改为 1，就能显示出来
62.              values.put("deleted", 0);
63.              int count = resolver.update(Uri.parse(uri_rawcontacts), values,
64.                      "deleted=1", null);
65.              if (count > 0) {
66.                  // 重新启动已经存在的 Loader
67.                  loaderManager.restartLoader(1, null, MainActivity.this);
68.              }
69.              break;
```

```
70.            }
71.            return super.onOptionsItemSelected(item);
72.        }
73.        @Override
74.        public Loader<Cursor> onCreateLoader(int id, Bundle bundle) {
75.            Log.i(TAG, "==onCreateLoader" + Thread.currentThread().getId() + ":"
76.                    + Thread.currentThread().getName());
77.            if (bundle == null) {
78.                return new CursorLoader(this, Uri.parse(uri_rawcontacts),
79.                        new String[] { "_id", "display_name" }, "deleted=0", null,
80.                        null);
81.            } else {
82.                String keyword = bundle.getString("keyword");
83.                return new CursorLoader(this, Uri.parse(uri_rawcontacts),
84.                        new String[] { "_id", "display_name" },
85.                        "display_name like ?", new String[] { keyword + "%" }, null);
86.            }
87.        }
88.        @Override
89.        public void onLoadFinished(Loader<Cursor> loader, Cursor data) {
90.            // 将查询结果集与原来的数据进行交换
91.            adapter.swapCursor(data);
92.            Log.i(TAG, "==onLoadFinished" + Thread.currentThread().getId() + ":"
93.                    + Thread.currentThread().getName());
94.        }
95.        @Override
96.        public void onLoaderReset(Loader<Cursor> loader) {
97.            // 重置 Loader
98.            adapter.swapCursor(null);
99.            Log.i(TAG, "==onLoaderReset" + Thread.currentThread().getId() + ":"
100.                    + Thread.currentThread().getName());
101.        }
102.}
```

<代码详解>

第 12 行至第 15 行，创建 LoaderManager 对象，调用该对象的 initLoader()方法，初始化 Loader 对象。

第 16 行至第 22 行，实例化适配器，给 ListView 控件设置适配器。

第 25 行至第 47 行，菜单创建的方法。其中第 28 行至第 46 行，从 Action View 中获取到 SearchView 对象，给 SearchView 设置监听器，重写 onQueryTextChange()方法，将查询关键字放入 Bundle 对象后，重新启动已经存在的 Loader 对象，并且将 Bundle 对象传入到 restartLoader()方法中。

第 51 行至第 55 行是菜单被选中的执行方法。选择"跳转到系统联系人"菜单，通过 Intent 跳转到系统联系人 App 中。

第 73 行至第 101 行，重写 LoaderCallbacks 接口中的三个抽象方法。其中 onCreateLoader()方法必须返回 CursorLoader 对象。第 77 行至第 86 行，是先判断 SearchView 控件中是否有关键词，也就是 bundle 对象是否为 null，然后返回不同的 CursorLoader 对象。

<菜单 menu/main.xml 核心代码>

```
1.    <menu xmlns:android="http://schemas.android.com/apk/res/android" >
2.      <item
3.        android:id="@+id/action_restore"
4.        android:orderInCategory="100"
5.        android:showAsAction="never"
6.        android:title="恢复删除联系人"/>
7.      <item
8.        android:id="@+id/action_searchview"
9.        android:showAsAction="always"
10.       android:actionViewClass="android.widget.SearchView"/>
11.     <item
12.       android:id="@+id/action_contacts"
13.       android:showAsAction="always"
14.       android:title="查看联系人"/>
15.   </menu>
```

<AndroidManifest.xml 核心代码>

```
<!-- 授权读写联系人信息 -->
<uses-permission android:name="android.permission.READ_CONTACTS"/>
<uses-permission android:name="android.permission.WRITE_CONTACTS"/>
```

9.5 本章总结

本章讲述了 Android 中 Loader 异步装载的相关知识。主要知识点及其重要性如表 9.2 所示，其中"1"表示了解，"2"表示识记，"3"表示熟悉，"4"表示精通。

通过本章学习，第一，要知道为什么要使用 Loader；第二，要掌握 Loader 异步加载数据的实现原理；第三，AsyncTaskLoader 和 CursorLoader 在用法上有什么不同；第四，要掌握在项目中使用 CursorLoader 加载数据的具体用法，并且要能结合 SearchView 控件实现查询功能。

表 9.2　知识点列表

知　识　点	要　　求
Loader的作用	3
Loader API介绍	3
AsyncTaskLoader的用法	3
AsyncTaskLoader的实现原理	3
CursorLoader的用法	3
CursorLoader的实现原理	3

第 **10** 章

ContentProvider

Android 数据持久化技术，包括文件存储、SharedPreferences、数据库存储。使用这些持久化技术所保存的数据都只能在当前应用程序中访问。虽然文件存储、SharedPreferences 存储中提供了类似 MODE_WORLD_READABLE 和 MODE_WORLD_WRITEABLE 这两种全局访问的操作模式，允许其他应用程序访问当前应用程序的数据，但是这两种操作模式在 Android4.2 版本中已经被废除。Android 官方之所以不推荐使用这种方式实现跨程序数据共享，是因为其不安全性，取而代之的可靠做法就是 ContentProvider 技术。

本章重点为大家介绍如下内容：

❑ ContentProvider 的功能和意义。

❑ URI 介绍。

❑ ContentProvider 与 ContentResolver 的关系。

❑ ContentResolver 的用法。

❑ 自定义 ContentProvider 实现跨程序数据共享。

❑ 监听 ContentProvider 的数据改变。

10.1 ContentProvider 简介

ContentProvider（内容提供者）提供了一套完整的机制，允许一个程序访问另一个程序中的数据，同时还能保证被访问数据的安全性。目前，ContentProvider 是实现不同应用程序间数据交换的标准 API。

为什么一个应用程序要共享数据给其他应用程序呢？例如系统电话簿程序，该应用程序的数据库中保存了很多联系人的信息，如果这些数据不允许第三方程序访问，很多基于电话簿基础上的程序就无从开发。例如，电话防火墙、黑名单电话过滤、联系人备份、微信电话等应用。此外，还有很多程序都要基于系统短信、媒体库等应用的数据共享才能得以开发。为了应用的可扩展性，一些应用需要暴露出自己希望共享的数据给其他应用使用。

10.1.1　ContentProvider 的功能和意义

ContentProvider 是实现跨程序数据共享的标准方式，具有以下功能。

（1）很多应用程序的数据文件都保存在私有目录下，其他程序使用常规方法无法访问到这些数据。而 ContentProvider 则能做到外部程序访问私有数据库中数据。而且，ContentProvider 可以选择只对那一部分数据进行共享，从而保证程序的隐私数据不会泄露。

（2）在 Android 中数据存储可以是文件或数据库，而 ContentProvider 可以提供一个统一的接口，使上层调用者不用关心数据存储的细节问题，见图 10.1。

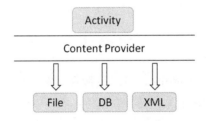

图 10.1　ContentProvider 为不同的数据提供统一的接口

（3）对于数据库存储的数据，数据有可能来自于若干个表和视图，数据库结构有可能很复杂。如果不仔细分析数据库的结构、表和视图之间的关系，即便能访问私有数据库，操作也不方便，还容易出错。ContentProvider 则将复杂的实现细节封装起来，只需要调用简单的方法就能得到想要的数据。

（4）无论是系统自带 ContentProvider，还是自定义 ContentProvider，都可以设置访问权限。也就是说，有一些数据即便允许其他程序访问，访问数据的程序还要同时具有权限才能通过 ContentProvider 正常访问。这样更有效地提高了应用程序数据的安全性。

10.1.2　ContentProvider 与 ContentResolver 的关系

ContentProvider 的用法分为以下两种。

（1）使用 ContentResolver 读取和操作其他应用程序已经通过 ContentProvider 暴露出来的数据；

（2）创建自定义 ContentProvider，将数据暴露给其他应用程序。

ContentProvider 相当于一个"网站"，它的作用就是暴露可供操作的数据；

ContentResolver 则相当于 HttpClient。ContentResolver 通过类似访问网站地址的形式，向"网站服务器"发送请求，这样就可以获取到 ContentProvider 暴露的数据。连接在 ContentResolver 和 ContentProvider 之间，对数据交换起到关键性作用的标识就是 URI，如图 10.2 所示。

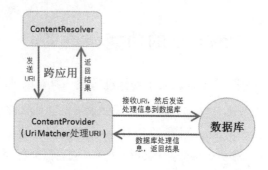

图 10.2 ContentResolver 与 ContentProvider 的关系

10.1.3 Uri 简介

1. URI 与 URL

URI（Uniform Resource Identifier，统一资源标识符）用来唯一的标识一个资源，如一段文字、一张图片或一段视频等。

URL（Uniform Resource Locator，统一资源定位器）是一种具体的 URI，即 URL 可以用来标识一个资源，而且还指明了如何定位这个资源。

URI 以一种抽象的、高层次概念定义统一资源标识，而 URL 则是具体的资源标识的方式。换句话说，URL 是一种具体的 URI，它不仅唯一标识资源，而且还提供了定位该资源的信息。URI 只是一种语义上的抽象概念。URI 和 URL 的关系就如同类和对象的关系。

如果将 ContentProvider 比喻成"网站"，将 ContentResolver 比喻成 HttpClient。HttpClient 访问网站一定要有 URL 网络地址，正是因为 URL 网络地址，HttpClient 才能找到网站服务器所在的地方，并且获取到服务器上的数据。而 ContentResolver 如果需要获取到 ContentProvider 暴露的数据则一定需要 URI 信息。因为每一个 ContentProvider 在暴露数据的时候，必须提供一个公共的 URI 来唯一标识其数据所在的位置。因此，只有通过 URI 信息，ContentResolver 才能找到 ContentProvider 所暴露的数据并且对其进行操作。因此，URI 是 ContentResolver 和 ContentProvider 进行数据交换的必要标识。

Uri 和 URI 是什么关系呢？Uri 是 Android 中存放 URI 信息的类。Android 中 Uri 主要有：网站地址的 URI（http://）、ContentProvider 的 URI（content://）、电话号码的 URI（tel://）、Email 的 URI（mailto://）、短信数据的 URI（smsto://）、文件的 URI（file://）、地图经纬数据的 URI（geo://）。

2．ContentProvider 的 URI 格式

Content URI 的标准格式如图 10.3 所示。

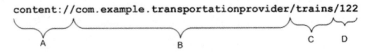

图 10.3　Content URI 标准格式示例

A 为标准前缀：以"content://"作为前缀，这是 ContentProvider 的标准前缀，表示该数据由 ContentProvider 管理，它不能被修改。

B 为 authority 部分：即权限部分。该部分是完整的类名，系统通过这部分找到应该操作哪个 ContentProvider。权限可以像下面这样在<provider>元素的权限属性中进行声明。

<AndroidManifest.xml 文件>

```
1.   <provider
2.       android:name=".MyProvider"
3.       android:authorities="org.mobiletrain.wordsprovider"
4.       android:exported="true"/>
```

<代码详解>

第 2 行表示 ContentProvider 类的名称和完整路径。

第 3 行表示 URI 中 authority 授权部分。一般将 name 属性的值全小写。

第 4 行表示是否将该 ContentProvider 数据库访问接口暴露给其他 APP 使用。如果值为 true 则暴露给其他 APP 访问，否则不允许访问。

C 为 path 部分：即路径部分。用来判断请求数据类型的路径，可以是 0 或多个段长。

D 为 id 部分：即被请求的特定记录的 ID，这个分段可以没有。

常用 Content URI 示例如下。

❑　content://media/internal/images：URI 将返回设备上内部存储的所有图片。

❑　content://contacts/people：URI 将返回设备上所有联系人信息。

❑　content://contacts/people/45：URI 返回联系人信息中 ID 为 45 的单条记录。

URI 字符串如何转成 Uri 对象呢？如果要把一个字符串转换成 Uri 对象，可以使用 Uri 类中的 parse()方法，如下：

```
Uri uri = Uri.parse("content://contacts/people");
```

3．ContentProvider 的 URI 中的*和#

*和#是两个通配符，它们用在 URI 地址中，*可以匹配任何文本，#匹配任何数字。例如：

```
content://org.mobiletrain.myprovider.wordsprovider/words/*
content://org.mobiletrain.myprovider.wordsprovider/words_id/#
```

10.2　访问系统内置的 ContentProvider 数据

Android 系统中很多内置的应用都提供了 ContentProvider，允许别的应用访问其内部数据。例如：读取联系人信息、读取短信内容、系统的多媒体信息、通话记录等。由于这些信息是作为系统服务提供的，只要有访问权限，开发者就可以通过标准的接口存取数据。

10.2.1　ContentResolver 的用法

使用 ContentResolver 访问 ContentProvider 数据的步骤分为以下两步。

（1）调用 Context 的 getContentResolver()方法获得 ContentResolver 对象。

（2）调用 ContentResolver 对象 的 insert()、delete()、update()、query()方法操作数据。

❑　Uri insert(Uri uri, ContentValues values)。

❑　int delete(Uri uri, String where, String[] whereArgs)。

❑　Cursor query(Uri uri, String[] projection, String where, String[] whereArgs, String sortOrder)。

❑　int update(Uri uri, ContentValues values, String where, String[] whereArgs)。

参数解释：

❑　String where——带有占位符的 where 子句组成的字符串。

❑　String[] whereArgs——替换 where 参数中占位符后的数据组成的字符串数组。

❑　String sortOrder——select 语句中的 order by 子句组成的字符串。

❑　String[] projection——select 语句中需要查询的所有字段组成的字符串数组。

❑　ContentValues values——由数据库中表字段和在该字段中放置的数据所组成的键值对对象。

注意：ContentResolver 中增、删、查、改四个方法的参数个数分别是 2、3、4、5 个。SQLiteDatabase 中也有增、删、查、改四个方法，参数个数分别是 3、3、8、4 个。两者方法名完全相同，参数类型也有相似之处。一定要注意区分两者的差异。

10.2.2　ContentResolver 读取系统联系人

1. 系统联系人 SQLite 数据库分析

在查询及增、删、改系统联系人之前，最好先分析一下系统联系人的数据库结构。如果直接使用联系人 API 来开发，会发觉 80%的类文档都在定义数据库列的常量和访问这些记录的 URI。直接阅读数据库中表结构是理解联系人 API 的最快方式。首先找到数据库文件。

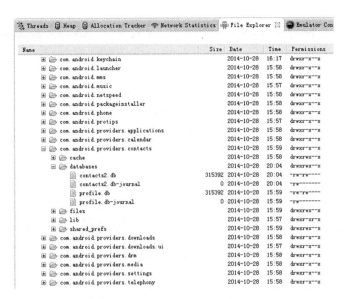

图 10.4　系统联系人数据库所在目录

如图 10.4 所示，系统联系人所在目录为"/data/data/com.android.providers.contacts/"。包名中包含有"com.android.providers"的都表示该应用已经内置了 ContentProvider，开发者只需要使用 ContentResolver 就可以访问其暴露出来的内部数据。系统联系人的数据库所在目录为："/data/data/com.android.providers.contacts/databases/contacts2.db"。

将 contacts2.db 数据库导出到本地，再通过 SQLiteExpert 软件打开该数据库。

图 10.5　系统联系人数据库的表目录

从图 10.5 中可以看到数据库 contacts2.db 中包含众多的表，但是实际上最重要的表为：

raw_contacts（原始联系人表）、data（数据表）、mimetypes（MIME 类型查找表）。

1）raw_contacts（原始联系人表）

<原始联系人表定义>

```
CREATE TABLE raw_contacts (
_id INTEGER PRIMARY KEY AUTOINCREMENT,
account_id INTEGER REFERENCES accounts(_id),
sourceid TEXT,
raw_contact_is_read_only INTEGER NOT NULL DEFAULT 0,
version INTEGER NOT NULL DEFAULT 1,
dirty INTEGER NOT NULL DEFAULT 0,
deleted INTEGER NOT NULL DEFAULT 0,
contact_id INTEGER REFERENCES contacts(_id),
aggregation_mode INTEGER NOT NULL DEFAULT 0,
aggregation_needed INTEGER NOT NULL DEFAULT 1,
custom_ringtone TEXT,
send_to_voicemail INTEGER NOT NULL DEFAULT 0,
times_contacted INTEGER NOT NULL DEFAULT 0,
last_time_contacted INTEGER,
starred INTEGER NOT NULL DEFAULT 0,
display_name TEXT,
display_name_alt TEXT,
display_name_source INTEGER NOT NULL DEFAULT 0,
phonetic_name TEXT,
phonetic_name_style TEXT,
sort_key TEXT COLLATE PHONEBOOK,
sort_key_alt TEXT COLLATE PHONEBOOK,
name_verified INTEGER NOT NULL DEFAULT 0,
sync1 TEXT,
sync2 TEXT,
sync3 TEXT,
sync4 TEXT );
```

该表中最重要的字段有：_id（主键）、deleted（是否已经被逻辑删除）、display_name（联系人显示的名称）。

2）data（数据表）

<联系人数据表定义>

```
CREATE TABLE data (
_id INTEGER PRIMARY KEY AUTOINCREMENT,
package_id INTEGER REFERENCES package(_id),
mimetype_id INTEGER REFERENCES mimetype(_id) NOT NULL,
raw_contact_id INTEGER REFERENCES raw_contacts(_id) NOT NULL,
is_read_only INTEGER NOT NULL DEFAULT 0,
```

```
is_primary INTEGER NOT NULL DEFAULT 0,
is_super_primary INTEGER NOT NULL DEFAULT 0,
data_version INTEGER NOT NULL DEFAULT 0,data1 TEXT,
data2 TEXT,
data3 TEXT,
data4 TEXT,
data5 TEXT,
data6 TEXT,
data7 TEXT,
data8 TEXT,
data9 TEXT,
data10 TEXT,
data11 TEXT,
data12 TEXT,
data13 TEXT,
data14 TEXT,
data15 TEXT,
data_sync1 TEXT,
data_sync2 TEXT,
data_sync3 TEXT,
data_sync4 TEXT );
```

该表重要的字段有：raw_contact_id（原始联系人_id 的外键）、mimetype_id（MIME 类型条目）、data1 和 data2（存储任何基于 MIME 类型的必要内容：主要有联系人姓名、电话、E-mail 等）。

实际上联系人的核心数据都存在于 data 表中的 data1 和 data2 中。

3）mimetypes（MIME 类型查找表）

<MIME 类型查找表定义>

```
CREATE TABLE mimetypes (
_id INTEGER PRIMARY KEY AUTOINCREMENT,
mimetype TEXT NOT NULL);
```

RecNo	_id	mimetype
\multicolumn{3}{c	}{Click here to define a filter}
1	1	vnd.android.cursor.item/email_v2
2	2	vnd.android.cursor.item/im
3	3	vnd.android.cursor.item/nickname
4	4	vnd.android.cursor.item/organization
5	5	vnd.android.cursor.item/phone_v2
6	6	vnd.android.cursor.item/sip_address
7	7	vnd.android.cursor.item/name
8	8	vnd.android.cursor.item/postal-address_v2
9	9	vnd.android.cursor.item/identity
10	10	vnd.android.cursor.item/photo
11	11	vnd.android.cursor.item/group_membership

图 10.6　mimetypes 表中的数据

图 10.6 中的主键_id 与 data 表中的 mimetype_id 互为主外键。mimetype 就是为了区分 data 表中 data1 至 data15 中存储的数据所代表的含义。使用最多的是：1（表示 E-mail）、5（表示电话号码）、7（表示联系人名称）。

2. 管理系统联系人的 URI

管理系统联系人的文本 URI 字符串如下

- 原始联系人数据：content://com.android.contacts/raw_contacts。
- 数据表中的电话记录：content://com.android.contacts/data/phones。
- 数据表中的 Email 记录：content://com.android.contacts/data/emails。
- 数据表中的所有记录：content://com.android.contacts/data。

为了方便使用，系统联系人 API 中提供了相应的常量来返回相应的 Uri 对象。

- 管理原始联系人的 Uri：ContactsContract.RawContacts.CONTENT_URI。
- 管理联系人电话信息的 Uri：ContactsContract.CommonDataKinds.Phone. CONTENT_URI。
- 管理联系人 Email 的 Uri：ContactsContract.CommonDataKinds.Email. CONTENT_URI。
- 管理联系人的 Uri：ContactsContract.Contacts.CONTENT_URI。

注意： 基于 ContactsContract.Contacts.CONTENT_URI 进行查询时，返回的是基于视图 view_contacts 的记录。尽管系统联系人数据库中有一个表是联系人表，但是联系人 API 没有直接公开联系人表，而是使用 view_contacts 作为读取联系人的目标。

【范例 10-1】 使用 ContentResolver 管理系统联系人（代码文件详见链接资源中第 10 章范例 10-1）

读取、修改联系人信息一定要在 AndroidManifest.xml 文件中增加权限。

<AndroidManifest.xml>

```
<!-- 读联系人的权限 -->
<uses-permission android:name="android.permission.READ_CONTACTS" />
<!-- 写联系人的权限 -->
<uses-permission android:name="android.permission.WRITE_CONTACTS" />
```

<核心代码>

```
1.    public class ContactsHelper {
2.        private static String uri_rawcontacts =
"content://com.android.contacts/raw_contacts";
3.        private static String uri_contacts_phones =
"content://com.android.contacts/data/phones";
4.        private static String uri_contacts_emails =
"content://com.android.contacts/data/emails";
5.        private String uri_contacts_data = "content://com.android.contacts/data";
6.        // 查询联系人的信息
7.        public static List<Map<String, Object>> selectContactsInfo(
```

```
8.                    ContentResolver resolver) {
9.          List<Map<String, Object>> list = new ArrayList<Map<String, Object>>();
10.         Cursor contactsCursor = resolver.query(Uri.parse(uri_rawcontacts),
11.                new String[] { "_id", "display_name" }, null, null, null);
12.         while (contactsCursor.moveToNext()) {
13.             Map<String, Object> map = new HashMap<String, Object>();
14.             int contactsId = contactsCursor.getInt(contactsCursor
15.                     .getColumnIndex("_id"));
16.             String displayName = contactsCursor.getString(contactsCursor
17.                     .getColumnIndex("display_name"));
18.             map.put("_id", contactsId);
19.             map.put("display_name", displayName);
20.             // 根据联系人的 id 去 data 表获取电话号码的信息
21.             Cursor phoneCursor =
resolver.query(Uri.parse(uri_contacts_phones),
22.                     new String[] { "raw_contact_id", "data1" },
23.                     "raw_contact_id=?", new String[] { contactsId + "" },
null);
24.             StringBuilder sb = new StringBuilder();
25.             while (phoneCursor.moveToNext()) {
26.                 sb.append(phoneCursor.getString(1));
27.                 sb.append("|");
28.             }
29.             map.put("phones", sb.toString());
30.             if (phoneCursor != null) {
31.                 phoneCursor.close();
32.             }
33.             // 根据联系人的 id 去 data 表获取 E-mail 信息
34.             Cursor emailCursor =
resolver.query(Uri.parse(uri_contacts_emails),
35.                     new String[] { "raw_contact_id", "data1" },
36.                     "raw_contact_id=?", new String[] { contactsId + "" },
null);
37.             StringBuilder sb2 = new StringBuilder();
38.             while (emailCursor.moveToNext()) {
39.                 sb2.append(emailCursor.getString(1));
40.                 sb2.append("|");
41.             }
42.             map.put("emails", sb2.toString());
43.             if (emailCursor != null) {
44.                 emailCursor.close();
45.             }
46.             list.add(map);
47.         }
48.         if (contactsCursor != null) {
49.             contactsCursor.close();
```

```
50.            }
51.        return list;
52.    }
53.    // 修改联系人姓名
54.    public boolean updateContactsName(ContentResolver resolver,
55.            Map<String, Object> map, String id) {
56.        ContentValues values = new ContentValues();
57.        // 更改 raw_contacts 表中的姓名
58.        values.put("display_name", map.get("display_name").toString());
59.        values.put("display_name_alt", map.get("display_name").toString());
60.        values.put("sort_key", map.get("display_name").toString());
61.        values.put("sort_key_alt", map.get("display_name").toString());
62.        int result1 = resolver.update(Uri.parse(uri_rawcontacts), values,
63.                "_id=?", new String[] { id });
64.        // 更改 data 表中的姓名
65.        values.clear();
66.        values.put("data1", map.get("display_name").toString());
67.        values.put("data2", map.get("display_name").toString());
68.        int result2 = resolver.update(Uri.parse(uri_contacts_data), values,
69.                "raw_contact_id=? and mimetype_id=?", new String[] { id,
"7" });
70.        // 更改 data 表中的 phone
71.        values.clear();
72.        values.put("data1", map.get("phone").toString());
73.        values.put("data2", 2);
74.        int result3 = resolver.update(Uri.parse(uri_contacts_data), values,
75.                "raw_contact_id=? and mimetype_id=?", new String[] { id,
"5" });
76.        //更改 data 表中的 E-mail
77.        values.clear();
78.        values.put("data1", map.get("email").toString());
79.        values.put("data2", 1);
80.        int result4 = resolver.update(Uri.parse(uri_contacts_data), values,
81.                "raw_contact_id=? and mimetype_id=?", new String[] { id,
"1" });
82.        if (result1 > 0 && result2 > 0 && result3 > 0 && result4 > 0) {
83.            return true;
84.        } else {
85.            return false;
86.        }
87.    }
88.    // 根据联系人姓名删除联系人信息
89.    public boolean deleteContacts(ContentResolver resolver, String
displayName) {
```

```
90.          int data = resolver.delete(Uri.parse(uri_rawcontacts),
91.                  "display_name=?", new String[] { displayName });
92.          if (data > 0) {
93.              return true;
94.          }
95.          return false;
96.      }
97.      // 新增数据
98.      public void insertContact(ContentResolver resolver, Map<String, Object>
map) {
99.          ContentValues values = new ContentValues();
100.         // 在 raw_contacts 表中插入一条空数据, 以获取联系人的 id
101.         Uri newUri = resolver.insert(Uri.parse(uri_rawcontacts), values);
102.         long id = ContentUris.parseId(newUri);
103.         // 在 data 表中插入联系人姓名的数据
104.         values.put("raw_contact_id", id);
105.         // values.put("mimetype_id", 7);//必须要插入 mimetype 字段, 而不可以直接插
入 mimetype_id
106.         values.put("mimetype", "vnd.android.cursor.item/name");
107.         values.put("data1", map.get("display_name").toString());
108.         values.put("data2", map.get("display_name").toString());
109.         resolver.insert(Uri.parse(uri_contacts_data), values);
110.         // 在 data 表中插入联系人的电话信息
111.         values.clear();
112.         values.put("raw_contact_id", id);
113.         values.put("mimetype", "vnd.android.cursor.item/phone_v2");
114.         values.put("data1", map.get("phone").toString());
115.         values.put("data2", 2);
116.         resolver.insert(Uri.parse(uri_contacts_data), values);
117.         // 在 data 表中插入联系人的 E-mail
118.         values.clear();
119.         values.put("raw_contact_id", id);
120.         values.put("mimetype", "vnd.android.cursor.item/email_v2");
121.         values.put("data1", map.get("email").toString());
122.         values.put("data2", 1);
123.         resolver.insert(Uri.parse(uri_contacts_data), values);
124.     }
125. }
```

<代码详解>

第 2 行至第 5 行定义了四个 URI 字符串, 分别用来访问 raw_contacts 表中的信息、data 表中的 phones 信息、data 表中的 emails 信息、data 表中的全部信息。

第 10 行表示查询 raw_contacts 表的 display_name 和_id 字段, 返回 Cursor, 然后遍历该 Cursor 对象。

第 21 行至第 28 行根据 raw_contacts 表中的_id 查询 data 表中的 phones 信息，返回 Cursor，遍历该 Cursor，将遍历后的信息放入 StringBuilder 对象中。

第 34 行至第 45 行根据 raw_contacts 表中的_id 查询 data 表中的 emails 信息，返回 Cursor，遍历该 Cursor，将遍历后的信息放入 StringBuilder 对象中。

第 54 行至第 86 行定义了一个修改联系人姓名的方法。

第 89 行至第 95 行是删除联系人姓名的方法。

第 98 行至第 123 行是新增一个联系人信息的方法。

注意：以上示例代码中数据库的字段均采用实际的数据库列名字符串，这样做只是为了方便。但直接使用列名会存在一旦联系人版本更新，列名就会发生变化等情况。为保证在各个版本中都可安全使用，建议使用联系人 API 中定义的常量来表示列名。

数据库中主要字段如下。

- ❑ 联系人 ID 字段名称为：ContactsContract.Contacts._ID。
- ❑ 联系人 name 字段为：ContactsContract.Contracts.DISPLAY_NAME。
- ❑ 电话信息表的外键 ID 为：ContactsContract.CommonDataKinds.Phone.CONTACT_ID。
- ❑ 电话号码字段为：ContactsContract.CommonDataKinds.Phone.NUMBER。
- ❑ Email 字段为：ContactsContract.CommonDataKinds.Email.DATA。
- ❑ 其外键为：ContactsContract.CommonDataKinds.Email.CONTACT_ID。

10.2.3　ContentResolver 查看短信信息

管理短信的文本 URI 字符串如下。

- ❑ 所有短信记录：content://sms。
- ❑ 收件箱：content://sms/inbox。
- ❑ 已发送：content://sms/sent。
- ❑ 草稿：content://sms/draft。
- ❑ 发件箱：content://sms/outbox　（正在发送的信息）。
- ❑ 发送失败的短信：content://sms/failed。
- ❑ 未送达的短信：content://sms/undelivered。
- ❑ 待发送列表：content://sms/queued（例如，开启飞行模式后，该短信就在待发送列表里）。

数据库表中主要字段如下。

- ❑ 主键：_id。
- ❑ 短信手机号码：address。
- ❑ 短信标题：subject。

- 短信内容：body。
- 短信发送日期（时间戳格式）：date。
- 短信类型：type（0：待发信息；1：接收到信息；2：发出信息）。

【范例 10-2】使用 ContentResolver 查看短信信息（代码文件详见链接资源中第 10 章范例 10-2）

读取短信信息一定要在 AndroidManifest.xml 文件中增加权限。

<AndroidManifest.xml>

```
<!-- 读取短信权限 -->
<uses-permission android:name="android.permission.READ_SMS"/>
```

<核心代码>

```
1.   public class MainActivity extends Activity {
2.       private String uri_sms = "content://sms";
3.       private ListView listView_main_smslist;
4.       private TextView text_main_empty;
5.       @Override
6.       protected void onCreate(Bundle savedInstanceState) {
7.           super.onCreate(savedInstanceState);
8.           setContentView(R.layout.activity_main);
9.           listView_main_smslist = (ListView)
findViewById(R.id.listView_main_smslist);
10.          text_main_empty = (TextView) findViewById(R.id.text_main_empty);
11.          // 步骤1: 获取 ContentResolver 对象
12.          ContentResolver resolver = this.getContentResolver();
13.          // 步骤2: 调用 ContentResolver 对象的 query()方法查询数据
14.          Cursor cursor = resolver.query(Uri.parse(uri_sms), new String[] {
15.              "_id", "address", "body", "date", "type" }, null, null, null);
16.          // 步骤3: 初始化数据源
17.          List<Map<String, Object>> list = cursorToList(cursor);
18.          // 步骤4: 给 ListView 设置适配器
19.          listView_main_smslist.setAdapter(new MyAdapter(this, list));
20.          // 设置数据源为空时 ListView 的显示视图
21.          listView_main_smslist.setEmptyView(text_main_empty);
22.      }
23.      // 自定义适配器
24.      class MyAdapter extends BaseAdapter {
25.          private Context context;
26.          private List<Map<String, Object>> list = null;
27.          public MyAdapter(Context context, List<Map<String, Object>> list) {
28.              this.context = context;
29.              this.list = list;
30.          }
```

```
31.        @Override
32.        public int getCount() {
33.            return list.size();
34.        }
35.        @Override
36.        public Object getItem(int position) {
37.            return list.get(position);
38.        }
39.        @Override
40.        public long getItemId(int position) {
41.            return position;
42.        }
43.        @Override
44.        public View getView(int position, View convertView, ViewGroup parent) {
45.            ViewHolder mHolder;
46.            if (convertView == null) {
47.                mHolder = new ViewHolder();
48.                convertView = LayoutInflater.from(context).inflate(
49.                        R.layout.item_listview_main, parent, false);
50.                mHolder.text_item_address = (TextView) convertView
51.                        .findViewById(R.id.text_item_address);
52.                mHolder.text_item_body = (TextView) convertView
53.                        .findViewById(R.id.text_item_body);
54.                mHolder.text_item_date = (TextView) convertView
55.                        .findViewById(R.id.text_item_date);
56.                mHolder.imageView_item_icon = (ImageView) convertView
57.                        .findViewById(R.id.imageView_item_icon);
58.                convertView.setTag(mHolder);
59.            } else {
60.                mHolder = (ViewHolder) convertView.getTag();
61.            }
62.
mHolder.text_item_address.setText(list.get(position).get("address")
63.                    .toString());
64.            mHolder.text_item_body.setText(list.get(position).get("body")
65.                    .toString());
66.            mHolder.text_item_date.setText(stampToDate(Long.parseLong(list.
get(position).get("date").toString())));int type= Integer.parseInt(list.get
(position).get("type")
67.                    .toString());
68.            switch (type) {
69.            case 1:
70.                mHolder.imageView_item_icon.setImageResource(R.drawable.file);
71.                break;
```

```
72.            case 0:
73.                mHolder.imageView_item_icon.setImageResource(R.drawable.inbox);
74.                break;
75.            case 2:
76.                mHolder.imageView_item_icon
77.                        .setImageResource(R.drawable.outbox);
78.                break;
79.            default:
80.                mHolder.imageView_item_icon
81.                        .setImageResource(R.drawable.ic_launcher);
82.                break;
83.            }
84.            return convertView;
85.        }
86.        class ViewHolder {
87.            private TextView text_item_address;
88.            private TextView text_item_body;
89.            private TextView text_item_date;
90.            private ImageView imageView_item_icon;
91.        }
92.    }
93.    // 时间戳格式化方法
94.    private String stampToDate(long dateStamp) {
95.        SimpleDateFormat dateFormat = new SimpleDateFormat("yyyy-MM-dd");
96.        return dateFormat.format(new Date(dateStamp));
97.    }
98.    // 将 Cursor 转换为 List 集合
99.    public List<Map<String, Object>> cursorToList(Cursor cursor) {
100.        List<Map<String, Object>> list = new ArrayList<Map<String, Object>>();
101.        while (cursor.moveToNext()) {
102.            Map<String, Object> map = new HashMap<String, Object>();
103.            for (int i = 0; i < cursor.getColumnCount(); i++) {
104.                //比较简洁的做法：
105.                map.put(cursor.getColumnName(i), cursor.getString(i));
106.            }
107.            list.add(map);
108.        }
109.        return list;
110.    }
111.}
```

<代码详解>

第 11 行为获取 ContentResolver 对象。

第 14 行调用 ContentResolver 对象的 query()方法查询数据，返回 Cursor。

第 17 行初始化 ListView 控件的数据源。

第 19 行给 ListView 设置自定义适配器。

第 21 行是当数据源为空时 ListView 显示视图。

第 24 行至第 91 行是自定义适配器的常规代码。

第 94 行至第 96 行是时间戳格式化的方法。

第 99 行至第 109 行是 Cursor 转换为 List 集合的方法。

10.2.4　ContentResolver 管理多媒体内容

管理多媒体的 URI。

- □　存储在外部存储器（SD 卡）上的音频文件：MediaStore.Audio.Media.EXTERNAL_ CONTENT_URI。
- □　存储在外部存储器（SD 卡）上的视频文件：MediaStore.Video.Media.EXTERNAL_ CONTENT_URI。
- □　存储在外部存储器（SD 卡）上的图片文件：MediaStore.Images.Media.EXTERNAL_ CONTENT_URI。
- □　存储在内部存储器上的音频文件：MediaStore.Audio.Media.INTERNAL_ CONTENT_URI。
- □　存储在内部存储器上的视频文件：MediaStore.Video.Media.INTERNAL_ CONTENT_URI。
- □　存储在内部存储器上的图片文件：MediaStore.Images.Media.INTERNAL_ CONTENT_URI。

数据库表中主要字段如下。

- □　图片名称字段：Media.DISPLAY_NAME。
- □　图片的详细描述字段：Media.DESCRIPTION。
- □　图片的保存位置字段：Media.DATA。

注意：下面将图片、音频、视频表中的全部字段都罗列出来，做相关项目时可以作为参考。根据字段名可以看出该字段的含义。

1．图片数据库字段：20 个

_id,_data,_size,_display_name,mime_type,title,　date_added,date_modified,description,picasa_id, isprivate,latitude,longitude,datetaken,orientation,mini_thumb_magic,bucket_id,bucket_ display_ name,width,height

2. 音频数据字段：29 个

_id,_data,_display_name,_size,mime_type,date_added,is_drm,date_modified,title,title_key, duration,artist_id,composer,album_id,track,year,is_ringtone,is_music,is_alarm,is_notification,is_ podcast,bookmark,album_artist,artist_id:1,artist_key,artist,album_id:1,album_key,album

3. 视频数据字段：27 个

_id,_data,_display_name,_size,mime_type,date_added,date_modified,title,duration, artist,album,resolution,description,isprivate,tags,category,language,mini_thumb_data,latitude, longitude,datetaken,mini_thumb_magic,bucket_id,bucket_display_name,bookmark,width,height

【范例 10-3】使用 ContentResolver 查看多媒体数据中的图片（代码文件详见链接资源中第 10 章范例 10-3）

本案例是读取外部存储卡中的图片信息，所以在 AndroidManifest.xml 文件中增加权限。

<AndroidManifest.xml>

```
<!-- 读取 SD 卡权限 -->
<uses-permission android:name="android.permission.READ_EXTERNAL_STORAGE"/>
```

<核心代码>

```
1.  public class MainActivity extends Activity {
2.      private final static Uri EXTERNAL_IMAGE_URI =
MediaStore.Images.Media.EXTERNAL_CONTENT_URI;
3.      private ListView listView_main_medialist;
4.      private TextView text_main_emptyinfo;
5.      @Override
6.      protected void onCreate(Bundle savedInstanceState) {
7.          super.onCreate(savedInstanceState);
8.          setContentView(R.layout.activity_main);
9.          listView_main_medialist = (ListView)
findViewById(R.id.listView_main_medialist);
10.         text_main_emptyinfo = (TextView)
findViewById(R.id.text_main_emptyinfo);
11.         // 获取 ContentResolver 对象
12.         ContentResolver resolver = getContentResolver();
13.         // 调用 ContentResolver 对象的 query()方法查询数据
14.         Cursor cursor = resolver.query(EXTERNAL_IMAGE_URI, new String[] {
15.             Media.DISPLAY_NAME, Media.DATA, Media.DESCRIPTION }, null,
16.             null, null);
17.         // 初始化数据源
18.         List<Map<String, Object>> list = cursorToList(cursor);
19.         // 给 ListView 设置适配器
20.         listView_main_medialist.setAdapter(new MyAdapter(list));
21.         // 设置数据源为空时 ListView 的显示视图
```

```
22.              listView_main_medialist.setEmptyView(text_main_emptyinfo);
23.          }
24.      // 自定义适配器
25.      class MyAdapter extends BaseAdapter {
26.          private List<Map<String, Object>> list = null;
27.          public MyAdapter(List<Map<String, Object>> list) {
28.              this.list = list;
29.          }
30.          @Override
31.          public int getCount() {
32.              return list.size();
33.          }
34.          @Override
35.          public Object getItem(int position) {
36.              return list.get(position);
37.          }
38.          @Override
39.          public long getItemId(int position) {
40.              return position;
41.          }
42.          @Override
43.          public View getView(int position, View convertView, ViewGroup parent) {
44.              ViewHolder mHolder = null;
45.              if (convertView == null) {
46.                  mHolder = new ViewHolder();
47.                  convertView = getLayoutInflater().inflate(
48.                          R.layout.item_listview_main, parent, false);
49.                  mHolder.text_item_displayname = (TextView) convertView
50.                          .findViewById(R.id.text_item_displayname);
51.                  mHolder.text_item_data = (TextView) convertView
52.                          .findViewById(R.id.text_item_data);
53.                  mHolder.text_item_description = (TextView) convertView
54.                          .findViewById(R.id.text_item_description);
55.                  mHolder.imageView_item_icon = (ImageView) convertView
56.                          .findViewById(R.id.imageView_item_icon);
57.                  convertView.setTag(mHolder);
58.              } else {
59.                  mHolder = (ViewHolder) convertView.getTag();
60.              }
61.              mHolder.text_item_displayname.setText(list.get(position)
62.                      .get(Media.DISPLAY_NAME).toString());
63.
mHolder.text_item_data.setText(list.get(position).get(Media.DATA)
64.                      .toString());
65.              if (list.get(position).get(Media.DESCRIPTION) != null) {
```

```
66.                      mHolder.text_item_description.setText(list.get(position)
67.                              .get(Media.DESCRIPTION).toString());
68.              } else {
69.                  mHolder.text_item_description.setText("");
70.              }
71.              return convertView;
72.          }
73.          class ViewHolder {
74.              private TextView text_item_displayname;
75.              private TextView text_item_data;
76.              private TextView text_item_description;
77.              private ImageView imageView_item_icon;
78.          }
79.      }
80.      // 将 Cursor 转换为 List 集合
81.      private List<Map<String, Object>> cursorToList(Cursor cursor) {
82.          List<Map<String, Object>> list = new ArrayList<Map<String, Object>>();
83.          while (cursor.moveToNext()) {
84.              Map<String, Object> map = new HashMap<String, Object>();
85.              for (int i = 0; i < cursor.getColumnCount(); i++) {
86.                  map.put(cursor.getColumnName(i), cursor.getString(i));
87.              }
88.              list.add(map);
89.          }
90.          cursor.close();
91.          return list;
92.      }
93. }
```

<代码详解>

第 12 行为获取 ContentResolver 对象。

第 14 行调用 ContentResolver 对象的 query()方法查询数据，返回 Cursor。

第 18 行初始化 ListView 控件的数据源。

第 20 行给 ListView 设置自定义适配器。

第 22 行是当数据源为空时 ListView 的显示视图。

第 25 行至第 78 行是自定义适配器的常规代码。

第 81 行至第 91 行是 Cursor 转换为 List 集合的方法。

10.2.5　ContentResolver 管理通话记录

管理通话记录的文本 URI 字符串如下。

- 所有通话记录信息：content://call_log/calls。
- 通过记录 id 查询通话记录：content://call_log/calls/#。
- 通过电话号码查询通话记录：content://call_log/calls/filter/*。

数据库表中主要字段如下。

- 主键：_id。
- 电话号码：number。
- 通话日期：date（时间戳格式）。
- 通话类型：type（1：拨进电话，2：拨出电话）。

注：通话记录的示例代码见 ContentObserver 章节。

10.3　自定义 ContentProvider

使用 ContentProvider 技术，大多数情况下都是在操作系统内置应用所暴露出来的数据。只需要知道 URI，借助 ContentResolver 对象执行 CRUD 操作就可以了。但是必要的时候，我们自己的应用也需要共享数据，将自己的内部数据暴露给其他应用。这个时候就必须创建自己的内容提供者了。

10.3.1　创建 ContentProvider 的步骤

创建 ContentProvider 需要以下两步。

（1）定义一个 ContentProvider 的子类，该子类实现 insert()、delete()、update()、query()、getType()和 onCreate()方法。

（2）在 AndroidManifest.xml 文件中注册该 ContentProvider，指定 android:authorities 属性。

ContentProvider 本身是一个抽象类，在定义 ContentProvider 子类时，需要重写 insert()、delete()、update()、query()、getType()和 onCreate()六个抽象方法。除了 onCreate()方法之外的五个方法并不是给应用本身调用的，而是供其他应用调用的。当其他应用通过 ContentResolver 调用 insert()、delete()、update()、query()方法执行数据访问时，实际上就是通过 Uri 找到对应的 ContentProvider 类，然后调用 ContentProvider 的 insert()、delete()、update()、query()方法。如何实现 ContentProvider 的 insert()、delete()、update()、query()方法，完全由项目需求而定。

1．onCreate()

ContentProvider 不像 Activity 一样具有复杂的生命周期，ContentProvider 只有一个

onCreate()生命周期方法。当其他应用通过 ContentResolver 第一次访问该 ContentProvider 时，也就是初始化 ContentProvider 时，onCreate()方法将被回调且只被调用一次。通常该方法用来完成对数据库的创建和升级等操作。返回 true 表示 ContentProvider 初始化成功，返回 false 表示失败。

2．insert()

```
Uri insert(Uri uri, ContentValues values)
```

uri 参数用来确定要添加数据的表；values 是要添加的数据，添加完成，返回一个用于表示这条新记录的 Uri 对象。

3．delete()

```
int delete(Uri uri, String selection, String[] selectionArgs)
```

uri 参数用来确定删除哪张表中的数据；selection 和 selectionArgs 参数用于确定删除条件，被删除的行数将作为返回值返回。

4．update()

```
int update(Uri uri, ContentValues values, String selection,String[] selectionArgs)
```

uri 参数用来确定更改哪张表中的数据；values 参数存放更改后的新数据；selection 和 selectionArgs 参数用于确定更改条件，受影响的行数将作为返回值返回。

5．query()

```
Cursor query(Uri uri, String[] projection, String selection,String[] selectionArgs,
String sortOrder)
```

uri 参数用来确定查询哪张表；projection 参数用于确定查询哪些列；selection 和 selectionArgs 参数用于确定查询条件；sortOrder 参数用于对结果排序，查询结果存放在 Cursor 对象中返回。

6．getType()

```
String getType(Uri uri)
```

根据传入的 Uri 返回对应的 MIME 类型。注册了几个 Uri，就应该有几个 MIME 类型。每个 MIME 类型由两部分组成，前部分是数据的主类型，例如文本为 text、图像为 image 等，后部分定义具体的子类型，两者以"/"分隔。例如：超文本标记语言文本 text/html、xml 文档 text/xml、普通文本 text/plain、PNG 图像 image/png、3gp 视频文件 video/3gp 等。

ContentProviderURI 对应的 MIME 字符串格式有如下规定：

❑ 必须以 vnd 开头。

❑ 如果 ContentProviderURI 以路径结尾，数据主类型为"vnd.android.cursor.dir"。如果 ContentProviderURI 以 id 结尾，则数据主类型为"vnd.android.cursor.item"。

❑ 数据子类型为"vnd.<authority>.<path>"。

例如：

content://org.mobiletrain.myprovider.wordsprovider/words 对应的 MIME 类型为：

`vnd.android.cursor.dir/vnd.org.mobiletrain.myprovider.wordsprovider.words`

content://org.mobiletrain.myprovider.wordsprovider/wordid/# 对应的 MIME 类型为：

`vnd.android.cursor.item/vnd.org.mobiletrain.myprovider.wordsprovider.wordid`

10.3.2 创建 ContentProvider

1. 使用 UriMatcher 注册 URI

ContentProvider 的 CRUD 方法的第一个参数都是 Uri，代表的是要操作的数据库表。当一个应用有多个表时，一定要在 CRUD 方法中判断要执行的是哪个表。Android 系统提供了 UriMatcher 工具类对 Uri 进行模式匹配验证，以识别 Uri 参数操作的是哪个表。

UriMatcher 工具类主要提供了以下两种方法。

（1）void addURI(String authority, String path, int code)。

该方法用于向 UriMatcher 对象注册 Uri。其中 authority 和 path 组合成一个 Uri，而 code 则表示该 Uri 对应的标识码。

（2）int match(Uri uri)。

根据之前注册的 Uri 来获取当前指定 Uri 所对应的标识码。如果找不到则返回-1，说明模式匹配失败，即传递过来的 Uri 没有注册；如果返回其他数字，则说明模式匹配成功。

到底需要为 UriMatcher 注册多少个 Uri，取决于系统的业务需求。例如以下案例中，需要查询单词本中所有记录、生词本中所有记录、模糊查询单词本中的单词记录、根据 id 查询单词本中的记录四项操作，因此在 UriMatcher 中注册了四个 Uri。

```
1.  static {
2.      matcher = new UriMatcher(UriMatcher.NO_MATCH);
3.      matcher.addURI(AUTHORITY, "words", 1);
4.      matcher.addURI(AUTHORITY, "words/*", 3);
5.      matcher.addURI(AUTHORITY, "words_id/#", 4);
6.      matcher.addURI(AUTHORITY, "newwords", 2);
7.  }
```

<代码详解>

第 2 行定义 UriMatcher 对象。

第 3 行至第 6 行在 UriMatcher 对象中注册符合需求的 Uri。

2．截取 Uri 地址和拼接 Uri 地址的方法

（1）Uri 对象的截取方法。

❑　public abstract String getLastPathSegment ()。

❑　public abstract String getPath ()。

❑　public abstract List<String> getPathSegments ()。

（2）Uri 类的拼接方法。

public static Uri withAppendedPath (Uri baseUri, String pathSegment)。

（3）ContentUris 工具类的截取 id 的方法。

public static long parseId (Uri contentUri)。

（4）ContentUris 工具类拼接 id 的方法。

public static Uri withAppendedId (Uri contentUri, long id)。

ContentProvider 所在应用一旦运行过一次之后，ContentProvider 就开始发挥作用，无论该应用是否关闭。即便手机再次开机也会自动启用，无须另外启动。除非卸载了包含 ContentProvider 的应用，否则这个 ContentProvider 将一直起作用。

【范例 10-4】创建 ContentProvider 共享生词本数据（代码文件详见链接资源中第 10 章范例 10-4）

　　<核心代码>

```
1.    public class MyProvider extends ContentProvider {
2.        private final static String TAG = "MyProvider";
3.        private MySQLiteOpenHelper dbHelper = null;
4.        private SQLiteDatabase db = null;
5.        private final static String AUTHORITY =
"org.mobiletrain.myprovider.wordsprovider";
6.        private static UriMatcher matcher = null;
7.        static {
8.            matcher = new UriMatcher(UriMatcher.NO_MATCH);
9.            matcher.addURI(AUTHORITY, "words", 1);
10.           matcher.addURI(AUTHORITY, "words/*", 3);
11.           matcher.addURI(AUTHORITY, "words_id/#", 4);
12.           matcher.addURI(AUTHORITY, "newwords", 2);
13.       }
14.       @Override
15.       public boolean onCreate() {
16.           dbHelper = new MySQLiteOpenHelper(this.getContext());
17.           db = dbHelper.getReadableDatabase();
18.           return true;
19.       }
```

```
20.      @Override
21.      public Cursor query(Uri uri, String[] projection, String selection,
22.              String[] selectionArgs, String sortOrder) {
23.          Cursor cursor = null;
24.          switch (matcher.match(uri)) {
25.          case 1:
26.              cursor = db.query("tb_words", projection, selection,
selectionArgs,
27.                      null, null, sortOrder);
28.              break;
29.          case 2:
30.              cursor = db.query("tb_newwords", projection, selection,
31.                      selectionArgs, null, null, sortOrder);
32.              break;
33.          case 3:
34.              String key = uri.getLastPathSegment();
35.              cursor = db.query("tb_words", projection, "word like ?",
36.                      new String[] { key + "%" }, null, null, sortOrder);
37.              break;
38.          case 4:
39.              cursor = db.query("tb_words", projection, "_id=?",
40.                      new String[] { uri.getLastPathSegment() }, null, null,
41.                      sortOrder);
42.              break;
43.          }
44.          return cursor;
45.      }
46.      @Override
47.      public Uri insert(Uri uri, ContentValues values) {
48.          long id = db.insert("tb_words", null, values);
49.          return null;
50.      }
51.      @Override
52.      public int delete(Uri uri, String selection, String[] selectionArgs) {
53.          return db.delete("tb_words", selection, selectionArgs);
54.      }
55.      @Override
56.      public int update(Uri uri, ContentValues values, String selection,
57.              String[] selectionArgs) {
58.          return db.update("tb_words", values, selection, selectionArgs);
59.      }
60.      @Override
61.      public String getType(Uri uri) {
62.          switch (matcher.match(uri)) {
```

```
63.         case 1:
64.             return
"vnd.android.cursor.dir/vnd.org.mobiletrain.myprovider.wordsprovider.words";
65.         case 2:
66.             return
"vnd.android.cursor.dir/vnd.org.mobiletrain.myprovider.wordsprovider.newwords";
67.         case 3:
68.             return
"vnd.android.cursor.dir/vnd.org.mobiletrain.myprovider.wordsprovider.words.*";
69.         case 4:
70.             return
"vnd.android.cursor.item/vnd.org.mobiletrain.myprovider.wordsprovider.wordid";
71.         }
72.         return null;
73.     }
74. }
75. }
```

<代码详解>

第 7 行至第 13 行定义一个 static 代码块，目的是将符合需求的 Uri 地址注册到 UriMatcher 对象中，这些 Uri 就是该 ContentProvider 提供的可供其他 APP 访问的数据。

第 15 行至第 19 行是重写 ContentProvider 的 onCreate()方法，在其中初始化 SQLiteOpenHelper 及 SQLiteDatabase 对象。

第 21 行至第 45 行定义 ContentProvider 的 query()方法。

第 47 行至第 49 行定义 ContentProvider 的 insert()方法。

第 52 行至第 53 行定义 ContentProvider 的 delete()方法。

第 56 行至第 58 行定义 ContentProvider 的 update()方法。

第 61 行至第 72 行定义 ContentProvider 的 getType()方法，返回 mimetype 格式。

10.4　监听 ContentProvider 的数据改变——ContentObserver

当 ContentProvider 将数据共享之后，ContentResolver 会查询到 ContentProvider 所共享的数据，这是 ContentProvider 的基本用法。但是有的时候，应用程序需要实时监听 ContentProvider 共享数据的改变，一旦改变就要产生相应的响应。对于这种需要频繁检测是否发生改变的数据，如果使用线程去操作，很不经济而且很耗时，使用 ContentObserver 就是最好的解决方案。

ContentObserver 用于观察和捕捉特定 Uri 引起的数据库的变化，继而做一些相应的处理，类似于数据库技术中的触发器。当 ContentObserver 观察的 Uri 发生变化时，便会触发它。使用 ContentObserver 需要以下三步。

（1）定义一个 ContentObserver 子类，必须重载父类构造方法，重载 onChange (boolean selfChange)方法。

（2）通过 context.getContentResolver()获得 ContentResolver 对象，再用 ContentResolver 对象调用 registerContentObserver()方法去注册内容观察者。

（3）由于 ContentObserver 的生命周期不同步于 Activity 和 Service，因此在不需要时，需要手动调用 unregisterContentObserver()去取消注册。

ContentObserver 在使用过程中用到如下方法。

（1）构造方法。

```
public void ContentObserver(Handler handler)
```

说明：所有 ContentObserver 的派生类都需要调用该构造方法。

参数：handler，Handler 对象。可以是主线程 Handler，也可以是任何 Handler 对象。

（2）onChange()方法。

```
void onChange(boolean selfChange)
```

功能：当观察到的 URI 发生变化时，回调该方法去处理。所有 ContentObserver 的派生类都需要重载该方法去处理逻辑。

参数：selfChange，回调后该值一般为 false。

（3）registerContentObserver()方法。

```
void registerContentObserver(Uri uri, boolean notifyForDescendents,ContentObserver
observer)
```

功能：为指定的 URI 注册一个观察者，当给定的 URI 发生改变时，回调该观察者对象去处理。

参数说明如下。

❑ uri：该监听器所监听的 ContentProvider 的 URI。

❑ notifyForDescendents：如果该参数设置为 false 表示精确匹配，即只匹配该 URI；如果为 true 表示可以同时匹配其派生的 URI。举例如下：

假设我们当前需要监听的 URI 为 content://org.mobiletrain.myprovider.wordsprovider/ words，发生数据变化的 URI 为 content://org.mobiletrain.myprovider.wordsprovider/ words/#，当 notifyForDescendents 为 false 时，该 ContentObserver 就会监听不到；但是当 notifyForDescendents 为 true 时，则能监听到该 URI 的数据变化。

❑ observer：ContentObserver 的子类实例对象。

当有新的电话拨出或打入，只要是通话记录有新的数据，都可以在日志中输出电话号码、通话时间、电话类型等相关信息。

【范例 10-5】监听最新一条通话记录（代码文件详见链接资源中第 10 章范例 10-5）

<核心代码>

```
1.   public class MainActivity extends Activity {
2.       private final static String TAG = "MainActivity";
3.       private final static String URI_CALL_LOG = "content://call_log/calls";
4.       private ContentResolver resolver = null;
5.       private CallLogObserver myObserver = null;
6.       @Override
7.       protected void onCreate(Bundle savedInstanceState) {
8.           super.onCreate(savedInstanceState);
9.           setContentView(R.layout.activity_main);
10.          // 初始化 ContentResolver 对象
11.          resolver = getContentResolver();
12.          // 实例化自定义内容观察者对象
13.          myObserver = new CallLogObserver(new Handler());
14.          // 通过 ContentResolver 对象注册内容观察者
15.          resolver.registerContentObserver(Uri.parse(URI_CALL_LOG), true,
16.                  myObserver);
17.      }
18.      @Override
19.      protected void onDestroy() {
20.          super.onDestroy();
21.          // 通过 ContentResolver 对象取消注册
22.          getContentResolver().unregisterContentObserver(myObserver);
23.      }
24.      // 自定义 ContentObserver 的子类，重载父类构造方法，重写 onChange(boolean
selfChange)方法
25.      class CallLogObserver extends ContentObserver {
26.          public CallLogObserver(Handler handler) {
27.              super(handler);
28.          }
29.          @Override
30.          public void onChange(boolean selfChange) {
31.              super.onChange(selfChange);
32.              // 查找通话记录中最新的一条，将电话号码、日期、通话类型输出
33.              Cursor cursor = resolver.query(Uri.parse(URI_CALL_LOG),
34.                      new String[] { "_id", "number", "date", "type" },
null,null, "_id desc limit 1");
35.              // 将 Cursor 转换成集合
36.              List<Map<String, String>> list = cursorToList(cursor);
```

```
37.          // 以日志的形式输出最后一条通话信息
38.          Log.i(TAG, "---" + list.toString());
39.      }
40.      // 将 Cursor 转换为 List 集合
41.      public List<Map<String, String>> cursorToList(Cursor cursor) {
42.          List<Map<String, String>> list = new ArrayList<Map<String,
String>>();
43.          while (cursor.moveToNext()) {
44.              Map<String, String> map = new HashMap<String, String>();
45.              for (int i = 0; i < cursor.getColumnCount(); i++) {
46.                  map.put(cursor.getColumnName(i), cursor.getString(i));
47.              }
48.              list.add(map);
49.          }
50.          cursor.close();
51.          return list;
52.      }
53.  }
54. }
```

<代码详解>

第 10 行至第 16 行初始化 ContentResolver 对象，然后给 ContentResolver 对象注册内容观察者。

第 19 行至第 22 行是在 Activity 的 onDestroy()生命周期方法中取消注册内容观察者。

第 25 行至第 53 行自定义 ContentObserver 的子类，重载父类构造方法，重写 onChange()方法，该内部类中定义了一个 Cursor 转换为 List 集合的方法。

第 32 行至第 38 行重写 onChange()方法，查找通话记录中最新的一条，将电话号码、日期、通话类型以日志的形式输出。

10.5　本章总结

本章讲述了 Android 中内容提供者的知识。主要知识点及其重要性如表 10.1 所示，其中"1"表示了解，"2"表示识记，"3"表示熟悉，"4"表示精通。

学习完本章，首先，需要掌握 ContentProvider 与 ContentResolver 及 URI 是什么关系；其次，必须达到利用 ContentResolver 技术可以实现对手机联系人的管理，除了查看显示联系人信息，还可以增、删、改相应的联系人信息；再次，必须做到利用 ContentResolver 对手机内的图片及音频视频文件进行管理；最后，要实现自定义 ContentProvider。

表 10.1　知识点列表

知 识 点	要　求
ContentProvider的功能和意义	3
ContentProvider与ContentResolver的关系	3
Uri简介	2
ContentResolver的用法	3
自定义ContentProvider	3
监听ContentProvider的数据改变	3
ContentObserver	2

第 **11** 章

Android 广播机制——传递数据及获取手机的实时状态

一款好的应用，往往需要有很多的优化来方便用户使用。例如，在手机启动完成之后启动服务，再为应用做些辅助性工作；或者监听用户的网络状态，当网络状态发生变化时（流量或 Wi-Fi），提示用户是否继续使用该网络，节省流量。而如果要获得手机的实时状态，就需要使用 Android 的广播机制，得到手机的状态，做出不同的相应操作。

Android 中广播的作用主要是：获得手机的各种实时状态；传递数据。所以广播是分成两部分使用的，一部分为发送方，一部分为接收方。如果只接收系统发出的广播，就不需要发送方。如果想做应用内部或应用之间的数据传递，就需要发送方发送广播，接收方接收广播。发送广播调用 sendBroadcast()方法进行发送，接收广播需要 BroadcastReceiver 广播接收器进行接收。

要理解并熟练掌握广播，需要理解以下四个重要概念。

（1）广播：需要理解什么是广播及广播是如何工作的，只有明白这些才能掌握如何使用广播。

（2）广播类型：广播分为普通广播和有序广播两种。不同类型的广播接收处理方式不同。

（3）IntentFilter：在系统组件之间启动或传递数据时，需要使用 Intent。Intent 主要分为显式意图与隐式意图两大类，使用隐式意图就需要 IntentFilter 进行过滤、匹配。广播主要使用隐式意图进行传递数据，掌握 IntentFilter 对广播的理解非常重要。

（4）接收广播：当发出广播之后，就需要接收广播。接收广播时要先注册广播接收器。当接收到广播后，再通过 IntentFilter 对发出的广播进行过滤，判断是否为当前广播接收器要处理的广播，如果是，则调用广播接收器进行处理。

【本章要点】
- ❏ 发送广播。
- ❏ IntentFilter。
- ❏ 接收广播。
- ❏ 广播安全。

11.1　了解 Android 的广播机制

广播的主要作用是在不同系统组件之间传递数据，以及获得手机的各种状态。Android 广播机制，类似收听收音机。一个广播电台会在不同的频道播放不同的节目，收音机要收听某个节目，就必须调到这个节目对应的频道。在 Android 中，Android 系统就类似于广播电台，可以发出各种各样的广播。当手机启动完成之后，系统就会发出系统启动完成的广播；当手机网络状态发生变化的时候，系统就会发出网络连接状态发生变化的广播。这些广播是在不同的情况下发出的，就相当于处在不同的频道，每个频道使用 Intent 的 Action、Category 属性进行区分。一个应用如果需要接收某条广播，就需要使用 BroadcastReceiver（广播接收器）来接收。BroadcastReceiver 就类似于收音机，要收听一个节目，就必须调到这个频道才可以。BroadcastReceiver 的频道需要使用 IntentFilter，只有广播接收器的 IntentFilter 与广播 Intent 属性一致，才可以接收这条广播，获得广播中的信息，做出不同的响应。

Android 系统在发出某条广播后，并不在意到底有没有广播接收器能接收到这条广播，仅仅是通知给所有的应用，它并不关注应用如何处理广播。这样做的好处是能够实现代码的弱耦合，降低系统与应用之间的依赖性。

11.2　发送广播

普通广播是在发出广播后，所有的广播接收器都能同时收到广播。有序广播是在普通广播的基础上多了优先级属性，按照接收者的优先级顺序接收广播。有序广播每次先发送给优先级较高的接收者，然后由优先级较高的接收者传播给优先级较低的接收者，优先级较高的接收者有能力中止这个广播。

例如系统收到短信时发出的广播就是有序广播，很多应用就根据有序广播的特点实现了过滤广告短信的功能。注册一个优先级比系统自带应用优先级高的广播接收器，当系统发出短信广播后，优先级较高的广播接收器会先收到短信广播，获得短信内容。然后根据短信内容判断是否为广告短信，如果是则拦截短信，如果不是则继续向下传递给系统自带应用的广播接收器，让系统来处理这条广播。

11.2.1 发送普通广播

在使用广播机制前，需要先进一步掌握 Intent。在 Android 的四大组件中，Activity、Service、BroadcastReceiver 三者之间的启动、交互都是依赖 Intent 来完成的，所以在很多情况下，可以说 Intent 是 Android 四大组件的纽带。

Android 中的 Intent 主要分为两大类：显式意图与隐式意图。显式意图，即非常明显的意图。我们之前做 Activity 跳转的时候，通过 Intent 指定要打开的 Activity 类，就是显示意图。

范例 11-1 主要描述了显式意图的使用方式，方便大家对 Intent 进行更深的理解。

【范例 11-1】通过 MainActivity 启动 SecondActivity（代码文件详见链接资源中第 11 章范例 11-1）

（本范例仅给出关键代码）

<编码思路>

（1）创建显式意图 Intent 对象，通过显式意图指定当前 Activity 与要跳转的 Activity。

（2）调用 startActivity()方法启动目标 Activity。

<范例代码>

```
1.   Intent i=new Intent();
2.   setClass(MainActivity.this,SecondActivity.class);
3.   startActivity(i);
```

<代码详解>

第 1 行用于创建 Intent 对象。

第 2 行用于以显式意图的方式指定要跳转的 Activity 为 SecondActivity。

第 3 行调用 startActivity()方法启动 SecondActivity。

但是，这么做只能实现应用内部 Activity 之间的跳转，因为必须要知道跳转的 Activity 的类名才可以跳转。如果要在应用之间跳转界面，就需要使用隐式意图。

隐式意图，顾名思义，就是没有明显的意图，而是通过其他一些附件条件来表达意图。例如，我要去相亲网相亲，但并不知道相亲对象是谁，只能把我的条件告诉相亲网，相亲网会根据我提出的条件，查到符合条件的对象介绍给我。通过隐式意图打开另一个应用的 Activity，就相当于去相亲网相亲，我们会把打开 Activity 的各种条件要求通过 Intent 告诉 Android 系统，Android 系统就类似于相亲网，它会根据要求，找到符合条件的 Activity，然后打开。如果有多个 Activity 都符合要求，系统就会弹出列表，供我们选择、打开。这些条件主要是通过 Intent 的 Action、Category 属性来指定的。

范例 11-2 为利用隐式意图打开拨打电话 Activity 的代码，方便大家对隐式意图进行理解。

【范例 11-2】利用隐式意图打开拨打电话的 Activity

（本范例仅给出关键代码）

<编码思路>

（1）创建隐式意图 Intent 对象。

（2）通过隐式意图指定要启动 Activity 的一些条件，Android 系统会根据指定的条件，找到相匹配的 Activity。

（3）通过 startActivity()启动目标 Activity。

<范例代码>

```
1.  Intent i=new Intent();
2.  setAction(Intent.ACTION_CALL);
3.  addCategory(Intent.CATEGORY_DEFAULT);
4.  setData(Uri.parse("tel://10086"));
5.  startActivity(i);
```

<代码详解>

第 1 行用于创建 Intent 对象。

第 2 行用于指定隐式意图的 Action 属性，即要做什么。本范例指定要进行拨打电话的操作。

第 3 行用于指定隐式意图的 Category 属性，即分类。本范例采用的分类 Intent. CATEGORY_DEFAULT 为默认分类，默认分类可以不写，本行代码可以省略。

第 4 行用于指定要传递给启动系统组件的数据。不同的系统组件传递的数据可能不同。本范例传递的是要拨打的电话号码。

第 5 行用于启动符合匹配规则的 Activity。

注意：需要在清单文件中加入拨打电话的权限。

```
<uses-permission android:name="android.permission.CALL_PHONE"/>
```

通过以上代码不难发现，我们并没有设置要打开哪一个 Activity，而是通过 setAction()、addCategory()方法设置 Intent 的属性，告诉 Android 系统我们的要求。然后，系统会根据我们的要求，匹配到对应的 Activity 打开。除了拨打电话外，还可以使用隐式意图打开其他应用中的 Activity。例如打开网页、获得发送短信的界面等。

范例 11-3 描述了如何通过隐式意图打开某一网页，加强大家对隐式意图的理解。

【范例 11-3】利用隐式意图打开网页

（本范例仅给出关键代码）

<编码思路>

（1）创建隐式意图 Intent 对象。

（2）通过隐式意图指定要启动 Activity 的一些条件，Android 系统会根据指定的条件，找到相匹配的 Activity。

（3）通过 startActivity()启动目标 Activity。

<范例代码>

```
1.  Uri uri = Uri.parse("http://www.google.com");
2.  Intent it = new Intent(Intent.ACTION_VIEW,uri);
3.  startActivity(it)
```

<代码详解>

第 1 行用于创建 Uri 对象，该对象中包含要打开的网页。

第 2 行用于创建隐式意图 Intent 对象，并指定 Action 为打开新的界面，Data 为包含网站信息的 Uri 对象。

第 3 行用于启动符合匹配规则的 Activity。

注意：需要在清单文件中加入访问网络的权限。

```
<uses-permission android:name="android.permission.INTERNET"/>
```

Android 中，主要通过隐式意图发送普通广播。通过调用 sendBroadcast()方法进行发送，发送时需要传递 Intent 对象来指定广播的 Action、Category 属性，以及要传递的数据。

范例 11-4 描述了如何发送普通广播，以方便开发者掌握如何发送普通广播。

【范例 11-4】发送普通广播（代码文件详见链接资源中第 11 章范例 11-4、11-5、11-8）

（本范例仅给出关键代码）

<编码思路>

（1）发送广播主要是通过 Intent 来指定广播的接收者，以及传递数据，所以首先要创建 Intent 对象。

（2）指定广播 Intent 对象中的 Action、Category 属性，然后将需要传递的数据放入 Intent 中。

（3）调用 sendBroadcast()方法发送普通广播。

<范例代码>

```
1.  Intent i = new Intent();
2.  i.setAction("com.qianfeng.action.broadcast");
3.  i.putExtra("data", "广播传递的数据");
4.  sendBroadcast(i);
```

<代码详解>

第 1 行为创建 Intent 对象。

第 2 行指定隐式意图中的 Action，值为 "com.qianfeng.action.broadcast"。

第 3 行为在 Intent 中放入要传递的数据，传递字符串 "广播传递的数据"。

第 4 行为发送广播。

当广播发出后，就需要创建、注册 BroadcastReceiver 广播接收器进行接收。

11.2.2　发送有序广播

发送普通广播与有序广播的最大区别只在于发送方式不同。sendBroadcast()为发送普通广播，sendOrderedBroadcast()为发送有序广播。

范例 11-5 描述了如何发送有序广播，以方便开发者掌握如何发送有序广播。

【范例 11-5】发送有序广播（代码文件详见链接资源中第 11 章范例 11-4、11-5、11-8）

（本范例仅给出关键代码）

<编码思路>

（1）发送广播，主要通过 Intent 来指定广播的接收者，以及传递数据，所以首先要创建 Intent 对象。

（2）指定广播 Intent 对象中的 Action、Category 属性，然后将需要传递的数据放入 Intent 中。

（3）调用 sendOrderedBroadcast (Intent i)方法发送有序广播。

<范例代码>

```
1.   Intent i = new Intent();
2.   i.setAction("com.qianfeng.action.broadcast");
3.   i.putExtra("data", "广播传递的数据");
4.   sendOrderedBroadcast(i, null);
```

<代码详解>

第 1 行为创建 Intent 对象。

第 2 行指定隐式意图中的 Action，值为 "com.qianfeng.action.broadcast"。

第 3 行为在 Intent 中放入要传递的数据，传递字符串 "广播传递的数据"。

第 4 行为发送有序广播。

11.3 接收广播

当某条广播发送后，Android 系统会将该广播发送到所有的广播接收器上。但是一个广播接收器是不需要处理所有广播的，所以需要加上广播过滤器，过滤接收到的广播，只处理特定的、感兴趣的广播。如果要过滤出某一条广播，就可以将该条广播的 Action、Category 属性声明到广播接收器的 IntentFilter 中，当广播 Intent 中的属性与广播接收器 IntentFilter 中的属性匹配时，Android 系统就会调用广播接收器的 onReceive()方法来处理广播。

11.3.1 辨别所需广播——IntentFilter

IntentFilter，即意图过滤器。当应用被安装到手机时，系统就会把该应用清单文件中声明的系统组件加入一张表中，这张表中包含了手机中所有应用清单文件中声明的系统组件。当某一应用通过隐式意图打开一个系统组件时，系统就会从隐式意图的 Intent 中取出 Action、Category 属性，然后根据表中每个系统组件声明的 IntentFilter 中的 Action、Category 属性进行过滤、查找，找到符合条件的组件后打开。

当我们通过隐式意图指定 Intent 的 Action、Category 属性后，系统后台通过 IntentFilter 进行 Intent 过滤，找到相匹配的系统组件后启动。IntentFilter 的主要作用是声明当前系统组件所支持的 Action、Category 属性，然后与隐式意图中的 Action、Category 属性进行匹配。一般在清单文件中声明，也可在代码中声明。

在开发中，如果需要别的应用来打开开发者开发出的 Activity 或 Service，或者接收广播，就需要使用隐式意图，所以在声明该组件时，要加上 IntentFilter 的声明。

范例 11-6 介绍了如何在清单文件中声明 IntentFilter，让大家了解如何使用 IntentFilter。

【范例 11-6】SecondActivity 的 IntentFilter 声明

（本范例仅给出关键代码）

<编码思路>

（1）声明 Activity 时，在 Activity 的标签中加上 IntentFilter 的声明。

（2）在 IntentFilter 中，添加 Action 属性声明，name 所对应的值为 Action 的内容，可以为任意字符串，一般为"项目包名.操作"。

（3）在 IntentFilter 中，添加 Category 属性声明，name 所对应的值为 Category 的内容，可以为任意字符串，一般为"项目包名.类型"。默认为"android.intent.category. DEFAULT"。

<范例代码>

```
1.   <activity
```

```
2.        android:name=".SecondActivity" >
3.        <intent-filter>
4.            <action android:name="com.qianfeng.cation.second"/>
5.            <category android:name="android.intent.category.DEFAULT"/>
6.        </intent-filter>
7.    </activity>
```

<代码详解>

（1）第 1 行声明 Activity 的开始标签。

（2）第 2 行指定要声明的 Activity 为 SecondActivity。

（3）第 3 行声明 IntentFilter 的开始标签。

（4）第 4 行声明 IntentFilter 的 Action 为 "com.qianfeng.cation.second"。

（5）第 5 行声明 IntentFilter 的 Category 为 "android.intent.category.DEFAULT"。

如果要通过隐式意图打开上面声明的 SecondActivity，需要使用隐式意图来打开。范例 11-7 介绍了如何通过隐式意图打开范例 11-6 声明的 Activity，进一步让大家掌握 IntentFilter。

【范例 11-7】用隐式意图打开之前声明的 SecondActivity

（本范例仅给出关键代码）

<编码思路>

（1）创建 Intent 对象。

（2）指定 Intent 对象中的 Action、Category 属性，这些属性要与之前声明的属性值一致。

（3）启动该隐式意图匹配的 Activity。

<范例代码>

```
1.    Intent i=new Intent();
2.    i.setAction("com.qianfeng.cation.second");
3.    i.addCategory("android.intent.category.DEFAULT");
4.    startActivity(i);
```

<代码详解>

第 1 行创建 Intent 对象。

第 2 行指定隐式意图中的 Action，值为 "com.qianfeng.cation.second"，与 IntentFilter 中声明的 Action 值一致。

第 3 行为指定隐式意图中的 Category，值为 "android.intent.category.DEFAULT"，与 IntentFilter 中声明的 Category 值一致。

第 4 行符合该匹配规则的 SecondActivity。

一个系统组件可以声明一个或多个 IntentFilter，每个 IntentFilter 之间相互独立，只需要其中一个匹配通过即可。IntentFilter 与隐式意图的主要匹配规则是通过 Action、Category、Data 属性决定的。

- ❑ Action：一个 Intent 只可以设置一个 Action，但一个 IntentFilter 可以持有一个或多个 Action 用于过滤，Intent 只需要匹配其中一个 Action 即可。
- ❑ Category：IntentFilter 中可以设置多个 Category，Intent 中也可以含有多个 Category，只有 Intent 中的所有 Category 都能匹配到 IntentFilter 中的 Category，Intent 才能通过检查。也就是说，如果 Intent 中的 Category 集合是 IntentFilter 中 Category 集合的子集时，Intent 才能通过检查。还需要注意：有一个默认的 Category 必须添加。

```
<category android:name="android.intent.category.DEFAULT" />
```

- ❑ Data：IntentFilter 中的 Data 部分也可以是一个或者多个，而且可以没有。每个 Data 包含的内容为 URL 和数据类型，进行 Data 检查时主要也是对这两点进行比较，必须一致才可以通过验证。

其中，URL 由四部分组成，它有四个属性 scheme、host、port、path 对应于 URI 的每个部分。例如 URL 为"android://www.baidu.com:999/index"，其 scheme 部分为"android"、host 部分为"www.baidu.com"、port 部分为"999"、path 部分为"/index"。

- ➢ scheme：协议标示，如 http、ftp、tel、content。
- ➢ host：域名、IP，如 www.baidu.com、192.168.1.1。
- ➢ port：端口号，如 8080、80
- ➢ path：具体资源路径。

如果声明了一个 IntentFilter，代码如下：

```
1.  <intent-filter>
2.  <action android:name="com.qianfeng.aaa" />
3.  <action android:name="com.qianfeng.AAactivity"/>
4.  <category android:name="com.qianfeng.AAAA" />
5.  <category android:name="com.qianfeng.BBBB"/>
6.  <category android:name="com.qianfeng.CCCC"/>
7.  <category android:name="com.qianfeng.DDDD" />
8.  <category android:name="android.intent.category.DEFAULT" />
9.  <!-- URI android://www.baidu.com:999/index -->
10. <data
android:host="www.baidu.com"
android:mimeType="audio/*"
android:path="/index"
android:port="999"
android:scheme="android" />
11. </intent-filter>
```

符合该 IntentFilter 的条件为：

```
1.  Intent i = new Intent();
2.  i.setAction("com.qianfeng.AActivity");
3.  i.addCategory("com.qianfeng.AAAA");
4.  // 如果只有 Data 使用 setData，而且含有 type，使用 setDataAndType
5.  setDataAndType(Uri.parse("android://www.baidu.com:999/index"),"audio/*");
```

<代码详解>

第 1 行创建 Intent 对象。

第 2 行指定隐式意图中的 Action，可以为"com.qianfeng.aaa"或者"com.qianfeng. AActivity"。

第 3 行指定隐式意图中的 Category，可以为"com.qianfeng.AAAA"或者其他 IntentFilter 中声明的 Category 属性的子集。

第 5 行指定 Data 与 Type 属性。

注意：声明 IntentFilter 时需要注意以下几点。

（1）在<intent-filter>中必须有 action 和 category 两个属性，但是可以没有 data 属性。

（2）如果在<intent-filter>中没有 data 属性，那么在 Activity 中必须调用 setAction()这个方法。

（3）如果在<intent-filter>中有 data 属性，那么必须在 activity 中调用 setData()或 setDataAndType()方法，可以不用调用 setAction()这个方法。

11.3.2　接收广播的利器——广播接收器（Broadcast Receiver）

接收广播就需要使用广播接收器。创建广播接收器的步骤如下：

（1）创建 BroadcastReceiver 的子类。重写子类的 onReceive()方法。

（2）注册广播接收器，等待接收广播。

范例 11-8 展示了如何创建广播接收器，以方便大家进一步了解如何创建广播接收器。

【范例 11-8】创建广播接收器 （代码文件详见链接资源中第 11 章范例 11-4、11-5、11-8）

（本范例仅给出关键代码）

<编码思路>

（1）创建广播接收器的步骤为先创建 BroadcastReceiver 的子类，所以要创建一个类，继承 BroadcastReceiver。

（2）当收到广播后，系统会调用广播接收器的 onReceive()方法。所以要重写 onReceive()方法，处理接收到的广播。

<范例代码>

```
1.   public class MyReceiver extends BroadcastReceiver {
2.      @Override
3.      public void onReceive(Context context, Intent intent) {
4.          // TODO: 这个方法在收到广播后调用
5.          String data= intent.getStringExtra("data");
6.      }
7.   }
```

<代码详解>

第 1 行声明 BroadcastReceiver 的子类 MyReceiver。

第 3 行重写 onReceive()方法，这个方法会传来数据的载体 intent。

第 5 行从 intent 中取出传过来的数据。

注意：广播的生命周期只在 onReceive()方法的执行过程中，所以寿命较短。如果在 onReceive()内做大约 10 秒的事情，就会出现 Application Not Response（ANR）错误提示。所以不要在 onReceive()方法中做耗时操作。

注 册 广 播 接 收 器 有 两 种 方 式 ： 静 态 注 册 、 动 态 注 册 。 静 态 注 册 是 指 在 AndroidManifest.xml 的 application 里注册。AndroidManifest 清单文件是项目的配置文件，项目打包发布后就不会发生变化，所以一般把这个方式叫静态注册方式。动态注册主要在代码中通过调用 registerReceiver()方法进行注册。

动态注册广播接收器与静态注册广播接收器的主要区别是：

（1）动态注册广播接收器的优先级比静态注册广播接收器的优先级高。

（2）动态注册广播接收器的方式更加灵活，更节省系统资源。

范例 11-9 介绍了如何在清单文件中静态注册广播接收器，用来接收范例 11-4 发出的广播，让大家进一步掌握广播接收器。

【范例 11-9】静态注册广播接收器

（本范例仅给出关键代码）

<编码思路>

（1）静态注册广播接收器，即在清单文件中声明 receiver。

（2）声明 receiver 时需要声明所对应的广播接收器类及 IntentFilter。

<范例代码>

```
1.   <receiver
2.       android:name=".MyReceiver">
3.       <intent-filter>
4.           <action android:name="com.qianfeng.action.broadcast"/>
5.       </intent-filter>
6.   </receiver>
```

<代码详解>

第 2 行声明 BroadcastReceiver 对应的类 MyReceiver。

第 4 行声明 IntentFilter 的 Action 属性。要与范例 11-4 中 Intent 的 Action 属性值一致。

动态注册是在代码中进行注册广播。当应用启动后，动态注册广播接收器后才可以收到广播。应用退出后取消注册，就收不到广播了。动态注册主要通过调用 registerReceiver() 方法进行注册，调用 unregisterReceiver() 方法取消注册。注册时，同样需要传递广播接收器的实例对象及 IntentFilter 过滤器对象。一般在 Activity 的 onStart() 方法中注册，在 onStop() 方法中取消注册。

范例 11-10 介绍了如何在代码中动态注册广播接收器，让大家更容易掌握如何动态注册广播接收器。

【范例 11-10】动态注册广播接收器

（本范例仅给出关键代码）

<编码思路>

（1）动态注册时需要创建广播接收器对象及 IntentFilter 过滤器对象。

（2）一般在 onStart() 方法中注册广播接收器。

（3）一般在 onStop() 方法中取消注册广播接收器。

<范例代码>

```
1.   public class MainActivity extends Activity {
2.       private BroadcastReceiver receiver;
3.       @Override
4.       protected void onStart() {
5.           super.onStart();
6.           receiver = new MyReceiver();
7.           IntentFilter filter=new IntentFilter();
8.           filter.addAction("com.qianfeng.action.broadcast");
9.           registerReceiver(receiver, filter);//注册广播接收器
10.      }
11.      @Override
12.      protected void onStop() {
13.          unregisterReceiver(receiver); //取消注册广播接收器
```

```
14.        super.onStop();
15.    }
16. }
```

<代码详解>

第 4 行在 Activity 的 onStart()方法中动态注册广播接收器。

第 6 行创建广播接收器对象。

第 7 行创建 IntentFilter 对象。

第 8 行在 IntentFilter 对象中添加 Action 属性值。

第 9 行调用 registerReceiver()方法动态注册广播接收器。

第 12 行在 Activity 的 onStop()方法中取消注册广播接收器。

第 13 行调用 unregisterReceiver()取消注册广播接收器

范例 11-9 和范例 11-10 注册的广播接收器，是接收普通广播的广播接收器。如果要接收有序广播，需要设置广播接收器的优先级。可以在清单文件的 IntentFilter 中加上 android:priority 设置优先级，或者使用 IntentFilter 对象的 setPriority()设置优先级。优先级的值越大，优先级越高。如果收到有序广播后，需要拦截广播，不继续向下传递广播，可以在 onReceive()方法中调用 abortBroadcast()方法中止广播。

11.3.3 接收有序广播——短信广播

当 Android 系统收到短信后，会发出一条广播，如果能接收到这条广播，就能获得短信的内容。要接收这条广播，就需要注册广播接收器，而且接收的是系统发出的广播，所以 IntentFilter 的 action 必须与 Android 系统一致。而且，短信广播是有序广播，在清单文件中注册广播接收器的时候需要加上优先级。

范例 11-11 介绍了如何接收系统的短信广播，让大家更深刻地理解广播的含义。

【范例 11-11】获得系统短信广播（代码文件详见链接资源中第 11 章范例 11-11）

（本范例仅给出关键代码）

<编码思路>

（1）要获得系统短信广播，首先要创建广播接收器。

（2）注册广播接收器，注册时，IntentFilter 中的属性要与系统广播 Intent 中的属性一致。

（3）当收到广播后，取出广播传过来的数据。

<范例代码>

```
1.   public class SmsReceiver extends BroadcastReceiver {
2.       @Override
3.       public void onReceive(Context context, Intent intent) {
```

```
4.          Bundle bundle = intent.getExtras();
5.          SmsMessage msg = null;
6.          if (null != bundle) {
7.              Object[] smsObj = (Object[]) bundle.get("pdus");
8.              for (Object object : smsObj) {
9.                  msg = SmsMessage.createFromPdu((byte[]) object);
10.                 //打印出 短信内容于发件人
11.                 System.out.println("number:" +
12.                 msg.getOriginatingAddress()+ "body:" +
13.                 msg.getDisplayMessageBody() + "  time:" +
14.                 msg.getTimestampMillis());
15.             }
16.         }
17.     }
18. }
```

<代码详解>

第 1 行创建 BroadcastReceiver 的子类 SmsReceiver。

第 3 行在 onReceive()方法中处理接收到的广播。

第 4 行至第 7 行取出 Intent 中传递过来的数据，key 为"pdus"。

第 8 行至第 15 行将取出的值变为 SmsMessage 对象，以日志的方式打印出短信的内容。

要在清单文件中声明广播接收器，具体的操作如下。

<范例代码>

```
1.  <receiver android:name=".SmsReceiver" >
2.      <intent-filter android:priority="1000">
3.          <action  android:name="android.provider.Telephony.SMS_RECEIVED" />
4.      </intent-filter>
5.  </receiver>
```

<代码详解>

第 3 行：注册广播接收器的 Action 属性为"android.provider.Telephony.SMS_ RECEIVED"才能接收到短信广播。

注意：接收短信的时候，需要加上接收短信权限。

```
<uses-permission android:name="android.permission.RECEIVE_SMS" />
```

11.3.4　接收普通广播——反映网络状态实时变化的广播

当 Android 的网络状态发生变化时，系统会发出网络状态发生变化的普通广播。所以如果想要知道网络状态是否发生变化，就需要接收"android.net.conn. CONNECTIVITY_ CHANGE"这条广播。接收到广播后，再获得手机目前的网络状态。

【范例 11-12】获得系统当前的网络状态（代码文件详见链接资源中第 11 章范例 11-12）

（本范例仅给出关键代码）

<编码思路>

（1）当网络状态发生变化后，系统就会发送广播。

（2）接收这条广播后，根据目前的网络情况，获得当前的网络状态。

<范例代码>

```
1.   public class NetWorkChangedReceiver extends BroadcastReceiver {
2.       private ConnectivityManager mConnectivityManager;
3.       private NetworkInfo netInfo;
4.       @Override
5.       public void onReceive(Context context, Intent intent) {
6.           String action = intent.getAction();
7.           if(action.equals(ConnectivityManager.CONNECTIVITY_ACTION)) {
8.               mConnectivityManager = (ConnectivityManager)
9.               context.getSystemService(Context.CONNECTIVITY_SERVICE);
10.              netInfo = mConnectivityManager.getActiveNetworkInfo();
11.              if(netInfo != null && netInfo.isAvailable()) {
12.                  //网络连接
13.                  String name = netInfo.getTypeName();
14.                  if(netInfo.getType()==ConnectivityManager.TYPE_WIFI){
15.      //WiFi 网络
16.      Toast.makeText(context, "当前是 WIFI 网络",    Toast.LENGTH_SHORT).show();
17.                  }else if(netInfo.getType()==ConnectivityManager.TYPE_ETHERNET){
18.      //有线网络
19.      Toast.makeText(context, "当前是有线网络",Toast.LENGTH_SHORT).show();
20.                  }else if(netInfo.getType()==ConnectivityManager.TYPE_MOBILE){
21.      //3G 网络
22.      Toast.makeText(context, "当前是手机网络",
23.      Toast.LENGTH_SHORT).show();
24.                  }
25.              } else {
26.                  //网络断开
27.                  Toast.makeText(context, "当前没有网络",
Toast.LENGTH_SHORT).show();
28.              }
29.          }
30. }
```

<代码详解>

第 1 行创建 BroadcastReceiver 的子类 NetWorkChangedReceiver。

第 5 行在 onReceive()方法中处理接收到的广播。

第 6 行至第 7 行判断广播的类型是不是网络变化的广播。

第 9 行和第 10 行获取目前网络的状态。

第 11 行至第 28 行判断目前网络的状况。

要在清单文件中注册广播接收器，具体的操作如下。

<范例代码>

```
1.  <receiver android:name=".NetWorkChangedReceiver" >
2.     <intent-filter>
3.        <action
4.        android:name="android.net.conn.CONNECTIVITY_CHANGE"
5.         />
6.     </intent-filter>
7.  </receiver>
```

<代码详解>

第 4 行：注册广播接收器的 Action 属性为"android.net.conn.CONNECTIVITY_CHANGE"才能接收到网络状态变化的广播。

注意： 需要加上访问网络状态的权限。

```
<uses-permission android:name="android.permission.ACCESS_NETWORK_STATE"/>
```

11.4　使用 LocalBroadcastManager 保障广播的安全

在 Android 系统中，BroadcastReceiver 的设计初衷就是从全局考虑的，可以方便应用程序和系统、应用程序之间、应用程序内的通信，所以对单个应用程序而言 BroadcastReceiver 是存在安全性问题的。例如，另外一个应用的广播接收器的 IntentFilter 过滤条件与开发者声明的某个 IntentFilter 一致，就能收到这条广播。

如果仅仅是在应用内部传递数据，可以通过使用 LocalBroadcastManager 解决广播安全的问题。

范例 11-13 描述了如何使用 LocalBroadcastManager 进行注册、发送广播。

【范例 11-13】LocalBroadcastManager 的简单使用

（本范例仅给出关键代码）

<编码思路>

（1）LocalBroadcastManager 的使用方式与普通广播的使用方式差不多，都需要先注册广播接收器来接收广播，然后再发送广播。

（2）注册广播接收器的方法为 registerReceiver()。

（3）取消注册广播接收器的方法为 unregisterReceiver()。

（4）发送广播的方法为 sendBroadcast()。

<范例代码>

```
1.   LocalBroadcastManager mgr = LocalBroadcastManager.getInstance(MainActivity.
this);
2.   mgr.sendBroadcast(intent);
3.   ...
4.   MyReceiver receiver = new MyReceiver();
5.   IntentFilter filter = new IntentFilter();
6.   filter.setPriority(1000);
7.   filter.addAction("com.qianfeng.action.broadcast");
8.   mgr.registerReceiver(receiver, filter);
9.   ....
10.  mgr.unregisterReceiver(receiver);
```

<代码详解>

第 1 行创建 LocalBroadcastManager 实例对象。

第 2 行通过 LocalBroadcastManager 的 sendBroadcast()方法发送广播。

第 8 行通过 LocalBroadcastManager 的 registerReceiver()方法注册广播接收器

第 10 行通过 LocalBroadcastManager 的 unregisterReceiver()方法取消注册广播接收器。

与直接通过 sendBroadcast(Intent)发送系统全局广播相比，LocalBroadcastManager 有以下几个好处。

❑　广播数据在本应用范围内传播，不用担心隐私数据泄露的问题。

❑　不用担心别的应用伪造广播，造成安全隐患。

❑　更高效。

11.5　本章总结

本章主要介绍如何在 Android 中使用广播。广播在开发中的主要作用是获得手机的实时状态及传递数据。广播分为普通广播和有序广播两种类型。注册广播接收器有静态注册和动态注册两种方式。掌握广播的使用方法对 Android 的开发非常重要。

第 **12** 章

Service

Service 是一个没有界面且能长时间运行于后台的应用组件。其他应用的组件可以启动一个 Service 运行于后台，即使用户切换到另一个应用也会继续运行。另外，一个组件可以绑定到一个 Service 进行交互，即使这个交互是进程间通信也没问题。例如，一个 Service 可能处理网络事物、播放音乐、执行文件 I/O，或与一个内容提供者交互，所有这些都在后台进行。

【本章要点】

❑ Android 中的线程与进程。
❑ 创建一个 Service。
❑ Service 的启动。

12.1 Android 中的线程与进程

当一个应用组件启动，如一个 Activity 启动，Android 系统会为这个应用启动一个新的 Linux 进程，在这个进程中同时还会启动一个线程。默认情况下，在同一个应用中的所有组件都会运行在相同的进程和线程中（该线程又叫作"主线程"）。如果启动的应用组件所在进程已经存在，并且在这个进程中还存在其他应用组件，那么被启动的这个组件与其他组件都运行在一个相同的可执行线程，也就是主线程。当然，一个进程中不仅有一个主线程，还可以创建一些新线程在一个进程中。

12.2 创建 Service

12.2.1 创建一个 Service

要想创建一个 Service，需要经过以下三个步骤：

（1）创建一个类，继承 Service。

（2）重写 Service 的方法，此步可选。

（3）在 AndroidManifest.xml 中注册。

<范例代码>

```
1.    public class MyService extends Service{
2.       // 注：onBind()、onCreate()、onStartCommand()和 onDestroy()四个方法为 Service
的回调方法
3.       @Override
4.       public IBinder onBind(Intent intent) {
5.          return null;
6.       }
7.       @Override
8.       public void onCreate() {
9.          super.onCreate();
10.      }
12.       @Override
12.      public int onStartCommand(Intent intent, int flags, int startId) {
13.          return super.onStartCommand(intent, flags, startId);
14.      }
15.      @Override
16.      public void onDestroy() {
17.          super.onDestroy();
18.      }
19.    }
```

<代码详解>

第 1 行创建了一个 Service 子类 MyService。

第 2 行至第 18 行重写了 Service 的生命周期回调方法，本例重写了四个回调方法。这些生命周期方法是可选的，不是必须都要重写出来。

12.2.2 在 AndroidManifest.xml 文件中注册 Service

Service 的子类创建好之后，需要在 AndroidManifest.xml 文件中进行注册。注意：注册时应该在<application>标签中添加一个<Service>标签。

<范例代码>

```
1.    <application
2.        android:allowBackup="true"
3.        android:icon="@drawable/ic_launcher"
4.        android:label="@string/app_name"
5.        android:theme="@style/AppTheme">
6.        <activity
7.            android:name="com.example.servicedemo1.ServiceDemo1Activity"
8.            android:label="@string/app_name" >
9.            <intent-filter>
10.               <action android:name="android.intent.action.MAIN" />
12.               <category android:name="android.intent.category.LAUNCHER" />
12.           </intent-filter>
13.        </activity>
14.        <service android:name="com.example.servicedemo1. MyService"> </service>
15.    </application>
```

<代码详解>

第 14 行为注册 Service，使用<Service>标签，name 属性表示 Service 子类的包名。在上段代码中，定义了一个 MyService 类，所以此处的名称为 MyService 所在包的路径。

注意：关于包名，在注册 Service 的时候一定要确认所要注册的 Service 子类是否在 AndroidManifest.xml 文件指定的目录下，否则会注册失败。

12.3　启动 Service

Service 的创建已经介绍给大家了，那么如何启动一个 Service 呢？我们可以通过两种方式来启动 Service，一种是 StartService（启动服务），一种是 Bound Service（绑定服务）。

（1）StartService。

一个 Service 在某个应用组件（如一个 Activity）调用 startService()方法时就处于"启动"状态。一旦运行后，Service 可以在后台无限期地运行，即使启动它的组件销毁。通常，一个 startService()执行一个单一的操作并且不会返回给调用者结果。例如，它可以通过网络下载或上传一个文件。当操作完成后，Service 自己就停止了。

（2）Bound Service。

一个 Service 在某个应用组件调用 bindService()时就处于"绑定"状态。一个 Bound Service 提供一个 client-server 接口，以使组件可以与 Service 交互，发送请求，获取结果，甚至通过进程间通信进行这些交互。一个 Bound Service 仅在有其他应用的组件绑定它时运行。多个应用组件可以同时绑定到一个 Service，但是当所有的组件不再与这个 Service 绑定时，Service 就销毁。

12.3.1 StartService 及其生命周期

一个 Service 可以定义 Intent 过滤器使其他组件使用明确的 Intent 调用自己。通过声明 Intent 过滤器，设备上任意应用中的组件都可以通过给 startService()传递匹配的 Intent 来启动 Service。

如果打算只在本应用内使用自己的 Service，那么不需指定任何 Intent 过滤器。如果不使用 Intent 过滤器，必须使用一个明确指定 Service 的类名的 Intent 来启动你的 Service。

下面是启动一个 Service 的代码片段：

```
Intent service = new Intent(this,MyService.class);
startService(service);
```

在上一节中，我们知道创建 Service 的第 2 步是可选的，那么这一步所涉及的生命周期方法有哪些？它们都代表什么意思呢？下面对这些方法进行逐一介绍。

（1）onStartCommand()。

系统的其他组件，如 Activity，通过调用 startService()请求 Service 启动时调用这个方法。一旦这个方法执行，Service 就启动并且在后台长期运行。如果实现了它，需要通过调用 stopSelf()或 stopService()负责在 Service 完成任务时停止它。（如果你只想提供绑定，则不需实现此方法）

（2）onBind()。

当组件调用 bindService()想要绑定到 Service 时（如想要执行进程间通信），系统调用此方法。在实现中必须返回一个 IBinder 来使客户端能够使用它与 Service 通信，必须总是实现这个方法。但是如果不允许绑定，则应返回 null。

（3）onCreate()。

系统在 Service 第一次创建时执行此方法，来执行只运行一次的初始化工作（在调用 onStartCommand()或 onBind()等方法之前）。如果 Service 已经运行，这个方法不会被调用。

（4）onDestroy()。

系统在 Service 不再被使用并要销毁时调用此方法。你的 Service 应在此方法中释放资源，如线程、已注册的监听器、接收器等。这是 Service 收到的最后一个调用。

<范例代码>

```
1.    public class LifeService extends Service{
2.        private String tag = "LifeService";
3.        @Override
4.        public IBinder onBind(Intent intent) {
5.            return null;
6.        }
```

```
7.        @Override
8.     public void onCreate() {
9.           Log.i(tag,"onCreate()--->被调用");
10.          super.onCreate();
11.    }
12.    @Override
13.    public int onStartCommand(Intent intent, int flags, int startId) {
14.          Log.i(tag," onStartCommand ()--->被调用");
15.          return super.onStartCommand(intent, flags, startId);
16.    }
17.    @Override
18.    public void onDestroy() {
19.          Log.i(tag," onDestroy ()--->被调用");
20.          super.onDestroy();
21.    }
22.    }
```

<代码详解>

第 3 行至第 21 行，在 Activity 中调用 startService()方法时，会调用 onCreate()方法，这时会创建一个 LifeService 对象，然后再调用 onStartCommand()方法启动 LifeService。当在 Activity 中执行 stopService()方法时，会调用 onDestroy()方法，此时该 LifeService 对象被销毁。

12.3.2　Bound Service 及其生命周期

Bound Service 是在一个客户端－服务端接口中的服务。Bound Service 允许组件（如 Activity）绑定到 Service，发送请求，接收回应，甚至执行进程间通信（IPC）。Bound Service 一般只存在于为其他应用组件服务期间并且不会永远运行于后台。

一个 Bound Service 是允许应用绑定，然后进行交互的 Service 类的实现。要为 Service 提供绑定，必须实现 onBind()回调方法。此方法返回一个 IBinder 对象，定义了客户端可以与 Service 交互的程序接口。

一个客户端可以通过调用 bindService()绑定到 Service。这样做时必须提供一个 ServiceConnection 实现。这个实现用于监视客户端与 Service 的连接。bindService()方法会立即返回并且不会返回任何值，但当 Android 系统创建客户端与 Service 之间的连接时，它调用 ServiceConnection 的 onServiceConnected()来传送客户端与 Service 通信的 IBinder。

多个客户端可以同时连接到一个 Service。然而，系统只在第一个客户端绑定时才调用 Service 的 onBind()方法接收 IBinder。之后系统把同一个 IBinder 传给其他客户端，所以不会再调用 onBind()。

当最后一个客户端取消绑定到 Service 时，系统销毁这个 Service。

当实现 Bound Service 时，最重要的部分是定义 onBind()回调方法返回的接口。有许多不同的方法可以定义 Service 的 IBinder 接口。

当创建一个 Bound Service 时，必须提供一个客户端与 Service 交互的 IBinder。

下面是如何建立它的步骤：

（1）在 Service 中创建一个 Binder 实例，提供以下三种功能之一。

①Binder 包含一些可供客户端调用的公开方法。

②返回当前的 Service 实例，它具有一些客户端可以调用的公开方法。

③返回另一个类的实例，这个类具有客户端可调用的公开方法并托管于 Service。

（2）在回调方法 onBind()中返回 Binder 实例。

（3）在客户端，从回调方法 onServiceConnected()中接收这个 Binder 并使用（1）中所述的公开方法调用绑定这个 Service。

下面的 Service 提供让客户端通过一个 Binder 实现调用 Service 中的方法的功能。

```
1.    public class BindService extends Service{
2.        private String tag = "BindService";
3.        public int count;
4.        private MyBinder binder = new MyBinder();
5.        boolean isFinish;
6.        @Override
7.        public IBinder onBind(Intent intent) {
8.            Log.i(tag,"onBind()-->被调用");
9.            return binder;
10.       }
12.       class MyBinder extends Binder implements ICounter{
12.           @Override
13.           public int getCount() {
14.               Log.i(tag,"onBind()-->被调用");
15.               return count;
16.           }
17.       }
18.       @Override
19.       public int onStartCommand(Intent intent, int flags, int startId) {
20.           Log.i(tag," onStartCommand ()-->被调用");
21.           return super.onStartCommand(intent, flags, startId);
22.       }
23.       @Override
24.       public void onCreate() {
25.           Log.i(tag," onCreate ()-->被调用");
26.           super.onCreate();
27.           new Thread(new Runnable() {
28.               @Override
```

```
29.            public void run() {
30.                while(!isFinish){
31.                    Log.i(tag, ++count + "");
32.                    try {
33.                        Thread.sleep(1000);
34.                    } catch (InterruptedException e) {
35.             e.printStackTrace();
36.                    }
37.                }
38.            }
39.        }).start();
40.    }
41.    @Override
42.    public void onDestroy() {
43.        super.onDestroy();
44.        Log.i(tag, "onDestroy()-->被调用");
45.        isFinish = true;
46.    }
47.    @Override
48.    public boolean onUnbind(Intent intent) {
49.        Log.i(tag, "onUnbind ()-->被调用");
50.        return true;
51.        }
52.    }
```

<代码详解>

第 1 行创建一个 Service 子类 BindService。

第 3 行创建一个计数器 count，用于使用 Service 在后台每隔 1 秒进行计数。

第 4 行初始化 MyBinder 对象，该对象中有计数方法。

第 6 行至第 10 行：onBind()方法用来返回 Binder 对象，当 Activity 绑定 Service 时调用该方法，返回的 Binder 对象用于在 Activity 中调用 getCount()方法。

第 12 行至第 17 行创建一个 Binder 子类 MyBinder，并实现 ICounter 接口，此接口有一个 getCount()方法，用于返回第 3 行代码中的计数器 count。

第 24 行至第 40 行：在 Activity 绑定 Service 时，回调 onCreate()方法。在该方法中启动一个线程，用于每隔 1 秒为 count 计数器加 1。在第 30 行代码中有一个线程关闭标志位，当 isFinish 为 true 时停止计数。

第 42 行至第 46 行：当 Activity 与 Service 解除绑定后会调用 onDestroy()销毁 BindService 实例，此时需要将 isFinish 设置为 true，停止计数。

下面是 Activity 代码：

```
1.    public class BindServiceDemo1Activity extends Activity {
2.        private ICounter service;
```

```
3.      private boolean isUnbind;
4.      Intent intent;
5.      @Override
6.      protected void onCreate(Bundle savedInstanceState) {
7.          super.onCreate(savedInstanceState);
8.          setContentView(R.layout.activity_bind_service_demo1);
9.          Button btn_bind = (Button) findViewById(R.id.bind);
10.         Button btn_unbind = (Button) findViewById(R.id.unbind);
11.         intent = new Intent(this,BindService.class);
12.         bindService(intent, conn, Context.BIND_AUTO_CREATE);
13.         btn_bind.setOnClickListener(new OnClickListener() {
14.             @Override
15.             public void onClick(View v) {
16.               ((TextView)(findViewById(R.id.textView1))).setText("来自service
的count=" + service.getCount());
17.             }
18.         });
19.         btn_unbind.setOnClickListener(new OnClickListener() {
20.             @Override
21.             public void onClick(View v) {
22.                 if(isUnbind){
23.                     unbindService(conn);
24.                     isUnbind = true;
25.                 }
26.                 Log.i("log""isUnbind-->" + isUnbind);
27.             }
28.         });
29.     }
30.     private ServiceConnection conn = new ServiceConnection() {
31.         @Override
32.         public void onServiceDisconnected(ComponentName name) {}
33.         @Override
34.         public void onServiceConnected(ComponentName name, IBinder binder) {
35.       service = (ICounter)binder;
36.         }
37.   };
38.     @Override
39.     protected void onDestroy() {
40.         super.onDestroy();
41.         if(!isUnbind){
42.             unbindService(conn);
43.         }
44.     }
45.   }
```

<代码详解>

第 30 行创建了一个 ServiceConnection 实例，用于 Activity 与 Service 连接，当 Activity 绑定了一个 Service 时会调用代码第 34 行的 onServiceConnected()方法，该方法中的 binder 就是 BindService 类中 onBinder()方法返回的 Binder 对象。一旦 Activity 与 Service 绑定，Activity 中的 Service 实例就可以调用 BindService 类中的 getCount()方法进行计数，这里的计数方法是在后台执行的。

第 39 行至第 44 行：当 Activity 退出后，与之绑定的 Service 便会解除绑定，此时需要调用代码第 42 行的 unbindService()解绑。

注：上面的例子没有明确地从 Service 解除绑定。但是所有的客户端都应该在合适的时候解除绑定，如 Activity 暂停时。

12.4　本章总结

本章主要介绍了 Service 的两种分类：一种是 StartService，即当 Activity 启动 Service 时，该 Service 会一直在后台执行，不管 Activity 是否销毁。要想停止 Service，需要调用 stopService()方法；另一种是 Bound Service，即当 Activity 与 Service 绑定时，该 Service 会依附于 Activity。当 Activity 存在时，Service 存在；当 Activity 销毁时，Service 也随之销毁。

第 **13** 章

可复用 Android UI 组件——Fragments

目前 Android 系统设备主要包括手机、平板和电视三种类型，三者之间的区别主要在屏幕尺寸和屏幕密度两方面。目前较流行的手机屏幕尺寸有 4.0 英寸、4.7 英寸、5.0 英寸和 5.5 英寸。虽然 Android 手机也有 5.5 英寸以上大尺寸屏幕，但相对于平板或电视设备的屏幕仍然比较窄（Android 手机横屏过来也算是宽屏），因此 Android 应用框架提供了 Fragments 组件，用于宽屏下显示多个页面的数据。

在 Android 项目开发过程中，屏幕适配也是一个重要环节，而 Fragment 组件正是平板设备的屏幕适配中经常被用到的，因此 Fragment 组件是应用开发中必不可少的。本章重点说明 Fragment 的创建与使用和多个 Fragment 的管理。

【本章要点】

- ❑ Fragment 的介绍。
- ❑ Fragment 的创建与显示。
- ❑ Fragment 的生命周期。
- ❑ Fragment 的管理。
- ❑ Fragment 的传值。
- ❑ Fragment 的综合案例。

13.1 Fragment 介绍

Fragment 是 Android 应用框架中一种特殊的 UI 组件，必须在 Activity 中使用且有自己的事件处理和生命周期方法。由于一个 Activity 可以显示多个 Fragment，又称其为"碎片"，当然一个 Fragment 组件也可以在多个 Activity 中使用。

Fragment 是从 Android 3.0 开始引入的，众所周知，Android 3.0 是平板设备专用的 Android 应用开发的 SDK。因此 Fragment 组件主要用于大屏在一个窗口中显示更多的数据，如在屏幕左边显示数据的分类，在屏幕右边显示具体某一分类的数据。

在开发 Fragment 时应该考虑其可重用性，如相同数据结构显示不同类型的数据，需要在代码中动态添加 Fragment 显示不同的数据。因此，我们又称其为 Activity 的可重用模块。如图 13.1 所示，同一个页面，在手机中显示两个页面数据，而在平板中显示不同模块的数据。

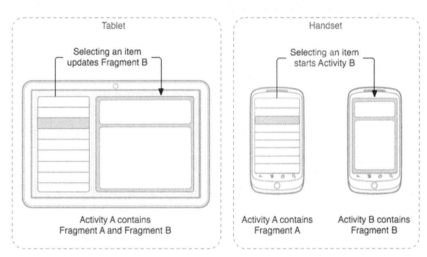

图 13.1　Fragment 在宽屏与窄屏的应用设计

13.2　创建 Fragment

创建一个 Fragment 即创建 Fragment 的子类，并重写相关的回调方法，如 onCreate()、onCreateView()和 onActivityCreated()等方法，其中 onCreateView()方法是必须重写的，因为此方法用于创建 Fragment 中显示的 UI 控件。

【范例 13-1】初识 Fragment（代码文件详见链接资源中第 13 章范例 fragments）

本范例实现了在 Activity 中显示 Fragment 的功能，其效果如图 13.2 所示。点击图 13.2（左）中"点我"按钮，即可以看到图（右）中的详细信息。

图 13.2　在 Activity 中显示 Fragment

<编码思路>

（1）创建 Fragment 中显示的 UI 布局文件。

（2）创建 Fragment 的子类，并重写 onCreateView()方法，在此方法中加载布局文件。

根据本范例的编码思路，要实现该范例效果，需要通过以下两步实现：

（1）创建 fragment_hello.xml 布局文件（链接资源/第 13 章/fragments/app/src/main/res/layout/fragment_hello.xml）。

该布局文件主要定义 Fragment 中显示的内容，即一个 TextView 文本控件和 Button 按钮控件。

<范例代码>

```
1.   <?xml version="1.0" encoding="utf-8"?>
2.   <RelativeLayout xmlns:android="http://schemas.android.com/apk/res/android"
3.            android:layout_width="match_parent"
4.            android:layout_height="match_parent">
5.       <TextView
6.           android:id="@+id/textViewId"
7.           android:layout_width="wrap_content"
8.           android:layout_height="wrap_content"
9.           android:text="Hello,Fragment"
10.          android:textSize="20sp"
11.          android:textColor="#00f"
12.          android:layout_margin="20dp"/>
13.      <Button
14.          android:id="@+id/btnId"
15.          android:layout_width="wrap_content"
16.          android:layout_height="wrap_content"
17.          android:layout_below="@+id/textViewId"
18.          android:text="点我"
```

```
19.            android:layout_margin="10dp"/>
20.  </RelativeLayout>
```

<代码详解>

第 1 行至第 4 行定义当前布局文件的根布局采用相对布局（RelativeLayout）。

第 5 行至第 12 行在相对布局中定义 TextView 文本控件。

第 9 行至第 19 行在相对布局中定义 Button 按钮控件。需要注意的是，Button 按钮的点击事件是在 Fragment 中处理的，因此，不使用 android:onClick 属性设置点击事件处理方法。

（2）定义 HelloFragment.java 文件（链接资源/第 13 章/fragments/ app/src/main/java/com/ yztcedu/fragments/HelloFragment.java）。

该类继承 android.app.Fragment 类，同时重写 Fragment 类的 onCreateView()方法，此方法通过 LayoutInflater 对象加载第一步定义的布局文件，并返回此布局文件的 View 对象。

<范例代码>

```
1.   public class HelloFragment extends Fragment {
2.       private Button btn;
3.       private TextView textView;
4.       private int count=0;//统计点击次数
5.       //创建显示数据的 UI 控件
6.       @Override
7.        public View onCreateView(LayoutInflater inflater, ViewGroup container,
Bundle savedInstanceState) {
8.           //加载布局，生成 View 实例对象
9.           View view=inflater.inflate(R.layout.fragment_hello,null);
10.          //查找布局中控件
11.          textView=(TextView)view.findViewById(R.id.textViewId);
12.          btn=(Button)view.findViewById(R.id.btnId);
13.          //设置按钮的点击事件监听器
14.          btn.setOnClickListener(new View.OnClickListener() {
15.            @Override
16.            public void onClick(View v) {
17.                textView.setText(
18.  String.format("Fragment 中按钮被点击了 %d ",count++));
19.                Toast.makeText(getActivity(),"按钮被点击了",
20.                    Toast.LENGTH_LONG).show();
21.            }
22.          });
23.          return view; //关联当前的 Fragment，即在 Fragment 中进行显示
24.      }
25.  }
```

<代码详解>

第 1 行定义 HelloFragment 类，并通过关键字 extends 继承 Fragment 类。

第 2 行至第 4 行声明类的成员，btn 和 TextView 两个控件对象用于查找布局中对应的两个控件，count 用于统计 btn 按钮点击的次数。

第 5 行至第 24 行重写了 Fragment 中 onCreateView()方法，用于创建并返回 Fragment 中显示的 UI 控件。此方法包含三个参数：

- ❑ 第一个参数是 LayoutInflater 类型，即布局资源文件的加载器实例对象，直接通过它的 inflate()方法加载 fragment_hello.xml 布局文件并获取布局 View 对象，避免通过 LayoutInflater.from(Context)方法创建 LayoutInflater 实例。
- ❑ 第二个参数是 ViewGroup 类型，即显示 Fragment 时所在的容器控件（布局控件）。
- ❑ 第三个参数是 Bundle 类型，此参数对象与 Activity 的 onCreate(Bundle)方法中的 Bundle 作用相同，即用于恢复 UI 数据。

第 18 行 String.format()方法用于格式化字符串中"%d"占位符的内容，支持多个占位符。

第 19 行 getActivity()方法是返回当前 Fragment 所归属的 Activity 实例，此方法是 Fragment 类的成员方法，常用的成员方法包括 getView()、getArguments()、getResources() 和 getFragmentManager()等。

注意：如果 Fragment 在 ViewPager 控件（即 v4 包下的控件）中显示，需要导入 v4 包中的 Fragment 类。

13.3　将 Fragment 添加到 Activity

通常来说，Fragment 中的 UI 是在 Activity 中显示，Fragment 的 UI 是嵌入到 Activity 的 UI 图层结构之上的，即是 Activity UI 的一部分。将 Fragment 添加到 Activity 中有两种方式，一种是在布局文件中使用<fragment>标签，然后通过标签的 name 或 class 属性指定 Fragment 类的全路径，这种方式又称静态方式。另一种是在代码中将指定的 Fragment 实例显示到布局文件中某一个 ViewGroup 控件中，这种方式又称动态方式。

13.3.1　静态方式

静态方式显示 Fragment 是非常简单的，与其他 UI 控件在布局文件中的用法相同，将 Fragment 以标签的形式引入到 Activity 布局中，如图 13.2 所示，HelloFragment 已增加到 Activity 中，而且用户事件也是在 HelloFragment 处理的（详见上一节的 HelloFragment.java 代码）。

<编码思路>

（1）定义 Activity 的布局文件，通过<fragment>标签引入 HelloFragment。

（2）定义 Activity 类，在 onCreate()方法中设置 Activity 显示的布局文件。

根据编码思路，要实现该范例效果，需要通过以下 2 步实现：

（1）定义 activity_main.xml 布局文件（链接资源/第 13 章/fragments/ app/src/main/ res/layout/activity_main.xml）。

在该布局文件中，通过 <fragment> 标签及标签中 android:name 属性来引用 HelloFragment 类（类的全路径），另外必须指定 fragment 的 android:id 或 android:tag 属性，用于标识 fragment 在 Activity 的唯一标识。

<范例代码>

```
1.  <RelativeLayout xmlns:android="http://schemas.android.com/apk/res/android"
2.          xmlns:tools="http://schemas.android.com/tools"
3.          android:layout_width="match_parent"
4.          android:layout_height="match_parent"
5.          android:padding="@dimen/activity_horizontal_margin"
6.          tools:context=".MainActivity">
7.      <!--显示 HelloFragment 组件-->
8.      <fragment
9.          android:id="@+id/helloFragmentId"
10.         android:tag="helloFragment"
11.         android:name="org.mobiletrain.fragments.HelloFragment"
12.         android:layout_width="match_parent"
13.         android:layout_height="wrap_content"/>
14. </RelativeLayout>
```

<代码详解>

第 1 行至第 6 行定义 RelativeLayout 相对布局，android:padding 设置布局的内边距。

第 8 行至第 13 行定义 fragment 标签，android:id 和 android:tag 属性指定 Fragment 的唯一标识，android:name 属性指定了 Fragment 类路径，也可使用 android:class 属性指定 Fragment 类路径，为了与 AndroidManifest.xml 中指定组件的 android:name 统一，常用 android:name 属性。

（2）定义 MainActivity.java 类文件（链接资源/第 13 章/fragments/ app/src/main/java/com/ yztcedu/fragments/MainActivity.java）。

在该类中，只需要设置 Activity 显示的布局即可，无须对 Fragment 做任何操作，当然此布局中包含<fragment>标签。

<范例代码>

```
1.  public class MainActivity extends ActionBarActivity {
2.      @Override
3.      protected void onCreate(Bundle savedInstanceState) {
4.          super.onCreate(savedInstanceState);
```

```
5.          setContentView(R.layout.activity_main);
6.          //HelloFragment 的内容已插入到当前布局，而且处理了用户事件
7.      }
8.  }
```

<代码详解>

第 5 行 setContentView()方法设置 MainActivity 显示的布局为 activity_main.xml，当系统创建 Activity 布局对象时，系统会创建布局中每一个 Fragment 实例，并调用 onCreateView()方法获取 Fragment 的布局对象，最后将 Fragment 的布局插入到 Activity 布局中。

13.3.2 动态方式

动态方式添加 Fragment 时，首先需要在 Activity 的布局中添加一个 ViewGroup 控件，然后在 Activity 中获取 FragmentManager 对象并开启一个 FragmentTransaction 事务，再通过 Fragment 事务对象的 add()或 replace()方法将 Fragment 对象增加到 ViewGroup 控件中，最后提交 Fragment 事务。

<编码思路>

（1）定义 Activity 的布局文件，通过<FrameLayout>标签为 Fragment 占位。

（2）定义 Activity 类，在 onCreate()方法中实例化 Fragment，并通过 FragmentTransaction 事务对象将 Fragment 实例显示在 Activity 布局指定的位置上（即占位的布局标签）。

根据编码思路，要实现该范例效果，需要通过以下 2 步实现：

（1）定义 activity_main2.xml 布局文件（链接资源/第 13 章/fragments/ app/src/main/ res/layout/activity_main2. xml）。

在该布局文件中，通过<FrameLayout>标签为 Fragment 声明显示的位置（占位），标签中必须设置 android:id 属性，以声明 Fragment 占位控件的唯一标识，因为一个 Activity 布局中可能要显示多个 Fragment。

<范例代码>

```
1.  <RelativeLayout xmlns:android="http://schemas.android.com/apk/res/android"
2.    xmlns:tools="http://schemas.android.com/tools"
3.    android:layout_width="match_parent"
4.    android:layout_height="match_parent"
5.    android:padding="@dimen/activity_horizontal_margin"
6.    tools:context=".MainActivity">
7.      <!--用于显示 HelloFragment 组件的 ViewGroup 控件-->
8.      <FrameLayout
9.          android:id="@+id/containerId"
10.         android:layout_width="match_parent"
11.         android:layout_height="wrap_content"/>
12. </RelativeLayout>
```

<代码详解>

第 1 行至第 6 行定义 RelativeLayout 相对布局相关属性。

第 8 行至第 11 行定义了 FrameLayout 布局，此布局主要是为了动态显示 Fragment 而占位的。另外，必须设置 android:id 属性，因为在动态显示 Fragment 时，需要指定布局中某一个 ViewGroup 标签控件的 id。

注意：F rameLayout 是 Android 中一种布局控件，中文称为"帧布局"，即布局中所有子控件都是层叠在一起，一般用于自定义视频播放器的 UI 控件。

（2）定义 MainActivity2.java 类文件（链接资源/第 13 章/fragments/ app/src/main/java/ com/yztcedu/fragments/MainActivity2.java）。

在该类中，首先获取 FragmentManager 对象，并通过此对象开启 Fragment 事务，然后再通过 Fragment 事务对象将 HelloFragment 对象显示在 Activity 布局中指定位置上，最后再通过 Fragment 事务对象提交此次处理的事务。

<范例代码>

```
1.   public class MainActivity2 extends ActionBarActivity {
2.       @Override
3.       protected void onCreate(Bundle savedInstanceState) {
4.           super.onCreate(savedInstanceState);
5.           setContentView(R.layout.activity_main2);
6.           //实例化 HelloFragment
7.           HelloFragment helloFragment=new HelloFragment();
8.           //获取 FragmentManager 并开启事务
9.           FragmentTransaction ft=getFragmentManager().beginTransaction();
10.          //将 HelloFragment 添加到指定 ViewGroup 位置上
11.      ft.replace(R.id.containerId,HelloFragment);
12.          //提交事务
13.          ft.commit();
14.  }
15.  }
```

<代码详解>

第 5 行设置当前 Activity 显示的布局资源文件为 activity_main2.xml。

第 7 行实例化 HelloFragment 类对象，在显示 HelloFragment 之前必须先实例化，当然此时仅仅只是创建 Fragment 的实例，不会调用其生命周期方法。

第 9 行 getFragmentManager()方法是获取 FragmentManager 对象，并通过此对象的 beginTransaction()开启一个新的 Fragment 事务，同时返回 FragmentTransaction 类对象。新的事务开启之后必须且只能执行一次 commit()方法提交事务，而在事务处理期间可以调用 add()或 replace()方法动态向指定位置增加或替换 Fragment。

第 11 行至第 13 行通过 Fragment 事务对象和 HelloFragment 的对象显示在指定的位置，

即显示在当前 Activity 的布局中 id 属性为 containerId 的布局控件上。

注意：containerId 是 Activity 布局中为 Fragment 占位的 FrameLayout 布局控件的 ID 标识，而且此 ID 必须保持其唯一性。

相对于静态方式，动态添加 Fragment 最为灵活，适用于在同一窗口下多个模块之间相互切换情景，不过切换 Fragment 时需要开启和提交 Fragment 事务，因此资源占用要比静态方式多些，采用哪种方式可以根据实际情况而定。

13.4 Fragment 的生命周期

如果一个 Activity 中包含 Fragment，那么在启动 Activity 时，系统会自动创建 Fragment 实例并调用 Fragment 的 onCreateView()方法加载 Fragment 中显示的 UI 控件，当 Activity 关闭时，系统会调用 Fragment 的 onDestroyView()销毁 Fragment 中显示的 UI 控件对象。这里的 onCreateView()和 onDestroyView()方法都是 Fragment 的生命周期方法，它们同 Activity 的生命周期方法相同，都是由 Android 系统调用的，我们只需要重写这些生命周期方法，并在这些方法中实现特定的功能即可，如图 13.3 所示。

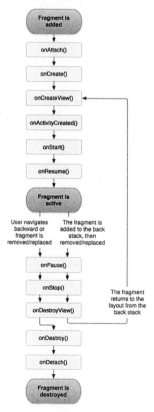

图 13.3　Fragment 的生命周期

13.4.1　生命周期方法

如图 13.4 所示，Fragment 的生命周期方法与 Activity 的生命周期是对应的，下面以一个 Fragment 完整生命周期为例，详细说明各个生命周期方法的作用。

（1）onAttach(Activity)是连接 Fragment 归属的 Activity。

（2）onCreate(Bundle)是初始化 Fragment。

（3）onCreateView(LayoutInflater,ViewGroup,Bundle)创建并返回与 Fragment 关联的 View 控件（如 Button、LinearLayout、ListView）。

（4）onActivityCreated(Bundle)是归属 Activity 的 onCreate()方法执行完成的回调。

（5）onStart()、onResume()、onPause()、onStop()是归属 Activity 对应生命周期方法执行之后执行的，用于显示或关闭 Fragment 的 View 控件并处理用户事件，这些方法在整个生命周期中会被执行多次。

（6）onDestroyView()是解除 Fragment 与它的 View 控件的关联。

（7）onDestroy()是销毁 Fragment，清除 Fragment 的状态。

（8）onDettach()是断开与其归属的 Activity 连接，与 onAttach()相反。

onCreateView()方法在创建 Fragment 子类时是必须重写的生命周期方法，因为在此方法中需要返回 Fragment 中显示的 UI 控件对象。

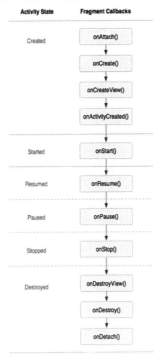

图 13.4　Activity 与 Fragment 的关系

13.4.2　Activity 与 Fragment 的关系

如图 13.4 所示，Fragment 的生命周期方法与 Activity 的生命周期方法有对应的关系，一般分为三个大阶段，即初始化阶段、显示与隐藏阶段和销毁阶段。初始化阶段主要是连接归属的 Activity 和初始化 Fragment，以及创建 Fragment 中显示的 UI 对象；显示与隐藏阶段主要是与 Activity 的显示与隐藏方法一一对应；销毁阶段主要是断开与其归属的 Activity 连接、销毁 Fragment 中的 UI 对象及 Fragment 本身。以下详细说明各个阶段中包含的生命周期方法，以及 Activity 和 Fragment 的生命周期方法调用关系。

1）初始化阶段

Activity 初始化阶段只调用 onCreate()方法进行初始化操作，而在 Fragment 初始化阶段会调用以下方法进行初始化。

- ❑　onAttach()，连接归属的 Activity，即当 Fragment 显示在哪一个 Activity 中时，系统会自动调用此方法，将此 Fragment 对象与指定 Activity 建立归属关系，在 Activity 的生命周期发生变化时，系统会调用 Fragment 相关的生命周期方法。
- ❑　onCreate()，当第一次显示 Fragment 时用于初始化，如获取传入的数据、初始化数据库工具类等。
- ❑　onCreateView()，创建 Fragment 中显示的 UI 控件对象。
- ❑　onActivityCreated()，当 Activity 的 onCreate()方法执行完之后调用此方法，标识 Fragment 的初始化阶段即将完成。

2）显示与隐藏阶段

在 Activity 中从显示到隐藏会先后调用 onStart()、onResume()、onPause()、onStop()等方法，同时也会调用 Fragment 中对应的方法，即当 Activity 调用 onStart()方法显示时，也会调用 Fragment 的 onStart()方法进行显示。

3）销毁阶段

在 Activity 的销毁阶段，只会调用 onDestroy()方法进行初始化操作，而在 Fragment 销毁阶段，会调用以下方法进行相关对象的销毁。

- ❑　onDestroyView()，销毁 Fragment 是显示的 UI 对象，因为 UI 对象是直接依赖 Fragment 对象的，因此先销毁依赖 Fragment 的对象，再销毁 Fragment。这样可以避免内存遗漏，提高内存利用率。
- ❑　onDestroy()，销毁 Fragment 对象，因为 Fragment 归属的 Activity 即将要销毁，因此必须先销毁 Fragment 对象。
- ❑　onDettach()，断开与 Activity 的归属关系。

13.5　管理 Fragment

通过前几节的学习，我们已经掌握了 Fragment 的使用过程，为了更好地管理 Activity 中的 fragments，Android 应用框架中提供了 FragmentManager 类和 FragmentTransaction 类，在"动态方式"一节中，我们已使用到了这两个核心的类，其中在 MainActivity 中调用 getFragmentManager()获取 FragmentManager 类对象，通过调用 FragmentManager 对象的 beginTransaction()方法开启动态事务并获取 FragmentTransaction 类对象。

13.5.1　FragmentManager 的功能

在显示 Fragment 时，无论是静态方式还是动态方式，都需要设置 Fragment 的唯一标识（id 或 tag 属性），用动态方式显示 Fragment 时，只能使用 tag 属性。如果一个 Activity 中显示多个 Fragment，对于这些 Fragment 可能存在级联操作的功能，如在一个 Fragment 中 Button 按钮事件内，需要更新另外一个 Fragment 中 ListView 显示的数据，此时必须使用到 FragmentManager 管理对象，首先通过 id 或 tag 查找到 Fragment 并获取 Fragment 的 UI 对象，再通过 UI 对象查找 Button 或 ListView 控件对象，最后执行加载数据和刷新等功能。

FragmentManager 主要包括查找 Fragment 和 Fragment 的弹栈等核心功能，查找 Fragment 在管理多个 Fragment 时经常被用到。下面详细说明其常用功能。

1．查找 Fragment

大屏应用中，一个 Activity 中可能包含多个 Fragment，因为每个 Fragment 都有 id 或 tag 属性，所以可以通过调用 findFragmentById(int id)或 findFragmentByTag(String tag)方法查找已存在的 Fragment 实例。

2．弹出回退栈中的 Fragment

在 Activity 的布局中指定的 ViewGroup 位置上可以显示多个 Fragment，在显示新的 Fragment 之前可以将当前的 Fragment 压入到回退栈中。调用 popBackStack()弹出栈顶的 Fragment（类似返回按键），如果是空栈则返回 false。需要注意，popBackStack()方法是异步执行的。

3．为回退栈增加监听器

调用 addOnBackStackChangedListener()方法设置回退栈变化的监听器。

13.5.2　FragmentTransaction 的功能

FragmentTransaction 是一个 Fragment 的事务处理类，其提供了添加、移除、替换及其他相关事务的功能，也可将替换前的 Fragment 保存到回退栈中。下面详细说明其核心功能。

（1）add()方法用于添加 Fragment 到指定 Activity 布局的 ViewGroup 位置上。

（2）remove()方法是将已存在的 Fragment 从 ViewGroup 位置上移除。

（3）replace()方法是将 ViewGroup 位置上的 Fragment 替换成新的 Fragment，如果当前 ViewGroup 位置上不存在 Fragment 则直接添加到 ViewGroup 中。

（4）addToBackStack()方法是将当前的 Fragment 事务保存到回退栈中，当用户按返回键时系统从回退栈中弹出 Fragment 事务显示其中的 Fragment 布局；方法中的参数为 null 即可。

（5）commit()方法是提交当前 Fragment 事务的操作，这是一个异步执行的方法，在事务处理中是最后一个被执行的。

处理 Fragment 事务时，如果 FragmentManager 开启了多个事务，需要批量提交事务时可以调用 executePeddingTransactions()。

13.6　Fragment 与 Activity 交互

Fragment 与 Activity 交互主要是指 Fragment 布局中的控件或 Activity 的布局中的控件相互访问，而且 Activity 中的两个 Fragment 之间交互也需要借助 Activity 组件。

13.6.1　在 Activity 中获取 Fragment 布局中的控件

在 Activity 中获取 Fragment 布局中的控件有直接查找和间接查找两种方式。直接查找是通过 findViewById()方法实现；而间接查找是先获取 Fragment 布局的 UI 对象，再通过 UI 对象的 findViewById()方法实现。

1）直接查找

由于 Fragment 布局是嵌入在 Activity 布局中的，即 Fragment 布局的 UI 控件也是 Activity 的 UI 控件，可以通过 Activity 的 findViewById()方法获取。

<范例代码>

```
1.        //查找 Fragment 中的 TextView 控件
2.        TextView tv=
3.            (TextView)findViewById(R.id.textViewId);
4.        tv.setText("在 Activity 中设置控件内容");
```

2）间接查找

间接查找需要先通过 FragmentManager 和 Fragment 的唯一标识查找 Fragment，然后获取 Fragment 中的 UI 对象，最后通过 UI 对象查找其中的控件。

<范例代码>

```
1.        //查找 Fragment 并获取它的 TextView 控件
2.        HelloFragment helloFragment=
3.            (HelloFragment)getFragmentManager()
4.                .findFragmentById(R.id.helloFragmentId);
5.        tv=(TextView)helloFragment.getView()
6.            .findViewById(R.id.textViewId);
7.        tv.setText("在 Activity 中第二次设置控件内容");
```

<代码详解>

第 2 行至第 4 行设置 getFragmentManager().findFragmentById()查找指定 id 的 Fragment。

第 5 行设置 helloFragment.getView()方法返回 Fragment 的 UI 对象。

13.6.2　在 Fragment 中获取 Activity 布局中的控件

当 Fragment 与 Activity 建立归属关系后，可以在 Fragment 中通过 getActivity()方法获取当前 Fragment 归属的 Activity 实例，再通过 Activity 实例查找其中的 UI 控件。

<范例代码>

```
1.        //查找 Activity 布局中的控件
2.    textView=(TextView)getActivity().findViewById(R.id.textViewId);
```

<代码详解>

第 2 行中的 getActivity()方法是在 Fragment 中调用的，获取当前 Fragment 归属的 Activity 对象。需要注意的是，必须在 Fragment 的 onActivityCreated()方法中查找 Activity 中的 UI 控件，否则可能会出现空指针异常。

13.6.3　接口回调方式实现交互

实际上，以上两种方式已经实现了 Fragment 与 Activity 或两个 Fragment 之间的交互，但是为了更高效地实现业务功能，使用接口回调机制最好。

接口回调实际上在 Fragment 端定义和使用接口，在 Activity 端实现接口，当 Fragment 处理用户事件可以调用 Activity 实现接口，并将后继的处理权交给 Activity。这样做更能体现不同的 Fragment 声明不同的回调接口来实现不同的业务功能。

【范例 13-2】Activity 与 Fragment 交互

本范例实现了 Activity 中显示菜单列表（左边位置）和每一项菜单的内容（右边），左边的菜单列表是 Fragment，右边菜单内容是 TextView 控件。其效果如图 13.5 所示。点击图（左）中"菜单 1"按钮，即可以看到图（右）中菜单 1 的内容信息。

图 13.5　同调接口的交互方式

<编码思路>

（1）定义左边 Fragment 中显示的 UI 布局文件，增加<Button>控件。

（2）定义 Fragment 的子类，并重写 onCreateView()方法，在此方法中加载布局文件。

（3）定义 Activity 中显示的布局文件，增加<fragment>和<TextView>标签。

（4）定义 Activity 类，加载布局文件和查找 TextView 控件，并提供一个公共方法显示菜单内容。

根据本范例的编码思路，要实现该范例效果，需要通过以下 4 步实现：

（1）创建 fragment_left.xml 布局文件（链接资源/第 13 章/fragments/ app/src/main/res/layout/fragment_left.xml）。

该布局文件主要定义 Fragment 中显示的菜单按钮，即两个 Button 按钮控件。

<范例代码>

```
1.   <RelativeLayout xmlns:android="http://schemas.android.com/apk/res/android"
2.              android:layout_width="match_parent"
3.              android:layout_height="match_parent"
4.       android:background="#8c8c8c">
5.       <Button
6.           android:id="@+id/btn1Id"
7.           android:layout_width="wrap_content"
8.           android:layout_height="wrap_content"
9.           android:layout_below="@+id/textViewId"
```

```
10.          android:text="菜单 1"
11.          android:layout_margin="10dp"/>
12.    <Button
13.          android:id="@+id/btn2Id"
14.          android:layout_width="wrap_content"
15.          android:layout_height="wrap_content"
16.          android:layout_below="@+id/btn1Id"
17.          android:text="菜单 2"
18.          android:layout_margin="10dp"/>
19. </RelativeLayout>
```

<代码详解>

代码中使用了 RelativeLayout 相对布局，并增加了两个 Button 子控件。

（2）创建 LeftFragment.java 类文件（链接资源/第 13 章/fragments/ app/src/main/java/com/ yztcedu/fragments/LeftFragment.java）。

在该类中，继承 Fragment 和声明回调的接口，并且重写相关的生命周期方法。在归属 Activity 的方法中，判断 Activity 是否实现了回调接口，在创建 Fragment 的 UI 对象的方法 中，加载布局文件和查找 Button 控件对象，并设置点击事件监听。

<范例代码>

```
1.   public class LeftFragment extends Fragment {
2.       //声明回调接口的对象
3.       private BtnClickListener clickListener=null;
4.       @Override
5.        public void onAttach(Activity activity) {
6.           super.onAttach(activity);
7.           //判断当前连接的Activity是否实现了回调接口
8.           if(activity instanceof BtnClickListener){
9.              clickListener=(BtnClickListener)activity;
10.          }
11.      }
12.      //创建显示数据的UI控件
13.      @Override
14.       public View onCreateView(LayoutInflater inflater, ViewGroup container,
Bundle savedInstanceState) {
15.          //加载布局，生成View实例对象
16.          View view=inflater.inflate(R.layout.fragment_left,null);
17.          //查找布局中控件并设置按钮的点击事件监听器
18.          view.findViewById(R.id.btn1Id).setOnClickListener(
19. new View.OnClickListener() {
20.              @Override
21.              public void onClick(View v) {
22.                Toast.makeText(getActivity(), "按钮1被点击了",
23. Toast.LENGTH_LONG).show();
24.                  if(clickListener!=null){
```

```
25.            clickListener.showInfo("你点击了 Fragment 的菜单按钮 1");
26.          }
27.        }
28.      });
29.      view.findViewById(R.id.btn2Id).setOnClickListener(
30.  new View.OnClickListener() {
31.        @Override
32.        public void onClick(View v) {
33.          Toast.makeText(getActivity(), "按钮 2 被点击了",
34.  Toast.LENGTH_LONG).show();
35.          if(clickListener!=null){
36.            clickListener.showInfo("你点击了 Fragment 的菜单按钮 2");
37.          }
38.        }
39.      });
40.      return view;
41.    }
42.    //自定义 Button 点击事件的回调接口
43.    public interface BtnClickListener{
44.      public void showInfo(String msg);
45.    }
46.  }
```

<代码详解>

第 3 行和第 43 行至第 45 行声明 BtnClickListener 回调接口时，根据业务功能提供一个 public 公共回调方法，声明的回调接口主要在当前的 Fragment 中使用，将 Fragment 内部处理的数据通过回调传给 Activity。

第 5 行至第 11 行 onAttach()方法是 Fragment 连接 Activity 的第一个生命周期方法，方法中参数即是当前 Fragment 归属的 Activity 实例，通过 instanceof 判断 Activity 实例是否实现了 Fragment 的回调接口，如果实现了则强转成回调接口实例对象。

第 18 行至第 39 行在 Button 点击事件处理方法中调用 clickListener.showInfo()，将业务数据回传给 Activity。

（3）创建 activity_main3.xml 布局文件（链接资源：YZTC13_Demo01/res/layout/activity_main3.xml）。

在该布局文件中，增加<fragment>标签显示 LeftFragment，同时增加<TextView>标签显示菜单内容。

<范例代码>

```
1.  <RelativeLayout xmlns:android="http://schemas.android.com/apk/res/android"
2.    xmlns:tools="http://schemas.android.com/tools"
3.    android:layout_width="match_parent"
4.    android:layout_height="match_parent"
```

```
5.     tools:context=".MainActivity">
6.       <fragment
7.           android:id="@+id/leftFragmentId"
8.           class="org.mobiletrain.fragments.LeftFragment"
9.           android:layout_width="wrap_content"
10.          android:layout_height="match_parent"/>
11.      <TextView
12.          android:id="@+id/textViewId"
13.          android:layout_width="match_parent"
14.          android:layout_height="match_parent"
15.          android:gravity="center"
16.          android:textSize="20sp"
17.          android:textColor="#f00"
18.          android:layout_toRightOf="@id/leftFragmentId"/>
19.  </RelativeLayout>
```

<代码详解>

第 6 行至第 10 行定义了显示 LeftFragment 标签，此处使用 class 属性指定了 Fragment 的类路径，同 android:name 属性的作用相同。

第 11 行至第 18 行定义了显示菜单内容的 TextView 标签。

（4）创建 MainActivity3.java 类文件（链接资源：YZTC13_Demo01/src/com/yztcedu/ fragment/MainActivity3.java）。

在该类中，实现了 LeftFragment 中声明的回调接口，在回调接口方法中显示 LeftFragment 回传的菜单内容数据。

<范例代码>

```
1.   public class MainActivity3 extends ActionBarActivity
2.         implements LeftFragment.BtnClickListener{
3.
4.       private TextView textView;
5.       @Override
6.       protected void onCreate(Bundle savedInstanceState) {
7.           super.onCreate(savedInstanceState);
8.           setContentView(R.layout.activity_main3);

9.       //查找 Activity 布局中的控件
10.          textView=(TextView)findViewById(R.id.textViewId);
11.      }
12.      @Override
13.      public void showInfo(String msg) { //实现回调接口的方法
14.       //显示 Fragment 回传的数据
15.          textView.setText(msg);
16.      }
17.  }
```

<代码详解>

第 1 行实现了 LeftFragment 定义的回调接口。

第 13 行至第 16 行实现了回调接口的方法，显示 LeftFragment 回传的数据。

通过接口回调方式实现 Fragment 与 Activity 交互是非常简便的。当然，我们也可以在 Activity 端声明 public 方法，在 Fragment 通过 getActivity()方法获取并强制转成 Activity 实例，通过 Activity 实例调用其 public 方法也可实现与 Activity 的交互。

13.7 Fragment 综合案例——Notes

Notes 是一个较为综合的案例，主要实现了笔记阅读功能，笔记文件存放在 assets 目录下，通过 getAssets()方法获取 assets 目录中指定文件输入流，用于读取文件内容。在竖屏和横屏下，Activity 会加载对应的布局文件。如图 13.6 所示，竖屏的布局只显示一个页。

如图 13.7 所示，横屏的布局中包括了左、右两个页面的位置，通过动态添加 Fragment 方式增加 Fragment，且使用 Arguments 向 Fragment 传送数据。

（a）竖屏下的列表页面　　　　　　　　（b）竖屏下的详情页面

图 13.6　竖屏的布局

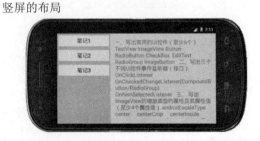

（a）横屏下的列表页面　　　　　　　　（b）横屏下的列表与详情页面

图 13.7　横屏的布局

<编码思路>

（1）定义左边 Fragment 中显示的 UI 布局文件，增加<Button>控件。

（2）定义左边 Fragment 的子类，重写创建 UI 对象的方法和实现加载笔记内容等方法。

（3）定义右边 Fragment 中显示的 UI 布局文件，增加<ScrollView>和<TextView>控件。

（4）定义右边 Fragment 的子类，重写创建 UI 对象的方法，在此方法中显示笔记内容。

（5）定义竖屏下 Activity 中显示的布局文件，增加一个<FrameLayout>标签。

（6）定义横屏下 Activity 中显示的布局文件，增加两个<FrameLayout>标签（左右显示）。

（7）定义主页面 Activity 类，根据屏幕的方向，实例化相关的 Fragment，并动态显示在指定的位置。

（8）定义详情页面 Activity 类，获取意图中的笔记内容，并显示到页面中。

根据本范例的编码思路，要实现该范例效果，需要通过以下 8 步实现：

（1）创建 fragment_left.xml 布局文件（链接资源/第 13 章/fragments/app/src/main/res/layout/fragment_left.xml）。

该布局文件主要定义 Fragment 中显示的菜单按钮，即三个 Button 按钮控件。

<范例代码>

```
1.   <LinearLayout xmlns:android="http://schemas.android.com/apk/res/android"
2.       xmlns:tools="http://schemas.android.com/tools"
3.       android:layout_width="match_parent"
4.       android:layout_height="match_parent"
5.       android:paddingBottom="@dimen/activity_vertical_margin"
6.       tools:context=".MainActivity"
7.       android:orientation="vertical">
8.       <Button
9.           android:id="@+id/btn1Id"
10.          android:layout_width="match_parent"
11.          android:layout_height="wrap_content"
12.          android:textSize="18sp"
13.          android:text="笔记 1" />
14.      <Button
15.          android:id="@+id/btn2Id"
16.          android:layout_width="match_parent"
17.          android:layout_height="wrap_content"
18.          android:textSize="18sp"
19.          android:text="笔记 2" />
20.      <Button
21.          android:id="@+id/btn3Id"
22.          android:layout_width="match_parent"
23.          android:layout_height="wrap_content"
24.          android:textSize="18sp"
```

```
25.            android:text="笔记3" />
26. </LinearLayout>
```

<代码详解>

第 8 行至第 25 行定义了三个 Button 控件，代表三项笔记列表，在实际项目中，应该使用 ListView 显示，而非这种固定的方式。

（2）创建 FragmentLeft.java 类文件（链接资源/第 13 章/fragments/ app/src/main/java/com/yztcedu/fragments/FragmentLeft.java）。

该类中加载左边 Fragment 的布局，查找布局中菜单按钮控件，并且设置按钮的事件监听。当事件发生时，读取相应的笔记内容，并将读取的笔记内容传送给下一个页面（Activity 或 Fragment）。

<范例代码>

```
1.   public class FragmentLeft extends Fragment
2.       implements OnClickListener{
3.       private boolean isMultiPanel=false; //是否为多页面
4.       @Override
5.       public View onCreateView(LayoutInflater inflater, ViewGroup container,
Bundle savedInstanceState) {
6.
7.   View view =inflater.inflate(
8.   R.layout.fragment_left, null);
9.
10.            // 查找 Fragment 中的控件并设置事件监听器
11.            view.findViewById(R.id.btn1Id)
12.                    .setOnClickListener(this);
13.            view.findViewById(R.id.btn2Id)
14. .setOnClickListener(this);
15.            view.findViewById(R.id.btn3Id)
16. .setOnClickListener(this);
17.            return view;
18.        }
19.        @Override
20.        public void onClick(View v) {
21.
22.            //判断当前的 Activity 是否为多页面
23.                View rightContainer=getActivity().
24. findViewById(R.id.rightContainerId);
25.            isMultiPanel=(rightContainer!=null);
26.
27.            InputStream is = null;
28.            String fileName=null;
29.            try {
30. switch (v.getId()) {
```

```
31.              case R.id.btn1Id:
32.                   fileName="day01.txt";
33.                   break;
34.              case R.id.btn2Id:
35.                   fileName="day02.txt";
36.                   break;
37.              case R.id.btn3Id:
38.                   fileName="day03.txt";
39.                   break;
40.              }
41.
42.              if(fileName!=null){
43.              //获取 assets 目录下指定文件的输入流
44.              is=getActivity().getAssets()
45. .open(fileName);
46.              byte[] bytes=new byte[is.available()];
47.
48. //读输入流中的内容
49.              is.read(bytes);
50.              String msg=new String(bytes,"utf-8");
51.
52. //当前 Activity 包括多页面
53.         if(isMultiPanel){
54.
55.              FragmentRight fr=new FragmentRight();
56.              //通过 Arguments 方法向 Fragment 中传值
57.              Bundle bundle=new Bundle();
58.              bundle.putString("msg", msg);
59.              fr.setArguments(bundle);
60.
61.              FragmentTransaction ft=
62. getFragmentManager().beginTransaction();
63.                   ft.replace(R.id.rightContainerId, fr);
64.
65.              //将当前的 Fragment 事务增加到回退栈中
66.              ft.addToBackStack(null);
67.
68.              ft.commit(); //提交事务
69.
70.         }else{
71.         Intent intent = new Intent(getActivity(),
72. ContentActivity.class);
73.         intent.putExtra("msg",msg);
74.         startActivity(intent);
75.         }
76.         }} catch (Exception e) {
```

```
77.          e.printStackTrace();
78.      }
79.      }
80. }
```

<代码详解>

第 1 行和第 2 行继承 Fragment，同时实现 OnClickListener 点击事件监听接口。

第 5 行至第 17 行加载 Fragment 布局，查找三个菜单按钮，同时设置事件监听对象。

第 21 行至第 25 行判断当前屏幕方向是否为多页面，依据右边 Fragment 的占位布局是否存在（在横屏方向的布局文件中包含了右边 Fragment 的占位标签）。

第 27 行至第 50 行分支 Button 事件，读取相应的笔记内容。

第 55 行至第 68 行实例化右边 Fragment 实例，并将笔记内容作为 Bundle 的参数传入到 Fragment 中，setArguments(args)设置 Fragment 显示的数据，在 Fragment 类中通过获取参数的方法，将数据读取并显示到指定的 UI 控件中。

第 71 行至第 77 行在竖屏方向下打开 Activity 显示笔记内容。

（3）创建 fragment_right.xml 布局文件（链接资源/第 13 章/fragments/ app/src/main/res/layout/fragment_right.xml）。

该布局文件主要定义显示笔记内容的 TextView，而且根标签改为 ScrollView。

<范例代码>

```
1.  <ScrollView xmlns:android="http://schemas.android.com/apk/res/android"
2.      xmlns:tools="http://schemas.android.com/tools"
3.      android:layout_width="match_parent"
4.      android:layout_height="match_parent"
5.      android:padding="@dimen/activity_vertical_margin"
6.      tools:context=".MainActivity" >
7.      <TextView
8.          android:id="@+id/textViewId"
9.          android:layout_width="match_parent"
10.         android:layout_height="wrap_content"
11.         android:textSize="18sp" />
12. </ScrollView>
```

<代码详解>

在显示笔记详细内容的布局中，使用了 ScrollView 垂直滚动控件，如果内容超出屏幕高度，可以上下滚动显示。

（4）创建 FragmentRight.java 类文件（链接资源/第 13 章/fragments/ app/src/main/java/com/yztcedu/fragments/FragmentRight.java）。

该类中加载右边 Fragment 布局，查找显示笔记内容的 TextView，通过 getArguments() 方法获取传入 Fragment 的参数，并显示到 TextView 中。

<范例代码>

```
1.   public class FragmentRight extends Fragment {
2.       @Override
3.       public View onCreateView(LayoutInflater inflater, ViewGroup container,
Bundle savedInstanceState) {
4.           View view=inflater.inflate(
5.   R.layout.fragment_right, null);
6.           TextView textView =(TextView)
7.   view.findViewById(R.id.textViewId);
8.
9.           //获取 Arguments 中 msg 数据
10.          String msg =getArguments().getString("msg");
11.
12.  //显示笔记的内容
13.          textView.setText(msg);
14.
15.          return view;
16.      }
17.  }
```

<代码详解>

第 10 行 getArguments()方法返回传入 Fragment 的 Bundle 参数，并从参数中获取传入的 "msg" 数据（即是待显示的笔记内容）。

（5）创建竖屏方向的 activity_main.xml 布局文件（链接资源/第 13 章/fragments/app/src/main/res/layout/activity_main.xml）。

该布局文件中只设置一个 Fragment 的占位标签，即<FrameLayout>布局标签。

<范例代码>

```
1.   <RelativeLayout xmlns:android="http://schemas.android.com/apk/res/android"
2.       xmlns:tools="http://schemas.android.com/tools"
3.       android:layout_width="match_parent"
4.       android:layout_height="match_parent"
5.       android:padding="@dimen/activity_vertical_margin"
6.       tools:context=".MainActivity" >
7.       <FrameLayout
8.           android:id="@+id/leftContainerId"
9.           android:layout_width="match_parent"
10.          android:layout_height="match_parent" />
11.  </RelativeLayout>
```

（6）创建横屏方向的 activity_main.xml 布局文件（链接资源/第 13 章/ fragments/notes/src/main/res/layout-land/activity_main.xml）。

该布局文件中需要设置两个 Fragment 的占位标签，即显示 LeftFragment 和

RightFragment 的两个<FrameLayout>布局标签。

<范例代码>

```
1.   <LinearLayout xmlns:android="http://schemas.android.com/apk/res/android"
2.     xmlns:tools="http://schemas.android.com/tools"
3.     android:layout_width="match_parent"
4.     android:layout_height="match_parent"
5.     tools:context=".MainActivity" >
6.     <FrameLayout
7.         android:id="@+id/leftContainerId"
8.         android:layout_width="0dp"
9.         android:layout_height="match_parent"
10.        android:layout_weight="1"
11.        android:background="#8f08"/>
12.
13.    <FrameLayout
14.        android:id="@+id/rightContainerId"
15.        android:layout_width="0dp"
16.        android:layout_height="match_parent"
17.        android:layout_weight="2"
18.        android:background="#80f8"/>
19. </LinearLayout>
```

注意：activity_main.xml 布局有两个，默认加载在 res/layout 目录下，横屏时系统会加载在 res/layout-land 目录下的布局。

（7）创建 MainActivity.java 类文件（链接资源/第 13 章/fragments/notes/src/main/java/com/yztcedu/MainActivity.java）。

该类中动态将 LeftFragment 实例对象显示在其占位的左边<FrameLayout>布局上，无论当前屏幕方向是竖屏还是横屏，都包含这一个占位的<Fragment>布局标签。

<范例代码>

```
1.   public class MainActivity extends Activity {
2.       @Override
3.       protected void onCreate(Bundle savedInstanceState) {
4.           super.onCreate(savedInstanceState);
5.           setContentView(R.layout.activity_main);
6.           FragmentManager fm = getFragmentManager();
7.           FragmentTransaction ft = fm.beginTransaction();
8.           ft.replace(R.id.leftContainerId,
9.   new FragmentLeft());
10.          ft.commit();
11.      }
12. }
```

<代码详解>

第 6 行至第 10 行获取 Fragment 管理对象并开启 Fragment 事务，通过事务对象动态显示 LeftFragment，最后调用事务的 commit()方法向系统提交本次事务。

（8）创建 ContentActivity.java 类文件（链接资源/第 13 章/fragments/ notes/src/main/java/com/yztcedu/ContentActivity.java）。

该类中加载显示笔记内容的布局，获取意图中包含的笔记内容参数，并将数据显示到 TextView 标签中。

<范例代码>

```
1.   public class ContentActivity extends Activity {
2.       private TextView textView;
3.       @Override
4.       protected void onCreate(Bundle savedInstanceState) {
5.           super.onCreate(savedInstanceState);
6.           setContentView(R.layout.fragment_right);
7.
8.       textView=(TextView)findViewById(R.id.textViewId);
9.
10.         //获取显示的内容
11.         String msg=getIntent().getStringExtra("msg");
12.
13.         textView.setText(msg);
14.
15.     }
16. }
```

<代码详解>

第 11 行至第 13 行设置 getIntent()获取打开当前 Activity 的意图对象，并获取意图中传入的 "msg" 参数（笔记内容），最后将数据显示到 TextView 控件中。

注意：在 ContentActivity 中使用的布局是 fragment_right.xml，实际上可以在代码中实例化一个 TextView 控件显示内容。另外 ContentActivity 必须在 AndroidManifest.xml 文件中进行注册，注册的代码在此省略。

13.8　本章总结

本章要掌握 Fragment 的基本用法，包括 Fragment 的创建与使用、FragmentManager 和 FragmentTransaction 两个重要类的使用，以及 Fragment 与 Activity 的交互方式等。

Fragment 是在 Android 3.0 之后引入的，因此在低于 3.0 或在 ViewPager 中使用 Fragment

需要引用 v4 包，同时 Activity 也要继承 v4 包下的 FragmentActivity，并通过 getSurpportFragment Manager()获取 Fragment 管理实例。当引用了 v4 包下的 Fragment 时，与 Fragment 相关的管理类与事务类都必须是 v4 包下的。

在 Android 应用框架中，还提供了 ListFragment、DialogFragment 等默认带有 UI 的 Fragment 实现类，不需要重写 onCreateView()方法。如 ListFragment 中提供了 ListView 控件，并提供了 setListAdapter()方法设置 ListView 控件的适配器；重写 onListItemClick()方法实现列表项的点击事件。这些类的详细使用方法可以查询 API。

第 **14** 章

ActionBar

前面学习了如何使用 Activity、Fragment、布局和 View 来构造一个用户 UI 界面。为了提高用户体验，本章着眼于扩展用户体验。

ActionBar 和 Fragment、Loader 等一样，是在 Android3.0 及后续版本新加的技术，它是一个系统级的 UI 控件。ActionBar 的位置在 Android3.0 以前版本标题栏的位置，只是 ActionBar 除了可以显示标题和图标外，还可以显示动作按钮及自定义视图，因此也可以将 ActionBar 称为扩展标题栏。本章将重点介绍 ActionBar 的基本概念及常用操作，主要内容如下：

- ❑ ActionBar 简介。
- ❑ 创建、显示、隐藏、移除 ActionBar。
- ❑ 添加 ActionBar 的项元素。
- ❑ 使用上下拆分的 ActionBar。
- ❑ ActionBar 启用向上导航。
- ❑ 应用 Action View 的自定义动作项。
- ❑ 应用 Action Provider。
  - ➢ 使用 ShareActionProvider 实现分享。
  - ➢ 自定义 ActionProvider。
- ❑ ActionBar 的 Tab 导航、导航标签的现场保护。
- ❑ ActionBar 的下拉导航。

14.1 ActionBar 简介

ActionBar 是用来标识用户位置的一个窗口特性，并且提供了用户的操作和导航的模式。通过使用 ActionBar 提供给用户一个熟悉的用户操作接口，以在不同的屏幕配置中进行优雅的适配操作。ActionBar 的界面效果类似于 Windows 桌面程序的工具栏，可以放置图标、按钮、SearchView 及下拉列表等控件。图 14.1 就是一个典型的 ActionBar 应用案例。

图 14.1　ActionBar 的典型案例

数字 1：位于 ActionBar 左侧的应用程序图标。

数字 2：用户访问频率比较高的动作（搜索），一般可以将关键动作放到醒目的位置，以利于用户在第一时间找到自己想要的功能。

数字 3：ActionBar 提供的标准下拉列表形式的导航风格。

ActionBar 的应用程序接口是在 Android3.0(API Level 11）时首次添加进来的，但是在 Android2.1(API Level 7) 及以上版本可以通过引入支持包在应用程序中兼容使用。如果应用程序支持的 Android 版本是 Android3.0 或者更高，可以在应用程序中直接使用 ActionBar 的 APIs。ActionBar 的 API 和支持包的大多数应用程序接口是相同的，只是属于不同的 java 包。大家需要注意，在应用程序中导入的 ActionBar 类是在合适的包中，如下：

- 如果导入的 API Levels 低于 11，则导入的类是：

```
Import  android.support.v7.app.ActionBar
```

- 如果导入的 API Levels 是 11 或高于 11，则导入的类是：

```
Import  android.app.ActionBar
```

14.2　创建、显示、隐藏、移除 ActionBar

1．应用程序中引入的 Android Level 为 Android 2.1(API Level 7)和 Android 3.0 (API Level 11)

【范例 14-1】显示隐藏 ActionBar（代码文件详见链接资源中第 14 章范例 14-1）

在添加 ActionBar 之前，必须在该项目中添加 appcompat v7 的支持包，然后按照以下步骤添加 ActionBar。

（1）创建一个 extends ActionBarActivity 的 Activity。

（2）使用（或者继承）Theme.AppCompat 主题，并且将该主题添加到 activity 或

application 的主题中。

```
<activity android:theme="@style/Theme.AppCompat.Light"/>
```

程序运行时通过调用 hide()方法来隐藏 ActionBar，比如：

```
ActionBar actionBar = getSupportActionBar();
actionBar.hide();//隐藏 actionBar
actionBar.show();//显示 actionBar
```

2．应用程序中引入的 Android Level 为 API Level 11 或更高版本

（1）创建的 Activity 无须继承 ActionBarActivity。

（2）使用（或者继承）Theme.Holo 主题，并且将该主题添加到 activity 或 application 的主题中。

```
<activity android:theme="@android:style/Theme.Holo.Light"/>
```

注意：Holo 主题也可以不手动添加，因为该主题是 targetSdkVersion 或者 minSdkVersion 的属性设置成了 11 或者更高版本的默认主题。

```
ActionBar actionBar = getActionBar();
actionBar.hide();//隐藏 actionBar
actionBar.show();//显示 actionBar
```

移除 ActionBar 也可以采用设置主题的方式：

```
<activity   android:theme="@android:style/Theme.Holo.NoActionBar"
```

注意：当一个 Activity 应用了一个不含有 ActionBar 的主题后，将不能通过程序在运行时显示它，调用 getActionBar()或 getSupportActionBar()会返回 null。

14.3　添加 ActionBar 的项元素

有时用户需要快速访问选项菜单中的菜单项。要实现这一目标，只要把这些菜单项声明为显示在 ActionBar 的"action 项"即可。

一个 action 项可以包含一个图标和一个文字标题。如果菜单项无法作为 action 项显示，系统会把它置于滑动菜单中。滑动菜单可以使用设备上的菜单键，如图 14.2 所示。

图 14.2　包含三个图标的 action 项

当 activity 第一次被启动时，系统会调用 activity 中的 onCreateOptionsMenu()来构建 ActionBar 和滑动菜单。这个回调方法中应该填写一个定义了菜单项的 XML 格式菜单资源。

实现图 14.2 效果需进行以下操作。

（1）创建 res/menu/main.xml。

（2）在代码中重写 onCreateOptionsMenu()方法。

（3）在 AndroidManifest.xml 中添加 android:minSdkVersion="11"。

（4）处理 action item 的点击事件。

范例代码/第 14 章/范例 14-2（添加 ActionBar 的项元素）/YZTC14_actionbar_ch03/ res/menu/main.xml。

```xml
<menu xmlns:android="http://schemas.android.com/apk/res/android"
xmlns:tools="http://schemas.android.com/tools"
tools:context="com.example.ch13_actionbar_ch03.MainActivity" >
<!-- 显示图标和文本,只在有空余位置时才在 ActionBar 上显示 -->
<item
android:id="@+id/add"
android:showAsAction="ifRoom|withText"
android:title="@string/add"
android:icon="@android:drawable/ic_menu_add"/>

<!-- 只显示图标,总在 ActionBar 上显示,除非确实没有位置-->
<item
android:id="@+id/call"
android:showAsAction="always"
android:title="@string/call"
android:icon="@android:drawable/ic_menu_call"/>

<!-- 只显示图标,总在 ActionBar 上显示,只在有空余位置时才在 ActionBar 显示 -->
<item
android:id="@+id/search"
android:showAsAction="ifRoom"
android:title="@string/search"
android:icon="@android:drawable/ic_menu_search"/>
</menu>
```

为了将 ActionBar 的项作为动作按钮显示在 ActionBar 上,则在 menu 菜单的 item 元素中需要添加 showAsAction="ifRoom"。在此 XML 文件中,通过将 <item> 元素声明为 android:showAsAction="ifRoom"属性,可以让一个菜单项显示为 action 项。通过这种方式,菜单项将会仅当有空间时才显示在 ActionBar 中,便于快速访问。如果没有空间,菜单项将显示在滑动菜单中。android:showAsAction 的取值如表 14.1 所示。

表 14.1　android:showAsAction 属性可设置的值

属 性 值	描　　述
ifRoom	只有在ActionBar有空间时才放置Action按钮
withText	除了在Action按钮上显示图标外,还会显示菜单项文本。该属性值通常与其他属性值一起使用,例如,ifRoom|always

续表

属 性 值	描　　述
never	从不将当前菜单项作为Action按钮放到ActionBar上，是android:showAsAction属性的默认值
always	总会将当前菜单项作为Action按钮放到ActionBar。如果ActionBar上没有足够的空间，系统总会从ActionBar上移出非always选项的Action按钮，如果仍然没有足够的空间，Action按钮会覆盖ActionBar左侧的标题文本，但不会将最左侧的程序图标挤掉。如果仍然无法挤出空间放置Action按钮，系统就不会再尝试在ActionBar上放置Action按钮。
collapseActionView	允许与Action按钮关联的Action视图（需要使用android:actionLayout或android:actionViewClass属性）可折叠。 最小Android版本要求:Android 4.0(API Level = 14)

在创建的 activity 的 onCreateOptionsMenu()方法中，加载 menu 的资源文件，将 menu 中的每一项添加到 ActionBar 中。比如：

```
@Override
public boolean onCreateOptionsMenu(Menu menu) {
//加载菜单，并且将 menu 中的 item 添加到 Action Bar 中显示
getMenuInflater().inflate(R.menu.main, menu);
return true;
}
```

由于 Android3.0 以上版本才支持 ActionBar，所以 AndroidManifest.xml 文件中<uses-sdk>标签的 android:minSdkVersion 属性值不能小于 11，代码如下：

```
<uses-sdk
android:minSdkVersion="11"
android:targetSdkVersion="21" />
```

处理 action 项上的点击事件：

```
// 处理 ActionBar 项的点击事件
@Override
public boolean onOptionsItemSelected(MenuItem item) {
int id = item.getItemId();
switch (id) {
case R.id.add:
Toast.makeText(this, "新建", Toast.LENGTH_LONG).show();
break;
case R.id.call:
Toast.makeText(this, "呼叫", Toast.LENGTH_LONG).show();
break;
case R.id.search:
Toast.makeText(this, "搜索", Toast.LENGTH_LONG).show();
break;
```

```
    }
    return super.onOptionsItemSelected(item);
    }
```

14.4   使用上下拆分的 ActionBar

在窄屏的支持设备（如竖屏模式下的智能手机）上，启用拆分 ActionBar 可以让系统将 ActionBar 拆分成多个独立部分。该功能从 Android 4.0(API Level = 14)开始允许在 ActionBar 空间不够的情况下将 Action 按钮移到屏幕底部，而屏幕顶部只剩下程序图标和标题文本，效果如图 14.3 所示。

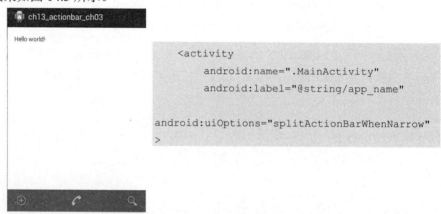

```
<activity
    android:name=".MainActivity"
    android:label="@string/app_name"

android:uiOptions="splitActionBarWhenNarrow"
>
```

图 14.3   拆分 ActionBar 运行结果

14.5   ActionBar 启用向上导航

向上导航通常将用户移到当前 Activity 的父界面。这对于有多个入口点的应用程序尤其有用，允许用户在应用程序中导航，效果如图 14.4 所示。

图 14.4   ActionBar 导航运行效果

要想启用应用程序图标的"向上"导航功能，可以调用 ActionBar 的如下方法：

```
//启用应用程序图标的"向上"导航功能
getActionBar().setDisplayHomeAsUpEnabled(true);
//隐藏应用程序的标题
getActionBar().setDisplayShowTitleEnabled(false);
```

应用程序的图标的点击由系统作为一个菜单项点击事件而广播。菜单项的选择是由

Activity 中的 onOptionsItemSelected 处理程序进行处理的，会把传入的菜单项参数 ID 设置
为 android.R.id.home，代码如下：

```
@Override
public boolean onOptionsItemSelected(MenuItem item) {
int id = item.getItemId();
if(id==android.R.id.home){
Intent intent = new Intent(this,MainActivity.class);
intent.addFlags(Intent.FLAG_ACTIVITY_CLEAR_TOP);
startActivity(intent);
return true;
}
return super.onOptionsItemSelected(item);
}
}
```

14.6　应用 Action View 的自定义动作项

ActionBar 上不仅可以将菜单项采用 Action 按钮显示，也可以在 ActionBar 上添加任何
的 View，即 Action View。例如，我们常采用的方式是在 ActionBar 上添加一个搜索框或文
本的输入框。未点击时效果如图 14.5 所示，点击"搜索"图标后效果如图 14.6 所示。

图 14.5　点击前　　　　　　　　　图 14.6　点击后

【范例 14-3】应用 Action View 的自定义动作项（代码文件详见链接资源中第 14
章范例 14-3）实现如图 14.6 所示效果有两种方式

方式一：在 R/menu/main.xml 中添加含有 SearchView 的 item 元素。

```
<item
android:id="@+id/search"
android:showAsAction="always|collapseActionView"
android:actionViewClass="android.widget.SearchView"
android:title="@string/search"/>
```

方式二：在 R/layout 下创建 my_action_view.xml，代码如下。

```
<android.widget.SearchView
xmlns:android="http://schemas.android.com/apk/res/android"
android:layout_width="match_parent"
android:layout_height="wrap_content">
</android.widget.SearchView>
```

该 xml 会在下面的代码中引用。

在 R/menu/main.xml 中添加常规的 item 元素，但不包含 android:actionViewClass 属性。接下来在 java 代码中的 onCreateOptionsMenu(Menu menu) 添加下列代码：

```
@Override
public boolean onCreateOptionsMenu(Menu menu) {
//加载 menu 的布局文件
getMenuInflater().inflate(R.menu.main, menu);
//从 menu 中查找 MenuItem
MenuItem menuItem =menu.findItem(R.id.search);
//在 Search 的 menuItem 中添加 SearchView 对应的 layout
menuItem.setActionView(R.layout.my_action_view);
//设置 menuItem 的显示特性
menuItem.setShowAsAction(MenuItem.SHOW_AS_ACTION_IF_ROOM|
MenuItem.SHOW_AS_ACTION_COLLAPSE_ACTION_VIEW);
return true;
}
```

以上的两种方法，引入了 MenuItem.SHOW_AS_ACTION_COLLAPSE_ACTION_VIEW。这是在 Android 4.0(API Level 14)中引入的一种方法。设置了这个标志后，菜单项在被按下前将使用标准的图标或文本属性来表示。按下后，该菜单项将展开以填充操作栏。

Action View 的交互需要大家来处理，通常是在 onCreateMenuOptions 中处理。效果如图 14.7 所示。

图 14.7 ActionView 运行效果

范例代码/第 14 章/范例 14-4（添加 ActionBar 的项元素）/cYZTC14_actionbar_ch04/MainActivity.java。

```
SearchView sv=(SearchView)menuItem.getActionView();
sv.setOnQueryTextListener(new OnQueryTextListener() {
//当文本输入完毕被提交时自动执行
@Override
public boolean onQueryTextSubmit(String query) {
return false; }
```

```
//当文本内容发生改变时,自动执行
@Override
public boolean onQueryTextChange(String newText) {
Toast.makeText(MainActivity.this,newText,
Toast.LENGTH_LONG).show();
return true;}});
```

14.7　应用 Action Provider

使用 Action View 响应的代码需要自己编写,而 Action Provider 会做更多的工作。例如,可以很容易为程序添加分享功能。

分享是应用程序中最常见的功能。例如浏览某网站时可以将网页地址分享给其他程序。

【范例 14-5】应用 Action Provider(代码文件详见链接资源中第 14 章范例 14-5)

(1)应用系统自带的 ShareActionProvider。

在 Android 中通过使用 ShareActionProvider 类也可以很容易将分享功能加入 ActionBar,可以将 android:actionProviderClass 添加到 R/menu/main.xml 中的 item 标签中,代码如下:

```
<item
android:id="@+id/share"
android:showAsAction="ifRoom"
android:icon="@android:drawable/ic_menu_share"
android:actionProviderClass="android.widget.
ShareActionProvider"
android:title="@string/share"/>
```

通过 ShareActionProvider.setShareIntent 方法指定一个用于过滤分享列表的 Intent 对象。代码如下:

```
@Override
public boolean onCreateOptionsMenu(Menu menu) {
//加载menu的资源文件
getMenuInflater().inflate(R.menu.main, menu);
MenuItem menuItem=menu.findItem(R.id.share);
//获取 ShareActionProvider 对象
ShareActionProvider provider=(ShareActionProvider)
menuItem.getActionProvider();
//分享功能的 Action 是 ACTION_SEND
Intent intent = new Intent(Intent.ACTION_SEND);
//在分享列表中只显示可接收文本的程序
intent.setType("text/plain");
//设置分享的数据
intent.putExtra(Intent.EXTRA_SUBJECT,"分享");
```

```
intent.putExtra(Intent.EXTRA_TEXT,
"使用 ShareActionProvider 分享文本信息");
//设置过滤分享列表的 Intent 对象
provider.setShareIntent(intent);
return true; }
```

运行之后，

①不点击之前的效果如图 14.8 所示，会在 ActionBar 的右侧显示分享按钮。

图 14.8　ActionBar 分享按钮运行效果

② 点击按钮后，会显示系统中所有可以接收文本信息的程序，如图 14.9 所示。

图 14.9　点击分享按钮后的效果

③ 点击某个程序后，如 信息，就会启动该程序，同时将相应的信息导入该程序，如图 14.10 所示。

图 14.10　点击信息后的运行效果

④ 启动某个分享程序后，会在分享按钮右侧显示最近调用的分享程序，例如 信息，如图 14.11 所示。

图 14.11　分享按钮后面添加信息按钮效果

（2）自定义 ActionProvider。

ShareActionProvider 是系统 ActionProvider 的子类，如果用户需要自定义功能，自定义类继承 ActionProvider 类即可，但需要注意以下两点。

① 提供一个带参数的构造方法，传入一个 Context 上下文的参数。

② 重写方法 onCreateActionView()。

该方法的参数无空，返回类型是 View，用来返回一个视图。

【范例 14-6】自定义 ActionProvider（代码文件详见链接资源中第 14 章范例 14-6）

实现调用系统设置的功能。

图 14.12　添加系统设置按钮　　　图 14.13　点击设置按钮后进入设置界面

当点击如图 14.12 所示 ImageButton时，弹出如图 14.13 所示系统设置界面，操作步骤如下：

① 在 res/layout/下创建布局视图 custom_actionprovider.xml。

```xml
<LinearLayout xmlns:android="http://schemas.android.com/apk/res/android"
android:layout_width="match_parent"
android:layout_height="match_parent"
android:orientation="vertical" >
<!-- 图片按比例缩小：android:scaleType="centerInside" -->
<ImageButton
android:id="@+id/imageButtonId"
android:layout_width="wrap_content"
android:layout_height="wrap_content"
android:src="@drawable/share"
android:layout_margin="5dp"
android:background="@android:color/transparent"
android:scaleType="centerInside"/>
</LinearLayout>
```

② 自定义类 CustomActionProvider 继承 ActionProvider。

```java
public class CustomActionProvider extends ActionProvider implements
OnClickListener{
private Context mContext;
//1.必须有带 Context 参数的构造方法
public CustomActionProvider(Context context){
super(context);
this.mContext=context;
}
//2.按钮的点击事件
@Override
public void onClick(View v) {
//打开系统的设置界面
```

```
Intent intent=new Intent(Settings.ACTION_SETTINGS);
mContext.startActivity(intent);
}
//3.自定义 ActionProvider 显示的内容
@Override
public View onCreateActionView() {
//加载 ActionProvider 对应的 view
View mView=LayoutInflater.from(mContext).
inflate(R.layout.custom_actionprovider, null);
//从当前的 view 中得到 ImageButton
ImageButton button=(ImageButton)mView.
findViewById(R.id.imageButtonId);
//给 ImageButton 添加点击事件
button.setOnClickListener(this);
return mView;
}
}
```

③ 在 res/menu/menu_share.xml 中添加 item 标签。

```
<menu xmlns:android="http://schemas.android.com/apk/res/android" >
<item
android:id="@+id/action_custom"
android:actionProviderClass="com.qftrain.
actionprovider.CustomActionProvider"
android:showAsAction="always"
android:title="自定义 ActionProvider"/>
</menu>
```

④ 在 MainActivity.java 中加载 res/menu/menu_share.xml，以及处理自定义的 ActionProvider 的 ImageButton 点击事件。

```
//加载 res/menu/menu_share.xml
@Override
public boolean onCreateOptionsMenu(Menu menu) {
getMenuInflater().inflate(R.menu.menu_share, menu);
return true;
}
//处理自定义的 ActionProvider 的处理事件
@Override
public boolean onOptionsItemSelected(MenuItem item) {
switch (item.getItemId()) {
case R.id.action_custom:
text_main_content.setText("点击了自定义 ActionProvider");
break;
}
return true;
}
```

14.8　ActionBar 的 Tab 导航、导航标签的现场保护

1．ActionBar 的 Tab 导航

ActionBar 除了应用程序图标导航、ActionBar 项元素导航外，还提供了 Tab 和下拉列表导航。Tab 导航一般与 Fragment 密切搭配使用，就是通过替换可见的 Fragment 达到改变当前 Activity 内容的目的，效果如图 14.14 所示。

图 14.14　导航效果

图 14.14 有三个选项卡，每个选项卡标签对应一个 Fragment，也可以公用一个 Fragment，通过用户点击的选项卡的标签页不同，达到显示不同内容的效果。

要想在 ActionBar 中显示 Tab 键，需要掌握如表 14.2 和表 14.3 所示方法。

表 14.2　ActionBar的方法

方 法 名	描　　述
setNavigationMode(int mode)	设置导航的模式： （1）ActionBar.NAVIGATION_MODE_TABS 启用Tab导航。 （2）ActionBar.NAVIGATION_MODE_LIST 启用下拉列表导航
newTab()	新建一个Tab选项卡，没有方法参数
addTab(Tab)	在ActionBar上添加一个选项卡

表 14.3　Tab类的方法

方 法 名	描　　述
setText(CharSequence text)	设置选项卡的标题信息
setIcon(Drawable icon)	设置选项卡的图标
setContentDescription(CharSequence contentDesc)	设置选项卡的描述信息
setTabListener(TabListener listener)	设置TabListener。 当用户操作选项卡页时，根据不同状态调用TabListener接口中的对应方法。在onTabSelected()方法中将Fragment添加到ActionBar上，在 onTabUnselected() 方 法 中 将 上 次 被 选 中 标 签 的 Fragment 从 ActionBar移除，当选中的Tab键被再次选中时回调onTabReselected()方法来处理

【范例 14-7】实现 Tab 导航功能（代码文件详见链接资源中第 14 章范例 14-7）

① 创建一个公用的 DummyFragment 和对应的布局文件 fragment_dummy.xml（包含一个 TextView）。

```
@Override
public View onCreateView(LayoutInflater inflater,
ViewGroup container,Bundle savedInstanceState) {
//加载 Fragment 对应的 view   ...
//根据从 TabListener 中传递过来的 tabindex，动态改变 TextView 的值
switch (tabindex) {
case 1:
text_dummyfragment_info.setText("这个是动态书签");
break;
case 2:
text_dummyfragment_info.setText("这个是邮件书签");
break;
case 3:
text_dummyfragment_info.setText("这个是好友书签");
break;
}
return view;}}
```

② 得到 ActionBar，设置 ActionBar 为 Tab 导航模式。

```
actionBar = getActionBar();
//设置 ActionBar 为导航模式
actionBar.setNavigationMode(ActionBar.NAVIGATION_MODE_TABS);
```

③ 自定义 ActionBar.TabListener 接口的实现类。

```
//实现 Tab 事件监听器
class MyTabListener implements ActionBar.TabListener {
//标签被选中时调用
@Override
public void onTabSelected(Tab tab, FragmentTransaction ft) {
DummyFragment fragment = new DummyFragment();
Bundle bundle = new Bundle();
//向碎片保存当前选项卡的 position
bundle.putInt("tabindex", tab.getPosition() + 1);
fragment.setArguments(bundle);

FragmentTransactiontransaction= getFragmentManager()
.beginTransaction();
transaction.replace(R.id.layout_container, fragment);
transaction.commit();
}
//标签未被选中时调用
@Override
```

```
public void onTabUnselected(Tab tab, FragmentTransaction ft) {}
//标签重新被选中时调用
@Override
public void onTabReselected(Tab tab, FragmentTransaction ft) {}
}
```

④ 创建 Tab 选项卡对象，添加 Tab 选项卡到 ActionBar 上，设置 Tab 选项卡的标题、图标、TabListener 监听。

```
Tab tab1 = actionBar.newTab()
.setText("动态")  //添加标题
.setIcon(R.drawable.icon_home_sel)  //添加图标
.setTabListener(new MyTabListener()); //添加监听
//将 Tab 选项卡添加到 ActionBar 上
actionBar.addTab(tab1);
//其他选项卡标签同理
```

2．导航标签的现场保护

导航标签的现场保护即保存当前选中的标签。比如，当横屏状态时选中了"邮件"标签，切换到竖屏后，选中的仍然是"邮件"标签。如果不进行现场状态保护，横竖屏切换后，都会从第一个"动态"标签开始，这样会让用户感到混乱，如图 14.15 和图 14.16 所示。

图 14.15　竖屏　　　　　　　　　图 14.16　横屏

要实现横竖屏切换时的状态保持，需要先掌握表 14.4 的内容。

表 14.4　现场保护和状态恢复

方　法	描　述
onSaveInstanceState(Bundle outState)	开始切换屏幕时保存当前的导航索引 将ActionBar的当前导航索引保存在outState中
onRestoreInstanceState(Bundle savedInstanceState)	屏幕切换动作结束后，显示界面之前，从savedInstanceState取得之前保存的导航索引，同时设置ActionBar当前的导航项

具体的程序实现，代码如下：

```
@Override
protected void onSaveInstanceState(Bundle outState) {
//将 ActionBar 的导航索引保存在 outState 中
outState.putInt("tabindex",actionBar
.getSelectedNavigationIndex());
super.onSaveInstanceState(outState);
}
@Override
```

```
protected void onRestoreInstanceState(
Bundle savedInstanceState) {
//给 ActionBar 设置当前的导航项
actionBar.setSelectedNavigationItem(savedInstanceState
.getInt("tabindex"));
super.onRestoreInstanceState(savedInstanceState);
}
```

14.9　ActionBar 的下拉导航

下拉导航是 ActionBar 的另一种导航模式，一般用来细化现有的内容，比如按照不同的模式（日、星期、月）显示的日历。效果如图 14.17 所示。

图 14.17　日历效果

实现上述效果需要大家注意以下三点。

（1）设置 ActionBar 下拉列表导航。

（2）创建一个 SpinnerAdapter 子类的对象。

（3）设置下拉列表导航选择的回调事件。

【范例 14-8】ActionBar 的下拉导航（代码文件详见链接资源中第 14 章范例 14-8）

```
//设置下拉列表导航
actionBar.setNavigationMode(ActionBar.NAVIGATION_MODE_LIST);
//创建一个 SimpleAdapter，用于显示下拉列表中显示的值
SimpleAdapter adapter=new SimpleAdapter(this, list,
R.layout.item,new String[]{"key","value"},
new int[]{R.id.tvTitle,R.id.tvDetail});
//设置下拉列表导航选择的回调事件
actionBar.setListNavigationCallbacks(adapter,
new   OnNavigationListener() {
@Override
public boolean onNavigationItemSelected(
int itemPosition, long itemId) {
//根据选择的下拉列表项的位置动态修改 UI 的内容
tvMessage.setText("选中了【"+
list.get(itemPosition).get("key")+"】项");
```

```
return false;
}
});
```

14.10　本章总结

从 Android3.0 开始，引入了 ActionBar 增强新的用户体验，采用 ActionBar 替换了陈旧的标题栏。一般情况下，ActionBar 和 Fragment 会一起使用，实现 Activity 内容的动态改变。

（1）ActionBar 根据用户的实际需要，可以调用 hide()、show()方法隐藏或显示，或者设置主题 Theme.Holo.NoActionBar 实现隐藏 ActionBar。

（2）为了让用户能够快速访问选项菜单中的菜单项，可以采用 res/menu/文件夹下的菜单文件，以及 onCreateOptionsMenu()、onOptionsItemSelected()实现菜单文件的加载和菜单项的事件处理。

（3）从 Android4.0(API Level 14)版本起，引入了 ActionBar 的拆分模式。通过在主配置文件中设置 Activity 标签的属性 android:uiOptions="splitActionBarWhenNarrow"，可以解决 ActionBar 菜单项过多菜单拥挤的问题，使 Action 按钮移到屏幕底部。

（4）有多个入口点的应用程序，可以通过方法 setDisplayHomeAsUpEnabled(true)采用向上导航，使用户能很方便地进入主界面操作。

（5）ActionBar 中可以添加任何自定义的 Action View，典型的案例是在 ActionBar 中添加一个 SearchView。

（6）使用 ActionProvider 的 ShareActionProvider 实现系统的分享功能，也可以自定义 ActionProvider，实现功能的定制。

（7）ActionBar 中引入了 Tab 导航和下拉列表导航，在使用 Tab 导航时，要配合导航标签的现场保护。

第 **15** 章

电话与短信

手机最基本的功能就是通话和短信。收发短信是每个手机最基本的功能之一，Android手机内置了一个短信应用程序，可以轻松完成收发短信的操作。不过 Android 还提供了一系列的 API，可以让开发者实现在自己的应用里接收和发送短信。

本章重点为大家介绍如下内容。

❑　短信管理器（SmsManager）。

❑　电话管理器（TelephonyManager）。

❑　SIP 网络电话。

15.1　短信管理器（SmsManager）

SMS（Short Message Service，短消息服务）通常称为短信服务。Android 手机内置了短信应用程序，同时 Android SDK 提供了短信管理器发送和接收文本短信。

【范例 15-1】调用系统程序发送短信（代码文件详见链接资源中第 15 章范例 15-1）

Android 系统内置了一个发送短信的应用程序，通过 Intent 七大属性中所学内容就可以实现发送短信。

<核心代码>

```
1.   public class MainActivity extends Activity {
2.       private EditText editText_main_content;
3.       @Override
4.       protected void onCreate(Bundle savedInstanceState) {
5.           super.onCreate(savedInstanceState);
```

```
6.          setContentView(R.layout.activity_main);
7.          editText_main_content = (EditText)
findViewById(R.id.editText_main_content);
8.      }
9.      public void clickButton(View view) {
10.         switch (view.getId()) {
11.         case R.id.button_main_send:
12.             Intent intent = new Intent();
13.             // Intent 的 Action 属性说明此次意图要执行的动作
14.             // Intent.ACTION_SENDTO 或"android.intent.action.SENDTO"
15.             // 向其他人发送短信
16.             intent.setAction(Intent.ACTION_SENDTO);
17.             // Intent 的 Data 属性说明接收短信的手机号码
18.             intent.setData(Uri.parse("smsto:13520551441"));
19.             // 通过 intent.putExtra(键，值)的形式在多个 Activity 之间进行数据交换
20.             // 将短信内容传递到系统的短信应用页面中
21.             intent.putExtra("sms_body", editText_main_content.getText()
22.                     .toString());
23.             startActivity(intent);
24.             break;
25.         default:
26.             break;
27.         }
28.     }
29. }
```

<代码详解>

第 12 行实例化 Intent 对象。

第 13 行至第 16 行调用 Intent 对象的 action 属性，说明此次意图要执行的动作，该动作的含义是向其他人发送短信。

第 17 行和第 18 行调用 Intent 对象的 Data 属性，Intent 的 Data 属性说明接收短信的手机号码。

第 19 行至第 22 行，调用 Intent 对象的 extra 属性，通过 intent.putExtra（键，值）的形式在多个 Activity 之间进行数据交换，此处是将短信内容传递到系统的短信应用页面中。

第 23 行启动上下文对象的 startActivity()方法实现页面跳转。

【范例 15-2】通过短信管理器（SmsManager）直接发送短信（代码文件详见链接资源中第 15 章范例 15-2）

SmsManager 类位于 android.telephony 包中，全路径为：android.telephony.SmsManager，它和电话管理器（TelephonyManager）位于同一个包中。两者都是 Android 中非常重要的服务类。

使用 SmsManager 发送短信需要经过以下三步。

（1）调用 SmsManager 类的静态方法 getDefault()获取 SmsManager 实例。

（2）通过 SmsManager 提供的 sendTextMessage()方法发送文本短信。

```
void sendTextMessage(String destinationAddress, String scAddress, String
text,PendingIntent sentIntent, PendingIntent deliveryIntent)
```

- ❑ String destinationAddress：发送短信的目标地址。
- ❑ String scAddress：发送短信供应商服务地址，使用 null 表示默认的服务地址。
- ❑ String text：表示短信内容。
- ❑ PendingIntent sentIntent：表示短信发送后的步骤。如果该参数不为 null，那么当短信成功发送，PendingIntent 就是一个广播。发送成功则结果码返回：Activity.RESULT_OK，否则返回错误码。
- ❑ PendingIntent deliveryIntent：表示短信交付后的步骤。如果该参数不为 null，则短信成功交付给收件人后，PendingIntent 就是一个广播。

（3）授予应用发送短信的权限。

<AndroidManifest.xml>

```
<!-- 授予发送短信的权限 -->
<uses-permission android:name="android.permission.SEND_SMS"/>
```

<核心代码>

```
1.   public class MainActivity extends Activity {
2.       private EditText editText_main_content;
3.       private EditText editText_main_phone;
4.       private SmsManager smsManager = null;
5.       private String number, content;
6.       @Override
7.       protected void onCreate(Bundle savedInstanceState) {
8.           super.onCreate(savedInstanceState);
9.           setContentView(R.layout.activity_main);
10.          editText_main_content = (EditText)
findViewById(R.id.editText_main_content);
11.          editText_main_phone = (EditText)
findViewById(R.id.editText_main_phone);
12.          smsManager = SmsManager.getDefault();
13.          // 获取短信接收方的电话号码
14.          number = editText_main_phone.getText().toString();
15.          // 获取短信内容
16.          content = editText_main_content.getText().toString();
17.      }
18.      public void clickButton(View view) {
19.          switch (view.getId()) {
20.          case R.id.button_main_send:
```

```
21.              // 创建 PendingIntent 对象，作为发送短信的参数
22.              PendingIntent sentIntent = PendingIntent.getActivity(this, 0,
23.                     new Intent(), 0);
24.              // 调用 sendTextMessage()方法发送文本短信
25.              smsManager.sendTextMessage(number, null, content, sentIntent,
null);
26.              Toast.makeText(this, "短信已经发送! ", Toast.LENGTH_SHORT).show();
27.              break;
28.          default:
29.              break;
30.          }
31.      }
32. }
```

<代码详解>

第 12 行初始化 SmsManager 对象。

第 21 行创建 PendingIntent 对象，作为发送短信的参数。

第 25 行调用 SmsManager 对象的 sendTextMessage()方法发送文本短信。

【范例 15-3】保存短信发送记录（代码文件详见链接资源中第 15 章范例 15-3）

使用短信管理器（SmsManager）可以直接发送短信，但查看系统的短信记录却无法看到刚发送的短信记录。因为 SmsManager 的 sendTextMessage()方法只负责发送文本短信，并不负责将发送记录保存进数据库中。如果希望保存短信发送记录，需要使用 ContentProvider 操作短信数据库。

短信数据库文件位于："/data/data/com.android.providers.telephony/databases/ mmssms.db"。短信数据位于 mmssms.db 数据库文件的 sms 表中。

<sms 表定义>

```
1.   CREATE TABLE sms (
2.   _id INTEGER PRIMARY KEY,
3.   thread_id INTEGER,
4.   address TEXT,
5.   person INTEGER,
6.   date INTEGER,
7.   date_sent INTEGER DEFAULT 0,
8.   protocol INTEGER,
9.   read INTEGER DEFAULT 0,
10.  status INTEGER DEFAULT -1,
11.  type INTEGER,
12.  reply_path_present INTEGER,
13.  subject TEXT,
14.  body TEXT,
15.  service_center TEXT,
```

```
16.   locked INTEGER DEFAULT 0,
17.   error_code INTEGER DEFAULT 0,
18.   seen INTEGER DEFAULT 0);
```

向 sms 表中插入新的短信记录，需要插入数据的字段有：thread_id、address、body、date、type、read 6 个核心字段。

（1）thread_id 字段。

thread_id 是短信会话 id。短信会话（Thread）就是同一个电话号码对应的所有短信，包括收到的短信与发送的短信。如果向 sms 表中插入一条短信记录，一定要确定其 thread_id 的值。如何获取 thread_id 的值？在 mmssms.db 数据库文件中有 canonical_addresses 表，该表有两个字段：_id 和 address，_id 就是 sms 表中的 thread_id。

<canonical_addresses 表定义>

```
CREATE TABLE canonical_addresses (
_id INTEGER PRIMARY KEY AUTOINCREMENT,
address TEXT);
```

访问 canonical_addresses 表的 URI 字符串为："content://mms-sms/canonical-addresses"。以手机号码作为查询条件，从 canonical_addresses 表中查询该手机号码对应的 thread_id 的值。如果没有查到，系统会自动在 canonical_addresses 表中插入一条新数据。_id 为自增长数值，address 为查询的手机号码。

（2）address 字段：短信接收方手机号码。

（3）body 字段：短信内容。

（4）date 字段：短信发出的时间戳。

（5）type 字段：短信类型。type 为"1"表示接收到的短信，"2"表示发送的短信。（需要保存短信记录的都是发送的短信，也就是 type 为 2）

（6）read 字段：短信查看情况。read 为"0"表示短信已被查看，"1"表示未读短信。

<核心代码>

```
1.   public class MainActivity extends Activity {
2.       private EditText editText_main_content;
3.       private EditText editText_main_phone;
4.       private SmsManager smsManager = null;
5.       private String phoneNumber = "";
6.       private String content = "";
7.       @Override
8.       protected void onCreate(Bundle savedInstanceState) {
9.           super.onCreate(savedInstanceState);
10.          setContentView(R.layout.activity_main);
11.          editText_main_content = (EditText)
findViewById(R.id.editText_main_content);
```

```
12.          editText_main_phone = (EditText)
findViewById(R.id.editText_main_phone);
13.          smsManager = SmsManager.getDefault();
14.      }
15.     public void clickButton(View view) {
16.         switch (view.getId()) {
17.         case R.id.button_main_send:
18.             // 获取短信接收方的电话号码
19.             phoneNumber = editText_main_phone.getText().toString();
20.             // 获取短信内容
21.             content = editText_main_content.getText().toString();
22.             // 创建 PendingIntent 对象，作为发送短信的参数
23.             PendingIntent sentIntent = PendingIntent.getActivity(this, 0,
24.                     new Intent(), 0);
25.             // 调用 sendTextMessage()方法发送文本短信
26.             Log.i("MainActivity", "---" + phoneNumber);
27.             smsManager.sendTextMessage(phoneNumber, null, content,
sentIntent,
28.                     null);
29.             Toast.makeText(this, "短信已经发送！", Toast.LENGTH_SHORT).show();
30.             // 保存短信记录
31.             insertSMSRecord();
32.             break;
33.         default:
34.             break;
35.         }
36.     }
37.     private void insertSMSRecord() {
38.         ContentResolver resolver = getContentResolver();
39.         Uri uri_sms = Uri.parse("content://sms");
40.         Uri uri_canonical_addresses = Uri
41.                 .parse("content://mms-sms/canonical-addresses");
42.         // 查找手机号码对应的会话 id(thread_id)
43.         Cursor cursor = resolver.query(uri_canonical_addresses, null,
44.                 "address=?", new String[] { phoneNumber }, null);
45.         //如果没有查到该手机号所对应的 thread_id，系统会自动在 canonical_addresses 表
中插入一条新数据。_id 为自增长数值，address 为查询的手机号码
46.         String threadID = "";
47.         if (cursor.moveToNext()) {
48.             threadID = cursor.getString(0);
49.         }
50.         // 向 sms 表中插入新的短信记录，需要插入数据的字段有：thread_id、address、body、
date、type、read 6 个核心字段
51.         ContentValues contentValues = new ContentValues();
52.         contentValues.put("thread_id", threadID);
53.         contentValues.put("address", phoneNumber);
```

```
54.          contentValues.put("body", content);
55.          contentValues.put("date", new Date().getTime());
56.          // type 字段为"1"表示收到的短信,"2"表示发送的短信
57.          contentValues.put("type", 2);
58.          // read 字段为"0"表示短信已被查看,"1"表示未读短信
59.          contentValues.put("read", 1);
60.          resolver.insert(uri_sms, contentValues);
61.      }
62. }
```

<代码详解>

第 13 行初始化 SmsManager 对象。

第 23 行创建 PendingIntent 对象,作为发送短信的参数。

第 27 行调用 SmsManager 对象的 sendTextMessage()方法发送文本短信。

第 31 行调用自定义的 insertSMSRecord()方法保存短信记录。

第 37 行至第 61 行,自定义保存短信记录 insertSMSRecord()方法。第 38 行初始化 ContentResolver 对象。第 42 行查找手机号码所对应的会话 id(thread_id)。第 45 行表示如果没有查到该手机号码对应的 thread_id,系统会自动在 canonical_addresses 表中插入一条新数据。_id 为自增长数值,address 为查询的手机号码。第 51 行表示向 sms 表中插入新的短信记录,需要插入数据的字段有:thread_id、address、body、date、type、read 6 个核心字段。

【范例 15-4】 监听并接收短信(代码文件详见链接资源中第 15 章范例 15-4)

监听和接收短信主要利用广播机制。手机接收到短信后,系统一定会在 android.provider.Telephony.SMS_RECEIVED 频道发送一条广播,通知手机系统内所有的应用有短信进入。只要写了广播接收器并注册了该频道广播的应用都会接收到该广播,这条广播中携带了所收到短信的所有数据。

取出短信数据分为以下六步。

(1)获得 Bundle 对象。

(2)提取 SMS pdus 数组。

(3)将每个 pdu 字节数组转换成 SmsMessage 对象。

(4)遍历 SmsMessage 对象,调用 SmsMessage 对象的 getMessageBody()方法获取每一段短信内容,最后将短信内容拼接,形成一条完整短信。

(5)调用 SmsMessage 对象的 getOriginatingAddress()方法获取短信发送方电话号码。

(6)授予应用接收短信的权限。

PDU(Protocol Data Unit,协议数据单元)表示 SMS 消息的行业标准方式。为了获取到短信数据,首先通过广播接收器中 onReceive()方法的 Intent 参数拿到 Bundle 对象,然后从 Bundle 对象中利用"pdus"键名取出 SMS pdus 数组,该数组中的每一个 pdu 都表示一

条短信消息。接着利用 SmsMessage 的 createFromPdu()方法将每一个 pdu 字节数组转换为 SmsMessage 对象。遍历 SmsMessage 对象,调用 SmsMessage 对象的 getMessageBody()方法获取每一段短信内容,最后将短信内容拼接,形成一条完整短信。调用 SmsMessage 对象的 getOriginatingAddress()方法获取短信发送方电话号码。调用 SmsMessage 对象的 getTimestampMillis()方法获取短信接收到的时间。

注意:根据国际标准,每条短信的字数是有限制的。中文字符最大字数上限为 70 个,西文字符最大字数上限为 140 个,如果想要发送超出这个长度的短信,则会将这条短信分割成多条来发送。

<核心代码>

```
1.   public class SMSReceiver extends BroadcastReceiver {
2.       private static final String TAG = "SMSReceiver";
3.       @Override
4.       public void onReceive(Context context, Intent intent) {
5.           // Log.i(TAG, "==来短信了");
6.           // 获得 Bundle 对象
7.           Bundle bundle = intent.getExtras();
8.           // 提取 SMS pdus 数组
9.           Object[] pdus = (Object[]) bundle.get("pdus");
10.          // 将每个 pdu 字节数组转换成 SmsMessage 对象
11.          SmsMessage[] smsMessage = new SmsMessage[pdus.length];
12.          StringBuilder sb = new StringBuilder();
13.          // 遍历 SmsMessage 对象,调用 SmsMessage 对象的 getMessageBody()方法获取每一
     段短信内容,最后将短信内容拼接,形成一条完整短信
14.          for (int i = 0; i < pdus.length; i++) {
15.              smsMessage[i] = SmsMessage.createFromPdu((byte[]) pdus[i]);
16.              sb.append(smsMessage[i].getMessageBody());
17.          }
18.          String content = sb.toString();
19.          //调用 SmsMessage 对象的 getOriginatingAddress()方法获取短信发送方电话号码
20.          String phoneNumber = smsMessage[0].getOriginatingAddress();
21.          Log.i(TAG, "==来短信了" + phoneNumber + ":" + content);
22.          //调用 SmsMessage 对象的 getTimestampMillis()方法获取短信接收到的时间戳
23.          Long timestamp = smsMessage[0].getTimestampMillis();
24.          // 终止广播继续传递,拦截短信
25.          // abortBroadcast();
26.      }
27. }
```

<代码详解>

第 4 行至第 26 行定义广播接收器,重写 onReceive()方法。

第 7 行获得 Bundle 对象。

第 9 行根据键"pdus",从 Bundle 对象中提取 SMS 中的 pdus 数组。

第 10 行将每个 pdu 字节数组转换成 SmsMessage 对象。

第 14 行遍历 SmsMessage 对象，调用 SmsMessage 对象的 getMessageBody()方法获取每一段短信内容，最后将短信内容拼接，形成一条完整短信。

第 20 行调用 SmsMessage 对象的 getOriginatingAddress()方法获取短信发送方电话号码。

第 23 行调用 SmsMessage 对象的 getTimestampMillis()方法获取短信接收到的时间戳。

第 25 行终止广播继续传递，利用 abortBroadcast()拦截短信。

<AndroidManifest.xml 的核心代码>

```
1.   <?xml version="1.0" encoding="utf-8"?>
2.   <manifest xmlns:android="http://schemas.android.com/apk/res/android"
3.       package="org.mobiletrain.smsreceiver"
4.       android:versionCode="1"
5.       android:versionName="1.0" >
6.       <uses-sdk
7.           android:minSdkVersion="8"
8.           android:targetSdkVersion="17" />
9.       <!-- 授予接收短信的权限 -->
10.       <uses-permission android:name="android.permission.RECEIVE_SMS" />
11.
12.       <application
13.           android:allowBackup="true"
14.           android:icon="@drawable/ic_launcher"
15.           android:label="@string/app_name"
16.           android:theme="@style/AppTheme" >
17.           <activity
18.               android:name=".MainActivity"
19.               android:label="@string/app_name" >
20.               <intent-filter>
21.                   <action android:name="android.intent.action.MAIN" />
22.                   <category android:name="android.intent.category.LAUNCHER" />
23.               </intent-filter>
24.           </activity>
25.           <receiver
26.               android:name=".SMSReceiver"
27.               android:enabled="true"
28.               android:exported="true" >
29.               <intent-filter android:priority="900" >
30.                   <action
android:name="android.provider.Telephony.SMS_RECEIVED" >
31.                   </action>
32.               </intent-filter>
33.           </receiver>
34.       </application>
35.   </manifest>
```

<代码详解>

第 25 行至第 33 行，静态注册广播接收器。

第 29 行定义广播接收器的优先级。

第 30 行定义广播接收器的 Action 属性。

15.1.1　拦截短信

拦截短信的关键步骤只有两步：

（1）提高自定义的短信广播接收器的优先级，让其高于系统短信应用。

（2）在自定义的短信广播接收器的 onReceive()方法中调用 abortBroadcast()方法。终止广播继续传递，起到拦截短信的作用。

15.1.2　查看短信

使用 ContentProvider 技术查看短信。实例代码参看 ContentProvider 一章。管理短信的文本 URI 字符串如下。

- ❏　所有短信记录：content://sms。
- ❏　收件箱：content://sms/inbox。
- ❏　已发送：content://sms/sent。
- ❏　草稿：content://sms/draft。
- ❏　发件箱：content://sms/outbox（正在发送的信息）。
- ❏　发送失败的短信：content://sms/failed。
- ❏　未送达的短信：content://sms/undelivered。
- ❏　待发送列表：content://sms/queued（比如开启飞行模式后，该短信就在待发送列表里）。

短信数据库表中主要字段如表 15.1 所示。

表 15.1　短信数据库表中主要字段

字　　　段	说　　　明
_id	主键
address	短信手机号码
subject	短信标题
body	短信内容
date	短信发送日期（时间戳格式）
type	短信类型（0：待发信息；1：接收到的信息；2：发出的信息）

15.2 电话管理器（TelephonyManager）

Android 系统电话 API 中除了短信管理器外，在 android.telephony 包里还包含电话管理器（android.telephony.TelephonyManager）。TelephonyManager 是一个管理手机通话状态、电话网络信息的服务类。

【范例 15-5】调用系统程序拨打电话（代码文件详见链接资源中第 15 章范例 15-5）

Android 系统内置了拨打电话的应用程序，Intent 利用 Action 属性和 Data 属性就可以实现拨打电话。为了实现拨打电话，一定要给应用授予拨打电话的权限。

\<AndroidManifest.xml\>

```
<!-- 授权拨打电话 -->
<uses-permission android:name="android.permission.CALL_PHONE"/>
```

\<核心代码\>

```
1.   public class MainActivity extends Activity {
2.       private EditText editText_main_phone;
3.       @Override
4.       protected void onCreate(Bundle savedInstanceState) {
5.           super.onCreate(savedInstanceState);
6.           setContentView(R.layout.activity_main);
7.           editText_main_phone = (EditText)
findViewById(R.id.editText_main_phone);
8.       }
9.       public void clickButton(View view) {
10.          Intent intent = new Intent();
11.          // 获取拨打的手机号码
12.          String phoneNumber = editText_main_phone.getText().toString();
13.          switch (view.getId()) {
14.          // 直接拨出电话
15.          case R.id.button_main_call:
16.              // Intent 的 Action 属性说明此次意图要执行的动作
17.              // Intent.ACTION_CALL 或"android.intent.action.CALL"
18.              // 该动作的含义是直接拨出电话
19.              intent.setAction(Intent.ACTION_CALL);
20.              break;
21.          // 显示拨号面板
22.          case R.id.button_main_dial:
23.              // Intent.ACTION_DIAL 或"android.intent.action.DIAL"
24.              // 该动作的含义是显示拨号面板
25.              intent.setAction("android.intent.action.DIAL");
26.              break;
27.          }
```

```
28.          // Intent 的 Data 属性说明拨打的手机号码
29.          intent.setData(Uri.parse("tel:" + phoneNumber));
30.          startActivity(intent);
31.      }
32. }
```

<代码详解>

第 10 行初始化 Intent 对象。

第 12 行获取拨打的手机号码。

第 15 行至第 20 行利用 Intent 属性直接拨出电话。

第 22 行至第 26 行利用 Intent 属性显示拨号面板，通过拨号面板拨出电话。

第 28 行利用 Intent 的 Data 属性说明拨打的手机号码。

第 30 行利用 startActivity() 实现 Intent 页面跳转。

【范例 15-6】获取网络和 SIM 卡信息（代码文件详见链接资源中第 15 章范例 15-6）

TelephonyManager 提供了一系列的 get 方法，可以获取到手机网络信息、SIM 卡的相关信息。使用步骤为：先获取 TelephonyManager 对象，再调用其中的 get 系列方法。获取 TelephonyManager 对象的代码如下：

```
TelephonyManager       telephonyManager       =       (TelephonyManager)
getSystemService(Context.TELEPHONY_SERVICE);
```

如果想获取完整的手机网络信息、SIM 卡相关信息，需要设置权限。

<AndroidManifest.xml>

```
<!-- 添加访问手机位置的权限 -->
<uses-permission android:name="android.permission.ACCESS_COARSE_LOCATION" />
<!-- 添加访问手机状态的权限 -->
<uses-permission android:name="android.permission.READ_PHONE_STATE" />
```

<核心代码>

```
1.   public class MainActivity extends Activity {
2.       private ListView listView_main_show;
3.       // 声明代表状态名的数组
4.       private String[] arrStatusNames = new String[] { "设备编号", "软件版本", "
网络运营商代号","网络运营商名称","手机制式","设备当前位置","SIM 卡的国别","SIM 卡序列号","SIM
卡状态" };
5.       // 获取代表 SIM 卡状态的数组
6.       private String[] arrSimState = new String[] { "状态未知", "无 SIM 卡", "被
PIN 加锁","被 PUK 加锁", "被 NetWork PIN 加锁", "已准备好" };
7.       // 获取代表电话网络类型的数组
8.       private String[] arrPhoneType = new String[] { "未知", "GSM", "CDMA" };
9.       // 声明代表手机状态的集合
10.      private List<String> statusValues = null;
```

```
11.      @Override
12.      protected void onCreate(Bundle savedInstanceState) {
13.          super.onCreate(savedInstanceState);
14.          setContentView(R.layout.activity_main);
15.          listView_main_show = (ListView)
findViewById(R.id.listView_main_show);
16.          // 初始化集合
17.          statusValues = new ArrayList<String>();
18.          // 获取系统的 TelephonyManager 对象
19.          TelephonyManager telephonyManager = (TelephonyManager)
getSystemService(Context.TELEPHONY_SERVICE);
20.          // 获取设备编号
21.          statusValues.add(telephonyManager.getDeviceId());
22.          // 获取系统平台的版本
23.      statusValues.add(telephonyManager.getDeviceSoftwareVersion() != null ?
telephonyManager.getDeviceSoftwareVersion() : "未知");
24.          // 获取网络运营商代号
25.      statusValues.add(telephonyManager.getNetworkOperator());
26.          // 获取网络运营商名称
27.      statusValues.add(telephonyManager.getNetworkOperatorName());
28.          // 获取手机网络类型
statusValues.add(arrPhoneType[telephonyManager.getPhoneType()]);
29.          // 获取设备所在位置
30.          statusValues.add(telephonyManager.getCellLocation() != null ?
telephonyManager.getCellLocation().toString() : "未知位置");
31.          // 获取 SIM 卡的国别
32.      statusValues.add(telephonyManager.getSimCountryIso());
33.          // 获取 SIM 卡序列号
34.      statusValues.add(telephonyManager.getSimSerialNumber());
35.          // 获取 SIM 卡状态
36.      statusValues.add(arrSimState[telephonyManager.getSimState()]);
37.          ArrayList<Map<String, String>> data = new ArrayList<Map<String,
String>>();
38.          // 遍历 statusValues 集合，将 statusNames、statusValues
39.          // 的数据封装到 List<Map<String , String>>集合中
40.          for (int i = 0; i < statusValues.size(); i++) {
41.              HashMap<String, String> map = new HashMap<String, String>();
42.              map.put("name", arrStatusNames[i]);
43.              map.put("value", statusValues.get(i));
44.              data.add(map);
45.          }
46.          // 使用 SimpleAdapter 封装 List 数据
47.          SimpleAdapter adapter = new SimpleAdapter(this, data,
R.layout.item_listview_main_,new String[] { "name", "value" }, new int[]
{ R.id.name,R.id.value });
48.          // 为 ListView 设置 Adapter
```

```
49.          listView_main_show.setAdapter(adapter);
50.      }
51. }
```

<代码详解>

第 4 行声明代表状态名的数组。

第 6 行获取代表 SIM 卡状态的数组。

第 8 行获取代表电话网络类型的数组。

第 10 行声明代表手机状态的集合。

第 19 行获取系统的 TelephonyManager 对象。

第 21 行获取设备编号。

第 23 行获取系统平台的版本。

第 25 行获取网络运营商代号。

第 27 行获取网络运营商名称。

第 28 行获取手机网络类型。

第 30 行获取设备所在位置。

第 32 行获取 SIM 卡的国别。

第 34 行获取 SIM 卡序列号。

第 36 行获取 SIM 卡状态。

第 39 行遍历 statusValues 集合，将 statusNames、statusValues 的数据封装到 List<Map<String , String>>集合中，作为适配器的数据源。

第 47 行设置 SimpleAdapter 适配器。

第 49 行为 ListView 设置 Adapter。

【范例 15-7】监听手机来电（代码文件详见链接资源中第 15 章范例 15-7）

监听来电主要利用广播机制。手机接收到来电，系统会在 android.intent.action. PHONE_STATE 频道发送一条广播，通知手机系统内所有的应用有电话进入。只要写了广播接收器并注册了该频道广播的应用都会接收到该广播，这条广播中携带了来电的电话号码等信息。

监听到来电，并将电话号码保存进 SharedPreferences，需要进行以下操作：

（1）获得 Bundle 对象。

（2）从 Bundle 中提取来电号码。

（3）获取 TelephonyManager 对象。

（4）通过 TelephonyManager 对象获取来电状态。

（5）在响铃状态下，将来电号码保存进 SharedPreferences。

（6）授予应用读取电话状态的权限。

为了获取到来电信息，首先通过广播接收器中 onReceive()方法的 Intent 参数拿到 Bundle
对象，然后从 Bundle 对象中利用"incoming_number"键名取出来电号码（该键名其实是
TelephonyManager 类中的常量 EXTRA_INCOMING_NUMBER）。TelephonyManager 对象中
的 getCallState()方法可以获取到电话状态。来电状态有三种，分别用 TelephonyManager 的
三个常量来表示。

- ❑ 电话响铃状态：TelephonyManager.CALL_STATE_RINGING。
- ❑ 电话摘机接听状态：TelephonyManager.CALL_STATE_OFFHOOK。
- ❑ 电话挂机状态：TelephonyManager.CALL_STATE_IDLE。

<核心代码>

```
1.   public class TelephonyReceiver extends BroadcastReceiver {
2.       private static final String TAG = "TelephonyReceiver";
3.       private static String phoneNumber = "";
4.       private SharedPreferences prefs = null;
5.       private Editor editor = null;
6.       @Override
7.       public void onReceive(Context context, Intent intent) {
8.           TelephonyManager telephonyManager = (TelephonyManager) context
9.                   .getSystemService(Service.TELEPHONY_SERVICE);
10.          Bundle bundle = intent.getExtras();
11.          // 获取来电号码
12.          String phoneNumber = bundle.getString("incoming_number");
13.          // 或者是以下的写法
14.          // String phoneNumber =
bundle.getString(TelephonyManager.EXTRA_INCOMING_NUMBER);
15.          // 获取电话状态
16.          int state = telephonyManager.getCallState();
17.          switch (state) {
18.          // 电话响铃状态
19.          case TelephonyManager.CALL_STATE_RINGING:
20.              Log.i(TAG, "==铃声响了" + phoneNumber);
21.              prefs = context.getSharedPreferences("incomingnumber",
22.                      Context.MODE_APPEND);
23.              if (phoneNumber != null) {
24.                  editor = prefs.edit();
25.                  editor.putString("phoneNumber", phoneNumber);
26.                  editor.commit();
27.              }
28.              break;
29.          // 电话摘机接听状态
```

```
30.        case TelephonyManager.CALL_STATE_OFFHOOK:
31.            Log.i(TAG, "==接听电话" + phoneNumber);
32.            break;
33.        // 电话挂机状态
34.        case TelephonyManager.CALL_STATE_IDLE:
35.            Log.i(TAG, "==电话挂了" + phoneNumber);
36.            break;
37.        }
38.    }
39. }
```

<代码详解>

第 7 行至第 38 行定义广播接收器，重写 onReceive()方法。

第 8 行初始化 TelephonyManager 对象。

第 10 行获得 Bundle 对象。

第 12 行至第 14 行根据键 "incoming_number"，从 Bundle 对象中提取来电号码。

第 16 行根据 TelephonyManager 对象获取电话状态。

第 19 行至第 28 行执行电话响铃的操作。

第 31 行和第 32 行执行电话摘机接听的操作。

第 34 行至第 36 行执行电话挂机后的操作。

<AndroidManifest.xml 核心代码>

```
1.  <?xml version="1.0" encoding="utf-8"?>
2.  <manifest xmlns:android="http://schemas.android.com/apk/res/android"
3.      package="org.mobiletrain.telephonyreceiver"
4.      android:versionCode="1"
5.      android:versionName="1.0" >
6.      <uses-sdk
7.          android:minSdkVersion="8"
8.          android:targetSdkVersion="17" />
9.      <!-- 授予应用读取电话状态的权限 -->
10.     <uses-permission android:name="android.permission.READ_PHONE_STATE" />
11.     <application
12.         android:allowBackup="true"
13.         android:icon="@drawable/ic_launcher"
14.         android:label="@string/app_name"
15.         android:theme="@style/AppTheme" >
16.         <activity
17.             android:name="org.mobiletrain.telephonyreceiver.MainActivity"
18.             android:label="@string/app_name" >
19.             <intent-filter>
20.                 <action android:name="android.intent.action.MAIN" />
21.                 <category android:name="android.intent.category.LAUNCHER" />
```

```
22.              </intent-filter>
23.          </activity>
24.          <receiver
25.              android:name=".TelephonyReceiver"
26.              android:enabled="true"
27.              android:exported="true" >
28.              <intent-filter>
29.                  <action android:name="android.intent.action.PHONE_STATE" >
30.                  </action>
31.              </intent-filter>
32.          </receiver>
33.      </application>
34.  </manifest>
```

<代码详解>

第 24 行至第 32 行静态注册广播接收器。

第 29 行定义广播接收器的 Action 属性。

【范例 15-8】来电拒接（代码文件详见链接资源中第 15 章范例 15-8）

Android 中没有公开挂断电话的 API，如果需要挂断电话，必须使用 AIDL 与电话 Service 通信，调用 Service 中的 API 实现结束电话。为了调用远程 AIDL 服务，需要将两个文件连同包拷贝至项目的 src 目录下。

- com.android.internal.telephony.ITelephony.aidl
- android.telephony.NeighboringCellInfo.aidl

原理：实现拒接来电主要依赖 com.android.internal.telephony 包下的 ITelephony 接口，该接口在外部是无法访问的，只有将程序嵌入到 Android SDK 内部才能访问。ITelephony 接口提供了一个 endCall()方法可以挂断电话。虽然不能直接访问 ITelephony 接口，但是 TelephonyManager 类中有一个 getITelephony()方法可以返回一个 ITelephony 对象。不过 getITelephony()方法是 private 方法。虽然不能直接调用，但可以通过 Java 反射技术调用该方法。

实现拒接来电的步骤分为以下 7 步。

1. 创建 TelephonyManager 对象

TelephonyManager manager =(TelephonyManager)getSystemService(Context. TELEPHONY_SERVICE);

2. 获得 TelephonyManager 的 Class 对象

Class<TelephonyManager> telephonyManagerClass = TelephonyManager.class;

3．获得 TelephonyManager 类中 getITelephony 私有方法的 Method 对象

Method telephonyMethod = telephonyManagerClass.getDeclaredMethod("getITelephony", (Class[]) null);

4．允许访问私有方法

telephonyMethod.setAccessible(true);

5．调用 getITelephony 方法，返回 ITelephony 对象

ITelephony iTelephony = (ITelephony) telephonyMethod.invoke(manager, (Object[]) null);

6．调用 ITelephony 对象的 endCall()方法挂断电话

iTelephony.endCall();

7．给应用配置权限

<AndroidManifest.xml>

```
<!-- 授权通话权限 -->
<uses-permission android:name="android.permission.CALL_PHONE"/>
<!-- 授权读取通话状态权限 -->
<uses-permission android:name="android.permission.READ_PHONE_STATE" />
```

<核心代码>

```
1.   public class CallReceiver extends BroadcastReceiver {
2.       @Override
3.       public void onReceive(Context context, Intent intent) {
4.           TelephonyManager manager = (TelephonyManager) context
5.                   .getSystemService(Context.TELEPHONY_SERVICE);
6.           int state = manager.getCallState();
7.           Bundle bundle = intent.getExtras();
8.           String incomingNumber = bundle.getString("incoming_number");
9.           switch (state) {
10.          case TelephonyManager.CALL_STATE_RINGING:
11.              if (incomingNumber.equals("13021176366")) {
12.                  Log.i("CallReceiver", "---" + incomingNumber);
13.                  // 获得 TelephonyManager 的 Class 对象
14.                  try {
15.                      // 写法一
16.                      // Class<TelephonyManager> telephonyManagerClass =
17.                      // TelephonyManager.class;
18.                  // // 获得 TelephonyManager 类中 getITelephony 私有方法的 Method 对象
19.                      // Method telephonyMethod = telephonyManagerClass
20.                      // .getDeclaredMethod("getITelephony", (Class[]) null);
21.                      // // 允许访问私有方法
22.                      // telephonyMethod.setAccessible(true);
```

```
23.              // // 调用 getITelephony 方法，返回 ITelephony 对象
24.              // ITelephony iTelephony = (ITelephony) telephonyMethod
25.                  // .invoke(manager, (Object[]) null);
26.              // iTelephony.endCall();
27.              //写法二
28.          Method method = Class.forName("android.os.ServiceManager")
29.                  .getMethod("getService", String.class);
30.          // 获取远程 TELEPHONY_SERVICE 的 IBinder 对象的代理
31.              IBinder binder = (IBinder) method.invoke(null,
32.                      new Object[] { Context.TELEPHONY_SERVICE });
33.              // 将 IBinder 对象的代理转换为 ITelephony 对象
34.          ITelephony telephony = ITelephony.Stub.asInterface(binder);
35.              // 挂断电话
36.              telephony.endCall();
37.          } catch (Exception e) {
38.              Log.i("Exception", "---" + e.toString());
39.          }
40.      } else {
41.          Toast.makeText(context, "来电话了: " + incomingNumber,
42.              Toast.LENGTH_SHORT).show();
43.      }
44.      break;
45.      }
46.  }
47. }
```

<代码详解>

第 3 行至第 46 行定义广播接收器，重写 onReceive()方法。

第 4 行初始化 TelephonyManager 对象。

第 6 行根据 TelephonyManager 对象获取电话状态。

第 7 行获得 Bundle 对象。

第 8 行根据键 "incoming_number"，从 Bundle 对象中提取来电号码。

第 10 行至第 44 行执行电话响铃操作，如果来电号码是指定的号码，则通过反射机制执行挂断电话的操作。

第 36 行执行挂断电话的方法。

15.3 SIP 网络电话

SIP（Session Initiation Protocol，会话发起协议）是从 Android2.3（API9）之后开始支

持的技术。SIP 技术利用网络传输数据的原理，可以实现网络通话，两部设备通过互联网就可以进行语音或视频通话。Android SDK 提供了全套的 SIP API，通过这套 API 可以实现功能完整的 SIP 电话。这套 API 在 android.net.sip 包中。SIP 技术有时也被称为 VoIP（Voice of IP）。

使用 SIP 通话要有一定的要求和限制。

（1）模拟器不支持 SIP 电话，必须在 Android2.3 及以上的真机中测试才可以。

（2）拨打和接听 SIP 电话的双方都要有 SIP 账号。提供 SIP 服务需要使用 SIP 服务器（SIP Provider）为每个用户分配账号，这就相当于分配电话号码。

15.3.1　配置 SIP

为实现 SIP 电话，必须在 AndroidManifest.xml 文件中配置一些信息才可以：

（1）SDK 最低版本配置。

（2）网络访问权限和使用 SIP 权限。

（3）硬件支持 SIP。

（4）硬件支持 Wi-Fi。

（5）硬件支持麦克风。

（6）广播接收器。

<AndroidManifest.xml>

```xml
<!-- 限定 SDK 最低版本为 9 -->
<uses-sdk
android:minSdkVersion="9"
android:targetSdkVersion="17" />
<!-- 授予应用使用 SIP 的权限 -->
<uses-permission android:name="android.permission.USE_SIP" />
<!-- 授予应用访问互联网的权限 -->
<uses-permission android:name="android.permission.INTERNET" />
<!-- 硬件支持 SIP -->
<uses-feature android:name="android.hardware.sip.voip" android:required="true" />
<!-- 硬件支持 Wi-Fi -->
<uses-feature android:name="android.hardware.wifi" android:required="true" />
<!-- 硬件支持麦克风 -->
<uses-feature android:name="android.hardware.microphone" android:required="true" />
<!-- 注册自定义广播接收器 -->
<receiver android:name=".IncomingCallReceiver" android:label="Call Receiver"/>
```

15.3.2 创建 SipManager

SIP API 的包路径为"android.net.sip"，该包中包含 4 个基本类：SipManager、SipProfile、SipSession、SipAudioCall。SipManager 是 SIP API 的核心类。通过该类可以完成如下工作：

（1）初始化 SIP 回话。

（2）初始化和接听来电。

（3）注册和注销 SIP Provider。

（4）验证会话连接。

SipManager 对象是通过 SipManager 类的静态方法 newInstance()来获取的。

<创建 SipManager 对象的核心代码>

```
1.  public SipManager mSipManager = null;
2.  public void initializeManager() {
3.      if(mSipManager == null) {
4.        mSipManager = SipManager.newInstance(this);
5.      }
6.  }
```

<代码详解>

第 2 行至第 6 行定义初始化 SipManager 的方法。

第 4 行通过 SipManager 的静态方法 newInstance 实例化 SipManager 对象。

15.3.3 注册 SIP 服务器

为了实现 SIP 通话，每个用户都应该有一个 SIP 账号，每个 SIP 账号都由一个 SipProfile 对象来描述。SipProfile 对象中包含了 SIP 账号、域名、SIP 服务器信息。与 SIP 账号关联的 SipProfile 对象称为本地 SipProfile 对象，如果这个 SipProfile 对象已经与其他用户处于通话状态，称为 Peer SipProfile 对象。

注册 SIP 服务器分为以下三步。

1. 创建 SipProfile 对象

通过创建 Builder 对象，同时指定 SIP 账号名和域名，再设置登录密码，然后调用 build() 方法创建出 SipProfile 对象。

<核心代码>

```
1.  public SipProfile mSipProfile = null;
2.  // 创建 Builder 对象，同时指定 SIP 账号名和域名
3.  SipProfile.Builder builder = new SipProfile.Builder(username, domain);
```

```
4.    // 设置登录密码
5.    builder.setPassword(password);
6.    // 创建 SipProfile 对象
7.    mSipProfile = builder.build();
```

<代码详解>

第 3 行创建 SipProfile 类中的 Builder 对象，同时指定 SIP 账号名和域名。

第 5 行设置登录密码。

第 7 行创建 SipProfile 对象。

2. 利用 SipProfile 对象向 SIP 服务器注册

<核心代码>

```
1.    Intent intent = new Intent();
2.    //自定义一个广播动作
3.    intent.setAction("android.SipDemo.INCOMING_CALL");
4.    PendingIntent pIntent = PendingIntent.getBroadcast(this, 0, intent,
Intent.FILL_IN_DATA);
5.    mSipManager .open(mSipProfile, pIntent, null);
```

<代码详解>

第 3 行自定义广播动作。

第 5 行通过 SipManager 的 open()方法将 SipProfile 对象中的 SIP 账号注册在 SIP 服务器上。

3. 注册广播接收器及处理来电事件

<核心代码>

```
1.    mSipManager.setRegistrationListener(mSipProfile.getUriString(),         new
SipRegistrationListener() {
2.        public void onRegistering(String localProfileUri) {
3.            Log.i("status" , "正在向 SIP 服务器注册...");
4.        }
5.        public void onRegistrationDone(String localProfileUri, long expiryTime) {
6.            Log.i("status" , "注册完成");
7.        }
8.        public void onRegistrationFailed(String localProfileUri, int errorCode,
9.                String errorMessage) {
10.            Log.i("status" , "注册失败，请检查 SipProfile 的设置! ");
11.        }
12. });
```

<代码详解>

第 1 行至第 12 行给 SipManager 注册监听器，使用重写注册、注册完成、注册失败三个抽象方法。

15.3.4　SIP 拨打电话

如果 SIP 账号已经成功在 SIP 服务器上注册了，就可以给其他在 SIP 服务器上注册的用户拨打 SIP 电话了。拨打电话需要使用 SipAudioCall.Listener 对象监听其状态。

<核心代码>

```
1.   SipAudioCall.Listener listener = new SipAudioCall.Listener() {
2.       // Much of the client's interaction with the SIP Stack will
3.       // happen via listeners.  Even making an outgoing call, don't
4.       // forget to set up a listener to set things up once the call is established.
5.       @Override
6.        //建立通话
7.       public void onCallEstablished(SipAudioCall call) {
8.           call.startAudio();//开始传输音频
9.           call.setSpeakerMode(true);//设置为通话模式
10.          call.toggleMute();
11.          updateStatus(call);
12.       }
13.      @Override
14.      //通话结束
15.      public void onCallEnded(SipAudioCall call) {
16.          updateStatus("Ready.");
17.       }
18.  };
19.  //创建 SipAudioCall 对象，创建该对象的同时就已经将电话拨打出去了
20.  SipAudioCall call = mSipManager.makeAudioCall(mSipProfile.getUriString() ,
sipAddress , listener , 20);
```

<代码详解>

第 1 行至第 18 行，创建 SipAudioCall.Listener 对象，用于监听通话状态，重写其中的建立通话及通话结束两个抽象方法。

第 8 行开始传输音频。

第 9 行设置为通话模式。

第 20 行创建 SipAudioCall 对象，创建该对象的同时就已经将电话拨打出去了。makeAudioCall()方法的最后一个参数为 20，单位是秒，表示超时时间。如果超过这个时间对方仍未接电话，则自动挂断电话。

15.3.5　SIP 接听电话

在注册 SIP 服务器时，我们自定义了一个广播 Action 动作。当来电话时，系统会发送该广播，并调用广播接收器的 onReceive()方法，所以在该广播接收器的 onReceive()方法中，

需要决定是否接听电话。

<核心代码>

```
1.   public class IncomingCallReceiver extends BroadcastReceiver {
2.       @Override
3.       public void onReceive(Context context, Intent intent) {
4.           SipAudioCall incomingCall = null;
5.           try {
6.               SipAudioCall.Listener listener = new SipAudioCall.Listener() {
7.                   @Override
8.                   public void onRinging(SipAudioCall call, SipProfile caller) {
9.                       try {
10.                          call.answerCall(20);//开始接听电话
11.                      } catch (Exception e) {
12.                          e.printStackTrace();
13.                      }
14.                  }
15.              };
16.              WalkieTalkieActivity wtActivity = (WalkieTalkieActivity) context;
17.              incomingCall = wtActivity.manager.takeAudioCall(intent, listener);
18.              incomingCall.answerCall(20);//开始接听电话
19.              incomingCall.startAudio();//开始接收音频
20.              incomingCall.setSpeakerMode(true);//设置为通话模式
21.              if(incomingCall.isMuted()) {
22.                  incomingCall.toggleMute();
23.              }
24.              wtActivity.call = incomingCall;
25.              wtActivity.updateStatus(incomingCall);
26.          } catch (Exception e) {
27.              if (incomingCall != null) {
28.                  incomingCall.close();
29.              }
30.          }
31.      }
32.  }
```

<代码详解>

第 1 行至第 32 行定义了一个广播接收器，来电时系统就会接收并发送该广播。

第 4 行至第 15 行初始化 SipAudioCall 对象。其中，第 10 行为开始接听电话，answerCall() 方法的参数为 20，单位为秒，表示超时时间。

第 16 行至第 25 行执行接听电话。

如果通话完毕，还需要使用以下代码来关闭通话，即挂断电话。

<核心代码>

```
1.  public void closeLocalProfile() {
2.      if (mSipManager == null) {
3.          return;
4.      }
5.      try {
6.          if (mSipProfile != null) {
7.                  //关闭通话
8.              mSipManager.close(mSipProfile.getUriString());
9.          }
10.     } catch (Exception e) {
11.         Log.i("onDestroy", "关闭本地 SipProfile 对象异常"+e.toString());
12.     }
13. }
```

<代码详解>

第 1 行至第 12 行定义了一个关闭通话的方法。

第 8 行通过 SipManager 对象的 close()方法实现关闭通话。

15.4 本章总结

本章讲述了电话与短信的相关知识。主要知识点及其重要性如表 15.2 所示。其中，"1"表示了解，"2"表示识记，"3"表示熟悉，"4"表示精通。

通过本章的学习，首先，掌握如何调用系统程序发送短信，如何通过短信管理器直接发送短信；其次，掌握拦截短信、监听短信及查看短信；再次，掌握调用系统程序拨打电话、监听来电及电话拒接；最后，掌握 SIP 的概念、配置及 SipManager 的用法。

表 15.2　知识点列表

知 识 点	要　　求
调用系统程序发送短信	3
通过短信管理器SmsManager直接发送短信	3
保存短信发送记录	2
监听并接收短信	3
拦截短信	3
查看短信	3
调用系统程序拨打电话	3
获取网络和SIM卡信息	1
监听手机来电	3

知 识 点	要　求
来电拒接	3
配置SIP	2
创建SipManager	2
注册SIP服务器	2
SIP拨打电话	2
SIP接听电话	2

第 16 章

音频、视频与照相机

Android 大多数社交、数据采集等类型的应用中，音频、视频及图片的数据是随处可见的，而在 Android 应用中可以使用手机或平板的照相机和录音设备实现拍照、录像、录音、播放等功能，为了方便开发者快速开发与多媒体相关的应用，Android 提供了多媒体开发框架，提供 MediaPlayer 对象支持通用媒体格式数据的播放、录制及 Camera 类库。

【本章要点】

- ❑　MediaPlayer 的介绍。
- ❑　播放音频。
- ❑　播放视频。
- ❑　录制音频、视频。
- ❑　照相机拍照。

16.1　Android 支持的音频和视频格式

Android 中所支持的多媒体数据编码解码的格式，包括音频、视频、图像等数据格式。应用开发者可以在 Android 设备上自由使用指定的媒体编码解码器，但是最好的做法是使用与设备无关的媒体编码配置文件。

Android 中常用媒体格式有 mp3、mp4、3gp、avi、wav、jpg、png 等，详情见表 16.1。注意，表 16.1 中编码器与解码器因 Android SDK 平台的不同，支持的格式或功能也不同。

表 16.1　核心的多媒体格式

类型	编码格式	编码器	解码器	描　述	文件格式
Audio	AAC LC	支持	支持	单声道/立体声/5.0/5.1，标准采样率为8~48kHz	• 3GPP（.3gp） • MPEG-4（.mp4,.m4a） • ADTS raw AAC（.aac，解码Android 3.0+，编码Android 4.0+，ADIF不支持） • MPEG-TS（.ts，不支持查找，Android 3.0+）
	HE-AACv1 (AAC+)	支持（Android 4.1+）	支持		
	HE-AACv2 (enhanced AAC+)		支持	立体声/5.0/5.1，标准采样率为8~48kHz	
	AAC ELD (enhanced low delay AAC)	支持（Android 4.1+）	支持（Android 4.1+）	单声道/立体声，标准采样率为8~48kHz	
	AMR-NB	支持	支持	4.75～12.2kbit/s，标准采样率为8kHz	3GPP（.3gp）
	AMR-WB	支持	支持	9倍率的6.60kbit/s到23.85kbit/s，采样率为16kHz	3GPP（.3gp）
	FLAC		支持（Android 3.1+）	单声道/立体声，采样率最高为48kHz，建议16bit，24bit无抖动	仅FLAC（.flac）
	MP3		支持	单声道/立体声8~320kbit/s的连续（CBR）或可变比特率（VBR）	MP3（.mp3）
	MIDI		支持	MIDI类型0和1，DLS 1/2 XMF和Mobile XMF，支持RTTTL/RTX、OTA、iMelody等铃声格式	• Type 0 and 1（.mid, .xmf, .mxmf） • RTTTL/RTX（.rtttl, .rtx） • OTA（.ota） • iMelody（.imy）
	Vorbis		支持		• Ogg（.ogg） • Matroska（.mkv, Android 4.0+）
	PCM/WAVE	支持（Android 4.1+）	支持	8bit和16bit线性PCM（速率高达硬件限制），支持采样率为8000、16000和44100Hz	WAVE（.wav）
Image	JPEG	支持	支持	标准式+渐进式	JPEG（.jpg）
	GIF		支持		GIF（.gif）
	PNG	支持	支持		PNG（.png）
	BMP		支持		BMP（.bmp）

类型	编码格式	编码器	解码器器	描　述	文件格式
Image	WebP	支持（Android 4.0+）（无损，透明，Android 4.2.1+）	支持（Android 4.0+）（无损，透明，Android 4.2.1+）		WebP（.webp）
Video	H.263	支持	支持		• 3GPP（.3gp） • MPEG-4（.mp4）
	H.264 AVC	支持（Android 3.0+）	支持	基本画质（BP）	• 3GPP（.3gp） • MPEG-4（.mp4） • MPEG-TS（.ts, AAC audio only, not seekable, Android 3.0+）
	MPEG-4 SP		支持		3GPP（.3gp）
	VP8	支持（Android 4.3+）	支持（Android 2.3.3+）	媒体流化仅在Android 4.0及以上	• WebM（.webm） • Matroska（.mkv, Android 4.0+）

表 16.2 列出了视频编码配置与参数，主要针对支持 Android 多媒体框架中 H.264 视频格式的播放说明。

表 16.2　视频编码建议

	SD（低质量）	SSD（高质量）	HHD 720p（非所有设备可用）
视频分辨率	176×144px	480×360px	1280×720px
视频帧率	12 fps	30 fps	30 fps
视频比特率	56 kbit/s	500 kbit/s	2 Mbit/s
音频编码解码器	AAC-LC	AAC-LC	AAC-LC
音频通道	1（单声道）	2（立体声）	2（立体声）
音频比特率	24 kbit/s	128 kbit/s	192 bit/s

16.2　MediaPlayer 介绍

MediaPlayer 类是 Android 媒体框架中用于控制播放音频、视频文件或流的工具类，对于音/视频播放的控制操作（如开始、暂停、继续、停止等）需要调用 MediaPlayer 类对象的相关方法来执行,而这些方法的调用会影响其 MediaPlayer 对象的生命周期中不同状态的变化。图 16.1 所示的 MediaPlayer 状态图，随着不同方法的调用，其状态也会发生变化。

其中 MediaPlayer 的状态用椭圆形标记，状态的切换用箭头表示，单箭头代表状态的切换是同步操作，双箭头代表状态的切换是异步操作。按照图 16.1 状态图划分共有 10 种状态，即 Idle（空闲）、Initialized（初始化）、Prepared（已就绪）、Started（播放）、Paused（暂停）、Stopped（停止）、Preparing（就绪中）、Playback Completed（播放完毕）、End（结束）、Error（错误）。

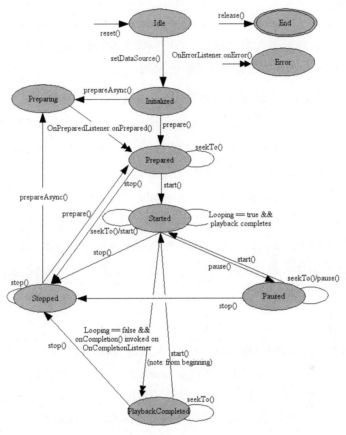

图 16.1　MediaPlayer 状态图

1. Idle、End 状态

MediaPlayer 类在执行 new 实例化或通过类对象调用 reset()方法时，其状态为 Idle；通过类对象调用 release()方法后，其状态变为 End，即释放资源并销毁对象。而在 Idle 与 End 之间是 MediaPlayer 对象的生命周期相关的状态。在 Idle 状态下不能执行的方法有 getCurrentPosition()、getDuration()、getVideoHeight()、getVideoWidth()、setAudioStreamType(int)、setLooping(boolean)、setVolume(float,float)、pause()、start()、stop()、seekTo(int)、prepare()、prepareAsync()，否则会报错误。

注意：如果通过 create 方式实例化 MediaPlayer 对象，不会进入 Idle 状态，则直接进入 Prepared 状态。

2. Initialized、Prepared 状态

MediaPlayer 实例化或重置之后，且在播放音频或视频之前必须对 MediaPlayer 进行初始化操作，而这需要两步完成，即调用 setDataSource()方法使 MediaPlayer 对象进入 Initialized 状态，随后调用 prepare()或者 prepareAsync()方法使 MediaPlayer 对象进入 Prepared 状态。由于 prepareAsync()方式是异步调用，因此通常为 MediaPlayer 注册 OnPreparedListener()，并在 onPrepare()方法中启动播放器。当 MediaPlayer 对象处于 Prepared 状态时，便可以获取多媒体的时长、类型、分辨率大小等信息，并可以调用 MediaPlayer 的相关方法设置播放器的属性，如调用 setVolume()方法设置播放器的音量。

3. Started、Paused、Stopped 状态

在 Prepared 状态下调用 start()方法，MediaPlayer 将进入 Started 状态。isPlaying()方法可以用来判断 MediaPlayer 是否处在 Started 状态。当 MediaPlayer 播放网络多媒体文件时，可以注册 OnBufferingUpdateListener 缓冲监听器来监听缓冲下载的进度。

在 Started 状态下调用 pause()方法，使 MediaPlayer 进入 Paused 状态。需要注意的是，在 Started 与 Paused 之间的状态转换是异步过程，即需要一段时间才能更新状态。

在 Started 状态下调用 stop()方法，使 MediaPlayer 进入 Stopped 状态。Stopped 状态下，必须再次调用 prepare()或者 prepareAsync()才能使其进入 Prepared 状态，以便复用此 MediaPlayer 对象，再次播放多媒体文件。

4. 快进和快退

在 Initialized 与 PlaybackCompleted 状态之间调用 seekTo()方法，可以调整 MediaPlayer 的媒体播放时间，以实现快退和快进的功能。seekTo()方法也是异步的，虽然方法会立即返回，但是媒体时间调整的工作可能需要一段时间才能完成，因此，MediaPlayer 可以注册 OnSeekCompleteListener 监听器，调整时间完成后，onSeekComplete()方法将被调用。

5. PlaybackCompleted 状态

如果播放状态自然结束，MediaPlayer 可能进入两种可能的状态。当循环播放模式设置为 true 时，MediaPlayer 对象保持 Started 状态不变；当循环播放模式设置为 false 时，MediaPlayer 对象的 onCompletionListener.onCompletion()方法会被调用，MediaPlayer 对象进入到 PlaybackCompleted 状态。对于处于 PlaybackCompleted 状态的播放器，再次调用 start()方法，将重新播放音/视频文件。

需要注意的是，当播放结束时，音/视频的时长、视频的尺寸信息依然可以通过调用 getDuration()、getVideoWidth()和 getVideoHeight()等方法获得。

6. Error 处理

在播放器播放音/视频文件时，可能会发生 IO 错误、多媒体文件格式错误等，因此正确处

理播放过程中的各种错误显得尤为重要。MediaPlayer 通过注册 OnErrorListener 监听器处理错误信息，当错误发生时，onErrorListener.onError()方法会被调用，且 MediaPlayer 对象进入 Error 状态。如果复用 MediaPlayer 对象则调用 reset()方法使 MediaPlayer 再次进入 Idle 状态。

16.3　播放音频

在播放音频文件之前，需要确定音频文件是否为 Android 媒体支持的格式和音频文件的位置，对于不同位置的音频文件其读取也需要不同的权限。本节重点讲解读取扩展卡和网络的 MP3 音频文件进行播放。读取扩展卡中音频文件需要读取扩展卡的权限，读取网络的音频文件需要使用网络访问权限。

16.3.1　读取音频文件

1. 读取扩展存储的音频文件

一般扩展存储根目录为/mnt/sdcard/，但不同的 Android SDK 或手机其路径可能不一致，为了统一使用扩展存储，Android 提供了 Environment 类读取扩展存储中的文件。

【范例 16-1】读取/mnt/sdcard/中的 1.mp3 音频文件

（本范例仅给出关键代码）

<编码思路>

（1）判断当前拓展卡是否可用。

（2）获取拓展卡文件目录文件，判断文件是否存在。

（3）如果文件存在则获取文件打印 log 日志提示。

<范例代码>

```
1.        //判断当前的扩展存储是否可用
2.        if (!Environment.getExternalStorageState()
3.                .equals(Environment.MEDIA_MOUNTED)) {
4.          Log.e("info", "当前的扩展卡不可用");
5.          return;
6.        }
7.        //获取扩展卡的根目录
8.        File sdDir= Environment.getExternalStorageDirectory();
9.        File mp3File=new File(sdDir,"1.mp3"); //获取 1.mp3 文件
10.       if(mp3File.exists()){ //判断文件是否存在
11.         Log.i("info","播放的 mp3 文件存在");
12.       }
```

<代码详解>

第 2 行和第 3 行调用 Environment 中的静态方法 getExternalStorageState()获取当前拓展卡的使用状态，并且与可读写状态比较。

第 8 行调用 Environment 中的静态方法 getExternalStorageDirectory()获取拓展卡的根目录。

第 9 行至第 11 行根据音频文件的路径创建 File 对象，判断该文件是否存在，如果存在则打印 log 日志提示。

另外，需要在 AndroidManifest.xml 项目清单配置文件增加读取扩展存储的权限。

```
<!-- 扩展卡读取权限-->
1.    <uses-permission
2.    android:name="android.permission.READ_EXTERNAL_STORAGE"/>
```

<代码详解>

第 1 行和第 2 行表示通过< uses-permission>标签设置读取拓展卡的权限。

2．通过 Uri 读取本地音频文件

在 Android 手机中，所有的资源文件都被系统的资源管理器管理，每一个资源文件都有其唯一的资源标识符即 Uri，可以通过隐藏意图 Intent.ACTION_GET_CONTENT 打开音频文件选择页面，然后选择某一个资源文件。

【范例 16-2】通过 Uri 读取本地音频文件

（本范例仅给出关键代码）

<编码思路>

（1）指定打开音频文件选择页面的隐藏意图 Intent.ACTION_GET_CONTENT。

（2）调用 startActivityForResult()方法启动音频文件选择页面。

（3）重写 onActivityResult()方法获取回传选择音频文件的 Uri，并且打印 log 日志提示信息。

<范例代码>

```
1.    public void selectAudioFile(View view){
2.        Intent intent=new Intent(Intent.ACTION_GET_CONTENT);
3.        intent.setType("audio/*"); //设置选择的文件类型
4.        startActivityForResult(intent,1);
5.    }
6.    @Override
7.    protected void onActivityResult(int requestCode, int resultCode, Intent
data) {
8.        if(requestCode==1 && resultCode==RESULT_OK){
9.            //获取选择的音频文件的 Uri
10.            mp3FileUri=data.getData();
11.            if(mp3FileUri!=null){
12.                Log.i("info","uri->"+mp3FileUri.toString());
```

```
13.          }
14.       }
15.       super.onActivityResult(requestCode, resultCode, data);
16.    }
```

<代码详解>

第 2 行以隐式意图 Intent.ACTION_GET_CONTENT 字符串构建 Intent 意图对象。

第 3 行调用 Intent 的 setType()方法设置本次选择资源的类型为音频文件，此方法必须设置，否则会在选择资源页面中存在其他类型的文件。

第 4 行是在 Android 手机存储中选择需要的资源文件，因为要将选择的资源文件 Uri 返回到当前页面中，所以需要调用 startActivityForResult()启动意图。

第 7 行至第 15 行重写 Activity 的 onActivityResult()方法，通过 Intent.getData()方法获取选择资源的 Uri 并打印 log 日志信息。

3．读取网络音频文件

读取网络的音频文件非常简单，只需提供音频文件的网络地址即可（代码同上述读取本地音频文件），而且需要在清单配置文件中增加网络访问权限。网络访问权限如下：

```
<!-- 网络访问权限-->
<uses-permission android:name="android.permission.INTERNET"/>
```

4．读取 Android 应用中 raw 资源

MediaPlayer 通过公共静态方法 create(Context,int resId)方法创建 MediaPlayer 对象时，第二个参数必须指定应用中资源 id。由于音频文件较大，一般将音频文件存放在/res/raw/目录下，因此在 create()方法中通过 R.raw.×××形式引用 raw 下的资源。

16.3.2　初始化 MediaPlayer

在确定读取音频资源文件后，就要初始化 MediaPlayer 对象，一般初始化 MediaPlayer 包括 new 实例化、setDataSource()设置数据源和 prepare()转为就绪状态等必要的三个步骤，也可以执行 setLooping(true)设置播放器循环播放或其他属性设置的方法。如果通过 create()方法初始化 MediaPlayer，不需要再执行 prepare()转为 Prepared 就绪状态，因为在 create()方法执行完成以后就转为 Prepared 就绪状态。

【范例 16-3】初始化 MediaPlayer

（本范例仅给出关键代码）

<编码思路>

（1）判断 MediaPlayer 对象是否已经进行实例化，若未进行则创建对象并且设置循环播

放及音量范围。

（2）若 MediaPlayer 已经进行实例化则调用 prepare()方法进入准备状态。

<范例代码>

```
1.   //初始化 MediaPlayer
2.   private void initMediaPlayer(int type) {
3.       curType=type; //记录当前播放的资料来源
4.       //如果对象未实例化
5.       if (mPlayer == null) {
6.           mPlayer = new MediaPlayer();
7.           mPlayer.setLooping(true);      //循环播放，默认为 false
8.           //设置音量，取值范围为 0～1
9.           mPlayer.setVolume(0.5f,0.5f);
10.      } else if (mPlayer.isPlaying()) {
11.          //播放器已存在，需要将状态转成 Idle，以播放新的 MP3 文件
12.          mPlayer.reset();
13.      }
14.      try {
15.          //判断读取的音频文件来源
16.          switch (type) {
17.              case TYPE_FILE: //指定的 SDCard 文件
18.                  mPlayer.setDataSource(
19.                   mp3File.getAbsolutePath());
20.                  break;
21.              case TYPE_FILE_URI: //选择的 MP3 文件
22.                  mPlayer.setDataSource(this, mp3FileUri);
23.                  break;
24.              case TYPE_URL: //指定的网络 MP3 资源
25.                  mPlayer.setDataSource(mp3Url);
26.                  break;
27.          }
28.          mPlayer.prepare(); //转为 Prepared 状态
29.      } catch (Exception e) {
30.          e.printStackTrace();
31.      }
32.  }
33. }
```

<代码详解>

第 5 行和第 6 行表示 MediaPlayer 在实例化时需要判断是否已实例化，如果没有进行实例化则创建 MediaPlayer 对象。

第 7 行调用 MediaPlayer 对象的 setLooping()方法设置循环播放，默认为 false。

第 9 行调用 MediaPlayer 对象的 setVolume()方法设置音量，取值范围为 0～1。

第 10 行至第 12 行表示如果播放器已存在，需要将状态转成 Idle，然后再指定新的数据源。

第 16 行至第 27 行判断读取的音频文件来源，TYPE_FILE、TYPE_FILE_URI、TYPE_URL 用来区别当前 MP3 数据源的来源，依次是指定文件、选择文件资源的 Uri、网络资源。根据不同的音频文件的来源进行相应的操作。

第 28 行调用 MediaPlayer 对象的 prepare()方法必须在 setDataSource()方法之后执行，因为状态进入 Prepared 之后，可以获取媒体数据的时长等信息，并可以执行 start()、pause()等方法播放音频。

16.3.3　控制播放状态

MediaPlayer 播放状态包括 Started、Paused、PlaybackCompleted、Stopped 四种状态，除了播放完成状态，其他三种状态是通过 start()、pause()、stop()三个方法控制的。

1．开始播放

MediaPlayer 在 Prepared 状态下执行 start()方法播放 MP3 文件，状态转变为 Started 状态，如果在退出应用之前没有执行 stop()停止播放，则会一直处理后台播放，直到播放完为止。

【范例 16-4】MediaPlayer 开始播放

（本范例仅给出关键代码）

<编码思路>

（1）判断 MediaPlayer 对象是否处于 Prepared 准备状态，若处于准备状态，调用 start()方法启动执行。

（2）若当前状态处于 Stopped 停止状态，则先调用 prepare()方法进入准备状态再进行播放。

<范例代码>

```
1.  public void play(View view) {
2.      if(curType==-1){
3.          Log.e("error","请先选择播放的 mp3 文件");
4.          return ;
5.      }
6.      //当前状态不处于播放状态且非 Stopped 状态，即是 Prepared 状态
7.      if (!mPlayer.isPlaying() && !isStop)
8.          mPlayer.start();
9.      else if(isStop){ //当前状态为 Stopped 状态
10.         try {
```

```
11.              mPlayer.prepare();
12.              mPlayer.seekTo(0); //从头开始播放
13.              isStop=false;
14.              mPlayer.start();
15.          } catch (IOException e) {
16.              e.printStackTrace();
17.          }
18.      }
19.  }
```

<代码详解>

第 7 行和第 8 行判断 MediaPlayer 状态是 Prepared 状态，则调用 start()方法会被正常执行开始播放。

第 9 行至第 18 行判断 MediaPlayer 状态是否是 Stopped 状态，若是则调用 prepare()方法进入准备状态，然后再执行 start()方法继续播放。

第 12 行 seekTo(0)方法将播放时间调整到开始时间，实现重头播放功能。

2．暂停

在 MediaPlayer 的 Started 状态下，执行 pause()方法将状态转成 Paused 状态，在状态改变时如果继续播放，需要通过一个暂停标志对象判断是否继续播放。

【范例 16-5】MediaPlayer 暂停播放

（本范例仅给出关键代码）

<编码思路>

（1）判断 MediaPlayer 对象当前是否为 Started 状态，如果是则调用 pause()方法暂停播放。

<范例代码>

```
1.      public void pause(View view) {
2.      //判断当前是否为 Started 状态
3.      if(mPlayer.isPlaying()) {
4.          mPlayer.pause();
5.          isPaused=true; //记录当前为暂停标志
6.      }
7.  }
```

<代码详解>

第 3 行至第 6 行调用 isPlaying()方法判断 MediaPlayer 状态是否为 Started 状态，若是则调用 pause()方法暂停音乐播放。

3．继续播放

在 MediaPlayer 的 Paused 状态下，执行 start()方法将状态转成 Started 状态并继续播放，但必须要判断当前状态是否为 Paused，然后再执行 start()方法。

【范例 16-6】MediaPlayer 继续播放

（本范例仅给出关键代码）

<编码思路>

（1）判断 MediaPlayer 对象当前是否为 Paused 状态，如果是则调用 start()方法开始播放。

<范例代码>

```
1.    public void restart(View view) {
2.        //判断当前是否为 Paused 状态
3.        if(!mPlayer.isPlaying() && isPaused){
4.            mPlayer.start();
5.            isPaused=false;
6.        }
7.    }
```

<代码详解>

第 3 行至第 6 行调用 isPlaying()方法判断 MediaPlayer 状态是否为 Paused 状态，若是则调用 start()方法继续音乐播放。

4．停止

在 MediaPlayer 的 Started 状态下，执行 stop ()方法将状态转成 Stopped 状态，并用标志位记录这一状态，在重新播放时判断当前是否为 Stopped 状态，如果是 Stopped 状态则调用 prepare()方法转成 Prepared 状态，再执行 start()进行播放。

【范例 16-7】MediaPlayer 停止播放

（本范例仅给出关键代码）

<编码思路>

判断 MediaPlayer 对象当前是否为 Started 状态，如果是则调用 stop()方法停止播放。

<范例代码>

```
1.    public void stop(View view) {
2.        if(mPlayer==null){
3.            Log.e("error","必须先初始化 MediaPlayer...");
4.            return;
5.        }
6.        //判断当前是否为 Started 状态
7.        if (mPlayer.isPlaying() ) {
8.            mPlayer.stop();
9.            isStop=true; //记录 Stopped 状态
10.       }
11.   }
```

<代码详解>

第 7 行至第 10 行调用 isPlaying()方法判断 MediaPlayer 状态是否是 Started 状态，若是则调用 stop()方法停止音乐播放。

16.4　播放视频

在 Android 应用中播放视频的方式同播放音频类似，首先确定视频格式和文件位置，然后通过 MediaPlayer 实例设定视频数据源和视频图像显示的 UI 控件，最后通过 MediaPlayer 的 start()、stop()、pause()等方法控制视频播放的状态。与音频播放不同的是，视频播放时显示视频图像，在 Android UI 控件中，可以显示视频图像只有 VideoView 和 SurfaceView，而 VideoView 内置了 MediaPlayer 实例且带有一组控制播放状态的控件，方便开发者使用，但扩展性较差。本节案例中使用 SurfaceView 显示视频图像，其是一个高性能、高冲缓的 UI 控件，关键是在工作线程中实时绘制图像、动画效果等到屏幕时不会阻塞主线程。

16.4.1　读取视频文件

读取视频文件与读取音频文件相同，视频文件的来源可以是本地视频文件也可以是网络视频文件，下面以读取用户选择的本地视频文件为例，其他方法参考读取音频文件部分。

【范例 16-8】

（本范例仅给出关键代码）

<编码思路>

（1）选择视频文件的 action 构建 Intent 对象，并且调用 startActivityForResult()启动，从当前手机存储中选择播放的视频文件。

（2）重写 onActivityResult()方法，获取当前选择的音频文件进行播放。

<范例代码>

```
1.    //选择按钮点击事件
2.    public void selectVideoFile(View view) {
3.        Intent intent = new Intent(Intent.ACTION_GET_CONTENT);
4.        intent.setType("video/*"); //设置选择的文件类型
5.        startActivityForResult(intent, 2);
6.    }

7.    @Override
8.    protected void onActivityResult(int requestCode, int resultCode, Intent
```

```
data) {
  9.            if (requestCode == 2 && resultCode == RESULT_OK) {
  10.               isPaused=false; //暂停状态无效

  11.               //获取选择的音频文件的 Uri
  12.               mp4FileUri = data.getData();
  13.               if (mp4FileUri != null) {
  14.                   Log.i("info", "uri->" + mp4FileUri.toString());

  15.                   initMediaPlayer();//初始化 MediaPlayer
  16.               }
  17.           }
```

<代码详解>

第 3 行至第 5 行调用 startActivityForResult(Intent,int reqCode)方法，即启动一个有返回数据的 Activity 意图，并指定当前意图的请求编号；通过选择视频文件的意图，从当前手机存储中选择播放的视频文件。

第 7 行至第 16 行是需要重写 onActivityResult(int reqCode,int resultCode,Intent data)方法获取返回的数据，第一个参数标识返回数据意图的编号，与 reqCode 对应；第二个参数代表返回数据是否成功，RESULT_OK 表示成功；第三个参数主要包含返回的数据，data.getData()方法即获取返回的数据。

第 10 行 isPaused 代表播放器的暂停状态。如果当前播放器正在播放，在用户重新选择视频文件之前，则播放状态为暂停状态。如果确定选择新的视频文件，则需要取消暂停状态，并重新初始 MediaPlayer 使其转为 Prepared 状态。

16.4.2　初始化 MediaPlayer

播放视频文件的初始化 MediaPlayer 对象与播放音频不大相同，除了 new 实例化、setDataSource()设置数据源和 prepare()转为就绪状态必要的三个步骤之外，还需要一个自定义的 SurfaceView 控件显示视频图像，通过 MediaPlayer 实例对象的 setDisplay()方法与 SurfaceView 控件进行关联。

下面通过一个综合实例——范例 16-9 学习使用 MediaPlayer 初始化播放。

【范例 16-9】初始化 MediaPlayer 播放

<编码思路>

（1）定义类继承 SurfaceView 实现视频展示 view 控件。

（2）定义加载布局文件，该文件使用自定义 SurfaceView 子类标签定义视频播放的显示控件。

（3）定义 Activity 文件进行初始化播放。

根据本范例的编码思路，要实现该范例效果，需要通过以下 3 步实现。

（1）定义 MySurfaceView.java 自定义 view 文件（链接资源/第 16 章/MediaPlayer/ app/src/main/java/com/yztcedu/view/ MySurfaceView.java）。

自定义 view 继承 SurfaceView 完成视频播放的展示。

<范例代码>

```
1.  public    class    MySurfaceView    extends    SurfaceView    implements
SurfaceHolder.Callback {
2.      private MediaPlayer mPlayer;
3.      private SurfaceHolder mHolder;//Surface 的控制器，可以在它的 Canvas 上绘制图像及
动画效果
4.      //布局中使用此控件的构造方法
5.      public MySurfaceView(Context context, AttributeSet attrs) {
6.          super(context, attrs);
7.          mHolder = getHolder();
8.      }
9.      //设置当前控件显示图像的来源
10.     public void setPlayer(MediaPlayer player) {
11.         this.mPlayer = player;
12.         mHolder.addCallback(this); //增加 Surface 控制器的回调
13.     }
14.     //Surface 创建成功
15.     @Override
16.     public void surfaceCreated(SurfaceHolder holder) {
17.             //设置 MediaPlayer 视频图像显示的位置
18.             mPlayer.setDisplay(holder);
19.     }
20.     @Override
21.     public void surfaceChanged(SurfaceHolder holder, int format, int width, int
height) {}
22.     @Override
23.     public void surfaceDestroyed(SurfaceHolder holder) {}
24. }
```

<代码详解>

第 1 行 SurfaceView 是一个高性能的 UI 控件，一般用于多媒体视频播放和游戏。

第 4 行至第 8 行因为自定义 SurfaceView 控件在布局资源文件中使用，因此实现 Context 和 AttributeSet 两个参数的构造方法，并调用父类相应的构造方法进行初始化，第一个参数 Context 是当前 UI 控件实例化时所在上下文环境对象，第二个参数是在布局文件中使用控件时设置的相关属性（控件大小、边距、背景等）。

第 10 行至第 13 行中的 setPlayer()方法是自定义方法，用于接收 MediaPlayer 对象和增

加回调接口，并在 Surface 创建成功的回调方法中绑定 MediaPlayer 视频图像显示位置。

第 12 行中 SurfaceView 控件显示的内容是由 Surface 展示的，SurfaceHolder 是管理 Surface 的控制器，包括 Surface 的创建、改变和销毁等；而对 Surface 的管理必须通过 SurfaceHolder.Callback 回调接口，通过 getHolder()方法获取 SurfaceHolder 对象，并通过 SurfaceHolder 对象的 addCallback()增加回调。

（2）定义 activity_video.xml 布局文件（链接资源/第 16 章/MediaPlayer/app/src/main/res/layout/activity_video.xml）。

在 Android 应用程序加载时需要调用首界面 MainActivity.java，该首界面文件首先需要加载布局文件 activity_video.xml。

<范例代码>

```
1.  <LinearLayout xmlns:android="http://schemas.android.com/apk/res/android"
2.          xmlns:tools="http://schemas.android.com/tools"
3.          android:layout_width="match_parent"
4.          android:layout_height="match_parent"
5.          android:orientation="vertical"
6.          tools:context=".MainActivity">
7.      <LinearLayout
8.          android:layout_width="match_parent"
9.          android:layout_height="wrap_content"
10.         android:orientation="horizontal">
11.         <Button
12.             android:layout_width="wrap_content"
13.             android:layout_height="wrap_content"
14.             android:onClick="selectVideoFile"
15.             android:text="选择"/>
16.         <Button
17.             android:layout_width="wrap_content"
18.             android:layout_height="wrap_content"
19.             android:onClick="play"
20.             android:text="播放"/>
21.         <Button
22.             android:layout_width="wrap_content"
23.             android:layout_height="wrap_content"
24.             android:onClick="pause"
25.             android:text="暂停"
26.             />
27.         <Button
28.             android:layout_width="wrap_content"
29.             android:layout_height="wrap_content"
30.             android:onClick="restart"
31.             android:text="继续"/>
32.         <Button
```

```
33.          android:layout_width="wrap_content"
34.          android:layout_height="wrap_content"
35.          android:onClick="stop"
36.          android:text="停止"
37.          />
38.     </LinearLayout>
39.     <FrameLayout
40.       android:layout_width="match_parent"
41.       android:layout_height="match_parent">
42.       <org.mobiletrain.view.MySurfaceView
43.          android:id="@+id/myViewId"
44.          android:layout_width="match_parent"
45.          android:layout_height="match_parent"/>
46.     <!--播放进度控件-->
47.       <SeekBar
48.          android:id="@+id/seekBarId"
49.          android:layout_width="match_parent"
50.          android:layout_height="wrap_content"
51.          android:layout_gravity="bottom"/>
52.     </FrameLayout>
53.  </LinearLayout>
```

<代码详解>

第 1 行至第 6 行定义当前布局文件的根布局采用线性布局（LinearLayout）。

第 39 行至第 52 行在线性布局中定义帧布局。

第 42 行自定义控件的使用时需要使用全类名，即包括类路径和类名。而且因为 SurfaceView 控件的父类是 View，则常用的 UI 属性都可以使用。

第 47 行 SeekBar 控件是可选 UI 控件，在此例中用于显示视频播放进度，显示在 FrameLayout 的底部位置。

（3）定义播放视频界面 PlayVideoActivity.java 文件（链接资源/第 16 章/MediaPlayer/ app/src/main/java/com/yztcedu/view/PlayVideoActivity.java）。

Android 应用程序播放视频时需要调用播放界面 PlayVideoActivity.java。

<范例代码>

```
1.   //初始化 MediaPlayer
2.     private void initMediaPlayer() {
3.        mPlayer = new MediaPlayer(); //实例化
4.        //设置显示视频图像的控件
5.        mySurfaceView.setPlayer(mPlayer);
6.        mPlayer.setLooping(true);      //设置循环播放
7.        mPlayer.setVolume(0.5f, 0.5f); //设置音量取值范围为 0~1
8.        try {
9.           //从系统中选择的视频资源文件
```

```
10.             mPlayer.setDataSource(this, mp4FileUri);
11.             mPlayer.prepare(); //转为 Prepared 状态
12.         } catch (Exception e) {
13.             e.printStackTrace();
14.         }
15.     }
```

<代码详解>

第 5 行至第 7 行设置绑定当前视频流图像显示的 SurfaceView 控件，并且设置循环播放及音量的取值范围，案例支持播放选择的视频文件，因此在每次选择后都需要重新创建 MediaPlayer 对象，因为每次视频源发生变化，SurfaceView 就需要重新绑定。

第 9 行至第 11 行设置从系统中选择视频资源文件，并且设置 MediaPlayer 对象为准备状态。

16.4.3　控制播放状态

同控制音频播放状态一样，视频播放也是通过 start()、pause()、stop()方法控制的，由于通过 SeekBar 控件显示播放进度，所以在 Activity 的生命周期方法中也要控制播放状态。

1．开始播放

调用 start()方法开始播放视频，由于要显示播放进度，需要启动子线程实时计算进度并更新到 SeekBar 控件，案例效果如图 16.2 所示。

图 16.2　录制音频页面

【范例 16-10】开始播放视频

（本范例仅给出关键代码）

<编码思路>

（1）判断 MediaPlayer 对象是否为空，如果为空则提示不能播放。

（2）若不为空判断当前的状态是否为 Prepared 或 Paused 状态，然后根据不同的状态播放视频文件。

<范例代码>

```
1.    //播放按钮的点击事件
2.    public void play(View view) {
3.        if (mPlayer == null) return; //未选择文件则不能播放
4.
5.        //当前为 Prepared 或 Paused 状态
6.        if (!mPlayer.isPlaying() && !isStop) {
7.            mPlayer.start(); //开始播放
8.            new PlayerThread().start(); //更新 SeekBar 的线程
9.        } else if (isStop) { //Stopped 状态下
10.           try {
11.               mPlayer.prepare();
12.               mPlayer.seekTo(0);
13.               isStop = false;
14.               mPlayer.start();
15.               new PlayerThread().start();//更新 SeekBar 的线程
16.           } catch (IOException e) {
17.               e.printStackTrace();
18.           }
19.       }
20.   }
21.   //计算当前媒体播放进度的线程类
22.   class PlayerThread extends Thread {
23.       @Override
24.       public void run() {
25.           while (mPlayer.isPlaying()) {
26.               Log.i("info", "updating seek bar...");
27.               try {
28.                   Thread.sleep(200);
29.                   mHandler.post(new SeekRunnable());
30.               } catch (InterruptedException e) {
31.                   e.printStackTrace();
32.               }
33.           }
34.       }
35.   }
36.   //更新 SeekBar 的功能块
37.   class SeekRunnable implements Runnable {
38.       @Override
39.       public void run() {
40.           int time = mPlayer.getDuration();//总时间
41.           if (time != 0) {
42.               int curPosition = mPlayer.getCurrentPosition(); //当前播放的位置
```

```
43.                int progress = curPosition * 100 / time;
44.                mSeekBar.setProgress(progress);
45.            }
46.        }
47.    }
```

<代码详解>

第 6 行至第 20 行判断 MediaPlayer 当前的状态，若处于 Prepared 或 Paused 状态时调用 start()方法启动播放视频，并且启动 PlayerThread 线程更新 SeekBar，若为 Stopped 状态则调用 MediaPlayer 的 prepare()方法进入准备状态，然后调用 start()方法启动播放。

第 21 行至第 35 行创建线程子类对象计算当前媒体播放进度，PlayerThread 线程主要是启动子线程每隔 200 毫秒计算一次当前播放的进度，SeekRunnable 类负责计算 MediaPlayer 的进度并更新 SeekBar 控件进度值，由于工作线程不能访问 UI 控件的线程使用原则，因此借助 Handler 对象在工作线程中向 UI 线程发送 Runnable 来更新播放进制。

第 36 行至第 46 行创建线程子类对象更新 SeekBar 的进度，计算播放的进度需要调用 getDuration()和 getCurrentPosition()方法获取视频的总时长及当前播放位置，并按百分比计算当前播放进度值。注意，时间是以毫秒作为单位的，如果需要显示格式化的时间，需要自己实现。

播放效果如图 16.3 所示。

图 16.3　正播放视频

2. 暂停

调用 pause()方法暂停视频的播放，由于本案例更新播放进度的子线程在每次更新时都会判断播放器的状态，如果播放器暂停或停止，其线程也会停止。

【范例 16-11】暂停播放视频

（本范例仅给出关键代码）

<编码思路>

判断 MediaPlayer 对象是否为空，如果为空则提示不能播放，不为空则判断是否正在播放，若正在播放则调用 pause()方法暂停播放。

<范例代码>

```
1.    //暂停按钮的点击事件
2.    public void pause(View view) {
3.            if (mPlayer == null) return;
4.            if (mPlayer.isPlaying()) {
5.                mPlayer.pause();
6.                isPaused = true;  //暂停状态标识
7.            }
8.    }
```

<代码详解>

第 4 行至第 7 行判断 MediaPlayer 是否正在播放，若正在播放则调用 pause()方法暂停播放。

3．继续播放

在 Paused 状态下，调用 start()方法继续播放视频，由于暂停时更新播放进度的子线程停止，因此要重新启动更新播放进度的子线程。

【范例 16-12】继续播放视频

（本范例仅给出关键代码）

<编码思路>

判断 MediaPlayer 对象是否为空，如果为空则提示不能播放，不为空则判断当前状态是否为 Paused，若状态为 Paused 则调用 start()方法继续播放。

<范例代码>

```
1.    //继续按钮的点击事件
2.    public void restart(View view) {
3.            if (mPlayer == null) return;
4.            //判断当前状态是否为 Paused
5.            if (!mPlayer.isPlaying() && isPaused) {
6.                mPlayer.start();
7.                isPaused = false;
8.                new PlayerThread().start();
9.            }
10.   }
```

<代码详解>

第 5 行至第 9 行判断当前状态是否为 Paused，若为 Paused 则调用 start()方法启动播放。

4．停止

调用 stop()方法停止视频的播放，也会停止更新播放进度的子线程。

【范例 16-13】停止播放视频

（本范例仅给出关键代码）

<编码思路>

判断 MediaPlayer 对象是否为空，如果为空则提示不能播放，不为空则判断当前状态是否正在播放，若正在播放则调用 stop()方法停止播放。

<范例代码>

```
1.   //停止按钮的点击事件
2.   public void stop(View view) {
3.         if (mPlayer == null) return;
4.         if (mPlayer.isPlaying()) {
5.             mPlayer.stop();
6.             isStop = true;
7.         }
8.   }
9.   @Override
10.  protected void onStop() {
11.        super.onStop();
12.        if (mPlayer != null && mPlayer.isPlaying())
13.            pause(null); //停止视频的播放
14.    }
15.    @Override
16.    protected void onRestart() {
17.        super.onRestart();
18.        if (isPaused)
19.            restart(null); //重新播放
20.    }
21.    @Override
22.    protected void onDestroy() {
23.        super.onDestroy();
24.        if (mPlayer != null && mPlayer.isPlaying()) {
25.            mPlayer.stop();
26.            mPlayer.release();
27.        }
28.    }
```

<代码详解>

第 4 行至第 7 行判断当前是否正在播放，若正在播放则调用 stop()方法停止播放。

第 10 行至第 14 行重写 Activity 中的 onStop()生命周期方法，在该方法中暂停对视频的播放。

第 15 至第 20 行重写 Activity 中的 onRestart()生命周期方法，在该方法中重写对视频进行播放。

第 22 行至第 27 行表示如果当前 Activity 被销毁，MediaPlayer 应该停止并释放所占内存资源，即要重写 onDestroy()方法调用 MediaPlayer 对象的 stop()和 release()方法，需要判断当前播放器是否为播放状态。

16.5　录制音频与视频

在 Android 多媒体框架中，通过 MediaRecorder 类实现录制音频与视频的功能，录制音频或视频时参考 Android 所支持的媒体数据的编码格式。

MediaRecorder 类的使用同 MediaPlayer 类的使用一样，有不同的录制状态或生命周期方法，如图 16.4 所示，共有 7 种状态，并说明了在不同状态下可以调用的方法。如在 Initial 状态下只能调用 setAudioSource()或 setVideoSource()方法并将状态转成 Initialized 状态。不同状态之间的转换是有顺序的，必须按照图 16.4 所示的状态图进行转换。

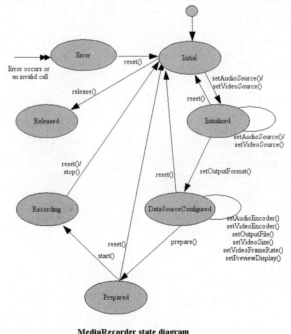

图 16.4　录制类的状态图

1．录制音频

录制音频时需要指定音频数据的来源、编码格式、输出文件格式和输出文件位置等。音频一般从麦克风中读取，编码格式可以选择 Android 支持的音频格式，录音数据可以 amr 文件格式存储，目前 Android 不支持 mp3 格式。

下面通过一个综合实例——范例 16-14 来学习录制音频。

【范例 16-14】录制音频

本范例用于实现录制音频的功能，其效果如图 16.2 所示。点击"开始录音"按钮，即可以看到录音时长的记录。

<编码思路>

（1）定义录音界面需要加载的布局文件。

（2）定义录音界面的如下功能：点击"开始录音"按钮开始录音并记录录音时长，点击"停止录音"按钮停止录制，点击"播放"按钮播放录音内容。

（3）定义录音需要涉及的权限。

根据本范例的编码思路，要实现该范例效果，需要通过以下 3 步实现。

（1）定义 activity_rec_audio.xml 布局文件（链接资源/第 16 章/MediaPlayer/app/src/main/res/layout/activity_rec_audio.xml）。

在 Android 应用程序录音需要调用录音界面 RecorderAudioActivity.java，该界面文件首先需要加载布局文件 activity_rec_audio.xml。

<范例代码>

```
1.   <LinearLayout xmlns:android="http://schemas.android.com/apk/res/android"
2.           xmlns:tools="http://schemas.android.com/tools"
3.           android:layout_width="match_parent"
4.           android:layout_height="match_parent"
5.           android:orientation="vertical"
6.           tools:context=".MainActivity"
7.           android:padding="10dp">
8.      <TextView
9.          android:id="@+id/recInfoId"
10.         android:layout_width="match_parent"
11.         android:layout_height="50dp"
12.         android:textSize="15sp"
13.         android:textColor="#00f"
14.         android:gravity="center"/>
15.     <Button
16.         android:id="@+id/startBtnId"
17.         android:layout_width="wrap_content"
18.         android:layout_height="wrap_content"
19.         android:onClick="startRec"
20.         android:text="开始录音"/>
21.     <Button
22.         android:id="@+id/stopBtnId"
23.         android:layout_width="wrap_content"
24.         android:layout_height="wrap_content"
25.         android:onClick="stopRec"
```

```
26.        android:text="停止录音"/>
27.    <Button
28.        android:id="@+id/longBtnId"
29.        android:layout_width="wrap_content"
30.        android:layout_height="wrap_content"
31.        android:text="长按录音"/>
32.    <Button
33.        android:id="@+id/playBtnId"
34.        android:layout_width="wrap_content"
35.        android:layout_height="wrap_content"
36.        android:onClick="playRec"
37.        android:text="播放"/>
38. </LinearLayout>
```

<代码详解>

第 1 行至第 7 行定义当前布局文件的根布局采用线性布局（LinearLayout）。

第 8 行至第 14 行在相对布局中定义记录录音时间的 TextView 控件。

第 15 行至第 20 行在相对布局中定义"开始录音"Button 按钮控件。

第 21 行至第 26 行在相对布局中定义"停止录音"Button 按钮控件。

第 27 行至第 31 行在相对布局中定义"长按录音"Button 按钮控件。

第 32 行至第 37 行在相对布局中定义"播放"Button 按钮控件。

（2）定义录音界面 RecorderAudioActivity.java 文件（链接资源/第 16 章/MediaPlayer/app/src/main/java/com/yztcedu/mediaplayer/RecorderAudioActivity.java）。

Android 应用程序录音时需要调用录音界面 RecorderAudioActivity.java。

<范例代码>

```
1.   public class RecorderAudioActivity extends ActionBarActivity {
2.       private String amrFilePath; //录制音频文件的路径
3.       private MediaRecorder mRecorder;
4.       private Button startBtn, stopBtn, playBtn, longBtn;
5.       private TextView recInfo; //显示录制的时长
6.       private Handler mHandler = new Handler();
7.       private long recTime = 0;
8.       private boolean isStopped = false; //录音是否停止
9.       private SimpleDateFormat sdf = new SimpleDateFormat("yyyyMMddhhmmssSSS");
10.      @Override
11.      protected void onCreate(Bundle savedInstanceState) {
12.          super.onCreate(savedInstanceState);
13.          setContentView(R.layout.activity_rec_audio);
14.          recInfo = (TextView) findViewById(R.id.recInfoId);
15.          startBtn = (Button) findViewById(R.id.startBtnId);
16.          stopBtn = (Button) findViewById(R.id.stopBtnId);
```

```
17.        playBtn = (Button) findViewById(R.id.playBtnId);
18.        longBtn = (Button) findViewById(R.id.longBtnId);
19.        stopBtn.setEnabled(false);
20.        playBtn.setEnabled(false);
21.        // "长按录音" 按钮的点击事件
22.        longBtn.setOnLongClickListener(new View.OnLongClickListener() {
23.            @Override
24.            public boolean onLongClick(View v) {
25.                startRec(v);
26.                return true;
27.            }
28.        });
29.        longBtn.setOnTouchListener(new View.OnTouchListener(){
30.            @Override
31.            public boolean onTouch(View v, MotionEvent event) {
32.                //松开按钮停止录音
33.                if (event.getAction() == MotionEvent.ACTION_UP) {
34.                    Log.i("info", "ACTION_UP");
35.                    stopRec(v);
36.                }
37.                return false;
38.            }
39.        });
40.    }
41.    //初始化媒体录制对象
42.    private void initRec() {
43.        mRecorder = new MediaRecorder();
44.        //音频来源于麦克风
45.        mRecorder.setAudioSource(
46. MediaRecorder.AudioSource.MIC);
47.        //输入文件的格式为.amr
48.        mRecorder.setOutputFormat(
49. MediaRecorder.OutputFormat.AMR_NB);
50.        //音频编码格式为 AMR (窄频)
51.        mRecorder.setAudioEncoder(
52.            MediaRecorder.AudioEncoder.AMR_NB);
53.            amrFilePath = Environment.getExternalStorageDirectory() +
54.                File.separator + sdf.format(new Date()) + ".amr";
55.        //设置录音文件的存储位置
56.        mRecorder.setOutputFile(amrFilePath);
57. }
58.    // "开始录音" 按钮的点击事件
59.    public void startRec(View view) {
60.        initRec();
61.        try {
62.            mRecorder.prepare();
```

```
63.              mRecorder.start();
64.          } catch (IOException e) {
65.              e.printStackTrace();
66.          }
67.          isStopped = false;
68.          setBtnState();
69.          new RecThread().start();//启动计时线程
70.      }
71.      // "停止录音" 按钮的点击事件
72.      public void stopRec(View view) {
73.          mRecorder.stop();
74.          mRecorder.release();
75.          mRecorder = null;
76.          isStopped = true;
77.          setBtnState();
78.      }
79.      //根据录音的状态设置相关按钮控件的可用状态
80.      private void setBtnState() {
81.          startBtn.setEnabled(isStopped);
82.          playBtn.setEnabled(isStopped);
83.          stopBtn.setEnabled(!isStopped);
84.      }
85.      // "播放" 按钮的点击事件
86.      public void playRec(View view) {
87.          Intent intent = new Intent(Intent.ACTION_VIEW);
88.          intent.setDataAndType(Uri.fromFile(new File(amrFilePath)), "audio/*");
89.          startActivity(intent);
90.      }
91.      //计算录制时间的线程
92.      class RecThread extends Thread {
93.          @Override
94.          public void run() {
95.              recTime = 0;
96.              while (!isStopped) {
97.                  recTime++;
98.                  mHandler.post(new Runnable() {
99.                      @Override
100.                     public void run() {
101.                         int minute = (int) (recTime / 60); //分钟
102.                         int second = (int) (recTime % 60); //秒
103.                         StringBuffer timeTxt =
104.         new StringBuffer("录音时长: ");
105.                         if (minute < 10)
106.                             timeTxt.append("0");
107.                         timeTxt.append(minute).append(":");
108.                         if (second < 10)
```

```
109.                        timeTxt.append("0");
110.                        timeTxt.append(second);
111.                  //将录音时长显示到 UI 控件上
112.                        recInfo.setText(timeTxt.toString());
113.                    }
114.                });
115.                try {
116.                    Thread.sleep(1000);
117.                } catch (InterruptedException e) {
118.                    e.printStackTrace();
119.                }
120.            }
121.        }
122.}
```

<代码详解>

第 19 行和第 20 行默认将"停止录音"和"播放"按钮置为不可用状态。

第 21 行至第 28 行绑定"长按录音"按钮的长按监听事件，在回调方法中调用开始录音方法开始录音。

第 29 行至第 40 行绑定"长按录音"按钮的触摸监听事件，在回调方法中判断当前的触摸事件为松开时调用停止录音的方法。

第 41 行至第 57 行在 initRec()方法中设置录制音频数据源为 AudioSource.MIC，即麦克风，并设置输出格式 setOutputFormat()必须在 setAudioSource()之后和 setAudioEncoder()之前执行。

第 58 行至第 70 行在 startRec()方法中调用 MediaRecorder 对象的 prepare()和 start()开始录制，同时启动计时线程，显示当前录制时长。

第 71 行至第 78 行在 stoptRec()方法中调用 MediaRecorder 对象的 stop()停止录音，并设置 release()释放所占内存资源，同时计算录制时长的线程也会停止。

第 79 行至第 84 行在 setBtnState()方法中根据录音的状态设置相关按钮控件的可用状态。

第 86 行至第 90 行在 playRec()方法中调用打开文件的隐式意图，播放已录制的音频文件。

第 92 行至第 121 行定义线程子类，计算录制时间。

（3）定义配置 AndroidManifest.xml 文件（链接资源/第 16 章/MediaPlayer/app/src/main/AndroidManifest.xml）。

Android 应用程序录音时需要在 AndroidManifest.xml 中定义需要的权限。

<范例代码>

```
1.  <uses-permission android:name="android.permission.WRITE_EXTERNAL_STORAGE"/>
2.  <!--录音权限-->
3.  <uses-permission android:name="android.permission.RECORD_AUDIO"/>
```

2. 录制视频

录制视频既包括录制音频部分又包括视频图像部分，因此需要使用 Camera 照相机的摄像头和 SurfaceViewUI 控件显示视频图像信息。本案例自定义 PreVideoView 控件用于展示 Camera 的视频图像，而录音视频的数据来源于 Camera，因此在 PreVideoView 控件中使用了 Camera 类和 MediaRecorder 类的实例。

下面通过一个综合实例——范例 16-15 学习运用录制视频。

【范例 16-15】录制视频

本范例用于实现录制视频的功能，其效果如图 16.5 所示。点击图（左）中"开始"按钮，开始录制并记录录制时间，即可以看到图（右）中正在录制视频的界面。

图 16.5 录制视频页面

<编码思路>

（1）自定义 PreVideoView 控件用于展示 Camera 的视频图像。

（2）定义录制视频界面需要加载的布局文件。

（3）定义录制视频界面的如下功能：点击"开始"按钮开始进行录制并记录录制时长，点击"停止"按钮停止录制，点击"播放"按钮播放录制视频。

（4）定义播放视频的 Activity 文件。

（5）在 AndroidManifest.xml 文件中定义录制视频需要使用的权限。

根据本范例的编码思路，要实现该范例效果，需要通过以下 5 步实现。

（1）定义 PreVideoView.java 文件（链接资源/第 16 章/MediaPlayer/app/src/main/java/com/yztcedu/view/ PreVideoView.java）。

自定义 PreVideoView 控件用于展示 Camera 的视频图像。

<范例代码>

```
1.   /**
2.    * 预览视频图像的 UI 控件
3.    */
4.   public class PreVideoView extends SurfaceView implements SurfaceHolder.Callback {
5.       private MediaRecorder mRecorder;
6.       private String videoFilePath; //录制音频文件的路径
7.       private Camera mCamera;
8.       private boolean isPreRunning=false; //是否开启预览
9.       private SurfaceHolder mHolder;//Surface 的控制器
10.      SimpleDateFormat sdf = new SimpleDateFormat("yyyyMMddhhmmssSSS");
11.      //在布局文件中使用控件时的构造方法
12.      public PreVideoView(Context context, AttributeSet attrs) {
13.          super(context, attrs);
14.          mHolder = getHolder();
15.          mHolder.addCallback(this);
16.      }
17.      //Surface 创建成功
18.      @Override
19.      public void surfaceCreated(SurfaceHolder holder) {
20.          mCamera=Camera.open();
21.          if (mCamera == null){
22.              Toast.makeText(getContext(), "Camera not available!",
     Toast.LENGTH_LONG).show();
23.          }else{
24.              Toast.makeText(getContext(), "Camera open success!",
     Toast.LENGTH_LONG).show();
25.          }
26.      }
27.      @Override
28.      public void surfaceChanged(SurfaceHolder holder, int format, int width, int
     height) {
29.          if(isPreRunning)
30.              mCamera.stopPreview();
31.          try{
32.              //相机默认方向是横向，即是 0 度，将其旋转到竖向
33.              mCamera.setDisplayOrientation(90);
34.              mCamera.setPreviewDisplay(holder);
35.              mCamera.startPreview(); //开启摄像机并预览
36.              isPreRunning=true;
37.          }catch (Exception e){
38.              e.printStackTrace();
39.          }
40.      }
41.      @Override
```

```
42.     public boolean onTouchEvent(MotionEvent event) {
43.         //点击预览视频控件自动聚焦
44.         mCamera.autoFocus(new Camera.AutoFocusCallback() {
45.             @Override
46.             public void onAutoFocus(boolean success, Camera camera) {
47.                 if(success){
48.                     Log.i("info","自动聚焦成功!");
49.                 }
50.             }
51.         });
52.         return super.onTouchEvent(event);
53.     }
54.     @Override
55.     public void surfaceDestroyed(SurfaceHolder holder) {
56.         mCamera.stopPreview();
57.         mCamera.release();
58.         isPreRunning=false;
59.     }
60.     //开始录像
61.     public void startRec() throws IOException {
62.         mCamera.unlock();  //解锁照相机, 开始准备录像
63.         mRecorder = new MediaRecorder();
64.         //必须在设置视频源之前设置照相机
65.         mRecorder.setCamera(mCamera);
66.
67.         //音频来源于麦克风设备
68.         mRecorder.setAudioSource(
69.             MediaRecorder.AudioSource.MIC);
70.         //视频来源于照相机设备
71.         mRecorder.setVideoSource(
72.             MediaRecorder.VideoSource.CAMERA);
73.         //输出文件的格式为.mp4
74.         mRecorder.setOutputFormat(
75.             MediaRecorder.OutputFormat.MPEG_4);
76.         //音频和视频编码格式
77.         mRecorder.setAudioEncoder(
78.             MediaRecorder.AudioEncoder.DEFAULT);
79.         mRecorder.setVideoEncoder(
80.             MediaRecorder.VideoEncoder.DEFAULT);
81.         //生成视频文件路径
82.         videoFilePath = Environment.getExternalStorageDirectory() +
83.             File.separator + sdf.format(new Date()) + ".mp4";
84.         //设置视频文件的存储位置
85.         mRecorder.setOutputFile(videoFilePath);
86.         //设置视频的大小
87.         mRecorder.setVideoSize(getWidth(),getHeight());
```

```
88.        mRecorder.setVideoFrameRate(24);  //设置视频每秒帧数
89.        mRecorder.setPreviewDisplay(mHolder.getSurface());
90.        mRecorder.prepare();
91.        mRecorder.start();
92.    }
93.    //停止录像
94.    public void stopRec(){
95.        mRecorder.stop();
96.        mRecorder.release();
97.        mRecorder=null;
98.        mCamera.lock();  //锁定照相机
99.    }
100.   //返回视频文件的路径
101.   public String getVideoFilePath(){
102.       return videoFilePath;
103.   }
104.}
```

<代码详解>

第 17 行至第 26 行在重写 SurfaceHolder.Callback 回调接口的 surfaceCreated()方法中打开照相机，默认情况下会打开前置照相机。

第 27 行至第 40 行在重写 SurfaceHolder.Callback 回调接口的 surfaceChanged()方法中设置照相机的方向，并启动照相机的预览功能，mCamera.setDisplayOrientation(90)将照相机的方向旋转到 90 度，即从默认的横向转为竖向。

第 41 行至第 53 行重写 onTouchEvent()触摸当前 UI 控件的事件处理方法，用于实现 Camera 的自动聚焦功能。

第 54 行至第 59 行在重写 SurfaceHolder.Callback 回调接口的 surfaceDestroyed()方法中关闭照相机的预览功能，并释放照相机所占内存资源。

第 60 行至第 92 行的 startRec()方法用于实现录制视频的功能，也是整个控件最重要的部分。而且在开始录视频时需要解锁照相机，因为当前照相机已经启动了预览功能；若 MediaRecorder 与 Camera 绑定时，必须在 mRecorder.setVideoSource()方法之前。

第 87 行的 mRecorder.setVideoSize()用于设置视频尺寸大小，一般使用当前控件的宽度与高度。

第 88 行的 mRecorder.setVideoFrameRate(24)用于设置视频的采样速率，24 代表每秒录制的帧数为 24 帧。

第 93 行至第 99 行定义方法实现停止录制视频，并且锁定照相机。

（2）定义 activity_rec_video.xml 布局文件（链接资源/第 16 章/MediaPlayer/app/src/main/res/layout/activity_rec_video.xml）。

在 Android 应用程序录制视频时需要调用录制视频界面 RecorderVideoActivity.java，该录制界面文件首先需要加载布局文件 activity_rec_video.xml。

<范例代码>

```
1.   <LinearLayout xmlns:android="http://schemas.android.com/apk/res/android"
2.            xmlns:tools="http://schemas.android.com/tools"
3.            android:layout_width="match_parent"
4.            android:layout_height="match_parent"
5.            android:orientation="vertical"
6.            android:padding="10dp"
7.            tools:context=".MainActivity">
8.      <TextView
9.          android:id="@+id/recInfoId"
10.         android:layout_width="match_parent"
11.         android:layout_height="50dp"
12.         android:gravity="center"
13.         android:textColor="#00f"
14.         android:textSize="15sp"/>
15.     <LinearLayout
16.         android:layout_width="match_parent"
17.         android:layout_height="wrap_content"
18.         android:orientation="horizontal">
19.         <Button
20.             android:id="@+id/startBtnId"
21.             android:layout_width="wrap_content"
22.             android:layout_height="wrap_content"
23.             android:onClick="startRec"
24.             android:text="开始"/>
25.         <Button
26.             android:id="@+id/stopBtnId"
27.             android:layout_width="wrap_content"
28.             android:layout_height="wrap_content"
29.             android:onClick="stopRec"
30.             android:text="停止"/>
31.         <Button
32.             android:id="@+id/playBtnId"
33.             android:layout_width="wrap_content"
34.             android:layout_height="wrap_content"
35.             android:onClick="play"
36.             android:text="播放"/>
37.     </LinearLayout>
38.     <!--视频预览控件-->
39.     <org.mobiletrain.view.PreVideoView
40.         android:id="@+id/preVideoViewId"
41.         android:layout_width="match_parent"
```

```
42.        android:layout_height="match_parent"/>
43. </LinearLayout>
```

<代码详解>

第 1 行至第 7 行定义当前布局文件的根布局采用线性布局（LinearLayout）。

第 8 行至第 14 行在相对布局中定义用于显示录制视频时间的 TextView 控件。

第 39 行至第 42 行采用包名. 类名的全类名定义视频预览控件。

（3）定义 RecorderVideoActivity.java 录制视频文件（链接资源/第 16 章/MediaPlayer/app/src/main/java/com/yztcedu/mediaplayer/ RecorderVideoActivity.java）。

Android 应用程序录制视频时需要调用录制视频界面 RecorderVideoActivity.java。

<范例代码>

```
1.  public class RecorderVideoActivity extends ActionBarActivity {
2.      private Button startBtn, stopBtn,playBtn;
3.      private TextView recInfo; //显示录制时长的 UI 控件
4.      private Handler mHandler = new Handler();
5.      private long recTime = 0; //录制时间
6.      private boolean isStopped = false; //是否停止录制视频
7.      private PreVideoView preVideoView;
8.      @Override
9.      protected void onCreate(Bundle savedInstanceState) {
10.         super.onCreate(savedInstanceState);
11.         setContentView(R.layout.activity_rec_video);
12.         recInfo = (TextView) findViewById(R.id.recInfoId);
13.         startBtn = (Button) findViewById(R.id.startBtnId);
14.         stopBtn = (Button) findViewById(R.id.stopBtnId);
15.         playBtn=(Button)findViewById(R.id.playBtnId);
16.         stopBtn.setEnabled(false);
17.         preVideoView=(PreVideoView)
18.              findViewById(R.id.preVideoViewId);
19.     }
20.     // "开始"按钮的点击事件
21.     public void startRec(View view) {
22.         try {
23.             preVideoView.startRec();
24.         } catch (IOException e) {
25.             e.printStackTrace();
26.         }
27.         isStopped = false;
28.         setBtnState();
29.         new RecThread().start(); //启动计时线程
30.     }
31.     // "停止"按钮的点击事件
32.     public void stopRec(View view) {
```

```
33.         preVideoView.stopRec();
34.         isStopped = true;
35.         setBtnState();
36.     }
37.     //"播放"按钮的点击事件
38.     public void play(View view) {
39.         Intent intent = new Intent(Intent.ACTION_VIEW);
40.         intent.setDataAndType(Uri.fromFile(
41.             new File(preVideoView.getVideoFilePath())),
42.                         "video/*");
43.         startActivity(intent);
44.     }
45.     //根据录制视频的状态设置相关按钮控件的可用状态
46.     private void setBtnState() {
47.         startBtn.setEnabled(isStopped);
48.         playBtn.setEnabled(isStopped);
49.         stopBtn.setEnabled(!isStopped);
50.     }
51.     class RecThread extends Thread {
52.         @Override
53.         public void run() {
54.             recTime = 0;
55.             while (!isStopped) {
56.                 recTime++;
57.                 mHandler.post(new Runnable() {
58.                     @Override
59.                     public void run() {
60.                         int minute = (int) (recTime / 60); //分钟
61.                         int second = (int) (recTime % 60); //秒
62.                         StringBuffer timeTxt =
63.                             new StringBuffer("录制时长：");
64.                         if (minute < 10)
65.                             timeTxt.append("0");
66.                         timeTxt.append(minute).append(":");
67.                         if (second < 10)
68.                             timeTxt.append("0");
69.                         timeTxt.append(second);
70. //将录音时长显示到 UI 控件上
71.                         recInfo.setText(timeTxt.toString());
72.                     }
73.                 });
74.                 try {
75.                     Thread.sleep(1000);
76.                 } catch (InterruptedException e) {
77.                     e.printStackTrace();
78.                 }
```

```
79.            }
80.         }
81.   }
```

<代码详解>

第 20 行至第 30 行响应"开始"按钮的点击事件，preVideoView 是自定义 SurfaceView 的控件，调用 preVideoView.startRec()方法开始录制视频，启动录制计时线程。

第 31 行至第 36 行响应"停止"按钮的点击事件，调用 preVideoView.stopRec()停止录制视频。

第 37 行至第 44 行响应"播放"按钮的点击事件，指定 Intent 对象 action 及 data 数据资源，启动目标 Activity 进行播放。

第 45 行至第 50 行根据录制视频的状态设置相关按钮控件的可用状态。

第 51 行至第 80 行定义线程子类进行计时，RecThread 线程计算和显示已录制视频的时长，显示内容格式为"00:00"，一般录制视频的长度不超过 1 个小时，以"分钟：秒"的格式进行显示。

（4）定义配置 AndroidManifest.xml 文件（链接资源/第 16 章/ MediaPlayer/app/src/main/AndroidManifest.xml）。

Android 应用程序录制视频时需要在 AndroidManifest.xml 中定义需要的权限。

<范例代码>

```
1.   <uses-permission android:name="android.permission.WRITE_EXTERNAL_STORAGE"/>
2.   <!--照相机的使用权限-->
3.   <uses-permission android:name="android.permission. CAMERA "/>
```

16.6　照相机拍照

在录制视频时已经使用到了 Camera 相机设备，本节是通过隐式意图打开手机自带的照相机应用进行拍照，而不是应用 Camera 与 SurfaceView 组合实现的，因为使用组合方式拍照图片质量不是很高。另外，手机自带的照相机拍照质量非常高，拍照之后进行图片二次采样再显示到 ImageView 控件中。

下面通过一个综合实例——范例 16-16 学习运用拍照之后进行图片二次采样再显示到 ImageView 控件中。

【范例 16-16】拍照二次采样后显示到 ImageView 中

本范例用于实现拍照之后进行图片的二次采样再显示到 ImageView 控件中的功能，效果如图 16.6 所示。点击图（左）中"拍照"按钮，即打开系统照相机进行拍照，拍照后即可以看到图（右）中的预览图片。

图 16.6　拍照页面

<编码思路>

（1）定义首界面需要加载的布局文件。

（2）定义拍照界面的如下功能：点击"拍照"按钮打开系统照相机进行拍照，拍照结束后对照片进行二次采样再显示到 ImageView 控件中。

根据本范例的编码思路，要实现该范例效果，需要通过以下 2 步实现。

（1）定义打开拍照界面 CameraActivity.java 文件（链接资源/第 16 章/MediaPlayer/app/src/main/java/com/yztcedu/mediaplayer/CameraActivity.java）。

Android 应用程序加载时需要调用打开拍照界面 CameraActivity.java。

<范例代码>

```
1.   public class CameraActivity extends ActionBarActivity {
2.       private ImageView imageView;
3.       private String imgFilePath;
4.       private SimpleDateFormat sdf = new SimpleDateFormat("yyyyMMddhhmmssSSS");
5.       @Override
6.       protected void onCreate(Bundle savedInstanceState) {
7.           super.onCreate(savedInstanceState);
8.           setContentView(R.layout.activity_camera);
9.           imageView = (ImageView) findViewById(R.id.imgViewId);
10.      }
11.      //"拍照"按钮的点击事件
12.      public void takePicture(View view) {
13.          imgFilePath = Environment.getExternalStorageDirectory() +
14.              File.separator + sdf.format(new Date()) + ".jpg";
15.          //指定通过照相机进行拍照的意图
```

```
16.        Intent intent=new Intent(MediaStore.ACTION_IMAGE_CAPTURE);
17.        //指定图片保存位置
18.        Intent.putExtra(MediaStore.EXTRA_OUTPUT,
19.          Uri.fromFile(new File(imgFilePath)));
20.
21.        startActivityForResult(intent,1);  //打开照相机
22.    }
23.    @Override
24.    protected void onActivityResult(int requestCode, int resultCode, Intent
data) {
25.        if(requestCode==1 && resultCode==RESULT_OK){
26.            //拍照成功，显示图片
27.            imageView.setImageBitmap(simpleImage());
28.        }
29.        super.onActivityResult(requestCode, resultCode, data);
30.    }
31.    //图片的二次采样处理
32.    private Bitmap simpleImage(){
33.        //准备第一次采样
34.        BitmapFactory.Options options=new BitmapFactory.Options();
35.        //设置采样的图片区域为图片边缘位置
36.        options.inJustDecodeBounds=true;
37.        options.inSampleSize=1;  //采样的比例是原大小
38.        //开始一次采样，返回图片为null
39.        BitmapFactory.decodeFile(imgFilePath,options);
40.        //获取图片的实际大小（宽度和高度）
41.        int imageWidth=options.outWidth;
42.        int imageHeight=options.outHeight;
43.        int size=200;  //目标控件的大小，即图片压缩后的大小
44.        //确定二次采样的图片比例
45.        options.inSampleSize=Math.min(imageWidth/size,
46.                                      imageHeight/size);
47.        //准备二次采样
48.        //取消采样图片的边缘位置数据，即获取完整的图片内容
49.        options.inJustDecodeBounds=false;
50.        //开始二次采样
51.        Bitmap bitmap=
52.            BitmapFactory.decodeFile(imgFilePath,options);
53.        return bitmap;
54.    }
55.    //打开图片按钮的点击事件
56.    public void openImgFile(View view) {
57.        Intent intent = new Intent(Intent.ACTION_VIEW);
58.        intent.setDataAndType(
59.            Uri.fromFile(new File(imgFilePath)), "image/*");
60.        startActivity(intent);
```

```
61.    }
62. }
```

<代码详解>

第 11 行至第 22 行点击"拍照"按钮响应点击事件，在该方法中，MediaStore.ACTION_ IMAGE_CAPTURE 是打开手机自带照相机的意图，通过 Intent.putExtra() 方法和 MediaStore.EXTRA_OUTPUT 常量设置拍照的图片保存位置。如果拍照成功，则在 Activity.onActivityResult()方法中显示图片。

第 23 行至第 30 行重写 Activity 中的 onActivityResult()方法回传拍照照片，并且显示到 ImageView 中。

第 31 行至第 54 行定义 simpleImage()方法实现图片的二次采样功能，因为 UI 控件对象所占用的内存不能超出一定的大小，而通过高清照相机拍摄的图片是非常大的，如果显示高清图片到 UI 控件，可能会发生 OOM（内存溢出），因此通过图片的二次采样需压缩图片并显示到 UI 控件中，经过压缩后的图片不会占用太大的内存。

第 34 行中的 BitmapFactory.Options 类是图片采样过程的核心。inJustDecodeBounds 参数代表是否采集图片边缘位置的数据，在第一次采样时设置为 true，即读取图片边缘数据从而获取图片的尺寸，并确定 inSampleSize 压缩比例。在第二次采样时再设置为 false，即按一定压缩比例读取整张图片。

（2）定义配置 AndroidManifest.xml 文件（代码文件：YZTC15_Demo/ AndroidManifest. xml）。

Android 应用程序拍照时需要在 AndroidManifest.xml 中增加写扩展存储权限和照相机使用权限。

<范例代码>

```
1.  <uses-permission android:name="android.permission.WRITE_EXTERNAL_STORAGE"/>
2.  <!--照相机的使用权限-->
3.  <uses-permission android:name="android.permission. CAMERA "/>
```

16.7 本章总结

通过本章的学习，我们已基本掌握了 Android 多媒体框架中 MediaPlayer、Camera 和 MediaRecorder 的使用方法，其中包括扩展存储中媒体文件的选择与读取、SurfaceView 与 MediaPlayer 的组合使用、SurfaceView 与 MediaRecorder 及 Camera 的组合使用等，以及通过隐藏意图打开手机自带照相机进行拍照。在实际的项目开发过程中，如果不是特别需要自定义录像或拍照 UI 控件，使用手机自带照相机应用程序即可实现录像与拍照的功能。

第 **17** 章

传感器

传感器目前已经成为智能手机的标配。比较常见的传感器有：方向传感器、磁场传感器、温度传感器、光传感器、压力传感器、加速度传感器、重力传感器、陀螺仪传感器等。传感器就像一个个触手，不断采集外部的信息，并将这些信息传送回手机进一步处理。在 Android 的特色开发技术中，除了基于位置的服务外，传感器技术绝对是最值得期待的技术。通过在 Android 应用中添加传感器，可以充分激发开发者的想象力，开发出各种新奇的程序，如电子罗盘、水平仪和各种感知型游戏。

本章重点为大家介绍如下内容。

- ❏ 传感器的概念和类型。
- ❏ 检测设备中的传感器。
- ❏ 使用传感器的步骤。
- ❏ 光传感器。
- ❏ 加速度传感器。
- ❏ 磁场传感器。

17.1 传感器简介

17.1.1 什么是传感器

手机内置的传感器是一种微型物理设备，能够探测、感受外界的信号，将来自真实世界的数据提供给应用程序，然后应用程序使用传感器数据向用户通知真实世界的情况，或用来控制游戏进度、或实现增强现实等。至于具体如何利用这些信息就要充分发挥开发者的想象力了。

目前 Android 设备中常见的传感器类型包括：方向传感器、磁场传感器、温度传感器、光传感器、压力传感器、加速度传感器、距离传感器、陀螺仪传感器、重力传感器（Android2.3 开始）、线性加速度传感器（Android2.3 开始）、旋转矢量传感器（Android2.3 开始）、相对湿度传感器（Android2.3 开始）、NFC（近场通信）传感器（Android2.3 开始）等。NFC 传感器与其他传感器不同，因为它的访问方式与其他传感器完全不同。本章将重点讲解光传感器、磁场传感器和加速度传感器。

17.1.2　如何检测设备中的传感器

Android SDK 中定义了十多种传感器，但是不是每个手机都完全支持这些传感器。Google Nexus S 支持 9 种传感器，HTC G7 支持 5 种传感器，红米手机支持 9 种传感器（不支持压力、温度和相对湿度传感器）。如果手机不支持的传感器，程序运行往往不会抛出异常，只是无法获得传感器传回的数据。那么如何知道设备上有哪些传感器可用呢？有两种方式，一种是直接方式，一种是间接方式。

1. 直接方式

首先获取 SensorManager 对象，通过上下文对象的 getSystemService (SENSOR_SERVICE)方法就可以获取到系统的传感器管理服务。然后调用 SensorManager 对象的 getSensorList()方法获取传感器集合，遍历获取到的集合就能得到传感器信息。

【范例 17-1】通过直接的方式检测设备中的传感器（代码文件详见链接资源中第 17 章范例 17-1）

<核心代码>

```
1.   public class MainActivity extends Activity {
2.       private ListView listView_main_show;
3.       @Override
4.       protected void onCreate(Bundle savedInstanceState) {
5.           super.onCreate(savedInstanceState);
6.           setContentView(R.layout.activity_main);
7.           listView_main_show = (ListView)
findViewById(R.id.listView_main_show);
8.           // 获取系统的传感器管理服务
9.           SensorManager sensorManager = (SensorManager)
getSystemService(SENSOR_SERVICE);
10.          // 获取所有传感器的信息集合
11.          List<Sensor> list_sensor =
sensorManager.getSensorList(Sensor.TYPE_ALL);
```

```
12.              // 定义一个 List<Map>集合，作为 ListView 的数据源
13.              List<Map<String, Object>> list_data = new ArrayList<Map<String,
Object>>();
14.              // 遍历传感器信息集合，将所有传感器的信息放到提前准备好的 ListView 数据源集合中
15.              for (int i = 0; i < list_sensor.size(); i++) {
16.                  Map<String, Object> map = new HashMap<String, Object>();
17.                  map.put("name", list_sensor.get(i).getName());
18.                  map.put("type", list_sensor.get(i).getType() + "");
19.                  map.put("vendor", list_sensor.get(i).getVendor());
20.                  map.put("version", list_sensor.get(i).getVersion());
21.                  map.put("power", list_sensor.get(i).getPower());
22.                  map.put("maxrange", list_sensor.get(i).getMaximumRange());
23.                  map.put("resolution", list_sensor.get(i).getResolution());
24.                  map.put("mindelay", list_sensor.get(i).getMinDelay());
25.                  list_data.add(map);
26.              }
27.          // 定义适配器
28.          SimpleAdapter adapter = new SimpleAdapter(this, list_data,
29.                  R.layout.item_listview, new String[] { "name", "type",
30.                      "vendor", "version", "power", "maxrange",
"resolution","mindelay" }, new int[] { R.id.textView_item_name,
31. R.id.textView_item_type,
R.id.textView_item_vendor,R.id.textView_item_version, R.id.textView_item_power,
32.
R.id.textView_item_maxrange,R.id.textView_item_resolution,R.id.textView_item_min
delay });
33.          // 给 ListView 设置适配器
34.          listView_main_show.setAdapter(adapter);
35.      }
36. }
```

<代码详解>

第 9 行通过上下文对象的 getSystemService(SENSOR_SERVICE)方法获取系统的传感器管理服务 SensorManager 对象。

第 11 行调用 SensorManager 对象的 getSensorList()方法获取传感器集合。

第 13 行至第 26 行遍历传感器信息集合，将所有传感器的信息放到 ListView 的数据源集合中。

第 28 行至第 32 行定义 SimpleAdapter 适配器。

第 34 行给 ListView 设置适配器。

图 17.1　检测设备中的传感器

图 17.1 为红米手机运行上述示例代码后的结果。每个 item 有三行文本：第一行为传感器名称，第二行为传感器类型，第三行为传感器的 Vendor（即传感器提供商）。第二行的 int 值为传感器类型，它是 Sensor 对象调用 getType()方法的返回值。Sensor 类中定义了很多 int 型常量来表示传感器类型，如表 17.1 所示。

表 17.1　传感器类型

方　　法	说　　明
int TYPE_ACCELEROMETER = 1	三轴加速度传感器（返回三个坐标轴的加速度，单位为m/s^2）
int TYPE_MAGNETIC_FIELD = 2	磁场传感器（返回三个坐标轴的数值，单位为uT）
int TYPE_ORIENTATION=3	方向传感器（已过时，用SensorManager.get Orientation()代替）
int TYPE_GYROSCOPE=4	陀螺仪传感器（可判断方向，返回三个坐标轴上的角度）
int TYPE_LIGHT=5	光线传感器（单位为lux）
int TYPE_PRESSURE=6	压力传感器（单位千帕斯卡）
int TYPE_TEMPERATURE=7	温度传感器（单位为℃，已过时，用环境温度传感器代替）
int TYPE_PROXIMITY=8	距离传感器
int TYPE_GRAVITY=9	重力传感器
int TYPE_LINEAR_ACCELERATION=10	线性加速度传感器
int TYPE_ROTATION_VECTOR=11	旋转矢量传感器
int TYPE_RELATIVE_HUMIDITY=12	相对湿度传感器
int TYPE_AMBIENT_TEMPERATURE=13	环境温度传感器
int TYPE_ALL = -1	列出所有传感器

2．间接方式

在 AndroidManifest.xml 配置文件中，指定该应用程序只支持运行在具有哪些硬件功能的设备上。如果应用程序需要温度传感器，可以在配置文件中添加下面一行代码。

```
<uses-feature android:name="android.hardware.sensor.temperature"
android:required="true" />
```

Android Market 只将应用程序安装在有温度传感器的设备上。但是该规则并不适用于其他 Android 应用商店。也就是说，一些 Android 应用商店不会执行检测以确保将应用程序安装在支持指定传感器的设备上。

17.1.3　使用传感器的步骤

如何使用传感器呢？一般使用传感器都有以下 5 个步骤。

（1）调用 Context 的 getSystemService(Context.SENSOR_SERVICE)方法获取 SensorManager 对象。

（2）调用 SensorManager 的 getDefaultSensor(int type)方法获取指定类型的传感器。

（3）在 onCreate()生命周期方法中调用 SensorManager 的 registerListener()方法为指定传感器注册监听。

（4）实例化 SensorEventListener 接口，作为 registerListener()方法的第一个参数。重写 SensorEventListener 接口中的 onSensorChanged()方法。

（5）在 onDestroy()生命周期方法中调用 SensorManager 对象的 unregisterListener()方法释放资源。

SensorManager 的 registerListener()方法的用法如下：

public boolean registerListener(SensorEventListener listener, Sensor sensor, int rate)

其中，

- listener：监听传感器事件的监听器。该监听器需要实现 SensorEventListener 接口。
- sensor：通过 SensorManager 的 getDefaultSensor(int type)方法获取到的传感器对象。
- rate：获取传感器数据的频率。该参数由 SensorManager 中的几个常量来定义。

1）int SENSOR_DELAY_FASTEST = 0;

以最快的速度获得传感器数据。只有特别依赖传感器数据的应用才推荐采用这种频率。这种模式会造成手机电量大量耗费。

2）int SENSOR_DELAY_GAME = 1;

适合游戏的频率。在一般实时性要求的应用上适用这种频率。

3）int SENSOR_DELAY_UI = 2;

适合普通用户界面的频率。这种模式比较省电，系统开销也小，但是延迟较长。

4）int SENSOR_DELAY_NORMAL = 3;

正常频率。一般实时性要求不是特别高的应用采用这种频率。

注意：重写 SensorEventListener 接口中的 onSensorChanged(SensorEvent event)方法是实现传感器应用的关键。参数 SensorEvent 中有一个非常重要的属性：float[]类型的 values 数组。可以通过 values 数组取出传感器传回的数据。values 数组长度为 3，但不一定每一个数组元素都有意义，不同的传感器每个数组元素的含义不同。

17.2　光传感器

光传感器的类型常量为 Sensor.TYPE_LIGHT　（数值为 5）。values 数组只有第一个元素 values[0]有意义，表示光线的强度。

Android SDK 中将光线强度分为不同等级，每一个等级的最大值由一个常量表示，这些常量定义在 SensorManager 类中，最大值为 120000.0f。

- public static final float LIGHT_SUNLIGHT_MAX = 120000.0f；//最强光线强度
- public static final float LIGHT_SUNLIGHT= 110000.0f；//万里无云阳光直射的光线强度
- public static final float LIGHT_SHADE = 20000.0f；//阳光被云遮挡后的光线强度
- public static final float LIGHT_OVERCAST= 10000.0f；//多云时的光线强度
- public static final float LIGHT_SUNRISE= 400.0f；//刚日出时的光线强度
- public static final float LIGHT_CLOUDY = 100.0f；//阴天无太阳时的光线强度
- public static final float LIGHT_FULLMOON= 0.25f；//夜晚满月时的光线强度
- public static final float LIGHT_NO_MOON = 0.001f；//夜晚无月亮时的光线强度

【范例 17-2】光传感器案例介绍（代码文件详见链接资源中第 17 章范例 17-2）

<实现效果及思路>

利用光传感器感受光线强度的变化，将光线的强度数值显示在页面中的文本框中。

<示例代码>

```
1.   public class MainActivity extends Activity {
2.       private TextView textView_main_info;
3.       private SensorManager sensorManager = null;
4.       private Sensor sensor = null;
5.       // 实例化 SensorEventListener 接口，作为注册监听器的参数
6.       private SensorEventListener sensorEventListener = new
SensorEventListener() {
7.           @Override
8.           // 当传感器检测到的数据发生变化时调用该方法。光传感器中 values 数组只有第一个元素
有意义，表示光线的强度
9.           public void onSensorChanged(SensorEvent event) {
10.              textView_main_info.setText(event.values[0] + "LX");
```

```
11.            }
12.        @Override
13.        public void onAccuracyChanged(Sensor sensor, int accuracy) {
14.        }
15.    };
16.    @Override
17.    protected void onCreate(Bundle savedInstanceState) {
18.        super.onCreate(savedInstanceState);
19.        textView_main_info = (TextView)
findViewById(R.id.textView_main_info);
20.        // 获取 SensorManager 对象
21.        sensorManager = (SensorManager)
getSystemService(Context.SENSOR_SERVICE);
22.        // 获取光传感器
23.        sensor = sensorManager.getDefaultSensor(Sensor.TYPE_LIGHT);
24.        // 为光传感器注册监听
25.        sensorManager.registerListener(sensorEventListener, sensor,
26.                sensorManager.SENSOR_DELAY_NORMAL);
27.    }
28.    @Override
29.    protected void onDestroy() {
30.        super.onDestroy();
31.        // 调用 unregisterListener()方法释放资源
32.        sensorManager.unregisterListener(sensorEventListener, sensor);
33.    }
34. }
```

<代码详解>

第 6 行至第 15 行实例化 SensorEventListener 接口，作为 registerListener()方法的第一个参数。重写 SensorEventListener 接口中的 onSensorChanged()方法。

第 21 行至第 26 行获取 SensorManager 对象，获取光传感器，为光传感器注册监听。

第 31 行和第 32 行调用 unregisterListener()方法释放资源。

17.3　加速度传感器

加速度传感器（见图 17.2）的类型常量为 Sensor.TYPE_ACCELEROMETER　（数值为 1）。values 数组的三个元素含义如下。

- values[0]：沿 X 轴方向的加速度（手机水平放置，手机横向左右移动）。
- values[1]：沿 Y 轴方向的加速度（手机水平放置，手机前后移动）。
- values[2]：沿 Z 轴方向的加速度，也就是重力加速度（手机竖向上下移动）。

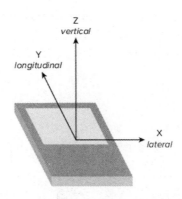

图 17.2　加速度传感器三轴示意图

【范例 17-3】加速度传感器案例介绍（代码文件详见链接资源中第 17 章范例 17-3）

<实现效果>

实现"微信摇一摇"的功能。

<实现思路>

获取 X、Y、Z 轴三个方向上的加速度，三个方向上任何一个方向上的加速度只要大于预定值，就可以认为用户摇动了手机。当判定摇动手机后，执行播放动画效果、启动振动模式、2 秒后 toast 提示。到底这个预定加速度数值应该为多大呢？考虑到重力加速度为 $9.8m/s^2$，因此预定值必须大于重力加速度，所以设定为 $15m/s^2$。因为本例中用到振动，所以要给应用授予开启振动的权限。

```xml
<!-- 授予应用开启振动的权限 -->
<uses-permission android:name="android.permission.VIBRATE"/>
```

<核心代码>

```java
1.  public class MainActivity extends Activity {
2.      // 两次检测的时间间隔
3.      private static final int UPTATE_INTERVAL_TIME = 70;
4.      private int track1, track2 = 0;
5.      private SoundPool soundPool = null;
6.      // 上次检测时间
7.      private long lastUpdateTime;
8.      private ImageView imageView_main_logoup;
9.      private ImageView imageView_main_logodown;
10.     private Vibrator mVibrator;
11.     private SensorManager sensorManager;
12.     private SensorEventListener listener = new SensorEventListener() {
13.         @Override
14.         public void onSensorChanged(SensorEvent event) {
15.             // 现在检测时间
16.             long currentUpdateTime = System.currentTimeMillis();
17.             // 两次检测的时间间隔
```

```
18.                long timeInterval = currentUpdateTime - lastUpdateTime;
19.                // 判断是否达到了检测时间间隔
20.                if (timeInterval < UPTATE_INTERVAL_TIME)
21.                    return;
22.                // 现在的时间变成 last 时间
23.                lastUpdateTime = currentUpdateTime;
24.                // 获取 X、Y、Z 轴三个方向上的加速度
25.                float valueX = Math.abs(event.values[0]);
26.                float valueY = Math.abs(event.values[1]);
27.                float valueZ = Math.abs(event.values[2]);
28.        // X、Y、Z 轴三个方向上任何一个方向上的加速度只要大于预定值，就可以认为用户摇动了手机
29.            // 判定摇动手机后，执行播放动画效果、启动振动模式、2 秒后 toast 提示
30.                if (valueX > 15 || valueY > 15 || valueZ > 15) {
31.                    // 启动仿"微信摇一摇"的动画效果
32.                    startAnimation();
33.                    // 启动振动效果
34.                    startVibrato();
35.                    new Handler().postDelayed(new Runnable() {
36.                        @Override
37.                        public void run() {
38.                            Toast.makeText(getApplicationContext(),"抱歉，暂时没有找
到\n 在同一时刻摇一摇的人。\n 再试一次吧！", 0).show();
39.                        }
40.                    }, 2000);
41.                }
42.            }
43.        @Override
44.        public void onAccuracyChanged(Sensor sensor, int accuracy) {
45.            }
46.        };
47.        @Override
48.        protected void onCreate(Bundle savedInstanceState) {
49.            super.onCreate(savedInstanceState);
50.            setContentView(R.layout.activity_main);
51.            imageView_main_logoup = (ImageView)
findViewById(R.id.imageView_main_logoup);
52.            imageView_main_logodown = (ImageView)
findViewById(R.id.imageView_main_logodown);
53.            // 初始化 Sensor 管理器及振动管理器
54.            initSensor();
55.            // 初始化声音池
56.            initSoundPool();
57.        }
58.        // 初始化 Sensor 管理器及振动管理器
59.        private void initSensor() {
60.            // 初始化 Sensor 管理器
```

```
61.          sensorManager = (SensorManager)
getSystemService(Context.SENSOR_SERVICE);
62.          Sensor sensor = sensorManager
63.                  .getDefaultSensor(Sensor.TYPE_ACCELEROMETER);
64.          sensorManager.registerListener(listener, sensor,
65.                  sensorManager.SENSOR_DELAY_GAME);
66.          // 初始化振动管理器
67.          mVibrator = (Vibrator) getApplication().getSystemService(
68.                  VIBRATOR_SERVICE);
69.      }
70.      // 定义摇一摇之后的动画效果
71.      private void startAnimation() {
72.          // 定义动画集
73.          AnimationSet animationSetUp = new AnimationSet(true);
74.          // 定义图片向上滑动的效果
75.          TranslateAnimation animationUp0 = new TranslateAnimation(
76.                  Animation.RELATIVE_TO_SELF, 0, Animation.RELATIVE_TO_SELF, 0,
77.                  Animation.RELATIVE_TO_SELF, 0, Animation.RELATIVE_TO_SELF,
78.                  -1.0f);
79.          animationUp0.setDuration(1000);
80.          // 定义图片向下滑动的效果
81.          TranslateAnimation animationUp1 = new TranslateAnimation(
82.                  Animation.RELATIVE_TO_SELF, 0, Animation.RELATIVE_TO_SELF, 0,
83.                  Animation.RELATIVE_TO_SELF, 0, Animation.RELATIVE_TO_SELF,
84.                  +1.0f);
85.          animationUp1.setDuration(1000);
86.          // 设置动画集中下一个动画的延迟执行时间
87.          animationUp1.setStartOffset(1000);
88.          // 给动画集中设置动画
89.          animationSetUp.addAnimation(animationUp0);
90.          animationSetUp.addAnimation(animationUp1);
91.          // 控件启动动画集
92.          imageView_main_logoup.startAnimation(animationSetUp);
93.          AnimationSet animationSetDown = new AnimationSet(true);
94.          TranslateAnimation animationDown0 = new TranslateAnimation(
95.                  Animation.RELATIVE_TO_SELF, 0f, Animation.RELATIVE_TO_SELF, 0f,
96.                  Animation.RELATIVE_TO_SELF, 0f, Animation.RELATIVE_TO_SELF,
97.                  +1.0f);
98.          animationDown0.setDuration(1000);
99.          TranslateAnimation animationDown1 = new TranslateAnimation(
100.                 Animation.RELATIVE_TO_SELF, 0f, Animation.RELATIVE_TO_SELF, 0f,
101.                 Animation.RELATIVE_TO_SELF, 0f, Animation.RELATIVE_TO_SELF,
102.                 -1.0f);
103.         animationDown1.setDuration(1000);
104.         animationDown1.setStartOffset(1000);
105.         animationSetDown.addAnimation(animationDown0);
```

```
106.            animationSetDown.addAnimation(animationDown1);
107.            imageView_main_logodown.startAnimation(animationSetDown);
108.        }
109.    // 启动振动效果
110.    public void startVibrato() {
111.        // 启动振动，同时伴随声音播放
112.        // 第一种加载声音的方式：利用 MediaPlayer 播放器
113.        // MediaPlayer player;
114.        // player = MediaPlayer.create(this, R.raw.awe);
115.        // player.setLooping(false);
116.        // player.start();
117.        // 第二种加载声音的方式：利用声音池
118.        soundPool.play(track2, 1, 1, 1, 0, 1);
119.        // 定义振动
120.        // 只有 1 个参数的时候，第一个参数用来指定振动的毫秒数
121.        // 要传递 2 个参数的时候，第 1 个参数用来指定振动时间的样本，第 2 个参数用来指定是
否需要循环，-1 为不重复，非-1 则从 pattern 的指定下标开始重复
122.        // 振动时间的样本指振动时间和等待时间交互指定的数组，即节奏数组
123.        // ※下面的例子，在程序启动后等待 3 秒后振动 1 秒，再等待 2 秒后振动 5 秒，再等待 3
秒后振动 1 秒
124.        // long[] pattern = {3000, 1000, 2000, 5000, 3000, 1000};
125.        // 振动节奏分别为：OFF/ON/OFF/ON...
126.        mVibrator.vibrate(new long[] { 500, 200, 500, 200 }, -1);
127.    }
128.    // 初始化声音池
129.    private void initSoundPool() {
130.        // 三个参数：播放最大并发流数量；目标流类型（总是 STREAM_MUSIC）；0 为默认值。
131.        soundPool = new SoundPool(10, AudioManager.STREAM_MUSIC, 0);
132.        track1 = soundPool.load(this, R.raw.awe, 1);
133.        track2 = soundPool.load(this, R.raw.aw, 1);
134.    }
135.    // 停止监听，调用 unregisterListener()方法释放资源
136.    private void stopSensor() {
137.        if (sensorManager != null) {
138.            sensorManager.unregisterListener(listener);
139.        }
140.    }
141.    // 释放声音池，释放传感器监听
142.    @Override
143.    protected void onDestroy() {
144.        super.onDestroy();
145.        stopSensor();
146.        if (soundPool != null) {
147.            soundPool.release();
148.        }
149.    }
```

```
150.}
```

<代码详解>

第 3 行定义两次摇动之间的时间间隔。

第 4 行至第 5 行定义声音池对象及声音资源 id。

第 7 行定义最后一次检测到摇动的时间。

第 10 行定义振动对象。

第 11 行和第 12 行定义 SensorManager 及 SensorEventListener。

第 18 行计算两次检测的时间间隔。

第 20 行判断是否达到了检测时间间隔。

第 24 行至第 27 行分别获取 X、Y、Z 轴三个方向上的加速度。

第 30 行至第 40 行，X、Y、Z 轴三个方向上任何一个方向上的加速度只要大于预定值，就可以认为用户摇动了手机。判定摇动手机后，执行播放动画效果、启动振动模式、2 秒后 toast 提示。

第 53 行至第 56 行，调用 Sensor 管理器及振动管理器、调用声音池的方法。

第 59 行至第 69 行定义初始化 Sensor 管理器及振动管理器的方法。

第 71 行至第 107 行定义摇一摇之后动画效果的方法。

第 110 行至第 126 行定义振动及启动振动同时伴随声音播放的方法。

第 129 行至第 133 行定义初始化声音池的方法。

第 136 行至第 139 行停止监听，调用 unregisterListener()方法释放资源。

第 143 行至第 149 行释放声音池，释放传感器监听。

17.4　磁场传感器

磁场传感器的类型常量为 Sensor.TYPE_MAGNETIC_FIELD（数值为 2）。values 数组的三个元素含义如下。

- values[0]：沿 X 轴方向的磁场分量，单位为 uT。
- values[1]：沿 Y 轴方向的磁场分量，单位为 uT。
- values[2]：沿 Z 轴方向的磁场分量，单位为 uT。

【范例 17-4】磁场传感器案例介绍（代码文件详见链接资源中第 17 章范例 17-4）

<实现效果及思路>

磁场传感器可以检测地球的磁场，进而告诉我们北极在哪里，所以此传感器也被称为

罗盘传感器。以指南针为例,来实践磁场传感器的用法。指南针的实现原理很简单,只需要检测手机围绕 Z 轴的旋转角度,然后对这个数值进行处理就可以。大家很容易联想到使用方向传感器 Sensor.TYPE_ORIENTATION,因为方向传感器中的 values[0]记录围绕 Z 轴的旋转角度。但是遗憾的是方向传感器 Sensor.TYPE_ORIENTATION 已经被废弃。目前,若想获取手机旋转的方向和角度,Android 推荐使用磁场传感器和加速度传感器共同计算得出。制作指南针效果的步骤如下。

(1)分别获取加速度传感器和磁场传感器实例,并分别注册监听器。传感器输出信息的更新速率要高一些,使用 SENSOR_DELAY_GAME 模式。

(2)在 onSensorChanged()方法中进行判断,如果当前 SensorEvent 中包含的是加速度传感器,就将 event 中的 values 数组赋值给加速度传感器 values 数组;如果当前 SensorEvent 中包含的是磁场传感器,就将 event 中的 values 数组赋值给磁场传感器 values 数组。为了避免两个数组指向同一个引用,要使用 clone()克隆方法。

(3)定义一个长度为 9 的 float 数组 R,调用 SensorManager 的静态方法 getRotationMatrix(),计算接收自加速度传感器和罗盘传感器的数据,将计算出的旋转数据放在 R 数组中。

(4)定义一个长度为 3 的 float 数组 values,调用 SensorManager 的静态方法 getOrientation(),将手机在各个方向上的旋转数据都存放到 values 数组中。values[0]记录着手机围绕 Z 轴的旋转弧度,调用 Math.toDegrees(values[0])方法将其转成角度值,最后对值进行处理即可。

以上步骤涉及以下两个核心方法。

① public static boolean getRotationMatrix(float[] R, float[] I,float[] gravity, float[] geomagnetic)

作用:SensorManager 的 getRotationMatrix()方法接收来自加速度传感器和罗盘传感器的数据,然后计算出一个用于确定方向的矩阵存放到 R 数组中。

参数解释:

❏ float[] R 是一个长度为 9 的 float 数组,当调用 getRotationMatrix()方法后将计算出的旋转数据存在该 R 数组中。
❏ float[] I 用于将地磁向量转换成重力坐标的旋转矩阵,通常指定为 null 即可。
❏ float[] gravity 为加速度传感器输出的 values 值。
❏ float[] geomagnetic 为磁场传感器输出的 values 值。

②public static float[] getOrientation(float[] R, float values[])

作用:SensorManager 的 getOrientation()方法用于获取上一步中的旋转矩阵并提供一个方向矩阵。方向矩阵的值表明设备相对于地球磁场北极的旋转,以及设备相对于地面的倾斜度和摇晃。

参数解释：

❏ float[] R 是 getRotationMatrix()方法执行后，存储了旋转数据的 R 数组。

float values[]是一个长度为 3 的 float 数组。当调用 SensorManager 的静态方法 getOrientation()后，将手机在各个方向上的旋转数据都存放到 values 数组中。values[0]记录手机围绕 Z 轴的旋转弧度，values[1]记录手机围绕 X 轴的旋转弧度，values[2]记录手机围绕 Y 轴的旋转弧度。

<核心代码>

```
1.   public class MainActivity extends Activity {
2.       private TextView textView_main_info;
3.       private ImageView imageView_main_arrow;
4.       private SensorManager sensorManager;
5.       private Sensor accelerometerSensor = null;
6.       private Sensor mageneticSensor = null;
7.       private SensorEventListener listener = new SensorEventListener() {
8.           @Override
9.           public void onSensorChanged(SensorEvent event) {
10.              float[] accelerometerValues = new float[3];
11.              float[] magneticValues = new float[3];
12.                  float lastRotateDegree = 0;
13.
14.              // 如果当前 SensorEvent 中包含的是加速度传感器，就将 event 中的 values 数
组赋值给 accelerometerValues 数组
15.              // 如果当前 SensorEvent 中包含的是磁场传感器，就将 event 中的 values 数组
赋值给 magneticValues 数组
16.              // 为了避免两个数组指向同一个引用，要使用 clone()克隆方法
17.              if (event.sensor.getType() == Sensor.TYPE_ACCELEROMETER) {
18.                  accelerometerValues = event.values.clone();
19.              } else if (event.sensor.getType() == Sensor.TYPE_MAGNETIC_FIELD)
{
20.                  magneticValues = event.values.clone();
21.              }
22.              // 定义一个长度为 9 的 float 数组
23.              float[] R = new float[9];
24.              // getRotationMatrix()方法接收来自加速度传感器和罗盘传感器的数据，然后将
计算出的旋转数据放在 R 数组中
25.              SensorManager.getRotationMatrix(R, null, accelerometerValues,
26.                      magneticValues);
27.              // 定义一个长度为 9 的 float 数组
28.              float[] values = new float[3];
29.              //getOrientation()方法将手机在各个方向上的旋转数据都存放到 values 数组中
30.              //values[0]记录手机围绕 Z 轴的旋转弧度,values[1]记录手机围绕 X 轴的旋转弧
```

度，values[2]记录手机围绕 Y 轴的旋转弧度

```
31.              SensorManager.getOrientation(R, values);
32.              // 将围绕 Z 轴的旋转弧度值转成角度值
33.              float rotateDegree = -(float) Math.toDegrees(values[0]);
34.              // 根据计算出的旋转角度，制作指南针图片的旋转动画
35.              if (Math.abs(rotateDegree - lastRotateDegree) > 1) {
36.                  RotateAnimation animation = new RotateAnimation(
37.                          lastRotateDegree, rotateDegree,
38.                      Animation.RELATIVE_TO_SELF, 0.5f,
39.                      Animation.RELATIVE_TO_SELF, 0.5f);
40.                  animation.setFillAfter(true);
41.                  imageView_main_arrow.startAnimation(animation);
42.                  lastRotateDegree = rotateDegree;
43.              }
44.              // 当 values[0]取值范围为-180～+180 时，+180 度和-180 度表示正南方向，0
度表示正北方向，-90 度表示正西方向，+90 度表示正东方向
45.              setTitle("角度为: " + Math.toDegrees(values[0]));
46.          }
47.          @Override
48.          public void onAccuracyChanged(Sensor sensor, int accuracy) {
49.          }
50.      };
51.      @Override
52.      protected void onCreate(Bundle savedInstanceState) {
53.          super.onCreate(savedInstanceState);
54.          setContentView(R.layout.activity_main);
55.          imageView_main_arrow = (ImageView)
findViewById(R.id.imageView_main_arrow);
56.          sensorManager = (SensorManager)
getSystemService(Context.SENSOR_SERVICE);
57.          // 获取加速度传感器对象，并注册监听器。传感器输出信息的更新速度要高一些，于是使用
SENSOR_DELAY_GAME 模式
58.          accelerometerSensor = sensorManager
59.                  .getDefaultSensor(Sensor.TYPE_ACCELEROMETER);
60.          sensorManager.registerListener(listener, accelerometerSensor,
61.                  sensorManager.SENSOR_DELAY_GAME);
62.          // 获取磁场传感器对象，并注册监听器。使用 SENSOR_DELAY_GAME 模式
63.          mageneticSensor = sensorManager
64.                  .getDefaultSensor(Sensor.TYPE_MAGNETIC_FIELD);
65.          sensorManager.registerListener(listener, mageneticSensor,
66.                  sensorManager.SENSOR_DELAY_GAME);
67.      }

68.      @Override
69.      protected void onDestroy() {
70.          super.onDestroy();
```

```
71.        // 注销监听，释放资源
72.        sensorManager.unregisterListener(listener, accelerometerSensor);
73.        sensorManager.unregisterListener(listener, mageneticSensor);
74.    }
75. }
```

<代码详解>

第 4 行至第 7 行定义 SensorManager 及 SensorEventListener。

第 7 行监听最后一次检测到摇动的时间。

第 11 行至第 20 行：如果当前 SensorEvent 中包含的是加速度传感器，就将 event 中的 values 数组赋值给 accelerometerValues 数组；如果当前 SensorEvent 中包含的是磁场传感器，就将 event 中的 values 数组赋值给 magneticValues 数组。为了避免两个数组指向同一个引用，要使用 clone() 克隆方法。

第 22 行定义一个长度为 9 的 float 数组。

第 24 行利用 SensorManager 的 getRotationMatrix() 方法接收来自加速度传感器和罗盘传感器的数据，然后将计算出的旋转数据放在 R 数组中。

第 26 行定义一个长度为 9 的 float 数组。

第 30 行利用 SensorManager 的 getOrientation() 方法将手机在各个方向上的旋转数据都存放到 values 数组中。values[0] 记录手机围绕 Z 轴的旋转弧度，values[1] 记录手机围绕 X 轴的旋转弧度，values[2] 记录手机围绕 Y 轴的旋转弧度。

第 32 行至第 41 行将围绕 Z 轴的旋转弧度值转成角度值，根据计算出的旋转角度，制作指南针图片的旋转动画。当 values[0] 取值范围为 -180～180 时，+180 度和 -180 度表示正南方向，0 度表示正北方向，-90 度表示正西方向，+90 度表示正东方向。

第 55 行初始化 SensorManager。

第 57 行至第 60 行获取加速度传感器对象，并注册监听器。

第 62 行至第 65 行获取磁场传感器对象，并注册监听器。

第 68 行至第 73 行停止监听，调用 unregisterListener() 方法释放加速度传感器及磁场传感器对象。

17.5　其他传感器

除了上面介绍的传感器外，还有以下传感器，我们需要知道这些传感器的类型常量值。

（1）方向传感器的类型常量为 Sensor.TYPE_ORIENTATION（数值为 3）。

（2）陀螺仪传感器为 Sensor.TYPE_GYROSCOPE。

（3）压力传感器为 Sensor. TYPE_PRESSURE。

（4）温度传感器为 Sensor.TYPE_TEMPERATURE。

（5）距离传感器为 Sensor.TYPE_PROXIMITY。

（6）重力传感器为 Sensor. TYPE_GRAVITY。

（7）线性加速度传感器为 Sensor. TYPE_LINEAR_ACCELERATION。

（8）旋转矢量传感器为 Sensor.TYPE_ROTATION_VECTOR。

（9）相对湿度传感器为 Sensor.TYPE_RELATIVE_HUMIDITY。

（10）环境温度传感器为 Sensor.TYPE_AMBIENT_TEMPERATURE。

17.6　本章总结

本章讲述了传感器的相关知识。首先，掌握 Android 设备中常见的传感器及如何检测设备中的传感器；其次，掌握常用传感器——光传感器、加速度传感器、磁场传感器的使用步骤，并能用这些传感器开发简单的项目；最后，根据本章案例"微信摇一摇"的示例代码，继续完善和丰富，充分理解开发传感器过程中的乐趣。

第 **18** 章

Android 动画

随着用户对 UI 页面的体验越来越高，仅显示文本和图片信息已不能满足用户需求，为此 Android 系统提供了一套动画机制动态展示 UI 页面数据和多页面切换时执行相关动态，大大丰富了用户体验。在最新的 Android 版本中，增加了属性动画的定义，使开发人员能够快速、轻松、灵活地运用 Android 动画机制。

【本章要点】

❑ Android 动画框架介绍。
❑ 补间动画应用。
❑ 帧动画应用。
❑ 属性动画应用。

18.1 Android 动画框架介绍

Android 动画主要实现了在规定时间内，通过不同的插值计算方法和动画类型，修改 UI 控件的位置、颜色、大小等属性的功能，并重新绘制 UI 控件实现动画效果。

Android 动画框架主要分为三大类别，即补间动画（View Animation）、帧动画（Drawable Animation）和属性动画（Property Animator）等。

最常用的是补间动画，其包括了 Android 动画框架中最基本的四种动画，即渐变动画（AlphaAnimation）。旋转动画（RotateAnimation）、缩放动画（ScaleAnimation）和移动动画（TranslateAnimation）。还有一种动画是这四种动画的组合使用，称为组合动画（SetAnimation）。这五种动画是 Android 最初定义的，目前在项目中还在继续使用。

帧动画（Drawable Animation）是多张图片在一定时间内轮换播放，如电影的每一个画页在一定时间内播放的效果，帧动画一般用于自定义进度控件。

属性动画（PropertyAnimator）是改变 UI 控件的属性而产生的动画，在最新版本中被推荐使用，因为动画在执行过程中真实地改变了 UI 控件的属性，而且可以捕获用户事件，在实际项目中也被广泛使用。

18.2　补间动画（View Animation）

补间动画指两帧之间切换时补充动画效果。Android 补间动画是指一个 UI 控件在规定时间内，并从当前状态和最终状态之间实现某种动画效果。动画效果包括渐变、旋转、缩放和移动等。不同的动画效果在 Android 中实现有两种，即动画的 XML 配置文件和动画类两种，补间动画类的父类是 android.animation.Animation 类。动画 XML 配置文件一般存放在/res/anim/目录下。

18.2.1　渐变动画（AlphaAnimation）

渐变动画通过改变 UI 控件的渐变值来实现淡入淡出的动画效果，这种效果经常被用于动态显示控件，也常与移动或缩放动画组合使用。

【范例 18-1】图片的渐变动画

本范例实现了 Activity 中一张图片从有到无的渐变动画效果，实现此动画效果有两个方式，即 AlphaAnimation 渐变动画类和 XML 配置文件两种方式。

1．AlphaAnimation 类方式

AlphaAnimation 类是 Animation 的子类，使用 AlphaAnimation(float from,float to)构造方法生成渐变动画对象并设置动画的其他属性，最后通过 View 对象启动动画的方法startAnimation(Animation)执行动画。

<编码思路>

首先创建渐变动画类实例，并设置渐变动画的起始值和结束值，最后通过 View 对象启动渐变动画对象。

根据本范例的编码思路，要实现该范例效果，需要在 MainActivity.java 类文件（链接资源/第 18 章/范例 18-1（图片的渐变动画）/YZ19Demo01/MainActivity. java）中声明渐变动画按钮执行的方法，并在此方法中实现渐变动画效果。

<范例代码>

```
1.    //启动渐变动画按钮的点击事件处理方法
2.    public void startAlphaAnim(View view){
3.        //创建动画对象
4.        Animation anim=new AlphaAnimation(1.0f,0.0f); //淡出效果
5.        anim.setDuration(400); //动画持续时间
6.        anim.setRepeatLimit(Animation.INFINITE); //动画无限次重复执行
7.        anim.setRepeatMode(Animation.REVERSE); //反向重复执行动画
8.        ImageView imageView=(ImageView)findViewById(R.id.imageId);
9.        imageView.startAnimation(anim); //图片控件开始执行动画
10.   }
```

<代码详解>

第 4 行的 Animation 是 AlphaAnimation 的父类，其构造方法的两个参数类型是 float 类型。第一个参数代表动画执行前的 UI 控件渐变值，第二个参数代表动画执行后的 UI 控件渐变值，1.0 代表不透明，0.0 代表完全透明。

第 5 行至第 7 行的 setDuration(int)方法用于设置动画的重复次数，值为固定值或 INFINITE 常量，Animation.INFINITE 代表动画无限次数；setRepeatMode(int)设置动画重复模式，补间动画的重复模式有两种模式，即 Animation.RESTART（重新开始）和 Animation.REVERSE（反向重复）。

第 9 行通过图片控件的对象执行渐变动画，startAnimation()方法属于 View 类，即每一个 UI 控件都可以执行补间动画。

2．XML 配置文件方式

<编码思路>

（1）定义渐变的动画资源文件，设置渐变属性。

（2）在 Activity 中加载动画资源文件生成渐变动画对象，并通过 UI 对象启动动画。

根据本范例的编码思路，要实现该范例效果，需要通过以下 2 步实现。

（1）创建 alpha.xml 动画资源文件（链接资源/第 18 章/范例 18-1（图片的渐变动画）/YZ19Demo01/res/anim/alpha.xml）。

<范例代码>

```
1.    <alpha
2.        xmlns:android="http://schemas.android.com/apk/res/android"
3.        android:interpolator="@android:anim/accelerate_interpolator"
4.        android:duration= "1000"
5.        android:fromAlpha="0"
6.        android:toAlpha="1"
7.        android:repeatCount="infinite"
8.        android:repeatMode="reverse"
```

```
9.          android:fillAfter="true"/>
```

<代码详解>

在 alpha.xml 文件中，使用<alpha>标签实现渐变动画效果。duration 属性设置了动画执行的时间；fromAlpha 与 toAlpha 设置动画开始与结束的渐变值；repeatCount 与 repeatMode 设置动画重复执行次数与模式；fillAfter="true"表示控件的状态是动画停止时的状态；interpolator 属性是设置动画的插值器，本案例使用的是加速度插值器。

（2）在 MainActivity.java 类文件（链接资源：YZ19Demo01/MainActivity.java）中加载动画资源文件，并启动 UI 对象动画。

<范例代码>

```
1.   //加载动画资源文件
2.   public void alphaXml(View v){
3.      Animation animation=M
4.          AnimationUtils.loadAnimation(this, R.anim.alpha);
5.      ImageView imageView=(ImageView)findViewById(R.id.imageId);
6.      //UI 控件启动动画
7.      imageView.startAnimation(animation);
8.   }
```

<代码详解>

AnimationUtils 是 Android 系统提供的动画工具类，通过它的 loadAnimation()方法加载动画资源，并返回 Animation 动画类对象。

注意：loadAnimation()方法中 this 代表 Context 上下文类的对象，在 Activity 中即 Activity 类对象本身，因为 Activity 继承 Context 类。

18.2.2　旋转动画（RotateAnimation）

旋转动画通过改变 UI 控件的旋转角度值来实现左右摇摆的动画效果，与移动或缩放动画组合使用时，必须先执行旋转动画。

【范例 18-2】图片的旋转动画

本范例实现了在 Activity 中将一张图片旋转 180 度的动画效果，实现此动画效果有两种方式，即 RotateAnimation 渐变动画类和 XML 配置文件两种方式。

1. RotateAnimation 类方式

RotateAnimation 类是 Animation 的子类，使用构造方法 RotateAnimation(float fromDegrees, float toDegrees)生成默认旋转动画，旋转的中心点位置是 UI 控件的左上角，使用构造方法 RotateAnimation(float fromDegrees, float toDegrees, float pivotX, float pivotY)生成旋转动画时，必须指定旋转的中心位置。

<编码思路>

首先创建旋转动画类的实例对象，并设置动画的起始角度和结束角度及旋转中心点位置，最后通过 View 对象启动旋转动画对象。

根据本范例的编码思路，要实现该范例效果，需要在 MainActivity.java 类文件（链接资源/第 18 章/范例 18-2（图片的旋转动画）/YZ19Demo02/ MainActivity.java）中声明执行动画的按钮事件方法，并在此方法中实现动画效果。

<范例代码>

```
1.   //启动旋转动画按钮的点击事件处理方法
2.   public void startRotateAnim(View view){
3.       ImageView imageView=(ImageView)findViewById(R.id.imageId);
4.       //创建动画对象
5.       Animation animation=new RotateAnimation(0,180 ,
6.           imageView.getWidth()/2, imageView.getHeight()/2);
7.       animation.setDuration(1000);
8.       animation.setRepeatCount(Animation.INFINITE);
9.       animation.setRepeatMode(Animation.REVERSE);
10.
11.
12.      imageView.startAnimation(animation); //图片控件开始执行动画
13.  }
```

<代码详解>

第 4 行至第 5 行代码构造旋转动画的实例对象，RotateAnimation 构造方法包含四个参数。

第一个参数与第二个参数是动画开始与结束的角度，角度值是相对值，0 表示当前 UI 控件的角度，动画执行目标是相对于当前角度的 180 度，即旋转了半圆效果。

第三个参数与第四个参数表示旋转的中心位置是 UI 控件的中心点，默认情况下是 UI 控件左顶点的位置。

2．XML 配置文件

<编码思路>

类似于渐变动画的 XML 配置文件方式，先定义旋转的动画资源文件，设置相关属性，并在 Activity 中加载动画资源文件生成动画对象，再通过 UI 对象启动动画。

根据本范例的编码思路，要实现该范例效果，需要通过以下 2 步实现。

（1）创建 rotate.xml 资源文件（链接资源/第 18 章/范例 18-2（图片的旋转动画）/YZ19Demo02/res/anim/rotate.xml）。

<范例代码>

```
1.   <rotate
2.       android:interpolator="@android:anim/decelerate_interpolator"
```

```
3.          android:fromDegrees="0"
4.          android:toDegrees="360"
5.          android:pivotX="50%"
6.          android:pivotY="50%"
7.          android:duration="1000"
8.          android:repeatCount="infinite"
9.          android:repeatMode="reverse" />
```

<代码详解>

第 2 行定义了 interpolator 插值器属性，即使用了系统动画的减速插值器。

第 3 行和第 4 行定义了 fromDegrees 与 toDegrees 动画的开始与结束角度，0 度是当前 UI 控件位置，360 度是相对当前 UI 控件旋转一周。

第 5 行和第 6 行定义了 pivotX 与 pivotY 属性，设置旋转点位置，50%代表转点位置在控件的中心位置。

（2）在 Activity 中加载动画资源，并通过 UI 控件对象启动动画。

18.2.3　缩放动画（ScaleAnimation）

缩放动画通过改变 UI 控件的缩放值来实现放大或缩小的动画效果，一般用在动态添加或删除子控件时执行的动画，也可以与移动或渐变动画组合使用。

【范例 18-3】图片的缩放动画

本范例实现了 Activity 中一张图片放大 1.5 倍的动画效果，实现此动画效果有两种方式，即 ScaleAnimation 动画类和 XML 配置文件两种方式。

1. ScaleAnimation 动画类

ScaleAnimation 类是 Animation 的子类，使用构造方法 ScaleAnimation(float fromX, float toX, float fromY, float toY)生成默认的缩放动画，旋转的中心点位置是 UI 控件的左上角，使用构造方法 ScaleAnimation(float fromX, float toX, float fromY, float toY, float pivotX, float pivotY)生成缩放动画时，必须指定参考点的位置。

<编码思路>

首先创建缩放动画类的实例对象，并设置动画的起始和结束缩放比例及中心点位置，最后通过 View 对象启动缩放动画对象。

根据本范例的编码思路，要实现该范例效果，需要在 MainActivity.java 类文件（链接资源/第 18 章/范例 18-3（图片的缩放动画）/YZ19Demo03/ MainActivity. java）中声明执行动画的按钮事件方法，并在此方法中实现动画效果。

<范例代码>

```
1.  //启动缩放动画按钮的点击事件处理方法
2.  public void startScaleAnim(View view){
3.      ImageView imageView=(ImageView)findViewById(R.id.imageId);
4.      //创建动画对象
5.      Animation animation=new ScaleAnimation(1.0f, 1.5f, 1.0f,
1.5f,imageView.getWidth()/2, imageView.getHeight()/2);
6.      animation.setDuration(1000);
7.      animation.setRepeatCount(Animation.INFINITE);
8.      animation.setRepeatMode(Animation.REVERSE);
9.
10.     imageView.startAnimation(anim); //图片控件开始执行动画
11. }
```

<代码详解>

第 5 行至第 8 行构造缩放动画的实例对象，ScaleAnimation 构造方法中的第一个参数与第二个参数是动画开始与结束的 X 轴位置，第三个参数与第四个参数是动画开始与结束的 Y 轴位置，1.0f 表示当前 UI 控件的大小，1.5f 表示为当前 UI 控件大小的 1.5 倍，动画执行效果是放大控件到其 1.5 倍大小的动画效果，第五个参数与第六个参数表示缩放支点位置是 UI 控件的中心点，默认情况下是 UI 控件左顶点的位置。

2．XML 配置文件

<编码思路>

类似于渐变动画的 XML 配置文件方式，先定义缩放的动画资源文件，设置相关属性，并在 Activity 中加载动画资源文件生成动画对象，再通过 UI 对象启动动画。

根据本范例的编码思路，要实现该范例效果，需要通过以下 2 步实现，其中第 2 步请参考渐变动画中 XML 配置方式的第 2 步。

（1）创建 rotate.xml 资源文件（链接资源/第 18 章/范例 18-3（图片的缩放动画）/YZ19Demo03/res/anim/scale.xml）。

<范例代码>

```
1.  <scale
2.      android:interpolator="@android:anim/accelerate_interpolator"
3.      android:fromXScale="1.0"
4.      android:toXScale="1.5"
5.      android:fromYScale="1.0"
6.      android:toYScale="1.5"
7.      android:duration="1000"
8.      android:pivotX="50%"
9.      android:pivotY="50%"
10.     android:fillEnabled="true"
11.     android:fillBefore="true" />
```

<代码详解>

在 scale.xml 文件中，使用<scale>标签实现缩放动画效果，文件中 interpolator 属性使用了系统动画的加速插值器；fromXScale 与 toXScale 设置动画开始与结束的 X 轴缩放比例，fromYScale 与 toYScale 设置动画开始与结束的 Y 轴缩放比例，1.0 表示当前 UI 控件大小，1.5 表示放大到当前 UI 控件的 1.5 倍大小；pivotX 与 pivotY 设置缩放支点位置，50%代表支点在 X 轴或 Y 轴的中间位置；repeatCount 与 repeatMode 设置动画重复执行次数与模式，fillEnabled="true"表示启用动画结束时停止在开始状态，fillBefore="true"表示控件的状态是动画停止时的状态。

（2）在类中加载动画资源文件，并通过 UI 对象启动动画。

18.2.4　移动动画（TranslateAnimation）

移动动画通过改变 UI 控件的 X 和 Y 坐标值来实现移动的动画效果，一般与渐变动画组合使用，如 ViewPager 组件实现左右滑动效果、SlidingMenu 实现侧滑菜单效果等。

【范例 18-4】图片的移动动画

本范例实现了 Activity 中一张图片向右移动的动画效果，实现此动画效果有两种方式，即 TranslateAnimation 动画类和 XML 配置文件两种方式。

1. TranslateAnimation 动画类

TranslateAnimation 类是 Animation 的子类，使用构造方法 TranslateAnimation(float fromXDelta, float toXDelta, float fromYDelta, float toYDelta)生成移动动画，需要指定动画开始与结束时 X 和 Y 轴的位置。

<编码思路>

首先创建移动动画类的实例对象，并设置动画起始和结束的相对位置（X 和 Y 轴），最后通过 View 对象启动缩放动画对象。

根据本范例的编码思路，要实现该范例效果，需要在 MainActivity.java 类文件（链接资源/第 18 章/范例 18-4（图片的移动动画）/YZ19Demo04/MainActivity. java）中声明执行动画的按钮事件方法，并在此方法中实现动画效果。

<范例代码>

```
1.   //移动动画按钮的点击事件处理方法
2.   public void startTranslateAnim(View view){
3.       ImageView imageView=(ImageView)findViewById(R.id.imageId);
4.       //创建动画对象
5.       Animation animation=new TranslateAnimation(-10f, 20f, 0f, 0f);
6.       animation.setDuration(1000);
```

```
7.          //设置循环插值器
8.        animation.setInterpolator(new CycleInterpolator(10));
9.
10.       imageView.startAnimation(anim); //图片控件开始执行动画
11. }
```

<代码详解>

第 5 行中 TranslateAnimation()构造方法的第一个参数与第二个参数是动画开始与结束的 X 轴位置，第三个参数与第四个参数是动画开始与结束的 Y 轴位置，-10f 表示动画开始时 UI 控件在 X 轴的位置减去 10 个像素，20f 表示动画结束时 UI 控件在 X 轴加上 10 个像素。

第 8 行中的 setInterpolator()是设置动画插值器方法，使用了 CycleInterpolator 循环插值器，其会在动画时间内快速地循环执行 10 次移动动画。

2．XML 配置文件

<编码思路>

类似于渐变动画的 XML 配置文件方式，先定义移动的动画资源文件，设置相关属性，并在 Activity 中加载动画资源文件生成动画对象，再通过 UI 对象启动动画。

根据本范例的编码思路，要实现该范例效果，需要通过以下 2 步实现，其中第 2 步请参考渐变动画中 XML 配置方式的第 2 步。

（1）创建 translate.xml 资源文件（链接资源/第 18 章/范例 18-4（图片的移动动画）/YZ19Demo04/res/anim/translate.xml）。

<范例代码>

```
1.  <!
2.                android:fromXDelta="-100%" 控件在 x 方向的屏幕外边-->
3.  <translate
4.        android:fromXDelta="-100%"
5.        android:toXDelta="0"
6.        android:fromYDelta="0"
7.        android:toYDelta="0"
8.        android:duration="1000"
9.        android:repeatCount="infinite"
10.       android:repeatMode="reverse"/>
```

<代码详解>

在 translate.xml 文件中，使用<translate>标签实现移动动画效果，fromXDelta 与 toXDelta 设置动画开始与结束的 X 轴移动偏移大小，fromYDelta 与 toYDelta 设置动画开始与结束的 Y 轴移动偏移大小，-100%表示动画开始位置是 UI 控件大小的负数，即 UI 控件在屏幕的左侧，动画启动后会向初始时的位置移动，其实现了显示 UI 控件时，从左到右移动显示。

（2）在类中加载动画资源文件，并通过 UI 对象启动动画。

18.2.5　组合动画（AnimationSet）

组合动画是由四个基本类型的动画组成的，当 UI 对象启动组合动画时，会同时执行组合中每一个基本类型的动画。

【范例 18-5】图片的组合动画

本范例实现了 Activity 中一张图片从左边旋转、移动进入，且从无到有渐变的动画效果。实现此动画效果有两种方式，即 AnimationSet 动画类和 XML 配置文件。

1．AnimationSet 动画类

AnimationSet 类是 Animation 的子类，其作用是将多个单个动画组合起来并同时执行动画，在 AnimationSet 中的多个单动画可以使用统一设置动画时间及插值计算方法。

使用构造方法 AnimationSet(boolean shareInterpolator)生成动画集合对象，构造参数代表被添加到集合中的动画是否共用动画集合对象的插值器。addAnimation(Animation a)方法添加动画到动画集合对象中。

<编码思路>

首先创建缩放动画类的实例对象，并设置动画的起始和结束缩放比例及中心点位置，最后通过 View 对象启动缩放动画对象。

根据本范例的编码思路，要实现该范例效果，需要在 MainActivity.java 类文件（链接资源/第 18 章/范例 18-5（图片的组合动画）/YZ19Demo05 /MainActivity. java）中声明执行动画的按钮事件方法，并在此方法中实现动画效果。

<范例代码>

```
1.    //启动缩放动画按钮的点击事件处理方法
2.    public void startSetAnim(View view){
3.        //创建动画对象
4.        AnimationSet animationSet=new AnimationSet(true);
5.        animationSet.setInterpolator(new AccelerateInterpolator());
6.        Animation a1=new AlphaAnimation(0f, 1f);  //从无到有
7.        a1.setDuration(2000);
8.        a1.setRepeatCount(Animation.INFINITE);
9.        a1.setRepeatMode(Animation.REVERSE);
10.
11.       Animation a2=new RotateAnimation(0,360 , imageView.getWidth()/2,
12.                     imageView.getHeight()/2);
13.       a2.setDuration(2000);
14.       a2.setRepeatCount(Animation.INFINITE);
15.       a2.setRepeatMode(Animation.REVERSE);
16.
17.       Animation a3=new TranslateAnimation(-imageView.getRight(),
```

```
18.                          0f, 0f, 0f);
19.        a3.setDuration(2000);
20.        a3.setRepeatCount(Animation.INFINITE);
21.        a3.setRepeatMode(Animation.REVERSE);
22.
23.        //将动画增加到动画集合中
24.        animationSet.addAnimation(a1);
25.        animationSet.addAnimation(a2);
26.        animationSet.addAnimation(a3);
27.
28.        ImageView imageView=(ImageView)findViewById(R.id.imageId);
29.        imageView.startAnimation(animationSet);  //图片控件开始执行动画
30. }
```

<代码详解>

第 4 行至第 5 行中的 AnimationSet()构造方法的参数 true 代表共享动画集合设置的插值器，setInterpolator()方法设置了加速插值器，增加到集合中的动画共享这个插值器。

第 6 行至第 26 行实例化各个基本动画类对象，addAnimation()方法将单个动画增加到动画集合中，单个动画必须指定动画执行的时间或重复次数及重复动画模式。

2. XML 配置文件

<编码思路>

类似于渐变动画的 XML 配置文件方式，先定义组合的动画资源文件，设置相关属性，并在 Activity 中加载动画资源文件生成动画对象，再通过 UI 对象启动动画。

根据本范例的编码思路，要实现该范例效果，需要通过以下 2 步实现，第 2 步请参考渐变动画中 XML 配置方式的第 2 步。

（1）创建 animset.xml 资源文件（链接资源/第 18 章/范例 18-5（图片的组合动画）/YZ19Demo05/res/anim/animset.xml）。

<范例代码>

```
1.  <set xmlns:android="http://schemas.android.com/apk/res/android"
2.      android:interpolator="@android:anim/accelerate_interpolator"
3.      android:shareInterpolator="true" >
4.      <alpha
5.          android:duration="2000"
6.          android:fillAfter="true"
7.          android:fromAlpha="1"
8.          android:repeatCount="infinite"
9.          android:repeatMode="reverse"
10.         android:toAlpha="0" />
11.     <translate
12.         android:duration="2000"
```

```
13.         android:fromXDelta="-100%"
14.         android:fromYDelta="0"
15.         android:repeatCount="infinite"
16.         android:repeatMode="reverse"
17.         android:toXDelta="0"
18.         android:toYDelta="0" />
19.    <rotate
20.         android:duration="1000"
21.         android:fillBefore="true"
22.         android:fromDegrees="0"
23.         android:pivotX="50%"
24.         android:pivotY="50%"
25.         android:repeatCount="infinite"
26.         android:repeatMode="reverse"
27.         android:toDegrees="360" />
28. </set>
```

<代码详解>

在 animset.xml 文件中，使用<set>标签实现多动画同时执行的动画效果，文件中 interpolator 属性使用了系统动画的加速插值器；android:shareInterpolator="true"设置集合中的动画共用一个插值器。

18.3　帧动画（Drawable Animation）

帧动画是指由一组连续的多张图片组成的多个动画帧，每一帧设定显示的时间长度，当动画执行时动画对象会按照每一帧预设置的时间显示到 UI 控件中。一般帧动画用于显示加载数据的进度或实现动态墙纸等效果，无论哪种效果都离不开图片资源，因此又称为图片动画。

【范例 18-6】多张图片的帧动画

本范例实现了多张图片轮换播放的效果，类似于 GIF 图片。

<编码思路>

（1）先将动画中使用的连续图片资源存放到/res/drawable 目录下，然后在此目录下定义帧动画资源文件。

（2）定义 Activity 布局文件，设置 ImageView 的背景为帧动画资源。

（3）定义 Activity 类，获取 ImageView 控件对象的背景，同时强转为帧动画对象，并直接启动帧动画。

根据本范例的编码思路，要实现该范例效果，需要通过以下 3 步实现。

（1）定义 ben_anim.xml 帧动画文件（链接资源/第 18 章/范例 18-6（多张图片的帧动画）/YZ19Demo06/res/drawable/ben_anim.xml）。

在此动画资源文件中，根标签必须是<animation-list>，通过<item>标签增加每一帧显示的图片及播放时间。

<范例代码>

```
1.   <animation-list
2.       xmlns:android="http://schemas.android.com/apk/res/android"
3.       android:oneshot="false">
4.     <item android:drawable="@drawable/ben1" android:duration="200" />
5.     <item android:drawable="@drawable/ben2" android:duration="200" />
6.     <item android:drawable="@drawable/ben3" android:duration="200" />
7.     <item android:drawable="@drawable/ben4" android:duration="200" />
8.     <item android:drawable="@drawable/ben5" android:duration="200" />
9.     <item android:drawable="@drawable/ben6" android:duration="200" />
10.    <item android:drawable="@drawable/ben7" android:duration="200" />
11.    <item android:drawable="@drawable/ben8" android:duration="200" />
12.    <item android:drawable="@drawable/ben9" android:duration="200" />
13.    <item android:drawable="@drawable/ben10" android:duration="200" />
</animation-list>
```

<代码详解>

在 xml 文件中 android:oneshot="false"属性代表多次执行动画，即动画结束时会再次执行动画，达到循环播放图片的目的，如果属性设置为 true 即帧动画只执行一次。

（2）定义 activity_main.xml 布局文件（链接资源/第 18 章/范例 18-6（多张图片的帧动画）/YZ19Demo06/res/layout/activity_main.xml）。

在布局文件中将帧动画资源作为 UI 控件的背景资源使用。

<范例代码>

```
1.   <ImageView
2.       android:id="@+id/imageViewId"
3.       android:layout_width="match_parent"
4.       android:layout_height="match_parent"
5.       android:background="@drawable/ben_anim" />
```

<代码详解>

第 5 行设置 ImageView 的背景为帧动画资源，这里使用的是 ben_anim.xml 帧动画资源名称，而非某一张图片资源的名称。

（3）定义 MainActivity.java 类文件（链接资源/第 18 章/范例 18-6（多张图片的帧动画）/YZ19Demo06/src/org/mobile－train/anim06/MainActivity.java）。

在类文件中通过 ImageView 控件对象获取背景资源，同时强转为帧动画资源对象。

<范例代码>

```
1.   public class MainActivity extends Activity {
2.       private ImageView imageView;
3.       @Override
4.       protected void onCreate(Bundle savedInstanceState) {
5.           super.onCreate(savedInstanceState);
6.           setContentView(R.layout.activity_main);
7.           imageView=(ImageView)findViewById(R.id.imageViewId);
8.           AnimationDrawable animation=
9.               (AnimationDrawable)imageView.getBackground();
10.          //启动帧动画
11.          animation.start();
12.      }
13. }
```

<代码详解>

第 8 行至第 11 行获取 UI 控件的背景资源，并强转为帧动画 AnimationDrawable 对象，再调用帧动画对象的 start()方法启动帧动画循环播放，可以调用 stop()方法停止帧动画。

18.4　属性动画（Property Animator）

为了弥补 UI 执行完补间动画之后失去事件焦点的缺陷，从 Android 3.0 之后增加了属性动画。属性动画指在一定的时间内按照某种插值器产生的属性值来修改 UI 控件相关属性而产生的动画。属性动画中必须包含动画时间、插值器、控件属性三个关键元素。常用的 UI 控件属性主要包括移动属性（TranslationX 和 TranslationY）、旋转属性（Rotation、RotationX、RotationY）、缩放属性（ScaleX、ScaleY）、位置属性（x、y）和渐变属性（Alpha）。

属性动画在默认情况下只能修改一个 UI 控件的属性值，如果同时修改多个 UI 控件的属性需要使用组合动画。组合动画是将多个属性动画组合到一起，并设定单个属性动画执行的顺序和时间。与补间动画不同的是，属性动画真正地改变了一个 UI 控件，在动画执行完成后其事件的焦点位置即是当前控件的位置。

以下为属性动画中常用的核心类。

❑ ValueAnimator：基本的属性动画类，即其他属性动画的父类。

❑ ObjectAnimator：对象的属性动画类，此类在实际项目应用最多，在实例化此类对象时必须指定 UI 控件对象、UI 控件的属性、动画起始与结束时的属性值。

❑ AnimatorSet：组合的属性动画类，即可以添加多个单个属性动画。

【范例 18-7】图片控件的渐变动画效果

本范例实现了一张图片由无到有、由有到无的无限循环的渐出渐入的动画效果。

<编码思路>

（1）先将动画中使用的图片资源存放到/res/drawable 目录下。

（2）定义 Activity 布局文件，增加 ImageView 控件。

（3）定义 Activity 类，获取 ImageView 控件对象，同时定义 ObjectAnimator 对象，并指定 ImageView 控件对象和渐变属性及属性值的范围。

根据本范例的编码思路，要实现该范例效果，需要通过以下 2 步实现。

（1）定义 activity_main.xml 布局文件（链接资源/第 18 章/范例 18-7（图片控件的渐变动画效果）/YZ19Demo07/res/layout/activity_main.xml）。

在该布局文件中，增加 ImageView 控件，并显示指定的图片。

<范例代码>

```
1.    <Button
2.        android:id="@+id/btnId"
3.        android:layout_width="wrap_content"
4.        android:layout_height="wrap_content"
5.        android:onClick="startAnimtor"
6.        android:text="start " />
7.
8.    <ImageView
9.        android:id="@+id/imageViewId"
10.       android:layout_width="match_parent"
11.       android:layout_height="match_parent"
12.       android:src="@drawable/ic_launcher" />
```

<代码详解>

第 5 行设置 ImageView 控件显示的图片，是要实现动画效果的图片。

（2）定义 MainActivity.java 类文件(链接资源/第 18 章/范例 18-7（图片控件的渐变动画效果）/YZ19Demo07/src/org/mobile－train/anim07/MainActivity.java)。

在类文件中通过 ImageView 控件对象的 alpha 属性，实现渐变图片的动画效果。

<范例代码>

```
1.    public class MainActivity extends Activity {
2.        private ImageView imageView;
3.
4.        @Override
5.        protected void onCreate(Bundle savedInstanceState) {
6.            super.onCreate(savedInstanceState);
7.            setContentView(R.layout.activity_main);
```

反侵权盗版声明

电子工业出版社依法对本作品享有专有出版权。任何未经权利人书面许可，复制、销售或通过信息网络传播本作品的行为；歪曲、篡改、剽窃本作品的行为，均违反《中华人民共和国著作权法》，其行为人应承担相应的民事责任和行政责任，构成犯罪的，将被依法追究刑事责任。

为了维护市场秩序，保护权利人的合法权益，我社将依法查处和打击侵权盗版的单位和个人。欢迎社会各界人士积极举报侵权盗版行为，本社将奖励举报有功人员，并保证举报人的信息不被泄露。

举报电话：（010）88254396；（010）88258888

传　　真：（010）88254397

E-mail：dbqq@phei.com.cn

通信地址：北京市万寿路 173 信箱

　　　　　电子工业出版社总编办公室

邮　　编：100036

```
8.           imageView=(ImageView)findViewById(R.id.imageViewId);
9.
10.      }
11.  public void startAnimtor(View view) {   // 实现渐变效果
12.      ObjectAnimator animtor =
13.        ObjectAnimator.ofFloat(imgView, "alpha", 1, 0);
14.
15.      animtor.setDuration(2000);
16.      animtor.setRepeatMode(ValueAnimator.REVERSE);
17.      animtor.setRepeatCount(ValueAnimator.INFINITE);
18.
19.
20.      animtor.start(); // 启动动画
21.    }
22.
23. }
```

<代码详解>

第 11 行定义了"启动动画"按钮的点击事件处理方法，该方法实现图片的渐变动画效果。

第 12 行和第 13 行实例化 ObjectAnimator 类对象，即对象的属性动画。通过它的静态方法 ofFloat()构造属性动画对象，方法的第一个参数声明修改哪一个 UI 对象，第二个参数声明修改这个 UI 对象的"alpha"（渐变）属性，第三个和第四个参数代表渐变属性的起始和结束时的属性值。

第 15 行至第 17 行定义了属性动画执行的时间、重复模式及重复执行次数，这些参数同补间动画相同。

第 20 行利用 start()方法启动属性动画，开始执行动画，如果停止可以执行 stop()方法。

18.5　本章总结

我们已基本掌握了 Android 动画的使用，在实际项目开发过程中，通过 XML 方式创建动画资源，需要执行动画时可以在代码中通过 AnimationUtils 动画加载工具类加载动画资源和启动动画，这种方式最为灵活，而且被多次加载和使用。